教育部高等学校地矿学科教学指导委员会
采矿工程专业规划教材

岩 石 力 学

主　编　赵　文
副主编　曹　平　章　光

中南大学出版社
www.csupress.com.cn
·长沙·

编委会委员

（按姓氏笔画为序）

王志国（河北理工大学）

张　飞（内蒙古科技大学）

余贤斌（昆明理工大学）

毛市龙（北京科技大学）

赵　文（东北大学）

曹　平（中南大学）

章　光（武汉理工大学）

教育部高等学校地矿学科教学指导委员会
采矿工程专业规划教材

编 审 委 员 会

序 ......

　　站在 21 世纪全球发展战略的高度来审视世界矿业，可以清楚地看到，矿业作为国民经济的基础产业，与其他传统产业一样，在现代科学技术突飞猛进的推动下，也正逐步走向现代化。就金属矿床开采领域而言，现今的采矿工程科学技术与 20 世纪 90 年代以前的相比，已经不可同日而语。为了适应矿业快速发展的形势，国家需要大批具有现代采矿知识的专业人才，因此，作为优秀专业人才培养的重要基础建设之一———教材建设就显得至关重要。

　　在 2006—2010 年地矿学科教学指导委员会（以下简称地矿学科教指委）的成立大会上，委员们一致认为，抓教材建设是本届教学指导委员会的重要任务之一。特别是金属矿采矿工程专业的教材，现在多是 20 世纪 90 年代出版的，教材更新已迫在眉睫。2006 年 10 月 18 ~ 20 日在中南大学召开了第一次地矿学科教指委全体会议，会上委员们就开始酝酿采矿工程专业系列教材的编写拟题；之后，中南大学出版社主动承担该系列教材的出版工作，并积极协助地矿学科教指委于 2007 年 6 月 22 ~ 24 日在中南大学召开了"全国采矿工程专业学科发展与教材建设研讨会"，来自全国 17 所院校的金属、非金属矿床采矿工程专业和部分煤矿开采专业的领导及骨干教师代表参加了会议，会议拟定了采矿工程专业系列教材的选题和主编单位；从那以后，地矿学科教指委和中南大学出版社又分别在昆明和长沙召开了两次采矿工程专业系列教材编写大纲的审定工作会议。

　　本次新规划出版的采矿工程专业系列教材侧重于金属矿

床开采领域。编审委员会通过充分地沟通和研讨，在总结以往教学和教材编撰经验的基础上，以推动新世纪采矿工程专业教学改革和教材建设为宗旨，提出了采矿工程专业系列教材的编写原则和要求：①教材的体系、知识层次和结构要合理，要遵循教学规律，既要有利于组织教学又要有利于学生学习；②教材内容要体现科学性、系统性、新颖性和实用性，并做到有机结合；③要重视基础，又要强调采矿工程专业的实践性和针对性；④要体现时代特性和创新精神，反映采矿工程学科的新技术、新方法、新规范、新标准等。

采矿科学技术在不断发展，采矿工程专业的教材需要不断完善和更新。希望全国参与采矿工程专业教材编写的专家们共同努力，写出更多、更好的采矿工程专业新教材。我们相信，本系列教材的出版对我国采矿工程专业高级人才的培养和采矿工程专业教育事业的发展将起到十分积极的推进作用，对我国矿山安全、经济、高效开采，保障我国矿业持续、健康、快速发展也有着十分重要的意义。

中南大学教授

中国工程院院士

教育部地矿学科教指委主任

2008 年 8 月

前　言......

　　本书是教育部地矿学科教学指导委员会规划的采矿工程专业系列教材之一。

　　岩石力学是采矿工程专业的核心课程，是矿业科学的理论基础。本书比较全面地介绍了岩石力学学科的基本概念、基本理论和工程应用等相关知识。

　　课程的学时根据各学校的教学计划安排，课时以40~60学时为宜，并建议安排相应岩石力学实验4~6学时。

　　本书既可作为采矿工程、土木工程、交通工程、水利工程、地质工程等专业的教材，也可作为高等院校、科研院所和工程部门科技工作者的参考书。

　　本书由东北大学赵文教授担任主编，中南大学曹平教授、武汉理工大学章光教授任副主编。教材编写分工如下：东北大学赵文教授编写绪论和第6章，河北理工大学王志国教授编写第1章，中南大学曹平教授编写第2章，武汉理工大学章光教授编写第3章及附录，内蒙古科技大学张飞教授编写第4章，昆明理工大学余贤斌教授编写第5章，北京科技大学毛市龙副教授编写第7章。全书由赵文统稿。

　　由于编者水平所限，书中不当之处恳请读者和各方面专家批评指正。

编者
2010 年 5 月

目　录

绪　论

0.1　什么是岩石力学

1. 岩石力学的基本概念

岩石力学(rock mechanics)是研究岩石的力学性状和岩石对各种物理环境的力场产生效应的一门理论科学，是力学的一个分支，同时它也是一门应用科学。

岩体力学(rockmass mechanics)：岩体力学是固体力学的一个分支，它研究岩体在力场作用下的强度、变形与破坏，以及与其相关的岩体稳定性问题。

2. 岩石分类

岩石是组成地壳的基本物质，它是由矿物或岩屑在地质作用下按一定的规律聚集而成的自然体，如花岗岩、大理岩、石灰岩等。

按成因把岩石分为三大类：岩浆岩、沉积岩、变质岩。

①岩浆岩：岩浆冷凝而形成的岩石，具有强度高、均质等特性。

②沉积岩：母岩经搬运、沉积而形成的岩石，它具有层理性与各向异性。

③变质岩：原岩在高温、高压下及化学性流体的影响下发生变质而形成的岩石，其性质和变质程度有关。

3. 岩石和岩体的区别

岩石：从地壳岩层中切割出来的岩块。

岩体：岩体是地质体，它的形成与漫长的地质年代有关，它是一定工程范围内的自然地质体，经过各种地质运动，内部含有构造和裂隙。岩体具有多样复杂的特性，即使是由相同物质组成的岩体，其力学特性也可能有很大的差异。

岩体的特点：不均质性、地质体、时间因素影响、环境因素影响、含有缺陷。

岩石与岩体的区别：岩体是非均质各向异性体；岩体内部存在着初始应力场；岩体内含有各种各样的裂隙系统，处于地下环境，受地下水等因素的影响。

岩石结构：岩石矿物颗粒的大小、形状、表面特征、颗粒相互关系、脉结类型等。

岩石构造：岩石的组成部分在空间排列的情况，如岩石的层面构造、层理构造等。

岩石力学是20世纪50年代初期新兴的一门学科，它的发展与现代化大生产是分不开的。随着生产的发展，对自然界能源的开采利用以及各项工程建设的进行，例如，采矿、水利、水电、土木工程、交通以及国防建设等，都出现了各种有关岩体稳定性的问题，但是，由于人类对岩体稳定性的认识不足，在一定程度上工程建设带有一定的盲目性，国际上一些大型水坝和岩质边坡、大型的地下硐室以及矿床开采等工程都出现了重大的工程事故，最为著名的、影响力最大的是1963年意大利的瓦杨坝发生大滑坡，我国也曾发生过大的事故。

◆ 意大利的瓦杨坝发生大滑坡：坝弦长160 m，坝高达265 m，1963年10月9日深夜，水库左岸的托克山坡突发推测速度约 25 m/s 的高速滑坡，3000 万 m³ 的水被挤出，注入下游峡谷，造成 2500 人死亡，数百名现场人员殉职。

◆ 山西大同马脊梁煤矿：顶板是厚 50 m 以上的硬砂岩，采空区距地面 56～106 m 时，不易滑落，1975 年 9 月 18 日，当采空区面积达 15 万 m² 时顶板突然滑落，由于空气突然压缩，井口喷出 300 m 高的烟尘，地面建筑物摇晃，地面塌陷约 7 万 m²，地震台测到了 3.2 级的地震。

瓦杨坝整个边坡发生的大滑动造成极大的社会影响，然而对其原因包括当时缪勒（Muller）在内的世界许多学者研究未有定论。后来，经过专家学者深入调查和研究，最终找到了滑坡的原因，原来水库边坡岩体含有裂隙、结构面和断层，因下雨和水压力浸泡发生大规模的滑坡。在当时，主要是把所研究岩体——岩石看成是理想的弹性体，忽视了岩体在地质运动中的变化。

随着采矿、水利、水电、土木工程、铁路、公路以及国防建设的发展等，出现了岩质边坡、大坝、地下洞室等，其安全性、稳定性和我国的经济建设息息相关。人们对岩石的认识及研究工作逐渐深入。因此，需要对岩石力学理论和实践进行深入的研究。

0.2　岩石力学的发展

岩石力学最早源于采矿工程，20 世纪以前，岩石力学处于萌芽阶段。我国明末科学家宋应星在 1637 年编著的《天工开物》中记有大量的开采情况。后来西欧一些国家在 19 世纪也有一些研究。20 世纪初至 50 年代，人们借助土力学的研究成果解决岩石力学问题，出现了相似材料和光弹模拟方法。奥地利地质力学学会的出现，以及 1957 年法国的塔罗勃（J. Talobre）所著《岩石力学》的出版，标志着岩石力学开始进入发展期。20 世纪 60 年代以后，岩石力学发展较快，无论是从理论和实验手段方面都形成了完整的体系，特别是随着电子计算机的出现，更加推动了岩石力学的发展。

岩石力学是目前国内外研究的热门学科之一，国际上，1962 年成立了国际岩石力学学会 ISRM（International Society for Rock Mechanics），简称"ISRM"，网址：http：//www. isrm. net/，从 1966 年起国际岩石力学学会每 4 年举行一次国际岩石力学大会，分别在葡萄牙的里斯本（1966）、日本东京（1995 年）、法国巴黎（1999 年）、南非约翰内斯堡（2004 年）、葡萄牙的里斯本（2007 年）举行，2011 年将在中国北京召开第 12 届国际岩石力学大会。岩石力学的研究工作与矿业、交通、水利等发展密切相关。英国、法国、俄罗斯、葡萄牙、美国、加拿大、澳大利亚、南非、日本等国家在岩石力学研究方面取得了很大的成绩。

国内，中国岩石力学与工程学会（Chinese Socitey for Rock Mechanics and Engineering，简称 CSRME）于 1985 年成立，每两年召开一次全国岩石力学与工程大会，至 2008 年已开了十届。随着中国经济的高速发展，特别是在能源、交通、基础设施建设、水利工程等领域的空前发展，如三峡工程、南水北调、西气东输、青藏铁路等大型工程的建设，中国的岩石力学的研究和发展已上升到一个前所未有的高度。如今，岩石力学的研究成为方兴未艾的科学，有着广阔的发展前景。国内岩石力学领域的主要专业杂志有《岩石力学与工程学报》、《岩土力学》、《岩土工程学报》、《地下空间与工程学报》等十多种科技期刊。

0.3　岩石力学的研究内容

①岩石和岩体的物理力学性质。

②岩石的破坏机制和强度准则。

③工程岩体的稳定性分析。

④岩体的加固和处理技术。

0.4　岩石力学的研究方法

岩石力学的研究方法包括科学实验、理论分析和模拟计算。

(1)科学实验,包括实验室和现场实验

①实验室:岩石性质试验,相似材料模拟等。

②现场:原始试验,现场观测。

(2)理论:采用岩石力学理论分析

(3)模拟计算

采用计算软件借助飞速发展的计算机技术,对复杂的岩石力学问题进行模拟计算,这是岩石力学研究中十分有用的强大工具,现代的岩石力学研究已离不开模拟计算。

岩石力学是一门科学,它要求研究人员除掌握岩石力学的基础理论和有关知识外,还必须通晓所服务部门的有关工程知识,只有这样才能取得理论与实践相结合的研究成果,解决工程实践问题。

0.5　岩石力学的展望

尽管岩石力学发展很快,但是工程方面遇到的问题也越来越复杂,如深部开采、岩爆问题、海底隧道、核废料存储、灾害预测与防治等方面面临许多问题,需要更加深入的理论体系来支撑。随着高新技术的发展和新的测试技术的出现如遥感技术、三维地震CT、声发射和微震监测等技术的应用丰富了岩石力学的研究手段,加速了岩石力学的发展。

岩石力学是一门应用性很强的学科,各工程领域对岩体的要求也不一样。另外,岩石的力学性质差异极大,每一种岩石、每一个地区的岩石都不完全一样,这就要求岩石力学理论必须与工程实际密切结合。

随着大型计算机的出现和发展,以及并行机的广泛应用,岩石力学数值模拟方法成为解决岩石力学问题的非常重要的手段。

另外,岩石力学与环境保护的关系显得越来越重要,建立环保的理念,把可持续发展融入到岩石力学的理论之中,这是将来我们必须要做的一件事。

第1章 岩石的物理力学性质

1.1 概述

1. 岩石与岩体

岩石(rock)是由各种造岩矿物或岩屑在地质作用下按一定规律组合而形成的多种矿物颗粒的集合体，是组成地壳的基本物质。由于岩石中常含有节理和裂隙等结构面(discontinuities)，因此岩石力学中将岩石分成岩块(rock block)和岩体(rock mass)。为与自然状态下的岩体有所区别，岩石是指从岩体中取出的、无显著结构面的块体物质，有时又称岩块，例如，由钻探获得的岩芯；用爆破或其他方式获得的岩石碎块、岩样等，实验室的试件是岩块的一种。我们平时所称的岩石，在一定程度上都是指的岩块。岩体是相对于岩块而言的，是指地面或地下工程中范围较大的、由岩块(结构体)和结构面组成的地质体。总之，广义的岩石是岩块和岩体的泛称，而狭义的岩石则专指岩石块体(或称岩石材料)。本章内容所涉及的岩石主要指岩石块体。

2. 影响岩石物理力学性质的因素

岩石根据其成因可分为：岩浆岩、沉积岩、变质岩三大类。由于各种岩石所组成的矿物成分、结构构造和成岩条件的不同，对岩石的物理力学性质有很大影响。

岩石是多种矿物的集合体，一般由长石(正长石、斜长石)、石英、云母(黑云母、白云母)、角闪石、辉石、橄榄石、方解石、白云石、高岭石、赤铁矿等称为造岩矿物的矿物构成。它们在岩石中所占份量，依岩石成因而异。一般来说，含硬度大的粒柱状矿物(如长石、石英、角闪石、辉石等)越多时，则岩石强度越大；含硬度小的片状矿物(云母、绿泥石、蒙脱石和高岭石等)越多时，则岩石强度越小。

岩石依其成因不同，组成岩石的矿物颗粒间的结合方式则不同，从而使岩石具有不同的结构与构造。岩石的结构与构造是影响岩石力学性质的根本因素。

岩石结构是指岩石中矿物颗粒的大小、形状、表面特征、颗粒相互关系、胶结类型特征等。根据岩石的结晶程度，岩石可分为结晶岩和非结晶岩两类，因而岩石颗粒间连接方式分为结晶连接和胶结连接两类。

结晶连接是矿物颗粒通过结晶相互嵌合在一起，如岩浆岩、大部分变质岩和部分沉积岩都具有这种连接。它通过共用原子或离子使不同晶粒紧密接触，一般强度较高。但不同晶体结构对岩石性质的影响不同。根据生成条件冷凝速度不同，结晶颗粒的大小则有所不同，可分为等粒状结构(颗粒大小近于相等)、不等粒状结构和斑状结构。一般来说，结晶颗粒小且具有等粒状结构的岩石，抵抗外载荷能力大，即强度高；结晶颗粒大的岩石，如斑状结构由于晶体内部或晶体间含有较多的缺陷(如解理、位错、双晶、裂隙等)，其强度降低。

胶结连接是矿物颗粒通过胶结物连接在一起，如沉积岩碎屑之间的连结，这种连接的岩石的强度取决于胶结物的成分和胶结类型。岩石矿物颗粒结合的胶结物质有硅质、铁质、钙质、泥质等。一般来说，硅质胶结的岩石强度最高，铁质和钙质胶结的次之，泥质胶结的岩石强度最差，且抗水性差。从胶结类型看，沉积岩可具基质胶结、接触胶结、孔隙胶结结构。基质胶结的岩石碎屑（颗粒）为胶结物包围，其强度由胶结物决定。接触胶结只是在颗粒接触处有胶结物存在，因此一般胶结不牢，强度较低，透水性较强。孔隙胶结，胶结物完全或部分地充填于颗粒孔隙之间，一般胶结较牢固，所以岩石强度及透水性主要由胶结物性质及充填程度决定。

岩石构造是指岩石中不同矿物集合体之间及其与其他组成部分之间在空间的排列方式及充填形式。如岩浆岩中的流线、流面、块状构造，沉积岩中的层理、页片状构造，变质岩中的片理、片麻理和板状构造等等。这些都会对岩石物理力学性质产生影响，如块状构造岩石表现出宏观上各向同性特征；云母片岩、片麻岩、页岩等层状构造岩石，则表现出宏观力学性质的各向异性。

3. 岩石物理力学性质的研究内容

岩石的基本物理力学性质是岩体最基本、最重要的性质之一，也是岩石力学学科中研究最早、最完善的内容之一。岩石物理力学性质是岩石力学研究的基础，它不仅是岩石力学分析的重要依据，而且可以提供岩石工程设计施工和岩石数值计算的基本参数。

岩石物理力学性质包括物理性质和力学性质。岩石由固体、液体和气体三相介质组成。其物理性质是指因岩石三相组成部分的相对比例关系不同所表现出来的物理性质。与工程密切相关的岩石物理性质有密度、孔隙率、水理性质等。岩石的力学性质主要指：在各种类型载荷作用下，它们的变形特征，出现塑性流动和发生破坏的条件。岩石的力学性质包括变形特性、强度特性和强度准则。表征岩石力学性质的参数：变形特性参数有岩石的变形模量、弹性模量、切变模量、泊松比和流变性等；强度特性参数有岩石抗拉、抗弯、抗剪、抗压等强度。这些参数通常采用岩石试件进行室内试验的方法获得。

本章主要叙述岩石基本物理性质的参数及获得这些参数的试验方法。并在此基础上，着重讨论了岩石的单轴抗压强度、抗拉强度、剪切强度、三轴压缩强度以及各种受力状态相对应的变形特性与试验方法。最后介绍作为判别岩石是否破坏的各种强度理论。

1.2　岩石的物理性质

岩石的物理性质（physical properties of rock）是指由岩石固有的物质组成和结构特征所决定的密度、颗粒密度、孔隙率等基本属性。影响岩石力学性质的物理、水理性质包括内容较多，但与工程密切相关的有岩石的密度、孔隙性、渗透性、软化性、膨胀性等。

1.2.1　岩石的密度

岩石密度（rock density）是指单位体积岩石的质量，单位为 kg/m³。岩石的密度又可分为块体密度和颗粒密度。

1. 块体密度

块体密度（或岩石密度）是指单位体积岩石（包括岩石孔隙体积）的质量。根据岩石试样的含水状态不同，可分为天然密度、饱和密度和干密度。天然密度 ρ 是指岩石块体在天然含水状态下的单位体积的质量;饱和密度 ρ_{sat} 是指岩石块体在饱和水状态下单位体积的质量;干密度 ρ_d 是指岩石块体在 $105 \sim 110℃$ 温度下干燥 24 h 后单位体积的质量。在未说明含水状态时一般指岩石的天然密度。在一般条件下,三者数值相差不大。各种块体密度可下式表示:

$$
\begin{cases}
\rho = \dfrac{m}{V} \\[2mm]
\rho_{sat} = \dfrac{m_{sat}}{V} \\[2mm]
\rho_d = \dfrac{m_s}{V}
\end{cases}
\tag{1-1}
$$

式中: m ——岩石试件的天然质量,kg;

$\quad\quad m_{sat}$ ——岩石试件的饱和质量,kg;

$\quad\quad m_s$ ——岩石试件的干质量,kg;

$\quad\quad V$ ——试件的体积,m^3。

岩石块体密度取决于组成岩石的矿物成分、孔隙性及含水状态,也与其成因有关。岩石密度大小可在一定程度上反映出岩石的力学性质情况。通常岩石密度越大,则它的性质就愈好,反之愈差。

岩石块体密度试验可采用量积法、水中称量法或蜡封法。凡能制备成规则试件的各类岩石,宜采用量积法。除遇水崩解溶解和干缩湿胀性岩石外均可采用水中称量法。不能用上述方法测定的岩石宜采用蜡封法。

2. 颗粒密度

岩石颗粒密度 ρ_s 是岩石固相物质的质量与其体积的比值。其公式为

$$
\rho_s = \frac{m_s}{V_s}
\tag{1-2}
$$

式中: m_s ——岩石固相部分质量(岩石试件在烘箱中烘至 $105℃$ 保持恒温、恒重时,岩石固体质量),kg;

$\quad\quad V_s$ ——岩石试件固相部分体积(不包括岩石孔隙体积),m^3。

岩石颗粒密度是在试验室中用比重瓶法测定的。

几种岩石块体密度和颗粒密度见表 1-1。

表 1-1   几种岩石的块体密度、颗粒密度、孔隙率

岩石名称	块体密度(10^3 kg/m^3)	颗粒密度(10^3 kg/m^3)	孔隙率 n(%)
花岗岩	2.6 ~ 2.7	2.5 ~ 2.84	0.5 ~ 1.5
粗玄岩	3.0 ~ 3.05		0.1 ~ 0.5
流纹岩	2.4 ~ 2.6		4.0 ~ 6.0
安山岩	2.2 ~ 2.3	2.4 ~ 2.8	10.0 ~ 15.0
辉长岩	3.0 ~ 3.1	2.7 ~ 3.2	0.1 ~ 0.2
玄武岩	2.8 ~ 2.9	2.6 ~ 3.3	0.1 ~ 1.0

续表 1 - 1

岩石名称	块体密度(10^3 kg/m^3)	颗粒密度(10^3 kg/m^3)	孔隙率 n(%)
砂　岩	2.0 ~ 2.6	2.6 ~ 2.75	5.0 ~ 25.0
页　岩	2.0 ~ 2.4	2.57 ~ 2.77	10.0 ~ 30.0
石灰岩	2.2 ~ 2.6	2.48 ~ 2.85	5.0 ~ 20.0
片麻岩	2.9 ~ 3.0	2.63 ~ 3.07	0.5 ~ 1.5
大理岩	2.6 ~ 2.7	2.6 ~ 2.8	0.5 ~ 2.0
石英岩	2.65	2.53 ~ 2.84	0.1 ~ 0.5
板　岩	2.6 ~ 2.7	2.68 ~ 2.76	0.1 ~ 0.5

1.2.2　岩石的孔隙性

　　岩石依其生成原因和生成条件不同,可能含有形状、体积不同的孔隙和裂隙。如岩浆岩按其生成深度、岩浆凝固条件以及所含气体的排逸条件,含有不同体积的三度空间孔隙。对沉积岩则取决于结构特征。此外在岩石中还存在着各种原生的、构造的、卸荷的、风化的规模不等的面状裂隙。把岩石所具有的孔隙和裂隙特性,统称为岩石的孔隙性。

　　岩石孔隙性通常用孔隙率(percentage of porosity)大小表示。岩石孔隙率 n 为岩石试件中孔隙总体积与岩石试件总体积之比,即

$$n = \frac{V_v}{V} \times 100\% \qquad (1-3)$$

式中: V_v——岩石中孔隙的总体积, m^3;

　　　　V——岩石试件的总体积, m^3。

　　孔隙率分为开口孔隙率和封闭孔隙率。两者之和称为总孔隙率,上式中的 n 即为总孔隙率。试件中与大气相通的孔隙体积占试样总体积的百分比称为开口孔隙率 n_k,可按下式计算

$$n_k = \frac{V_k}{V} \times 100\% \qquad (1-4)$$

式中: V_k——岩石中开口孔隙的体积, m^3。

　　试件中不与大气相通的孔隙体积占试样总体积的百分比称为封闭孔隙率 n_c,可用总孔隙率减去开口孔隙率获得,即

$$n_c = n - n_k \qquad (1-5)$$

　　一般提到岩石孔隙率指总孔隙率,几种岩石的孔隙率列于表 1 - 1 中。

　　孔隙率是反映岩石致密程度和岩石力学性能的重要参数,孔隙率越大,岩石中的孔隙和裂隙就越多,岩石的力学性能就越差。

　　岩石孔隙性指标一般不能实测,只能通过有关指标换算求得。如总孔隙率也可以根据岩石块体干密度和颗粒密度计算

$$n = \left(1 - \frac{\rho_d}{\rho_s}\right) \times 100\% \qquad (1-6)$$

1.2.3 岩石的水理性质

岩石在水溶液作用下所表现出的力学的、物理的、化学的作用性质，称为岩石的水理性质。

1. 吸水性

岩石在一定的实验条件下吸收水分的能力，称为岩石的吸水性，其吸水量的大小取决于岩石孔隙体积的大小及其敞开或封闭的程度等。常用含水率、吸水率、饱和吸水率与饱水系数等指标表示。

(1)岩石含水率(water content)

岩石含水率 w 是指天然状态下岩石孔隙中水的质量 m_w(kg)与岩石固体质量 m_s(kg)(不包括孔隙中的水)之比，一般用百分数表示，即

$$w = \frac{m_w}{m_s} \tag{1-7}$$

岩石的含水率在室内采用烘干法测定。

(2)岩石吸水率(water absorption)

岩石吸水率 w_a 是指岩石试样在大气压力和室温条件下吸入水的质量 m_{w1}(kg)与试样固体质量 m_s 的比值，以百分数表示，即

$$w_a = \frac{m_{w1}}{m_s} = \frac{m_o - m_s}{m_s} \tag{1-8}$$

式中：m_o——烘干试样浸水 48 h 的质量，kg。

岩石吸水率大小取决于岩石所含孔隙数量和细微裂隙的连通情况，孔隙愈大、愈多，孔隙和细微裂隙连通情况愈好，则岩石的吸水率愈高，因而岩石质量愈差。

(3)岩石饱和吸水率(water absorption under saturated)

岩石饱和吸水率 w_{sa} 是岩石试样在强制状态(真空、煮沸或高压)下的最大吸水量 m_{w2}(kg)与试样固体质量 m_s 的比值，以百分数表示，即

$$w_{sa} = \frac{m_{w2}}{m_s} = \frac{m_p - m_s}{m_s} \tag{1-9}$$

式中：m_p——试样经煮沸或真空抽气饱和后的质量，kg。

岩石饱水率反映岩石张开型裂隙和孔隙的发育情况，对岩石的抗风化性和抗冻性有较大影响。

(4)岩石饱水系数

岩石吸水率与岩石饱和吸水率之比，称为饱水系数 K_w，即

$$K_w = \frac{w_a}{w_{sa}} \tag{1-10}$$

一般岩石的饱水系数介于 0.5 ~ 0.8 之间。饱水系数对于判别岩石的抗冻性具有重要意义。

吸水性较大的岩石(如软岩)当吸水后往往产生膨胀，它会给井巷支护造成很大的压力。几种常见岩石的吸水性指标见表 1 - 2。

表 1-2 几种常见岩石的吸水性指标

岩石名称	吸水率(%)	饱和吸水率(%)	饱水系数
花岗岩	0.46	0.84	0.55
石英闪长岩	0.32	0.54	0.59
玄武岩	0.27	0.39	0.69
基性斑岩	0.35	0.42	0.83
云母片岩	0.13	1.31	0.10
砂岩	7.01	11.99	0.60
石灰岩	0.09	0.25	0.36
白云质岩	0.74	0.92	0.80

2. 渗透性

地下水在水力坡度(压力差)作用下,岩石能被水透过的性能称为岩石的渗透性。用渗透系数(permeability coefficient)K 来表征岩石渗透性能的大小。一般认为,水在岩石中的流动服从达西(Darcy)定律

$$v = Ki \qquad (1-11)$$

式中:v——地下水渗透速度,$v = \dfrac{\mathrm{d}Q}{\mathrm{d}A}$,m/s;

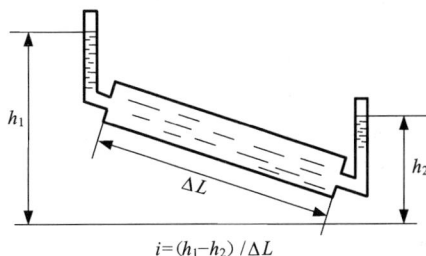

图 1-1 水力坡度图

Q——通过的流量,m³/s;

A——渗透方向上的截面积,m²;

i——水力坡度(压力差),$i = (h_1 - h_2)/\Delta L$,见图 1-1;

h_1——高压水头,m;

h_2——低压水头,m。

岩石渗透系数 K 用下式表示

$$K = \frac{v}{i} = \frac{v\Delta L}{h_1 - h_2} = v\frac{\mathrm{d}L}{\mathrm{d}h} \qquad (1-12)$$

由此可见,渗透系数 K 在数值上等于水力梯度为 1 时的渗流速度,单位为 cm/s 或 m/d。岩石渗透系数是表征岩石透水性的重要指标,其大小取决于岩石中孔隙的大小、数量、方向、相互贯通情况,并可根据达西定律在室内测定。几种岩石的渗透系数列于表 1-3。

表 1-3 几种岩石的渗透系数值

岩石种类	孔隙情况	渗透系数 K(cm/s)
花岗岩	较致密、微裂隙	$1.1 \times 10^{-12} \sim 9.5 \times 10^{-11}$
	含微裂隙	$(1.1 \sim 2.5) \times 10^{-11}$
	微裂隙及一些粗裂隙	$2.8 \times 10^{-9} \sim 7 \times 10^{-8}$
辉绿岩	致密	$< 10^{-13}$
流纹斑岩	致密	$< 10^{-13}$

续表 1-3

岩石种类	孔隙情况	渗透系数 $K(\text{cm/s})$
玄武岩	致密	$< 10^{-13}$
安山玢岩	微裂隙	8×10^{-11}
砂岩	较致密	$10^{-16} \sim 2.5 \times 10^{-13}$
	孔隙较发育	5.5×10^{-6}
石灰岩	致密	$3 \times 10^{-12} \sim 6 \times 10^{-10}$
	微裂隙、孔隙	$2 \times 10^{-9} \sim 3 \times 10^{-6}$
	裂隙、孔隙较发育	$9 \times 10^{-5} \sim 3 \times 10^{-4}$
页岩	微裂隙发育	$2 \times 10^{-10} \sim 8 \times 10^{-9}$
片岩	微裂隙发育	$10^{-9} \sim 5 \times 10^{-8}$
片麻岩	致密	$< 10^{-13}$
	微裂隙	$9 \times 10^{-8} \sim 4 \times 10^{-7}$
	微裂隙发育	$2 \times 10^{-6} \sim 3 \times 10^{-5}$
石英岩	微裂隙	$(1.2 \sim 1.8) \times 10^{-10}$

3. 溶蚀性

由于水的化学作用,把岩石中某些组成物质带走的现象称为水对岩石的溶蚀。溶蚀作用使岩石致密程度降低,孔隙率增大,导致岩石强度降低。这种溶蚀现象在某些围岩为石灰岩的矿山可看到,如贵州某矿,在该矿坑道中可看到形似钟乳或石笋的溶蚀沉积物。

4. 软化性

岩石浸水饱和后强度降低的性质,称为软化性,通常用软化系数表示。软化系数 K_R 为岩石试件的饱和抗压强度 $\sigma_{cw}(\text{MPa})$ 与干抗压强度 $\sigma_c(\text{MPa})$ 的比值,即

$$K_R = \frac{\sigma_{cw}}{\sigma_c} \qquad (1-13)$$

岩石的软化性取决于它的矿物组成和孔隙性,岩石中含有较多的亲水性和可溶性矿物,孔隙较多,岩石的软化性较强,软化系数较小。一般认为,$K_R > 0.75$,岩石的软化性弱,工程地质性质较好;$K_R < 0.75$,岩石软化性较强,工程地质性质较差。

表 1-4 给出几种岩石在水作用下软化系数,由表可知,岩石的软化系数均小于1,说明岩石都具有不同程度的软化性。

表 1-4 某些岩石在水作用下的强度变化及软化系数

岩石名称	抗压强度(MPa)		软化系数
	干燥	浸水	
花岗岩	$40 \sim 220$	$25 \sim 205$	$0.75 \sim 0.97$
闪长岩	$97.7 \sim 232$	$68.8 \sim 159.7$	$0.60 \sim 0.76$
辉长岩	$118.1 \sim 272.5$	$58 \sim 245.8$	$0.44 \sim 0.90$

续表 1 - 4

岩石名称	抗压强度（MPa）		软化系数
	干　燥	浸　水	
玄武岩	102.7 ~ 290.5	102 ~ 192.4	0.71 ~ 0.92
石灰岩	13.4 ~ 250.8	7.8 ~ 189.2	0.58 ~ 0.94
砂　岩	17.5 ~ 250.8	5.7 ~ 245.5	0.33 ~ 0.97
粘土岩	20.7 ~ 59	2.4 ~ 31.8	0.08 ~ 0.87
页　岩	57 ~ 136	13.7 ~ 75.1	0.24 ~ 0.55
板　岩	123 ~ 199.6	72 ~ 149.6	0.52 ~ 0.82
千枚岩	30.1 ~ 49.4	28.1 ~ 33.3	0.69 ~ 0.96
片　岩	59.6 ~ 218.9	29.5 ~ 171.4	0.49 ~ 0.80
石英岩	145.1 ~ 200	50 ~ 171.4	0.80 ~ 0.96

5. 膨胀性

岩石的膨胀性是指岩石浸水后发生体积膨胀的性质。通常粘土质矿物构成的岩石电水易产生膨胀，岩石体积膨胀产生膨胀应变和膨胀压力，从而影响岩石工程稳定。某些由粘土质矿物构成的岩石，当水分子加入后发生水楔作用。即当两个矿物颗粒相靠很近，水分子补充到矿物表面时，由于矿物颗粒表面吸着力作用把水分子吸附到它的周围。在两个矿物颗粒接触处，由于吸着力作用，水分子向两个矿物颗粒之间的缝隙内挤入。当岩石所受外部压力大于吸着力时，水分子就由接触处挤出。反之如压力减小到低于吸着力，水分子就又挤入两矿物颗粒之间，使颗粒间距加大。

岩石的膨胀性通常以岩石的自由膨胀率、岩石的侧向约束膨胀率、膨胀压力等来表述。

岩石的自由膨胀率是指岩石试件在无任何约束的条件下浸水后所产生膨胀应变与试件原尺寸的比值。常用的有岩石的轴向自由膨胀率 V_H 和径向自由膨胀率 V_D。这一参数适用于遇水不易崩解的岩石。

$$\begin{cases} V_H = \dfrac{\Delta H}{H} \times 100\% \\ V_D = \dfrac{\Delta D}{D} \times 100\% \end{cases} \qquad (1-14)$$

式中：ΔH，ΔD——分别是浸水后岩石试件轴向、径向膨胀变形量，mm；

　　　H，D——分别是岩石试件试验前的高度、直径，mm。

自由膨胀率的试验通常是将加工完成的试件浸入水中，按一定的时间间隔测量其变形量，最终按式（1-14）计算而得。

岩石的侧向约束膨胀率 V_{HP} 是将具有侧向约束的试件浸入水中，使岩石试件仅产生轴向膨胀变形而求得的膨胀率。其计算公式如下：

$$V_{HP} = \frac{\Delta H_1}{H} \times 100\% \qquad (1-15)$$

式中：ΔH_1——有侧向约束的试件轴向膨胀变形量，mm。

膨胀压力是指岩石试件浸水后，使试件保持原有体积所施加的最大压力。其试验方法类似于膨胀率试验。只是要求限制试件不出现变形而测量其相应的最大压力。

上述3个参数从不同的角度反映了岩石遇水膨胀的特性。我们可利用这些参数，评价建造于含有粘土矿物岩体中的硐室的稳定性，并为这些工程的设计提供必要的参数。

6. 崩解性

岩石的崩解性是指岩石与水相互作用时推动黏结性并变成完全丧失强度的松散物质的性能。这种现象是由于水化过程中削弱了岩石内部的结构联接引起的，常见于可溶盐和黏土质胶结的沉积岩中。岩石的崩解性一般用岩石的耐崩解性指数表示，这个指标可以在实验室内通过干湿循环试验确定。对于极软的岩石及耐崩解性低的岩石，还应根据其崩解物的塑性指数，颗粒成分与用耐崩解性指数划分的岩石质量等级等进行综合考虑。

1.3 岩石的力学性质

岩石的力学性质是指岩石在受力后所表现出来的某种力学特性，它主要包括岩石的变形特性和岩石的强度特性以及强度准则。本节主要介绍前两者。

1.3.1 岩石的变形特性

岩石在载荷作用下，首先发生的物理现象是变形。随着载荷的不断增加，或在恒定载荷作用下，随时间其变形将逐渐增大，最终导致岩石破坏。根据构成岩石的矿物成分和矿物颗粒的结合方式(结构)以及受力条件的不同，按照应力–应变–时间的关系，岩石的变形可分为弹性变形、塑性变形和粘性(流动)变形3种。

弹性(elasticity)　在一定的应力范围内，物体受外力作用产生全部变形，而去除外力(卸荷)后能够立即恢复其原有的形状和尺寸大小的性质，称为弹性。产生的变形称为弹性变形，并把具有弹性性质的物体称为弹性介质。

塑性(plasticity)　物体受力后产生变形，在外力去除(卸荷)后不能完全恢复原状的性质，称为塑性。不能恢复的那部分变形称为塑性变形，或称永久变形、残余变形。在外力作用下只发生塑性变形，或在一定的应力范围内只发生塑性变形的物体，称为塑性介质。

粘性(viscosity)　物体受力后变形不能在瞬时完成，且应变速率随应力增加而增加的性质，称为粘性。应变速率随应力变化的变形称为流动变形。

根据岩石材料的应力应变曲线所表现出的破坏特征，可将岩石划分为脆性材料和延性材料。这种区分不是指岩石材料属性。脆性和延性形态的差别，首先是宏观上的差别，它取决于岩石是否能经受显著的永久应变而不发生宏观破裂；同时脆性和延性还取决于环境条件，如压力、温度和应变率。它们不是一成不变的，同一块岩石在某些条件下可能呈现脆性，而在另外的条件下可能呈现延性。

脆性(brittle)　物体受力后，变形很小时就发生破裂的性质，称为脆性。

延性(ductile)　物体能承受较大塑性变形而不丧失其承载力的性质，称为延性。

岩石的变形特性是岩石的重要力学性质。一般可通过岩石变形试验研究岩石的变形特性。材料的变形特征与应力状态、作用时间等因素有关，因而在不同的应力状态下，同一材料可表现为不同的变形特征。

1. 岩石单向压缩应力 - 应变曲线特征

为了获得岩石在单向压缩条件下应力应变关系，可采用圆柱形或方柱形试件（其规格 $h = 2d$），在材料试验机上，采用一次连续加载，并借助应变测量仪可测得不同应力条件下，试件轴向及横向应变值。将所测得数据绘于 $\sigma - \varepsilon$ 坐标图上，便得出如图 1 - 2 所示应力应变曲线。

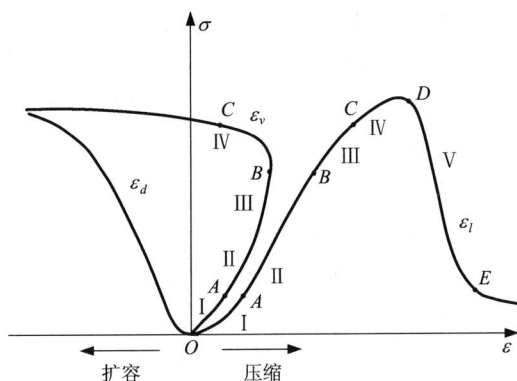

图 1 - 2 岩石的典型应力应变全过程曲线

图中 ε_d，ε_l 两条曲线分别表示试件横向及轴向应力应变关系。同时根据弹性理论线应变和与体应变相等（$\varepsilon_x + \varepsilon_y + \varepsilon_z = \varepsilon_v$，$\varepsilon_x = \varepsilon_y = -\varepsilon_d$，$\varepsilon_z = \varepsilon_l$），可得出在单向压缩条件下线应变与体应变关系为：

$$\varepsilon_v = 2\varepsilon_x + \varepsilon_z = \varepsilon_l - 2\varepsilon_d \tag{1-16}$$

按上述关系可绘出岩石单向压缩时试件体积应力应变曲线 ε_v（图 1 - 2）。从图 1 - 2 所示试件轴向（ε_l）、体积（ε_v）应力应变曲线可看出，试件受载后直到破坏经历以下五个阶段：

①微裂隙压密阶段（OA）。此阶段反映出岩石试件受载初期，内部存在裂隙及孔隙受压闭合，岩石被逐渐压密，形成早期的非线性变形。应力应变曲线上凹，表明裂隙、孔隙压密开始较快，随后逐渐减慢。在此阶段试件横向膨胀较小，试件体积随载荷增大而减小，伴有少量声发射出现。本阶段变形对裂隙化岩石来说较为明显，但对坚硬少裂隙的岩石则不明显，甚至不显现。

②弹性变形阶段（AB）。在此阶段应力应变曲线保持线性关系，服从虎克定律 $\sigma = E\varepsilon$。试件中原有裂隙继续被压密，体积变形表现继续被压缩。这一阶段的的上界应力称为弹性极限（B 点应力）。对坚硬岩石（花岗岩）这两个阶段内所施加载荷相当于峰值载荷 0 ~ 50%。

③裂隙发生和扩展阶段（BC）。从图 1 - 2 可以看出，在此阶段轴向（ε_l）曲线仍保持近于直线；过 B 点后，随载荷增加，曲线 ε_v 偏离直线。此时声发射频度明显增大，反映有新的裂隙（微破裂）产生。但这些裂隙呈稳定状态发展，受施加应力控制。由于微破裂的出现，试件体积压缩速率减缓，即试件相对于单位应力的体积压缩量减小。岩石变形表现为塑性变形，这一阶段的上界应力称为屈服极限（C 点应力）。此阶段施加载荷为峰值载荷 50% ~ 75%。

④裂隙不稳定发展直到破裂阶段（CD）。从图 1 - 2 ε_v 曲线看出，C 点切线斜率为无穷大（$d\sigma/d\varepsilon = \infty$），是 ε_v 曲线拐点。过 C 点后，随施加载荷增加试件横向应变值明显增大，试件体积增大（应变反号）。这说明试件内斜交或平行加载方向的裂隙扩展迅速，裂隙进入不稳定

发展阶段，其发展不受所施加应力控制。裂隙扩展接交形成滑动面，导致岩石试件完全破坏。试件承载能力达到最大，这一阶段的上界应力称为峰值强度或单轴抗压强度。此阶段所施加载荷为峰值载荷 75% ~ 100%。

⑤破裂后阶段（DE）。岩石试件通过峰值应力后，其内部结构遭到破坏，但试件基本保持整体状。到本阶段，裂隙快速发展，交叉且相互联合形成宏观断裂面。此后，岩石变形主要表现为沿宏观断裂面的块体滑移，试件承载力随变形增大迅速下降，但并不降到零，说明破裂后岩石仍有一定的承载能力，只是保持一较小值，相应于 E 点所对应的应力值称为残余强度。这一阶段变形一般只能在刚性试验机上得到，在非刚性实验机上，由于试件破坏时试验机的变形能突然释放，无法测出试件破坏以后的应力和变形。有关刚性试验机和应力应变全过程曲线问题将在后面讨论。

从上述可见，受载岩石试件随载荷增加直到破坏，试件体积不是减小而是增加。这种体积增大现象称为扩容（dilatancy），即岩石受载破坏历经一个扩容阶段。所谓扩容，是指岩石在外力作用下，形变过程中发生的非弹性的体积增长。扩容往往是岩石破坏的前兆。在扩容阶段，试件在邻近破裂时，侧向膨胀应变之和超过轴向应变，即 $|\varepsilon_x + \varepsilon_y| > \varepsilon_z$。扩容是由于岩石试件内张开细微裂隙的形成和扩张所致，这种裂隙的长轴与最大主应力的方向是平行的。

应当指出：以上讨论的岩石变形全过程曲线是一条典型化的曲线，它反映了岩石变形的一般规律。但自然界中的岩石，因其矿物组成及结构构造各不相同，所表现出的应力应变关系也不相同。上述各阶段未必明显，甚至不一定存在。

2. 循环荷载条件下岩石的变形特征

岩石在循环荷载条件下的应力 - 应变关系，随加、卸载方法和荷载应力大小不同而异。循环加载的方式可分为两种：逐级循环加载和反复循环加载。在同一荷载下对岩石加、卸载时，如果卸荷点的应力低于岩石的弹性极限，则卸荷曲线将基本上沿加荷曲线回到原点，表现为弹性恢复。但应当注意，多数岩石的大部分弹性变形在卸载后很快恢复，而小部分（约 10% ~ 20%）须经一段时间才能恢复，这种现象称为弹性后效。如果卸荷点的应力高于弹性极限，则卸荷曲线偏离原加荷曲线，也不再回到原点，变形除弹性变形（ε_e）外，还出现了塑性变形（ε_p）。

在逐级循环加载条件下，即多次反复加载、卸载循环，每次施加的最大荷载比前一次循环的最大荷载高，则可得到如图 1-3 所示的应力应变曲线。如果卸载点 P 超过屈服点，则每次加荷、卸荷曲线都不重合，且围成一环形面积，形成塑性回滞环。随循环次数增加，塑性回滞环面积有所扩大，卸载曲线的斜率（代表岩石的 E）逐次略有增加，表明卸载应力下的岩石材料的弹性有所增强。此外其应力 - 应变曲线的外包线与连续加载条件下的曲线基本一致，说明加、卸荷过程并未改变岩石变形的基本习性，这种现象也称为岩石记忆。

在反复循环加载（在同一荷载水平上反复加卸载）条件下，即多次反复加载、卸载循环，每次施加的最大荷载与第一次循环的最大荷载一样。当循环应力峰值在弹性极限以上某一较高值下反复加荷、卸荷时，由图 1-4 可见，卸荷后的再加荷曲线随反复加、卸荷次数的增加而逐渐变陡，回滞环的面积变小，岩石越来越接近弹性变形。残余变形逐次增加，岩石的总变形等于各次循环产生的残余变形之和，即累积变形。岩石的破坏产生在反复加、卸荷曲线与应力 - 应变全过程曲线交点处。这时的循环加、卸荷试验所给定的应力，称为疲劳强度。它不是一个定值，是一个比岩石单轴抗压强度低且与循环持续时间（即循环次数）等因素有关的值。当循环应力峰值低于某一极限应力水平时，循环次数即使很多，岩石也不会导致破坏。

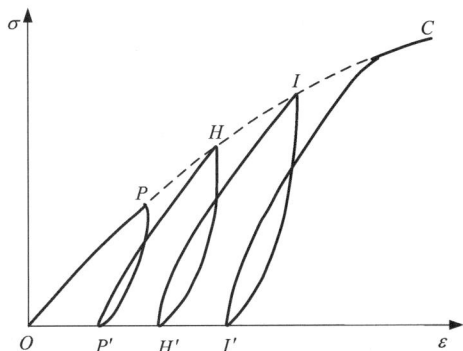

图 1-3 不断增加荷载循环加、
卸载时的应力-应变曲线

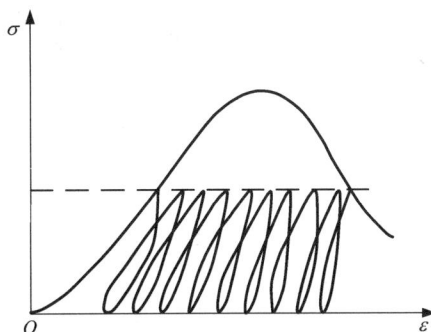

图 1-4 等荷载循环加、
卸载时的应力-应变曲线

3. 三轴压缩条件下的岩石变形特征

工程岩体一般处于三向应力状态下，因此，研究岩石在三轴压缩条件下的变形与破坏规律对实际工程更具有指导意义。三轴压缩条件下的变形特征主要通过三轴试验进行研究。

根据试验时的应力状态，三轴试验可分为两类：常规三轴试验和真三轴试验。常规三轴试验的应力状态为 $\sigma_1 > \sigma_2 = \sigma_3 > 0$，即岩石试件受轴压和围压作用，又称为普通三轴试验或假三轴试验，试验主要研究围压($\sigma_2 = \sigma_3$)对岩石变形、强度或破坏的影响。真三轴试验的应力状态为 $\sigma_1 > \sigma_2 > \sigma_3 > 0$，即岩石试件在三个彼此正交方向上受到不相等的压力，又称为不等压三轴试验。

目前普遍使用的是常规三轴试验。常规三轴压力试验机装置如图 1-5。试验时，将加工好的圆柱形岩石试件装入隔水胶囊内，置于三轴压力试验机的压力室中。通过油泵向压力室送入高压油，对试件施加预定的均匀围压 $\sigma_2 = \sigma_3$，并保持恒定，然后按一定速率逐级施加轴向压力

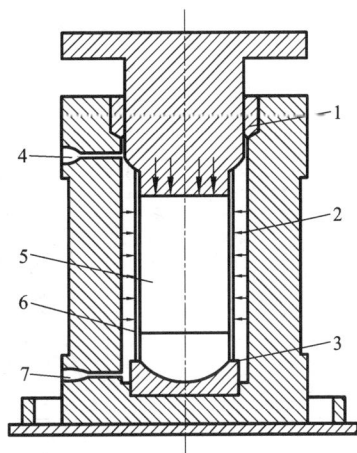

图 1-5 岩石三轴压力试验基本原理图

1—密封装置；2—侧压力；3—球形底座；4—出油口；
5—岩石试件；6—乳胶隔离膜；7—进油门

σ_1，直至试件破坏。在试验过程中分别记录下相应各级 σ_1 作用下的轴向应变 ε_l 和横向应变 ε_3。每一组岩石试件应取 5 个以上。对每个试件分别在不同围压 σ_3 作用下，测定($\sigma_1 - \sigma_3$)与 ε_l 关系(图 1-6、图 1-7)。

(1)常规三轴压缩条件下的岩石变形特征

常规三轴压缩条件下岩石的变形特征通常用($\sigma_1 - \sigma_3$) $\sim \varepsilon_l$ 曲线图来表示。在不同围压下，岩石的变形特征不同。图 1-6 和图 1-7 为大理岩和花岗岩在不同围压下的($\sigma_1 - \sigma_3$) $\sim$

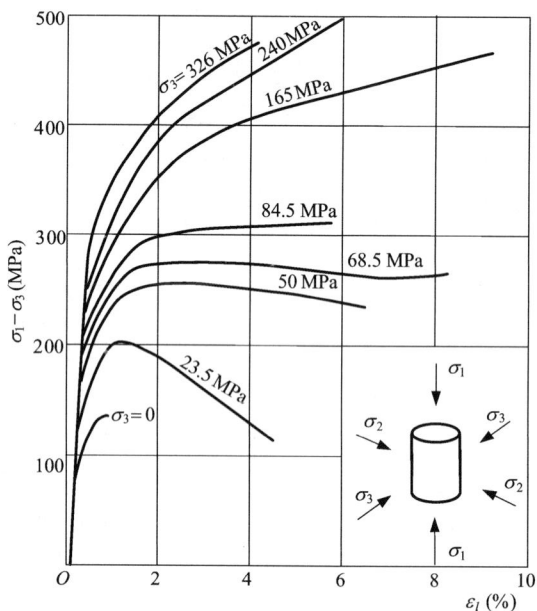

图 1-6　不同围压下大理岩的应力-应变曲线

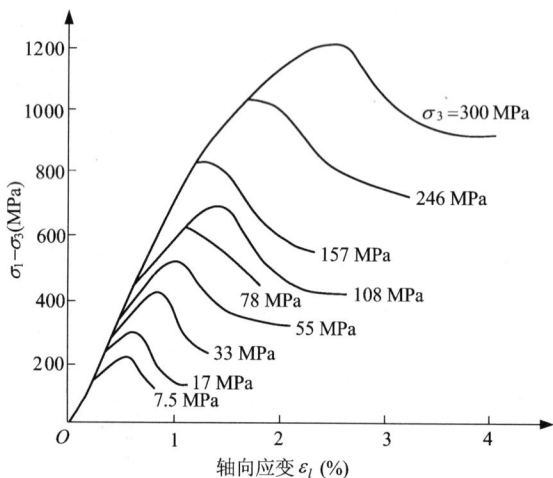

图 1-7　不同围压下花岗岩的应力-应变曲线

ε_l 曲线。由图可知，在常规三轴压缩条件下，首先，破坏前岩石的应变随围压增大而增加；另外，随围压增大，岩石的塑性也不断增大，且由脆性逐渐转化为延性。如图 1-6 所示的大理岩，在围压为零或较低的情况下，岩石呈脆性状态；当围压增大至 50 MPa 时，岩石显示出由脆性向延性转化的过渡状态；围压增加到 68.5 MPa 时，呈现出延性流动状态；围压增至 165 MPa 时，试件承载力($\sigma_1 - \sigma_3$)则随围压稳定增长，出现所谓应变硬化现象。这说明围压是影响岩石力学属性的主要因素之一，通常把岩石由脆性转化为延性的临界围压称为转化围压。图 1-7 所示的花岗岩也有类似特征，所不同的是其转化压力比大理岩大得多，且破坏前的应变随围压增加更为明显。试验表明，不同岩石转化围压不同。一般来说，岩石越坚硬，转化压力越大，反之亦然。

（2）真三轴压缩条件下的岩石变形特征

由于解决岩石工程问题需要，20世纪60年代末期研制出了真三轴压力试验机。随后进行了大量试验室试验，取得了不少研究成果。茂木清夫（1976）进行的真三轴试验中，研究了中间主应力 σ_2 和最小主应力 σ_3 对岩石变形特征的影响。

如图1-8(a)所示，当 σ_3 为一固定值（$\sigma_3 = 1.25 \times 10^2$ MPa）时，岩石强度（$\sigma_1 - \sigma_3$）$_{max}$随着中间主应力 σ_2 增加而增大，且 σ_2 值比 σ_3 较大时，岩石往往呈现出脆性状态。σ_2 逐渐下降时，则岩石由脆性逐渐过渡到延性状态。当 $\sigma_2 = \sigma_3$，相当于围压情况时，则岩石呈现出延性流动状态。换句话说，一般岩石的力学性质受到中间主应力影响，当中间主应力 σ_2 增大时，岩石脆性加强延性减弱。

若保持中间主应力 σ_2 为一常数，研究 σ_3 变化对应力应变的影响，如图1-8(b)所示，可知随着最小主应力 σ_3 的加大，大理岩由脆性逐渐过渡到延性，但其屈服应力仍保持不变。

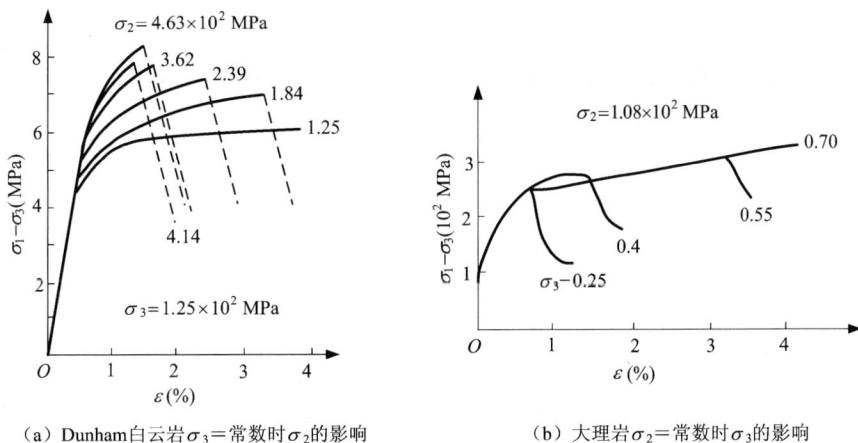

（a）Dunham白云岩 σ_3=常数时 σ_2 的影响　　　　（b）大理岩 σ_2=常数时 σ_3 的影响

图1-8　岩石在三轴压缩条件下的应力-应变曲线（茂木清夫）

对完整岩石中间应力值对应变特性产生影响，而对裂隙岩石则随裂隙产状不同，其变形特征有很大差异。C. Reik M. Zacas 通过裂隙岩石模拟试验确认，裂隙岩石变形特性取决于节理、裂隙形态，尤其是变形模量和延性与裂隙方位关系极大。裂隙产状不同时应力应变关系示于图1-9。

4. 岩石变形指标及其测定

表征岩石的变形指标一般有弹性模量、变形模量、泊松比等。

（1）岩石弹性模量 E

岩石弹性模量（modulus of elasticity）是指在单向压缩条件下，弹性变形范围为轴向应力与试件轴向应变之比，即 $E = \sigma/\varepsilon$。

当岩石在单向压缩条件下，其轴向应力-应变曲线呈直线时（图1-10），其弹性模量 E（MPa）为

$$E = \frac{\sigma_i}{\varepsilon_i} \tag{1-17}$$

式中：σ_i，ε_i——分别为应力 – 应变曲线上的轴向应力（MPa）和轴向应变。

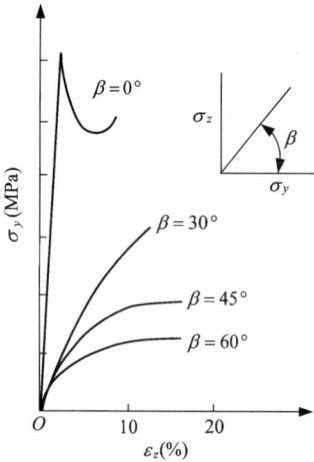

图 1 – 9　裂隙不同取向应力应变图

β—裂隙产状（与 σ_y 间夹角）

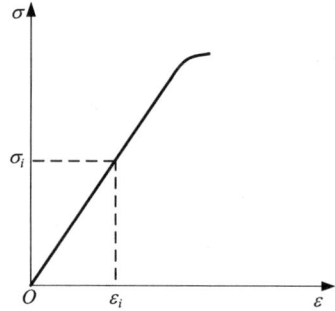

图 1 – 10　线性轴向应力 – 应变图

　　因为大多数岩石在单向应力作用下，应力应变之间不保持线性关系，因此岩石弹性模量不是常数。当其轴向应力 – 应变曲线为非线性关系时，其弹性模量有 3 种：初始弹性模量 E_i、割线弹性模量 E_s、切线弹性模量 E_t。通过试验所得应力应变曲线（图 1 – 11）可确定 3 者。

　　初始弹性模量 E_i，用应力应变曲线坐标原点切线斜率表示，即

$$E_i = \frac{\mathrm{d}\sigma}{\mathrm{d}\varepsilon} \tag{1-18}$$

　　割线弹性模量 E_s，用应力应变曲线原点与某一特定应力点之间的弦的斜率表示。一般规定特定应力为极限强度 σ_c 的 50%，即

图 1 – 11　岩石弹性模量确定方法

$$E_s = \frac{\sigma_{50}}{\varepsilon_{50}} \tag{1-19}$$

　　切线弹性模量 E_t，用应力应变曲线直线段的切线斜率表示

$$E_t = \frac{\sigma_{t2} - \sigma_{t1}}{\varepsilon_{t2} - \varepsilon_{t1}} \tag{1-20}$$

　　上述 3 种弹性模量随岩性不同差异很大。一般 $E_i \neq E_s \neq E_t$，对于细粒岩浆岩 $E_s = E_t = 0.9E_i$。孔隙度较大变形呈塑弹性∫型的岩石 $E_t > E_s > E_i$。对此类岩石，初始弹性模量 E_i 的大小，特别是初始弹性模量与切线弹性模量的比值 E_i/E_t，可以用来反映岩石裂隙发育程度。

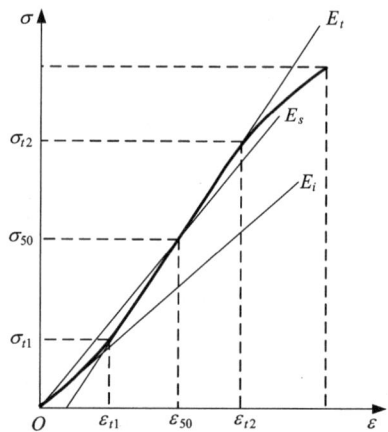

（2）岩石变形模量 E_0

当岩石受力后既有弹性变形又有塑性变形时（图1－12），用岩石的变形模量 E_0 来表征其总变形，岩石变形模量（modulus of deformation）是指岩石在单轴压缩条件下，轴向应力与轴向总应变（为弹性应变 ε_e 和塑性应变 ε_p 之和）之比

$$E_0 = \frac{\sigma}{\varepsilon} = \frac{\sigma}{\varepsilon_e + \varepsilon_p} \qquad (1-21)$$

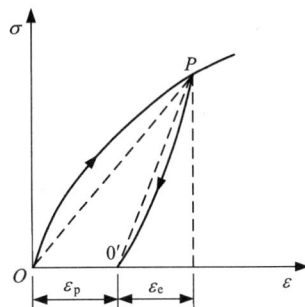

图1－12　弹塑性岩石的变形模量计算

（3）泊松比 μ

在单向载荷作用下，除发生轴向变形之外，还发生横向变形。横向应变（$\varepsilon_x = \varepsilon_y$）与轴向应变（$\varepsilon_z$）之比称为泊松比（poisson's ratio），可用式（1－22）确定。

$$\mu = \frac{\varepsilon_x}{\varepsilon_z}$$

或

$$\mu = \frac{\varepsilon_{x2} - \varepsilon_{x1}}{\varepsilon_{z2} - \varepsilon_{z1}} \qquad (1-22)$$

式中：ε_{x1}，ε_{x2}——分别对应轴向应力应变曲线上直线段始点、终点应力值为 σ_1，σ_2 的横向应变值；

ε_{z1}，ε_{z2}——分别对应力值为 σ_1，σ_2 的轴向应变值。

在岩石的弹性工作范围内，μ 一般为常数，但超过弹性范围后，则 μ 随应力的增大而增大，直到 $\mu = 0.5$ 为止。在实际工作中，常采用岩石单轴抗压强度50%处的 ε_x 与 ε_z 来计算岩石的泊松比。

$$\mu = \frac{\varepsilon_{x50}}{\varepsilon_{z50}} \qquad (1-23)$$

岩石的弹性模量和泊松比受岩石矿物组成、结构构造、风化程度、孔隙性、含水率、微结构面及其与荷载方向的关系等多种因素的影响，变化较大。表1－5中数据列出了常见岩石的弹性模量和泊松比的经验值。

表1－5　常见岩石的弹性模量和泊松比值

岩石种类	弹性模量 （×10⁴ MPa）	泊松比	岩石种类	弹性模量 （×10⁴ MPa）	泊松比
花岗岩	4.9～9.8	0.2～0.3	石灰岩	4.9～9.8	0.2～0.35
流纹岩	4.9～9.8	0.1～0.25	白云岩	3.92～7.84	0.2～0.35
安山岩	4.9～11.76	0.2～0.3	片麻岩	0.98～9.8	0.2～0.35
辉长岩	6.86～14.7	0.1～0.2	大理岩	0.98～8.82	0.2～0.35
玄武岩	5.88～11.76	0.1～0.35	石英岩	5.88～19.6	0.1～0.25
砂 岩	0.98～9.8	0.2～0.3	板 岩	1.96～7.84	0.2～0.3
页 岩	1.96～7.84	0.2～0.4			

试验研究表明,岩石的弹性模量与泊松比常具有各向异性。当垂直于层理、片理等微结构面方向加荷时,弹性模量最小,而平行微结构面加荷时,其弹性模量最大。两者的比值,沉积岩一般为 1.08～2.05;变质岩为 2.0 左右。

(4)其他变形参数

除弹性模量和泊松比两个最基本的参数外,还有一些从不同角度反映岩石变形性质的参数。如剪切模量(G)、体积模量(K_V)等。根据弹性力学,这些参数与弹性模量(E)及泊松比(μ)之间有如下公式所示的关系。

$$G = \frac{E}{2(1+\mu)} \tag{1-24}$$

$$K_V = \frac{3}{3(1-2\mu)} \tag{1-25}$$

5. 应力－应变全过程曲线

从实际工程中我们知道,工程岩体在破坏后仍具有承载能力,故破坏后岩石仍具有它的变形与强度特征。因此,必须了解岩石破坏后应力应变关系。前面我们讨论岩石单轴压缩条件下应力应变关系时,曾提到应用普通材料试验机试验只能获得岩石试件破坏前的应力应变曲线,只有应用刚性试验机或伺服试验机才能反映出试件在破坏后的应力应变关系。

普通材料试验机所测得的结果与岩石所表现不一致的主要原因,在于现在普遍使用的材料试验机加载系统刚度($K_M = 0.88 \times 10^4 \text{kN/m}$)小于试件刚度,这类试验机称为柔性试验机(soft testing machine)。从理论力学知道,物体刚度是指,使物体产生单位长度位移(变形)量 $u(\text{m})$ 所需要的力 $P(\text{N})$。刚度 K 为

$$K = \frac{p}{u} \tag{1-26}$$

岩石试件受载后,在弹性范围内应力应变关系可写成

$$\frac{p}{A} = E\frac{\Delta l}{l}$$

式中:A——试件的横截面积,m^2;

$\Delta l, l$——分别为试件发生的轴向变形和试件高度,m。

进一步可改写为

$$K = \frac{p}{\Delta l} = \frac{AE}{l}$$

根据式(1-26)关系,岩石试件刚度 $K_R = p/\Delta l = AE/l$。如某种大理岩 $E = 8.5 \times 10^4$ MPa,试件规格为 5 cm×5 cm×10 cm 的 $K_R = 2.1 \times 10^6$ kN/m。试件刚度 K_R 大于试验机加载系统刚度 K_M。

从式(1-26)看出,在普通材料试验机实验过程中,在相同的载荷作用下,因为 $K_M < K_R$,试验机与试件将产生不同压缩量,$u_M > u_R$。我们知道,对于弹性物体,产生弹性变形,贮存在弹性体中弹性应变能 W 为:$W = \frac{1}{2}pu = \frac{p^2}{2K}$。因此在试验机加载系统中贮存的应变能较试件中贮存的应变能大。所以当试件进入裂隙不稳定发展阶段后,试件抵抗变形能力降低,而加载系统所施载荷未做相应改变。即试验机压板施加的压力超过试件抗力,从而使施载过程中,贮存于加载系统中应变能突然释放,对试件产生冲击作用。发生突然破坏,做不出破坏

后应力应变曲线。

为获得试件破坏后应力应变曲线，必须采用具有大于试件刚度($K_M > K_R$)的刚性试验机(stiff testing machine)。刚性试验机中贮存弹性应变能小于试件中贮存的应变能，它总是小于试件进一步压缩所需要的能量，因而不会发生突然失稳破坏。但对某些岩石(如非常坚硬的岩石)采用刚性试验机也得不到应力应变全过程曲线，这时需采用伺服控制试验机。采用配有伺服控制系统的刚性试验机，能保证试件在受载过程中，始终处于受试验机加载状态。虽然试件进入裂隙不稳定发展阶段，抵抗能力降低，但由于试验机配有伺服控制系统，施加载荷可按规定的位移顺序给机械编制的程序、控制油缸排油量，减少向试件施加压力以适应开裂试件抗力。这样便可获得受载后直到破坏的应力应变全图(图1-2)。

从全图看出，岩石破坏后(DE段)仍保持一定的残余强度，说明只是局部破坏，岩石还没有完全丧失承载能力，丧失其结构作用。这在矿山中经常可以看到，尽管巷道两帮破坏严重，仍能继续使用。说明岩石破坏后性态研究，对采矿工程具有重要意义。

应力应变全图还反映岩石破坏性态。Wawersik 和 Fairhust(1970)根据岩石破坏后性态，岩石大体可分为两种类型。I类岩石的应力应变全图示于图1-13，峰值后应力应变曲线(有人为反映其性态实质，把这一段曲线称为载荷－位移曲线)的斜率总是负的。这一类岩石是典型的软岩或非脆性的。II类岩石在峰值之后有一段相当长度的方向改变的反转，以至曲线返回，再次保持正斜率。通过峰值点后，伺服卸载，由于岩石试件弹性较大，发生弹性恢复。一般极硬的脆性岩石属于这一类，如花岗岩等。

葛修润等人(1994)对此提出了不同的看法，认为所谓的II型曲线只不过是人为控制造成的，实际上并不存在。据此提出了如图1-14的应力－应变全过程曲线模型，即在保持轴向应变率不变(即轴向应变控制)的情况下，绝大部分岩石的后区曲线位于过峰值点P的垂直线右侧。只不过随岩石脆性程度不同，曲线的陡度不同而已。越是脆性的岩石(如新鲜花岗岩、玄武岩、辉绿岩、石英岩等)，其后区曲线越陡，即越靠近P点垂直线且曲线上有明显的台阶状。越是塑性大的岩石(如页岩、泥岩、泥灰岩、红砂岩等)，其后区曲线越缓。

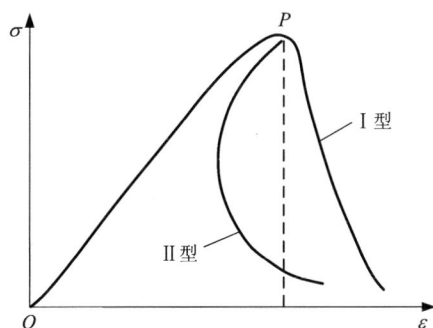

图1-13 岩石应力－应变全过程曲线基本形式
(根据 Wawersik 和 Fairhust, 1970)

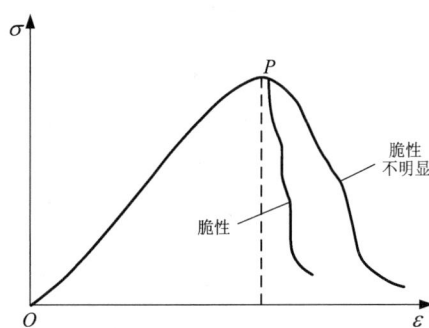

图1-14 岩石应力－应变全过程曲线新模型
(根据葛修润, 1994)

综上所述可看出，根据岩石的应力应变全图可以判断在一定应力状态下它的破坏特征。

1.3.2　岩石的强度特性

岩石在外荷载作用下，当荷载达到或超过某一极限值时，就会产生破坏。岩石在各种荷载作用下达到破坏时所能承受的最大应力称为岩石的强度（strength of rock）。由于受力状态的不同，岩石的强度也不同，如单轴抗压强度、单轴抗拉强度、抗剪强度、三轴抗压强度等等，分别讨论如下。

1. 岩石的单轴抗压强度

岩石的单轴抗压强度（uniaxial compressive strength）是指岩石试件在无侧隙条件下，受轴向压力作用至破坏时，单位横截面积上所承受的最大压应力，一般简称抗压强度。它在岩体工程分类、建立岩体破坏判据、工程岩体稳定性分析、估算其他强度参数等方面都是必不可少的指标。

（1）测定方法

岩石的单轴抗压强度值，可用规则的圆柱形、方柱形、立方体形试件或不规则试件测定。通常采用标准试件在压力机上，按规定的加载速率 $0.5 \sim 1.0$ MPa/s 轴向加载直到试件破坏。根据试件破坏时，施加的最大荷载 p，试件截面积 A，按式（1-27）计算岩石单轴抗压强度。

$$\sigma_c = \frac{p}{A} \qquad (1-27)$$

式中：σ_c——岩石抗压强度，MPa；

　　　P——试件破坏时施加的最大载荷，N；

　　　A——试件横截面积，m^2。

一般岩石单向抗压强度的测定值分散性较大，偏差系数变化于 $15\% \sim 30\%$ 范围内，有时可高达 50% 以上。因此，为获得可靠的平均单向抗压强度值，每组试件数目不应少于 $3 \sim 6$ 块。常见岩石的抗压强度值列于表 1-6。

表 1-6　几种岩石的强度指标值

岩石种类	抗压强度（MPa）	抗拉强度（MPa）	内摩擦角（°）	内聚力（MPa）
花岗岩	$98 \sim 245$	$6.85 \sim 24.5$	$45 \sim 60$	$13.7 \sim 49$
流纹岩	$176 \sim 294$	$14.9 \sim 29.4$	$45 \sim 60$	$9.8 \sim 4.9$
安山岩	$98 \sim 245$	$9.8 \sim 19.6$	$45 \sim 50$	$9.8 \sim 39.2$
辉长岩	$176 \sim 291$	$14.9 \sim 34.3$	$50 \sim 55$	$9.8 \sim 49$
玄武岩	$147 \sim 291$	$9.8 \sim 29.4$	$48 \sim 55$	$19.6 \sim 58.8$
砂　岩	$19.6 \sim 196$	$3.9 \sim 24.5$	$35 \sim 50$	$7.84 \sim 39.2$
页　岩	$9.8 \sim 98$	$1.96 \sim 9.8$	$15 \sim 30$	$2.94 \sim 19.6$
石灰岩	$49 \sim 196$	$4.9 \sim 19.6$	$35 \sim 50$	$9.8 \sim 49$
白云岩	$78.4 \sim 245$	$14.7 \sim 24.5$	$35 \sim 50$	$19.6 \sim 49$
片麻岩	$49 \sim 196$	$4.9 \sim 19.6$	$30 \sim 50$	$2.94 \sim 4.9$
大理岩	$98 \sim 245$	$6.86 \sim 24.5$	$35 \sim 50$	$14.7 \sim 29.4$
石英岩	$149 \sim 343$	$9.8 \sim 29.4$	$50 \sim 60$	$19.6 \sim 58.8$
板　岩	$58.8 \sim 196$	$6.86 \sim 14.7$	$45 \sim 60$	$1.96 \sim 19.6$

以规则试件测定岩石抗压强度，试件加工费用及消耗时间较多，并且某些岩石在加工成试件时，可能造成对试件的损伤而不利于强度测定。为此，可采用不规则试件取代规则试件测定强度值。国际岩石力学学会推荐用最大最小尺寸比大约为 1.5:1、体积大约为 100 cm³ 的卵形不规则试件，用手锤加工 15～20 个，其重量差为 ±20%。试验时平行于试件长轴并垂直于层面加载。不规则试件抗压强度 σ_{ci}（MPa）为

$$\sigma_{ci} = \frac{p}{A} \tag{1-28}$$

式中：p——试件破坏时施加最大载荷，N；

A——试件最大断面积，m²。

σ_{ci} 与规则试件抗压强度 σ_c 间的关系可用下式表示

$$\sigma_{ci} = 0.19\sigma_c \tag{1-29}$$

也可采用点载荷法确定岩石抗压强度。点荷载试验法是在 20 世纪 70 年代发展起来的一种简便的现场试验方法，其优点是仪器轻便，可以使用不规则试件，缺点是试验结果离散性大，因此需要试件个数相对较多。测定时用 XD-1 型点荷载仪（图 1-15），将尺寸满足 35 mm ≤ D ≤ 65 mm 和 0.9 ≤ Ks ≤ 1.5（Ks 为形态系数，$K_s = D/L$）两条件的不规则试件置于上、下两个标准加载器之间（图 1-16）。加载器对试件施加压力（点集中荷载）直到试件压坏。根据加载点间距离 D（m）和试件破坏时施加的最大载荷 p（N），可计算出点荷载强度指数（point load strength index）I_s（MPa）

$$I_s = \frac{p}{D^2} \tag{1-30}$$

根据试验知，I_s 值不仅与岩石种类有关，而且与 D 亦有关。抗压强度与点荷载强度指数关系如下

$$\sigma_c = KI_s \tag{1-31}$$

根据有关实验数据，$K = 20～25$。

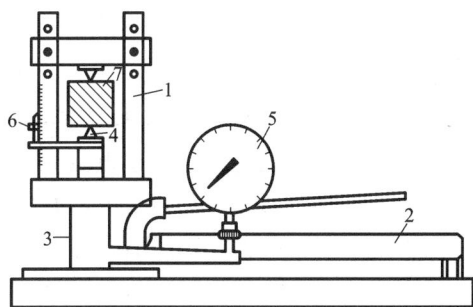

图 1-15 携带式点荷载仪示意图

1—框架；2—手摇卧式油泵；3—千斤顶；

4—球面压头（简称加荷锥）；5—油压表；6—游标卡尺；7—试样

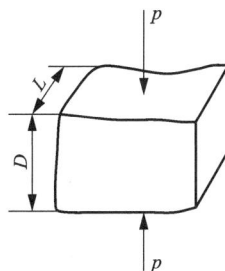

图 1-16 不规则试件点荷载试验

（2）单轴压缩条件下试件的破坏方式

岩石试件单轴受压时，由于种种因素的影响，真实破裂形式是模糊不清的，根据大量的试验观察，常见的破坏形式主要有三种：剪切破坏、对顶锥形破坏和纵向劈裂破坏，如图 1-

17 所示。试件的破坏形式是由端面效应(试件两端面与承压板之间的摩擦约束效应)引起的。由于承压板与试件端面间的摩擦大小不同,造成岩石试件破坏形式的不同。若直接在试验机上加载,端面存在较大的侧向摩擦约束时,则岩石试件呈剪切破坏或对顶锥形破坏。若采取减少端面摩擦约束的措施,对于比较坚硬的脆性岩石,则岩石试件破坏时产生平行压力方向的纵向劈裂,且强度降低。

(3)影响岩石单轴抗压强度的因素

大量试验研究表明,影响岩石单轴抗压强度的因素很多,这些因素主要包括两方面:一方面是岩石本身方面的因素,如岩石的矿物组成、结构构造、密度、风化程度及含水量等;另一方面是实验条件方面的因素,如试件的几何形状、尺寸、试件加工精度、端面条件、加载速率及温度等因素。第一方面的因素,我们在前面已经论述,这里主要讨论第二方面的因素。

①试件几何形状、尺寸及加工精度。

从试验数据看出,试件形状对测定结果有很大影响(图 1-18)。一般而言,圆柱形试件的强度高于棱柱形试件的强度。在棱柱形试件中,截面为六角形的试件的强度高于四角形的,而四角形的又高于三角形的。这是因为棱角处易产生应力集中,棱角越尖应力集中越大的缘故。这种影响称为形态效应。

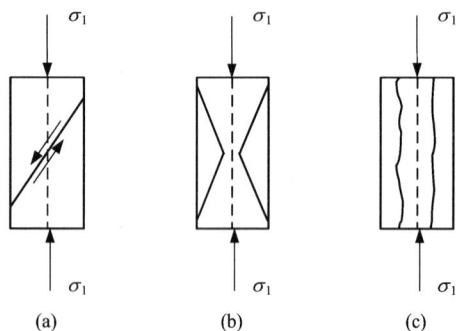

图 1-17 单轴压缩条件下试件破坏方式

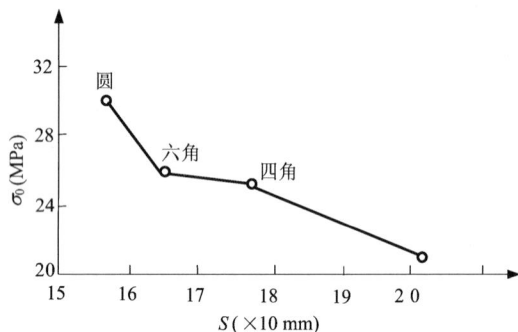

图 1-18 试件形状对强度影响

S—试件周边长

通过不同尺寸试件测定结果看出,岩石试件的尺寸越大,则强度越低,反之越高,这一现象称为尺寸效应。长沙矿冶研究院对几种岩石的不同尺寸试件强度测定结果示于图 1-19,从该图可看出,试件断面边长尺寸为 20 cm 时,测定结果稳定。这是因为试件内分布着从微观到宏观的细微裂隙,它们是岩石破坏的基础。试件尺寸越大,细微裂隙越多,破坏的概率也增大,因而强度降低。试件的高径比,即试件高度(h)与直径或边长(D)的比值,它对岩石强度也有明显的影响。一般来说,随 h/D 增大,岩石强度降低(图 1-20)。试验结果表明,当 $h/D = 2 \sim 3$ 时,试件内应力分布较均匀,岩石单轴抗压强度趋于稳定。因此,为了减少试件的尺寸影响及统一试验方法,国内有关试验规程规定:抗压试验应采用直径或边长为 5 cm,高径比为 2~2.5 的标准规则试件。

试件加工精度的影响主要表现在试件端面平整度和平行度的影响上。端面粗糙和不平行的试件,导致试件与承压板接触不密切,使试件处于偏心和局部受力状态,容易产生局部应力集中,降低了岩石强度。因此试验对试件加工精度要求较高。

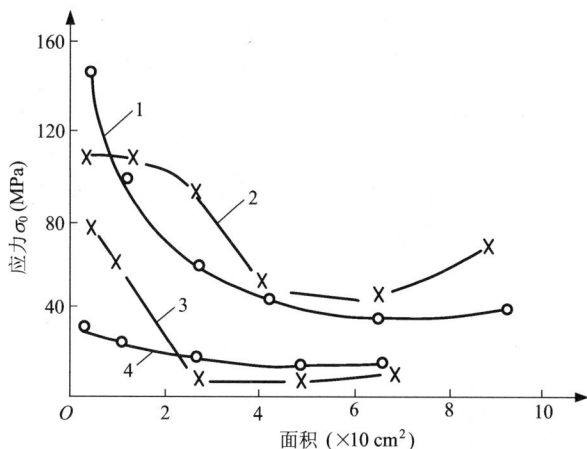

图 1 - 19　强度与试件尺寸关系

1，2—石灰岩；3，4—绢云母片岩

②端面条件。

端面条件是指岩石试件端面的边界条件。端面条件对岩石强度的影响，称为端面效应。其产生原因一般认为是由于试件端面与试验机承压板间的摩擦作用，改变了试件内部的应力分布和破坏形式，进而影响岩石的强度。

承压板的刚度也影响试件端面的应力状态。当承压板刚度较大时，其接触面的应力分布很不均匀，呈山字型，如图 1 - 21 所示。显然，这将影响整个试件的受力状态，因此，有人建议试验机的承压板(或者垫块)尽可能采用与岩石刚度相近的材料。避免由于刚度的不同而引起变形不协调造成应力分布不均匀的现象，减小对强度的影响。

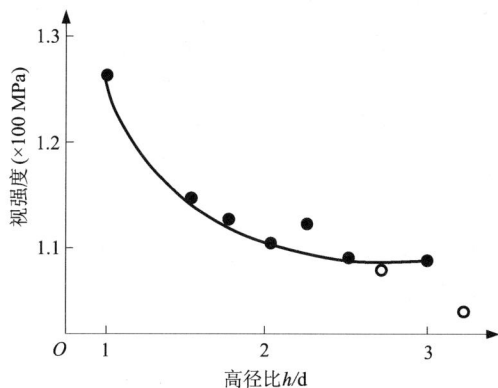

图 1 - 20　Mizuho 粗面岩的抗压强度与高径比的关系

●—表示伴有弯矩

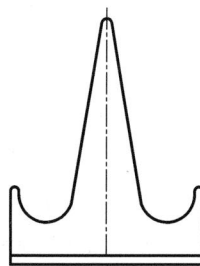

图 1 - 21　岩石试件端面上压应力分布

③加载速率。

测定强度时，施加载荷速率对抗压强度值有很大影响。随加载速率增加，强度提高

（表1-7），但对某些种类岩石，当施加载荷速率逐渐增加时，弹性模量反而降低。加载速率最小时，会出现蠕变现象。加载速率最大时，会像炸药爆炸时引起的冲击载荷，这时岩石的性态，与一般压缩试验时所看到的性态完全不一样，具有动的性质的岩石性态。这是因为随加载速率增大，若超过了岩石的变形速率，即岩石变形未达稳定就继续增加荷载，则在试件内将出现变形滞后于应力的现象，使塑性变形来不及发生和发展，增大了岩石强度。因此，为了规范试验方法，现行的试验规程都规定了加载速率，一般约为 0.5~1.0 MPa/s。

表1-7 加载速度对岩石强度影响

岩石名称	加载到破坏30 s(MPa)	加载到破坏0.03 s(MPa)	强度增加(%)
砂 岩	53.92	81.37	50
辉长岩	205.88	274.51	30

④温度。

温度对岩石强度也有明显的影响。一般来说，随温度升高，岩石的脆性降低，黏性增强，岩石强度也随之降低。

⑤层理结构。

具有层状、片状等层理结构特征的岩石，因受力方向不同，其单轴抗压强度往往具有明显的各向异性。总的来讲，垂直于岩石层理方向的抗压强度大于平行层理方向的抗压强度。

需指出的问题是，以上岩石单轴抗压强度的因素，也会同样以不同的程度影响岩石的其他强度。

2. 岩石的单轴抗拉强度

岩石在单轴拉伸荷载作用下达到破坏时所能承受的最大拉应力，称为岩石的单轴抗拉强度(uniaxial tensile strength)，一般简称抗拉强度。

岩块的抗拉强度是通过室内试验测定的，其方法包括直接拉伸法和间接拉伸法两种。在间接拉伸法中，又有劈裂法、抗弯法及点荷载法等。其中以劈裂法和点荷载法最常用。

（1）直接拉伸法

直接拉伸法类似于钢材抗拉强度的测量方法，即把岩石试件加工成钢材试件那样形状（图1-22）或圆棒形，利用特制的夹具和粘合剂将岩石试件两端固定在材料试验机上进行拉伸。根据试件断裂时，施加的载荷 p 和试件截面积 A，按式（1-32）计算岩石的抗拉强度 σ_t：

$$\sigma_t = \frac{p}{A} \qquad (1-32)$$

采用直接拉伸法可得出较准确的抗拉强度值。但是采用该法试件制备比较困难，且试验技术复杂。因此一般不采用这个方法测定岩石抗拉强度，大多采用间接拉伸法。

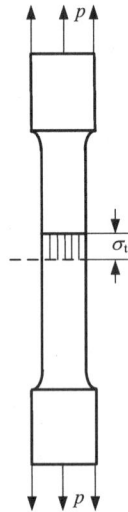

图1-22 拉伸试验试件形状

（2）劈裂法

劈裂法是沿圆盘形试件直径方向上施加相对线性载荷，使试件内部沿径向引起拉应力而破坏的试验方法，亦称巴西法（Brazilian test）。通常采用厚度为直径 0.5～1.0 倍的圆盘形试件，试件在压力试验机上受线集中载荷作用（图 1－23）。根据弹性理论可知，受径向压缩作用的圆盘中，在纵向直径平面上作用着几乎等值的拉应力（图 1－24）。圆盘试件使在拉应力作用下，沿加载方向断裂。

为使试件和试验机上、下压板呈线接触，承受线集中载荷作用。在试件与上下压板间放一直径＜3 mm 的细钢条（图 1－23）或采用专用的劈裂夹具。

根据弹性力学，在试件纵向直径平面上作用的拉应力与施加载荷 p 的关系，可用式（1－33）表示。

$$\sigma_t = \frac{2p}{\pi D t} \tag{1－33}$$

式中：σ_t——岩石抗拉强度，MPa；

　　　p——岩石试件断裂时所施加最大载荷，N；

　　　D——岩石试件直径，m；

　　　t——岩石试件厚度，m；

　　　π——圆周率。

在试件中心附近拉应力分布均匀，应力数值近于相等。如果作用在圆盘上载荷不是理想的线集中载荷时，在距圆盘中心上下方向 $0.8R$（半径）处，应力值为零。大于 $0.8R$ 处应力转为压应力。应力分布情况示于图 1－24。在两端受力点处压应力为最大，其值为拉应力值 10 倍以上。但因岩石抗拉强度很低，抗压强度较高，所以岩石试件是在拉应力作用下断裂。此拉应力值就是岩石的抗拉强度。

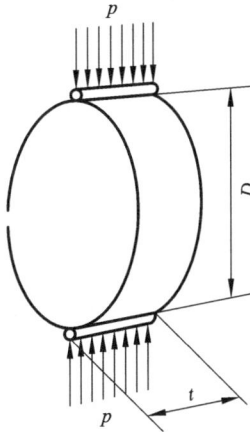

图 1－23　劈裂试验试件上载荷分布

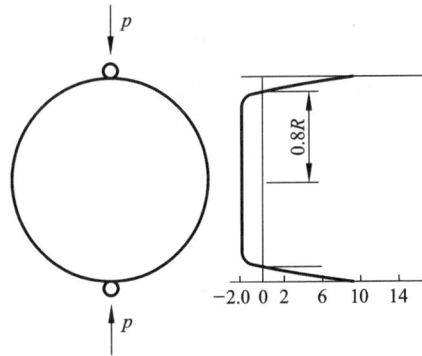

图 1－24　劈裂法试件中拉应力分布

采用劈裂法试件易于加工，所耗工时及费用少，但所测得抗拉强度值偏大约 10%。

（3）点荷载法

点荷载法测定抗拉强度时，可采用圆棒、圆盘、矩形板等（图 1－25）形状试件，也可采用不规则试件(图 1 - 16)、钻孔岩芯或现场采取的岩块略加修整即可。根据试件破坏载荷,求得岩石的点荷载强度指数 I_s [式(1 - 30)],然后求岩石抗拉强度。

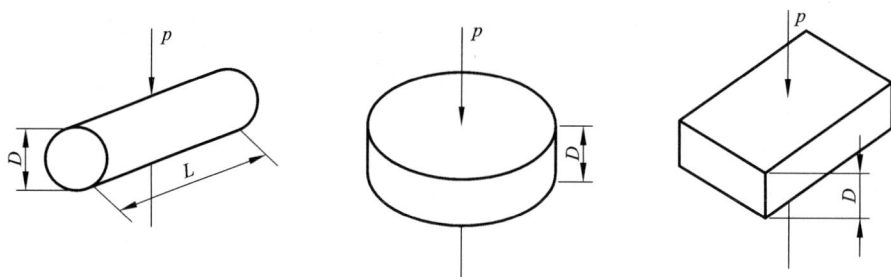

图 1 - 25　圆棒、圆盘、矩形板试件施加点载荷

这时岩石的抗拉强度与点荷载强度指数关系如下

$$\sigma_t = K I_s \tag{1 - 34}$$

式中:K——系数,一般取 0.86 ~ 0.96。而对于圆棒形试件 $K = 0.96$,圆盘形试件 $K = 0.7$,矩形板试件 $K = 0.8$。

由于点荷载试验的结果离散性很大,因此为了保证测试精度,实验规程一般规定每组试验必须达到一定的数量,通常进行 15 个试件以上的试验,然后取其平均值。

常见岩石的抗拉强度值列于表 1 - 6。可见岩石的抗拉强度明显低于其抗压强度。这时因为岩石中包含有大量的微裂隙和孔隙,岩石抗拉强度受其影响很大,直接削弱了岩石的抗拉强度。相对而言,孔隙性对岩石抗压强度的影响就小得多,因此,岩石的抗拉强度一般远小于其抗压强度。通常把抗压强度与抗拉强度的比值称为脆性度,$n = \sigma_c / \sigma_t$(σ_c——抗压强度,σ_t——抗拉强度),用以表征岩石的脆性程度。岩石的抗拉强度一般为抗压强度的 1/25 ~ 1/10。由于岩石的抗拉强度很低,所以在重大工程设计中应尽可能避免拉应力的出现。

3. 岩石的抗剪强度

岩石在剪切荷载作用下抵抗剪切破坏的最大剪应力称为岩石抗剪切强度(shear strength),简称抗剪强度,是反映岩石力学性质的重要参数之一。根据莫尔 - 库仑理论(见 1.5 节),岩石的抗剪强度由内聚力 C 和内摩擦阻力 $\sigma \tan \varphi$(φ 为内摩擦角)两部分组成。按剪切试验方法不同,所测定的抗剪强度的含义也不同,通常可分为如下 3 种抗剪强度(图 1 - 26)。

①抗剪断强度:指试件在一定的法向应力作用下,沿预定剪切面剪断时的最大剪应力[图 1 - 26(a)]。此时的抗剪强度是一个变量,它反映了岩石的内聚力和内摩擦阻力。

②抗切强度:指试件上的法向应力为零时,沿预定剪切面剪断时的最大剪应力[图 1 - 26(b)]。它反映了岩石的内聚力。该试验一般用于校核抗剪断强度试验所求得的内聚力。

③摩擦强度:指试件在一定的法向应力作用下,沿已有破裂面再次剪切破坏时的最大剪应力[图 1 - 26(c)]。它反映了岩石中微结构面(裂隙、层理等)或人工破裂面上的摩擦阻力。

通常所说的抗剪强度是指抗剪断强度。当前在实验室测定岩石抗剪强度的方法有直剪试验、倾斜压模剪切法和三轴试验等。

直剪试验是在直剪仪(图 1 - 27)上进行的。试验时,先在试件上施加法向压力 N,然后在水平方向逐级施加水平剪力 T,直至达到最大值 T_{max} 试件发生破坏为止。剪切面上的正应

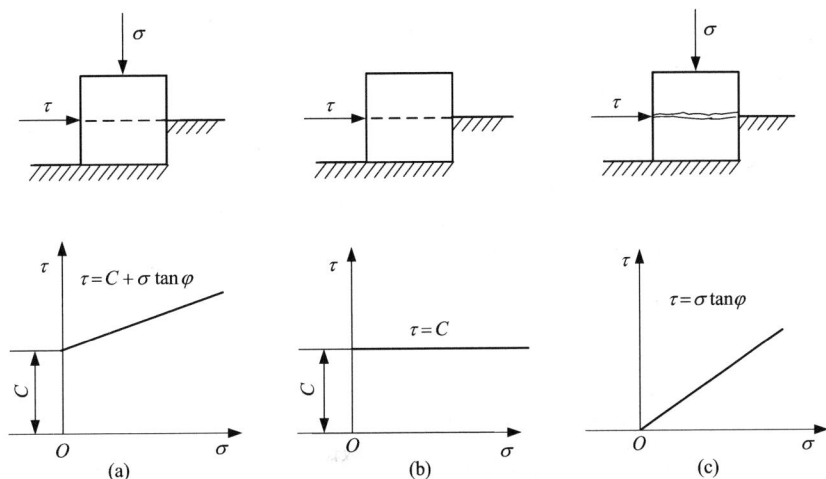

图1-26　岩石抗剪强度试验三种类型及强度特征

(a)抗剪断强度；(b)抗切强度；(c)摩擦强度

力 σ 和剪应力 τ 按下列公式计算：

$$\begin{cases} \sigma = \dfrac{N}{A} \\ \tau = \dfrac{T}{A} \end{cases} \qquad (1-35)$$

式中：A——试件的剪切面面积，m^2。

用同一组岩样（4～6块），在不同法向应力 σ 下进行直剪试验，可得到不同 σ 下的抗剪断强度 τ，且在 $\tau-\sigma$ 坐标中绘制出岩石强度包络线。试验研究表明，该曲线不是严格的直线，但在法向应力不太大的情况下，可近似地视为直线（图1-28）。这时可按库伦-纳维尔理论求岩石的抗剪强度参数 C，φ 值。

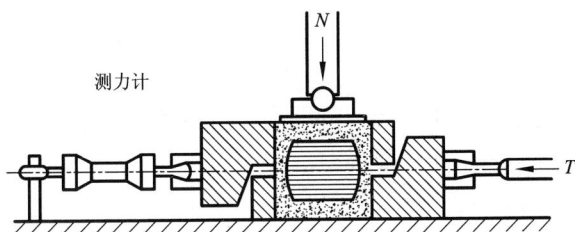

图1-27　直剪试验装置图

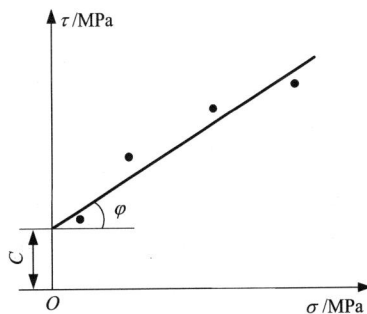

图1-28　C，φ 值的确定示意图

倾斜压模剪切法（变角板剪切试验）是将圆柱形或立方体（5 cm×5 cm×5 cm）试件放在剪切夹具的两个钢制的倾斜压模之间（图1-29），而后把夹有试件压模放在压力试验机上加压。当施加载荷达到某一值时，试件沿预定剪切面 $A-B$ 剪断。为使在剪切破坏过程中剪切夹具不受承压板与压模端面间摩擦力影响，在压模端面与压力机承压板间放置滚柱板。考虑承压板与剪切夹具间的滚动摩擦，试件发生剪切破坏时，作用在破坏面上的应力为

$$\begin{cases} \tau = \dfrac{T}{A} = \dfrac{p}{A}(\sin\alpha - f\cos\alpha) \\ \sigma = \dfrac{N}{A} = \dfrac{p}{A}(\cos\alpha + f\sin\alpha) \end{cases} \qquad (1-36)$$

式中：p——试件发生剪切破坏时施加的最大载荷，N；

  T——作用在破坏面上的剪切力，N；

  N——作用在破坏面上的正压力，N；

  A——剪切破坏面的面积，m^2；

  α——剪切面与水平面的夹角，（°）；

  f——压力机承压板与剪切夹具间的滚动摩擦系数。

  试验时采用 4~6 个试件，分别以不同的 α 角进行试验。每变动一次压模的倾角 α 值，可得到该试件破坏时相应的一组 σ，τ 数值。根据所获得的不同 α 值条件下 σ，τ 值，便可在 $\sigma-\tau$ 坐标系上画出反映岩石发生剪切破坏的强度曲线（图 1-30），图中的三条曲线表示三种岩石的强度曲线），进而求出反映岩石剪切破坏时力学性质的两个参数：内聚力 C 和内摩擦角 φ。在一般情况下 C，φ 值不是常数。

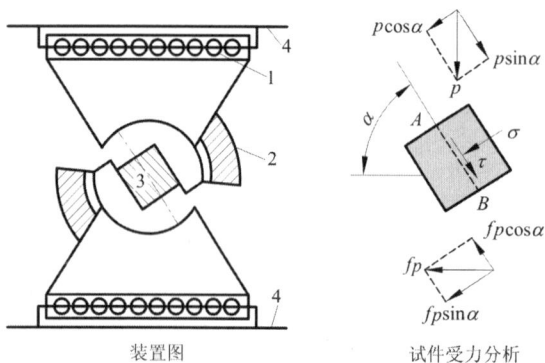

图 1-29 变角板剪力装置示意图

1—滚轴；2—变角板；3—试件；4—承压板

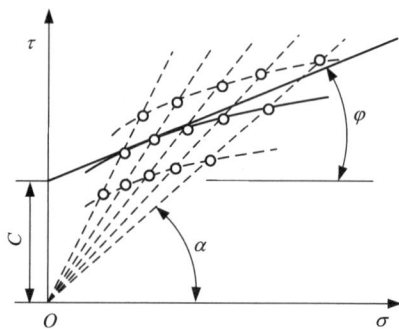

图 1-30 剪切强度曲线

  注意，为使试件能沿预定剪切面破坏，α 值应在 40°~65°范围内，间隔按 5°变化。$\alpha <$ 40°时试件可能出在过大的 σ 作用下，不按预定的剪切面破坏，呈现单向压缩时破坏现象——出现破坏锥体；$\sigma > 65°$，可能引起拉应力，并且压模易倾倒。

  剪切试验过程中若不考虑滚动摩擦力，则式（1-36）为

$$\begin{cases} \tau = \dfrac{T}{A} = \dfrac{p}{A}\sin\alpha \\ \sigma = \dfrac{N}{A} = \dfrac{p}{A}\cos\alpha \end{cases} \qquad (1-37)$$

  通过三轴试验等方法也可以求得岩石的抗剪强度参数，具体讨论见 1.5.2 节。几种岩石的抗剪强度参数见表 1-6。

4.岩石的三轴抗压强度

实际岩体工程中的岩石,尤其是地下工程的围岩一般处于三向应力状态。仅用单向受力条件下确定的岩石强度,难以满足设计、生产要求。因此,研究岩石在三向应力作用下的强度特性具有普遍意义。

岩石的三轴抗压强度(triaxial compressive strength)是指岩石在三轴压缩荷载作用下,试件破坏时所承受的最大轴向压应力。在一定围压作用下,岩石的三轴抗压强度 σ_{3c}(MPa)为

$$\sigma_{3c} = \frac{P}{A} \tag{1-38}$$

式中:P——试件破坏时的最大轴向载荷,N;

    A——试件的初始横截面积,m^2。

岩石的三轴抗压强度通过岩石的三轴压缩试验(常规三轴试验或真三轴试验)(图1-31)获得。

(1)常规三轴试验

用常规三轴压力试验机进行(试验方法见1.3.1节)。试验表明(图1-6、图1-7),岩石处于三向应力状态下,其强度随侧向压力增加而增大。其变形特征显现塑性变形的能力亦增加。

长沙矿山研究院对锡矿山锑矿石灰岩和矽化石灰岩测定得出的三轴抗压强度与侧向压力关系,示于图1-32。

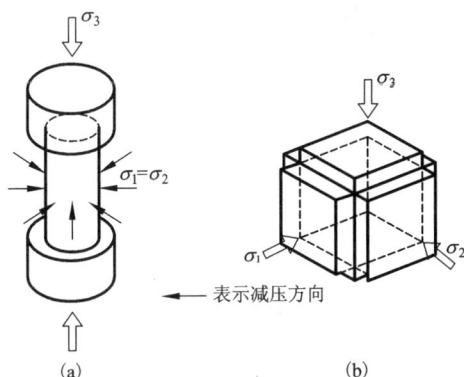

图1-31 试验设备所提供的三向应力状态

(a)常规三轴试验;(b)真三轴试验

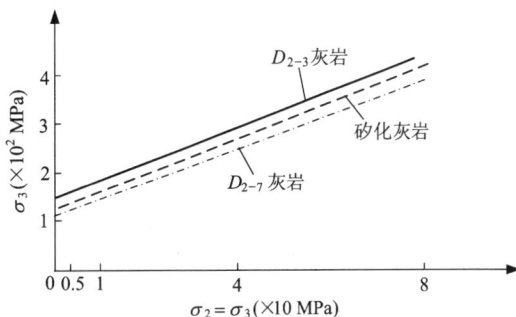

图1-32 三向压缩强度与围压 σ_a 关系

岩石三向抗压强度与侧向压力(围压)的关系,可用下式表示:

$$\sigma_{3c} = \sigma_c + K\sigma_a \tag{1-39}$$

式中:σ_{3c}——岩石三向抗压强度,MPa;

    σ_c——岩石单向抗压强度,MPa;

    σ_a——侧向压力,MPa;

    K——系数,与岩石种类有关(表1-8);与岩石内摩擦角关系可写成 $K = \dfrac{1+\sin\varphi}{1-\sin\varphi}$。

表 1-8　与岩石有关的系数 K 的取值

岩石种类	系数 K	侧向压力(MPa)	岩石种类	系数 K	侧向压力(MPa)
致密砂岩	6.20	≤60.0	红色砂岩	5.50	≤40.0
紫红色铝土矿	7.50	≤40.0	大理岩	3.75	≤40.0
豆状铝土矿	2.75	≤80.0	白云质石灰岩	5.56	≤80.0

　　长沙矿山研究院在研究锡矿山锑矿顶底板灰岩及矽化灰岩力学性质中，发现 K 值随侧向应力 σ_3 增大而降低，其关系示于图 1-33。从该图看出，增加侧向压力对提高岩石三向抗压强度是有限度的。

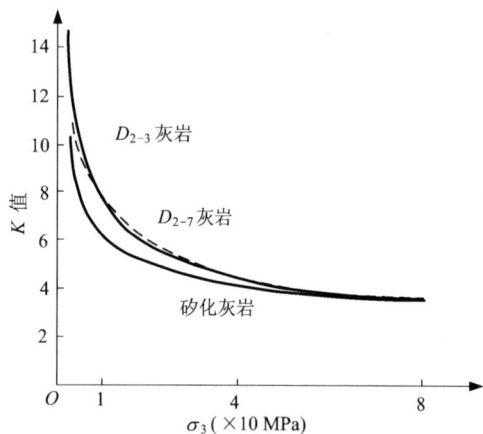

图 1-33　K 与侧向压力 σ_3 的关系

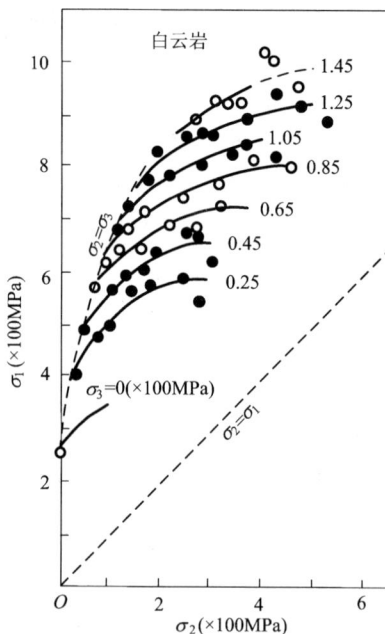

图 1-34　σ_1, σ_2 与 σ_3 的关系

　　几种岩石的三轴抗压强度如表 1-9。

表 1-9　几种岩石的三轴抗压强度

岩石种类	三轴抗压强度(MPa)				
	侧向应力(MPa)				
	10	20	30	50	100
大理岩	97.7	140.0	153.8	214.0	292.0
矽卡岩	186.5	232.0	305.0	326.0	465.0
辉绿岩	157.0	233.0	272.0	359.0	541.0
石英玢岩	165.9	248.0	196.0	292.0	505.0

（2）真三轴试验

真三轴试验是在 20 世纪 60 年代末期开始研究的。在高压容器中试件借助两对互相垂直的活塞，对试件施加不等的侧向应力（$\sigma_2 \neq \sigma_3$）。于是试件处于 $\sigma_1 > \sigma_2 > \sigma_3$ 应力状态下。茂木通过对白云岩的大量试验，得出了岩石在真三轴应力状态下破坏时 σ_1、σ_2 与 σ_3 间关系（图 1–34）。从该图看出，最小主应力 σ_3 保持不变，随 σ_2 增大，试件破坏时所必要的最大主应力 σ_1 也增大。说明中间主应力对强度有影响，但 σ_2 影响较 σ_3 为小。

330 工程局对岩石处于 $\sigma_1 > \sigma_2 > \sigma_3$ 应力状态下破坏的研究得出了 σ_2 对 σ_1 影响规律，认为在给定的 σ_3 为常数时，由于 σ_2 增加，在一定应力变化区间内，可以使岩石破坏时的 σ_1 增大。但当 σ_2 超过这一特定区间之后，σ_1 随 σ_2 增加而迅速下降。这是因为在 σ_2 超过某一限度时，试件内产生拉应力，以拉剪综合形式破坏，σ_1 急剧下降。这个区间大小与岩石性质有关。根据试验资料其破坏类型示于图 1–35。从茂木和 330 工程局研究结果看出了 σ_2 对 σ_1 的影响还需进一步研究。

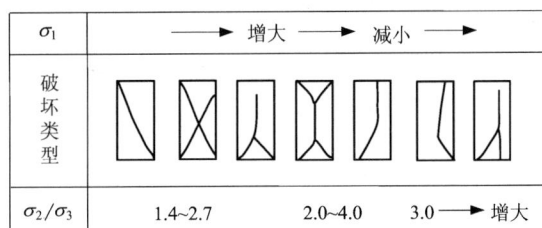

σ_1		⟶ 增大 ⟶ 减小 ⟶						
破坏类型								
σ_2/σ_3	1.4~2.7		2.0~4.0		3.0 ⟶ 增大			

图 1–35　中间主应力 σ_2 的影响范围

通过真三轴试验可得到许多不同应力路径下的力学特性，为岩石力学理论研究提供较多的资料。但是真三轴装置复杂，且试件六面均受到由加压板引起的摩擦力，对试验结果影响较大，故较少使用该类试验。

试验研究表明，岩石的三轴抗压强度与岩石本身性质、围压、温度、湿度、孔隙压力及试件高径比等因素有关。特别是矿物成分、结构、微结构面发育情况及其相对于最大主应力的方向和围压的影响尤为显著。

综上所述可知，岩石在不同应力状态下其强度值不同，一般符合如下规律：三轴抗压强度 > 双轴抗压强度 > 单轴抗压强度 > 抗剪强度 > 抗弯强度 > 抗拉强度。

1.4　岩石的流变性质

1.4.1　基本概念

流变性，是指介质在外力不变条件下，应力或应变随时间而变化的性质。岩石和一般固体所具有的在屈服点前为弹性变形、屈服点后为塑性变形的特点不同，它在弹性限度内既有弹性变形又有塑性变形。因此，岩石的永久变形不一定要外载荷达到一定数值才发生，也不一定要在高温下才发生，即使在常温条件下，尽管作用在岩石上的载荷很小，只要它的作用时间相当长，岩石也会发生永久变形。也就是说，岩石的变形不仅表现出弹性和塑性，而且还具有流变性质。岩石的流变现象十分普遍，地表的边坡、地下的巷道、矿柱等岩石工程都存在流变特性，软岩巷道的流变现象则更加明显；在地壳中所看到的各种地质构造形迹，以及在第四纪冰川沉积物中经常可看到的各种弯曲砾石就是很好的见证。

岩石的流变力学特性主要包括：蠕变、松弛、弹性后效。

蠕变(creep)，是指介质在大小和方向均不改变的外力作用下，其变形随时间的变化而增大的现象。

松弛(relaxation)，是指介质的变形(应变)保持不变时，内部应力随时间变化而降低的现象。

弹性后效(elastic after-effect)，是指对介质加载或卸载时，弹性应变滞后于应力的现象。它是一种延迟发生的弹性变形和弹性恢复，外力卸除后最终不留下永久变形。

根据岩石蠕变试验，在一定的应力条件下，岩石发生蠕变时，可得到图1-36所示的应变与时间关系的典型蠕变曲线。根据蠕变曲线特征，可将其划分成下列几个阶段：

1. 瞬时弹性变形阶段(OA段)

加载后以近于声速速度完成的弹性变形，其值等于 $\varepsilon = \dfrac{\sigma_0}{E}$。

图1-36 岩石的典型蠕变曲线

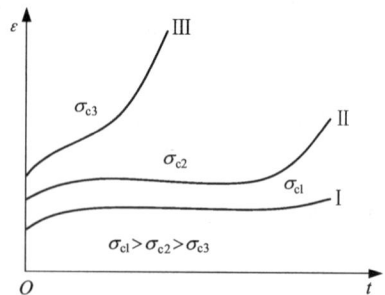

2. 蠕变开始阶段(AB段)

在这个阶段内，蠕变速度是递减的，而且递减很快，也称为衰减蠕变阶段。

3. 蠕变第二阶段(BC段)

在这个阶段蠕变速度保持不变，称稳定蠕变阶段或等速蠕变阶段。

4. 蠕变第三阶段(CD段)

此阶段内蠕变速度以加速形式迅增，直至破坏阶段，称为加速蠕变阶段。

岩石全部蠕变变形 $\varepsilon_{(t)}$ 为

$$\varepsilon_{(t)} = \varepsilon_0 + \varepsilon_1 + \varepsilon_2 + \varepsilon_3 \qquad (1-40)$$

式中：ε_0，ε_1，ε_2，ε_3 分别为蠕变各阶段的应变。

并不是任何岩石材料在任何应力水平上都存在蠕变的三个阶段，一种岩石既可以发生稳定蠕变也可以发生不稳定蠕变，这取决于岩石应力的大小。小于次临界应力时，蠕变按稳定蠕变发展，不会导致岩石破坏；超过某一临界应力时，蠕变向不稳定蠕变发展，并随着时间的增长，将导致岩石破坏。通常称此临界应力为岩石的长期强度。同一种岩石的蠕变曲线，根据其应力水平，可划分为三个类型(图1-37)：

图1-37 岩石蠕变曲线类型

①类型Ⅰ：在低应力水平下，包含衰减蠕变和稳定蠕变段。这种蠕变不导致岩石破坏。也称为稳定蠕变。

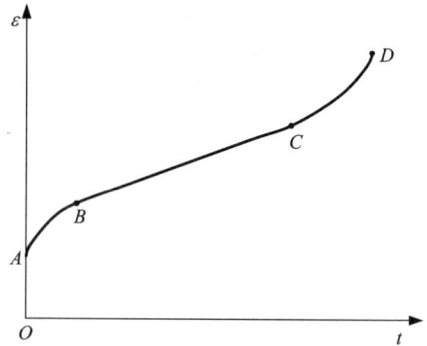

②类型Ⅱ：在中等应力水平下，包含典型蠕变三个阶段。

③类型Ⅲ：在较高应力水平下，应变率很高，几乎没有稳态蠕变阶段。

类型Ⅱ、Ⅲ都将导致岩石破坏，故统称不稳定蠕变。

岩石蠕变曲线类型也与岩性有关。坚硬岩石表现出稳定蠕变，而软弱岩石往往发生不稳定蠕变。

岩石的蠕变特性除了受应力大小和岩性影响外，还受围压、加载状态、温度和湿度等因素的影响。

在流变学中，流变性主要研究材料流变过程中应力、应变和时间的关系，用流变方程来表达。流变方程主要包括本构方程、蠕变方程、卸载方程和松弛方程。通常建立流变方程的方法有两种：经验公式法和微分方程法。经验公式法是对岩石材料进行一系列的试验，利用回归曲线拟合方法建立经验方程。经验公式简单实用，但它是对具体岩石提出的，较难推广到其他情况。微分方程法，又称流变模型法，它由几种具有基本性能（包括弹性、塑性和粘性）的元件组合而成。通过这些元件不同形式的串联和并联，得到一些典型的流变模型体，相应地可推出它们的有关的微分方程和特性曲线。流变模型形象直观，可以直观地表示岩石流变性质，然而由于岩石性质复杂，它们所代表的流变特性有一定的局限性。但它们可以反映大多数岩石及其性质的若干主要方面。

1.4.2 流变元件

流变模型主要由三个基本元件——弹性元件、粘性元件、塑性元件组成。

1. 弹性元件

弹性元件用弹簧表示（图 1－38），也称为虎克（Hooke）体，用于模拟理想弹性体。其本构关系服从虎克定律

$$\sigma = E\varepsilon \tag{1－41}$$

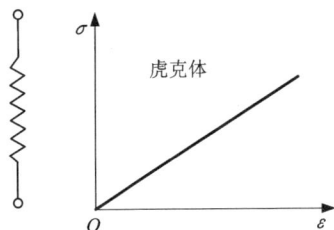

图 1－38 弹性元件

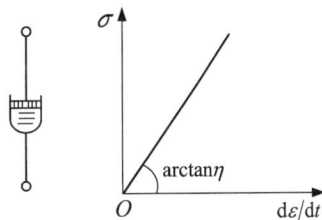

图 1－39 粘性元件

2. 粘性元件

粘性元件常用一个带孔的活塞和充满粘性液体的圆筒组成的缓冲活塞表示（图 1－39），也称为牛顿（Newton）体，用于模拟理想粘性体。其本构关系服从牛顿粘性定律，应力与应变速率成正比关系：

$$\sigma = \eta \frac{\mathrm{d}\varepsilon}{\mathrm{d}t} = \eta \dot{\varepsilon} \tag{1－42}$$

式中：η——粘性系数，$\mathrm{N \cdot s/m^2}$ 或 $\mathrm{Pa \cdot s}$；

t——时间，s；

ε——应变。

3. 塑性元件

塑性元件由摩擦片组成（图 1-40），也称为圣维南（Saint-Venant）体，用于模拟理想刚塑性体即模拟屈服点以后的塑性变形。其本构关系服从库仑摩擦定律。

$$\begin{cases} \text{当 } \sigma < \sigma_s \text{ 时，} \varepsilon = 0 \\ \text{当 } \sigma \geqslant \sigma_s \text{ 时，} \varepsilon \to \infty，\dfrac{\mathrm{d}\varepsilon_s}{\mathrm{d}t} = \text{const} \end{cases} \quad (1-43)$$

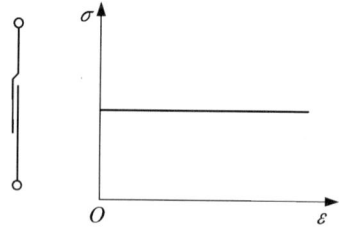

式中：σ_s——屈服极限，即摩擦片之间的摩擦力 f。

图 1-40 塑性元件

塑性变形也称塑性流动，它与粘性流动有明显区别。塑性流动只有当应力达到或超过屈服极限 σ_s 时发生；当 $\sigma < \sigma_s$ 时，塑性体表现出刚体的特性。而粘性流动不需要应力超过某一定值，只要有微小的应力存在，牛顿体就会发生变形（流动）。实际上，塑性流动总是和弹性变形、粘性变形联系在一起。因此，常常出现粘弹性体和粘弹塑性体，前者是研究应力小于屈服极限时应力、应变与时间的关系，而后者是研究应力在屈服极限以上时应力、应变与时间的关系。

1.4.3 流变模型

将上述元件以不同方式（串联、并联、串并联、并串联）组合，可构成一系列线性模型和非线性模型，用以说明岩石的流变力学特性。其中最简单的模型有马克斯伟尔体、凯尔文体、伯格斯、翟纳等粘弹性介质模型。下面简单介绍几个模型。

1. 马克斯伟尔（Maxwell）模型

该模型由弹性元件和粘性元件串联组成（图 1-41），用以说明粘弹性变形材料的蠕变。此类模型同时具有固体及粘性流动性质，其变形速率 $\dot{\varepsilon}$ 随时间增长而趋于某一常数，即最终变形以等速无限发展。粘弹性模型属于粘性流体的范畴。

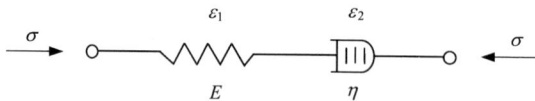

图 1-41 马克斯伟尔模型

（1）本构方程

在应力 σ 的作用下，模型轴向应变 ε 由弹性元件和粘性元件两部分组成，模型的应力 σ 分别等于各元件的应力，即

$$\begin{cases} \varepsilon = \varepsilon_1 + \varepsilon_2 \\ \sigma = \sigma_1 = \sigma_2 \end{cases} \quad (1-44)$$

根据各元件应力应变关系，该模型状态方程式（1-44）可写成：

$$\varepsilon = \frac{\sigma}{E} + \int \frac{\sigma}{\eta} \mathrm{d}t \qquad (1-45)$$

将式(1-45)对时间微分可得

$$\frac{\mathrm{d}\varepsilon}{\mathrm{d}t} = \frac{1}{E} \times \frac{\mathrm{d}\sigma}{\mathrm{d}t} + \frac{\sigma}{\eta} \qquad (1-46)$$

式(1-46)称为马克斯伟尔方程,亦称为马克斯伟尔体的本构方程。

(2)蠕变方程

当 σ 为常量应力时,$\sigma = \sigma_0$,则 $\frac{\mathrm{d}\sigma_0}{\mathrm{d}t} = 0$,式(1-46)可写为

$$\frac{\mathrm{d}\varepsilon}{\mathrm{d}t} = \frac{\sigma_0}{\eta}$$

$$\mathrm{d}\varepsilon = \frac{\sigma_0}{\eta} \mathrm{d}t$$

对上式积分可得

$$\varepsilon = \frac{\sigma_0}{\eta} t + C$$

当 $t=0$ 时,$\varepsilon = \varepsilon_0 = \frac{E}{\sigma_0}$,所以 $C = \frac{E}{\sigma_0}$,则得

$$\varepsilon = \frac{E}{\sigma_0} + \frac{\sigma_0}{\eta} t \qquad (1-47)$$

式(1-47)反映马克斯伟尔模型在应力不变条件下有瞬时应变,并且应变随时间呈线性增加(图1-42),即有等速蠕变现象。

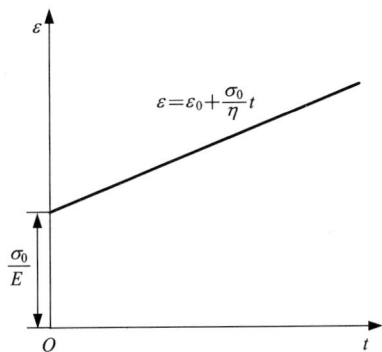

图1-42 应变与时间关系图

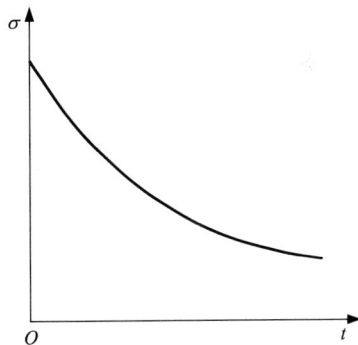

图1-43 应力与时间关系

(3)松弛方程

在此模型中如保持应变不变,即 $\varepsilon = \mathrm{const}$,则 $\frac{\mathrm{d}\varepsilon}{\mathrm{d}t} = 0$,式(1-46)变为

$$\frac{1}{E} \times \frac{\mathrm{d}\sigma}{\mathrm{d}t} + \frac{\sigma}{\eta} = 0 \qquad (1-48)$$

移项则得

$$\frac{d\sigma}{\sigma} = -\frac{E}{\eta}dt$$

对上式积分得

$$\ln\sigma = -\frac{E}{\eta}t + C$$

积分常数 C 可借助初始条件求得。当 $t = 0$ 时，$\sigma = \sigma_0$（σ_0 为瞬时应力），得 $C = \ln\sigma_0$。将求得的 C 值代入上式便得

$$\sigma = \sigma_0\exp\left(-\frac{E}{\eta}t\right) \qquad (1-49)$$

式（1-49）可用图 1-43 表示。从图可看出，σ 随时间增加而降低。这一现象称为应力松弛。当随时间增加，应力 σ 降低到 σ_0/e（即初始应力的 37%）时，所需时间 t_M 称为松弛时间（relaxation time）。将其代入式（1-49）得

$$\frac{\sigma_0}{e} = \sigma_0\exp\left(-\frac{E}{\eta}t_M\right) \qquad (1-50)$$

化简式（1-50）便得

$$t_M = \frac{\eta}{E} \qquad (1-51)$$

松弛时间越短，马克斯伟尔体越接近液体；松弛时间越长，马克斯伟尔体越接近固体。

（4）卸载方程

对于该模型，在时间 t_1 时施加载荷并保持加载状态到 t_2，以后去掉所施加载荷。这时，时间从 $t = t_1$ 到 t_2 时模型中应力为常值，则应变与时间关系由式（1-47）给出：当 $t_1 \leqslant t \leqslant t_2$ 时

$$\varepsilon = \frac{\sigma_0}{E} + \frac{\sigma_0}{\eta}(t - t_1) \qquad (1-52)$$

$t > t_2$，应变为

$$\varepsilon = \frac{\sigma_0}{\eta}(t_2 - t_1) \qquad (1-53)$$

上式指出应变随时间增加而增大发生蠕变，但当时间 $t = t_2$ 时除掉所施载荷，应变 $\dfrac{\sigma_0}{E}$ 立即恢复，即不存在弹性后效。而粘性蠕变部分 $\dfrac{\sigma_0}{\eta}(t_2 - t_1)$ 则为永久变形（图 1-44）。

根据以上分析，马克斯伟尔模型具有瞬时变形、等速蠕变和松弛特性，不具有弹性后效，可模拟具有这些性质的岩石。

2. 凯尔文（Kelvin）模型

此模型由弹性元件和粘性元件并联组成

图 1-44 应变与时间的关系
$\varepsilon_0 = \sigma_0/E$；$\varepsilon = \sigma_0(t_2 - t_1)/\eta$

（图 1-45），具有弹性固体及粘性流体性能，但 $\dot{\varepsilon}$（$d\varepsilon/dt$）趋于零，即应变逐渐趋于稳定。因此，这说明粘弹性介质模型属于固体的范畴。应用与上面相近的分析方法可以得到凯尔文模型的基本方程和蠕变曲线（图 1-46）。

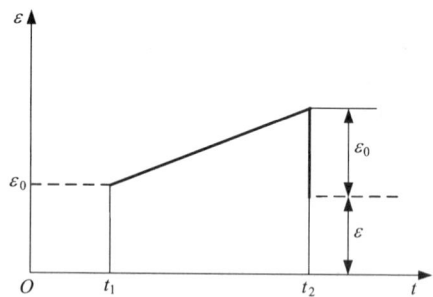

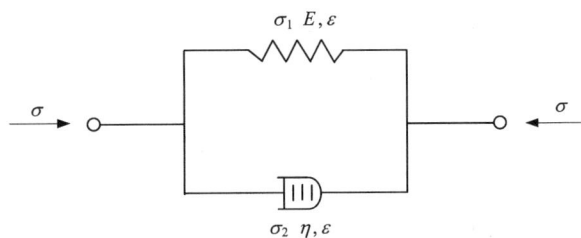

图1-45 凯尔文模型

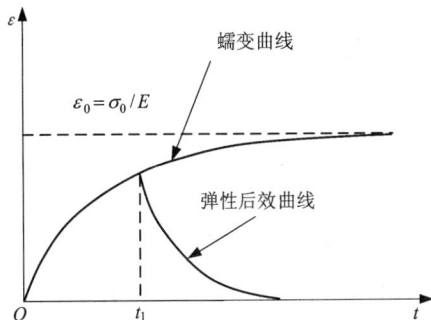

图1-46 凯尔文体蠕变曲线和弹性后效曲线

(1)本构方程

$$\sigma = E\varepsilon + \eta \frac{\mathrm{d}\varepsilon}{\mathrm{d}t} \tag{1-54}$$

(2)蠕变方程

$$\varepsilon = \frac{\sigma_0}{E}\Big[1 - \exp\Big(-\frac{E}{\eta}t\Big)\Big] \tag{1-55}$$

(3)卸载方程

$$\varepsilon = \varepsilon_1 \exp\Big[\frac{E}{\eta}(t_1 - t)\Big] \tag{1-56}$$

其中 ε_1 由式(1-55)得到,$\varepsilon_1 = \frac{\sigma_0}{E}\Big[1 - \exp\Big(-\frac{E}{\eta}t_1\Big)\Big]$

(4)松弛方程

$$\sigma = E\varepsilon = E\varepsilon_0 \tag{1-57}$$

综上所述,凯尔文模型具有稳定蠕变和弹性后效性质,而不具备应力松弛和瞬时变形性能。

3.其他模型

除了上面介绍的两种模型外,还有很多学者根据不同的材料和不同的条件提出了其他一些流变模型,这里不详细介绍,常用模型的基本方程和蠕变曲线见表1-10。

1.4.4 岩石长期强度

由于岩石具有流变性,因此研究地下工程围岩破坏时,必须考虑时间因素。一般利用岩石长期强度值作为岩石强度的计算指标。

一般情况下,当荷载达到岩石瞬时强度 S_0 (short time strength)(通称为岩石的单轴抗压强度)时,岩石发生破坏。在岩石承受荷载低于其瞬时强度的情况下,如持续作用较长时间,由于流变作用,岩石也可能发生破坏。因此,岩石的强度是随外载作用时间的延长而降低,通常把作用时间 $t \to \infty$ 的强度(最低值)S_∞ 称为岩石长期强度(long time strength)。

岩石力学

表 1-10　几种常用模型的基本方程和蠕变曲线

模型名称	力学模型	流变类型	基本方程（①本构方程、②蠕变方程、③卸载方程、④松弛方程）	蠕变曲线	应用对象
广义凯尔文（modified Kelvin）模型	E_1、E_2、η	粘-弹	① $\dfrac{\eta}{E_2}\dfrac{d\sigma}{dt} + \left(1+\dfrac{E_1}{E_2}\right)\sigma = \eta\dfrac{d\varepsilon}{dt} + E_1\varepsilon$ ② $\varepsilon = \dfrac{\sigma_0}{E_2} + \dfrac{\sigma_0}{E_1}\left[1-\exp\left(-\dfrac{E_1}{\eta}t\right)\right]$ ③ $\varepsilon = \varepsilon_0\exp\left(-\dfrac{E_1}{\eta}t\right)$	蠕变曲线	短期荷载下的岩石
鲍埃丁（Poyting）模型	E_1,ε_1；E_2,ε_2；η	粘-弹	① $\dfrac{d\sigma}{dt}+\dfrac{E_1}{\eta}\sigma = (E_1+E_2)\dfrac{d\varepsilon}{dt}+\dfrac{E_1E_2}{\eta}\varepsilon$ ② $\varepsilon = \dfrac{\sigma_0}{E_2}\left[1-\dfrac{E_1}{E_1+E_2}\exp\left(\dfrac{-E_1E_2}{(E_1+E_2)\eta}t\right)\right]$ ③ $\varepsilon = \varepsilon_1\exp\left[\dfrac{-E_1}{(E_1+E_2)\eta}t\right]$	蠕变曲线	砂岩、页岩、喷出岩、石灰岩、粘土质页板岩、砂质页岩
伯格斯（Burgers）模型	E_1、η_1；E_2、η_2	粘-弹	① $\dfrac{d^2\sigma}{dt^2}+\left(\dfrac{E_2}{\eta_1}+\dfrac{E_2}{\eta_2}+\dfrac{E_1}{\eta_1}\right)\dfrac{d\sigma}{dt}+\dfrac{E_1E_2}{\eta_1\eta_2}\sigma = E_2\dfrac{d^2\varepsilon}{dt^2}+\dfrac{E_1E_2}{\eta_1}\dfrac{d\varepsilon}{dt}$ ② $\varepsilon = \dfrac{\sigma_0}{E_2}+\dfrac{\sigma_0}{\eta_2}t+\dfrac{\sigma_0}{E_1}\left[1-\exp\left(-\dfrac{E_1}{\eta_1}t\right)\right]$	蠕变曲线、卸载曲线	软粘土板岩、页岩、粘土岩、煤系岩石
宾汉姆（Bingham）模型	$\sigma_s,\sigma_i,\varepsilon_i$；$\eta,\sigma_2,\varepsilon_2$；$\varepsilon_1,E$	弹-粘-塑	① 当 $\sigma<\sigma_s$ 时，$\varepsilon=\dfrac{\sigma}{E}$，$\dfrac{d\varepsilon}{dt}=\dfrac{1}{E}\dfrac{d\sigma}{dt}$；当 $\sigma\geqslant\sigma_s$ 时，$\dfrac{d\varepsilon}{dt}=\dfrac{1}{E}\dfrac{d\sigma}{dt}+\dfrac{\sigma-\sigma_s}{\eta}$ ② $\varepsilon=\dfrac{\sigma_0-\sigma_s}{\eta}t+\dfrac{\sigma_0}{E}$ ④ $\sigma=\sigma_s+(\sigma_0-\sigma_s)\exp\left(\dfrac{-E}{\eta}t\right)$	曲线	粘土、半坚硬岩石

40

岩石长期强度值,可在试验室研究岩石在恒定不同应力状态下,发生破坏的时间获得。如对某一岩石施加恒定不同应力,得出的蠕变曲线族示于图1-47(a)。在曲线上标出各种应力状态下,岩石试件发生破坏时间。根据破坏时间 t 与相应施加应力 σ,可绘出 $\sigma-t$ 曲线。从而可得出岩石强度随时间降低的关系曲线(图1-47b),称为长期强度曲线。所得曲线的水平渐近线在纵轴上的截距,即为所求的长期强度极限 S_∞。

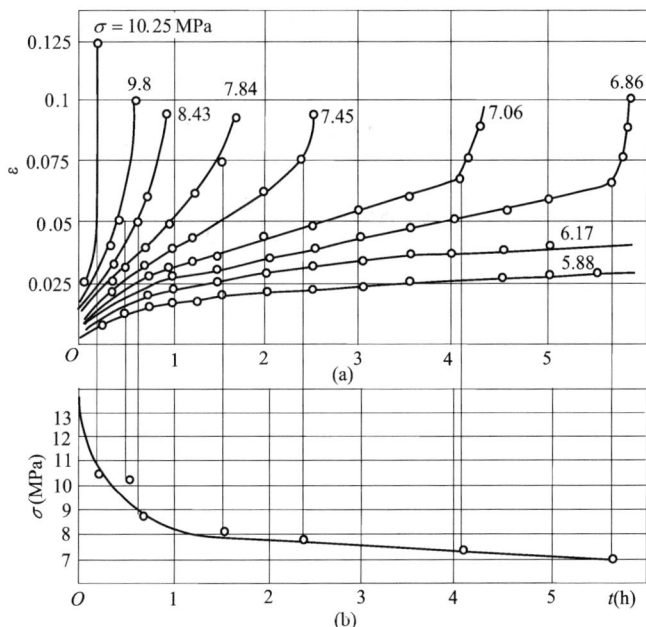

图1-47 长期强度曲线

从图1-47(b)曲线看出,在恒定载荷长期作用下,岩石会在比瞬时作用载荷小得多的情况下破坏,即 $S_\infty \ll S_0$。对大多数岩石 $S_0/S_\infty = 1.2 \sim 1.7$,某些岩石的具体比值如表1-11。

表1-11 几种岩石瞬时强度与长期强度比值

岩石种类	石灰岩	白垩	砂岩	粘土	粘土质页岩	盐岩
S_0/S_∞	1.36	1.61	1.55	1.35	2.00	1.43

典型的岩石长期强度曲线如图1-48所示,可用指数型经验公式表示:

$$\sigma_t = A + Be^{-\alpha t} \tag{1-58}$$

由 $t=0$,$\sigma_t = s_0$,得 $s_0 = A + B$;$t \to \infty$,$\sigma_t \to s_\infty$,得 $A = s_\infty$;故有 $B = s_0 - A = s_0 - s_\infty$,所以经验公式可写为

$$\sigma_t = s_\infty + (s_0 - s_\infty)e^{-\alpha t} \tag{1-59}$$

α 为由试验确定的另一经验常数。由方程(1-59)可确定任意时间 t 时的强度 σ_t。岩石长期强度是一种极有意义的时间效应指标。当衡量永久性及使用期长的岩石工程的稳定性时,不

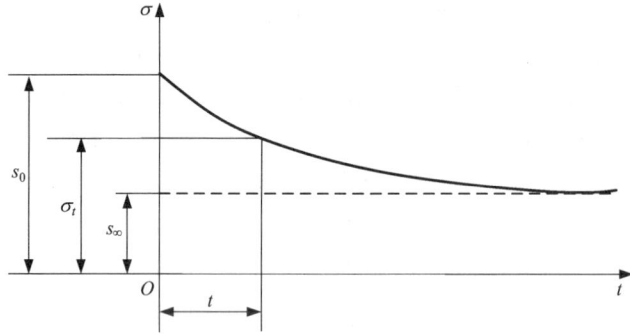

图 1-48 长期恒载破坏试验确定岩石长期强度

应以瞬时强度而应以长期强度作为岩石强度的计算指标。

1.5　岩石的强度理论

岩石强度理论是岩石力学的基本问题之一，它是岩石工程稳定性研究的基础。岩石强度理论是研究岩石在各种应力状态下的破坏机理及强度准则的理论。强度准则（strength criterion）又称破坏判据（failure criterion），它表征岩石破坏条件的应力状态与岩石强度参数间的函数关系，一般可以用破坏条件下（极限应力状态）的应力间关系 $\sigma_1 = f(\sigma_2, \sigma_3)$ 或 $\tau = f(\sigma)$ 来表示。通过强度准则判断岩石在什么样应力、应变条件下破坏。

岩石强度准则的建立，应反映岩石的破坏机理（各种应力状态下岩石破坏的原因）。由于岩石本身的特性差异和所处应力状态不同，岩石破坏机理有所不同，当然岩石的破坏还与其他因素有关，如温度、应变率、湿度、应力梯度等。基于对岩石破坏机理的认识不同，相应地提出了多种岩石强度理论，各种强度理论都有其适用范围。目前已经提出的强度理论很多，但根据岩石的实验研究看，比较适合于岩石的强度理论有格里菲斯理论、莫尔强度理论等。

考虑到岩石多处于压应力场环境中，岩石力学中习惯规定：压应力符号为正，拉应力符号为负；与此相应的拉应变为负，压应变为正。剪应力规定为使受力物体沿逆时针方向转动为正，反之为负。本章及本书其他章节有关应力符号均依此规定。

1.5.1　岩石的破坏形式

岩石在不同的应力状态条件下，将发生不同形式的变形，进而发展到破坏。岩石由于其本身性质和受力条件的不同，岩石的破坏有脆性破坏（brittle failure）和塑性破坏（plastic failure）两种形式。脆性破坏的特点是破坏前的变形量很小，当继续加载时岩石突然破坏，岩石碎块强烈弹出。塑性破坏（又称为延性破坏或韧性破坏）的特点是岩石在破坏前的总应变量很大，表现出很明显的塑性变形或流变行为，然后才逐渐破坏。一般坚硬岩石表现为脆性破坏、软弱岩石表现为塑性破坏，考虑岩石的破坏机制，岩石破坏进一步又可分为下列几种。

1. 脆性拉伸破坏

在特定的单向压缩或低围压三向压缩条件下，如全面法或房柱法采场中所保留的孤立矿柱、巷道交叉处矿柱等，此时巷道周边岩石或采场中矿柱虽未受爆破影响，但由于周边岩石或矿柱处于单向应力状态,向巷道或采场内部位移,因此产生与巷道周边或矿柱轴向平行的裂隙等均属脆性拉伸破坏(extension fracture)。这种破坏表现为,在试件内部和矿柱中可看到与最大主应力方向一致的平行裂隙(图1-49)。这种破坏很可能起因于微裂隙或裂隙周围的局部拉应力。拉伸试验中的岩石试件在拉应力下破坏也属于脆性拉伸破坏。

2. 剪切破坏

在单向或三向压缩时,一种经常出现的破坏形式是剪切破坏(shear fracture)。矿山巷道拱角、全面法、房柱法采场中保留的孤立矿柱等,也是以这种破坏形式居多。当断裂面上所受的剪应力达到其抗剪强度时发生剪断。此时在试件或矿柱中出现一组与最大主应力作用方向呈锐角(30°~35°)的X型共轭裂隙(图1-50);在地质构造形迹中属于此种破坏类型的有压性结构面、扭性结构面等。

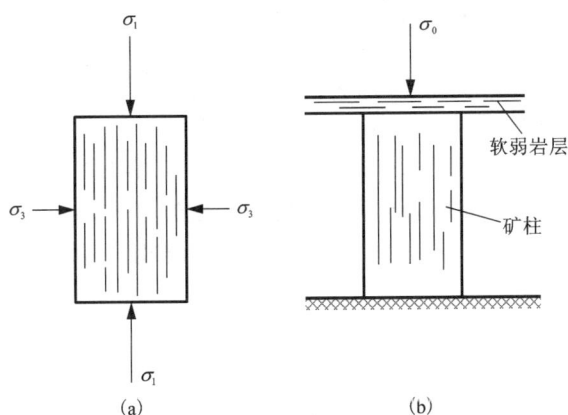

图1-49 岩石脆性拉伸破坏
(a)试件;(b)采场中的矿柱

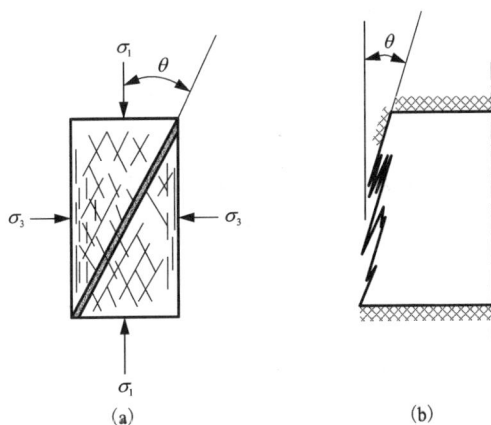

图1-50 剪切破坏
(a)试件;(b)巷道

3. 沿结构面滑移(重剪切破坏)

在单向或三向压缩条件下,试件内存在有贯通性结构面时,而且结构面强度较完整,岩石强度低,结构面倾角大于完整岩石的抗剪角时,试件则表现为沿结构面重剪切破坏(re-shear failure),发生滑移。这种破坏形式在全面法、房柱法采场中亦多见(图1-51)。此外,井下硐室围岩沿着潜在破坏面的滑动,露天矿边坡沿软弱夹层或结构面滑动等也属于这种破坏形式。

4. 塑性破坏

在一些软岩中,如泥岩、粘土岩常发生较为明显的塑性破坏;岩石试件在较高围压条件下也表现为塑性破坏(图1-52),这时试件变成鼓形,出现多个剪切破坏面。塑性破坏是在塑性流动状态下发生的,这是由于岩石中的结晶颗粒内部晶格间或颗粒之间的滑移破坏所致。这种破坏主要是在剪应力作用下产生的,虽然也可以产生微破裂和剪胀现象,但其变形的主要特点是能够在一定的应力水平下发生随时间的连续不断的变形——塑性流动。这种变形特性在某些软弱夹层或节理裂隙中经常被观察到。有些洞室的底部岩石隆起、两侧围岩向洞内鼓胀都是塑性破坏的例子。坚硬岩石一般属于脆性破坏,但在两向或三向受力较大的情况下，或者高温的环境下，也可能发生塑性破坏。

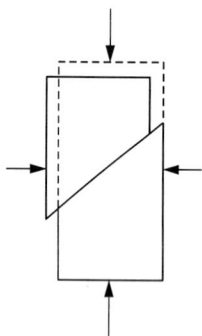

图 1 – 51　沿结构面滑移　　　　　　　　图 1 – 52　塑性破坏

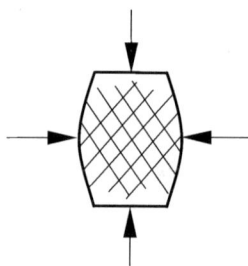

从上述分析可见，从小自几厘米的岩块试件到大的工程岩体以及地质体，它们的破坏形式基本相同，并可归纳为两种：拉断与剪坏。这两种破坏类型的发生机制，都基于晶格内部的原子或分子的可能运动。在侧限应力较大时，可把剪切看作是岩石的主要变形破坏机制。拉断的特征是原子间的距离逐渐增加，以致穿过拉断面的原子结合力已微不足道。对脆性岩石或在侧限应力小的条件下常可看到拉断破坏。在生产实践中所看到的比如沿结构面滑移或压碎，则可归纳为这两种基本机制的交互作用。

1.5.2　莫尔 – 库仑强度准则

1. 莫尔强度理论

莫尔(Mohr)1900 年提出了莫尔强度理论，认为材料在压应力作用下发生破坏或屈服，主要原因是某一截面上的剪应力达到一定的限度(即抗剪强度)，但也和作用在该面上的正应力所产生的摩擦阻力和材料特性有关。即材料破坏取决于作用于破坏面上的剪应力和正应力，此时，剪切破坏面上的剪应力 τ 与该面上的正应力 σ 之间有在一定的函数关系，可用下式表示：

$$\tau = f(\sigma) \tag{1-60}$$

这一函数关系称为莫尔强度条件(Mohr criterion)。它在 $\sigma – \tau$ 平面上可用一曲线表示，这条曲线通常称为强度曲线。

每一种岩石都有它自己形状的强度曲线，因此，任何岩石强度曲线都需通过试验求得。图 1 – 53 给出了几种岩石强度曲线，以供参考。

岩石的强度曲线，可通过实验方法获得。通过一系列不同应力状态试验，便可求得一系列破坏状态。于是根据试验结果就能得出一系列代表这些破坏状态的极限应力圆。这些极限应力圆的包络线就是强度曲线(图 1 – 54)，包络线上所有点反映了该种岩石在一切危险状态下 $\tau = f(\sigma)$ 这一曲数关系，即反映出沿某一破坏面剪坏时，所需要的剪应力与正应力。

按照莫尔强度理论确定岩石强度曲线的方法一般有下述几种。

①三向压缩试验求强度曲线。在三轴压力试验机上测定不同围压条件下破坏时的各向应力，绘出相应的一系列反映这些破坏状态的极限应力圆。这些应力圆的包络线就是所求的强

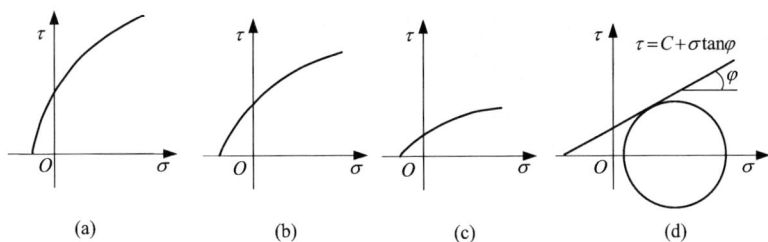

图 1-53　几种岩石强度曲线

(a)花岗岩；(b)砂岩；(c)页岩；(d)土

度曲线(图 1-54)。

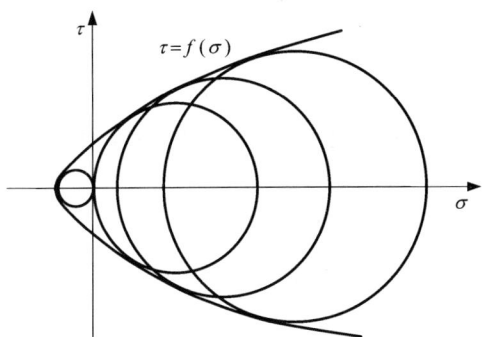

图 1-54　莫尔包络线图

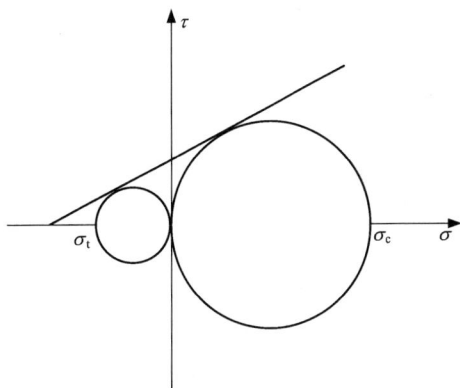

图 1-55　按抗拉、抗压强度求强度曲线

②按单向抗拉、抗压强度绘制强度曲线。在 $\sigma-\tau$ 平面上，以岩石的单向抗拉强度、抗压强度作应力圆(图 1-55)，并作这两个应力圆的公切线。此切线即为该岩石的近似强度曲线。强度曲线为直线，可用下式表示：

$$\tau = \frac{\sqrt{\sigma_c \sigma_t}}{2}\left(1 + \frac{\sigma_c - \sigma_t}{\sigma_c \sigma_t}\sigma\right) \tag{1-61}$$

式中：σ_t——岩石单向抗拉强度；

　　　σ_c——岩石单向抗压强度。

③倾斜压模剪切法。根据 1.3.2 节中测定岩石抗剪强度的方法，通过改变剪切角 α，求出在不同 α 角条件下试件沿预定剪切面破坏时作用于其上的 σ_α、τ_α 值。在 $\tau-\sigma$ 平面上画出相应 α 角的 σ_α、τ_α 点，而后用光滑曲线连接这些点，便得出岩石的强度曲线(图 1-30)。

根据岩石的强度曲线，配合莫尔应力圆，可以判断岩石中一点能否发生剪切破坏，以及破坏面的产状如何。

由材料力学，平面应力状态可用应力圆反映，三向应力状态亦可用三个应力圆表示。如图 1-56 所示，任一截面上的应力，可用三个应力圆周界所围成的阴影部分内某一点来表示。显而易见的是，各截面上的正应力和剪应力的最大值和最小值，只取决于 σ_1 和 σ_3 所确定的最大应力圆。所以，莫尔强度理论认为中间主应力 σ_2 对岩石强度无影响。

如反映某点应力状态的应力圆处于强度曲线之下(图 1-57 中,由 σ_1'、σ_3' 确定的小圆),说明该点不会发生破坏,是处于弹性变形状态。应力圆如刚好与强度曲线相切(图 1-57 中大圆),岩石处于极限平衡状态,说明岩石将在一个与最小主应力 σ_3 方向呈 α 角的截面上破坏。若应力圆与强度曲线相割,则岩石将发生破坏。

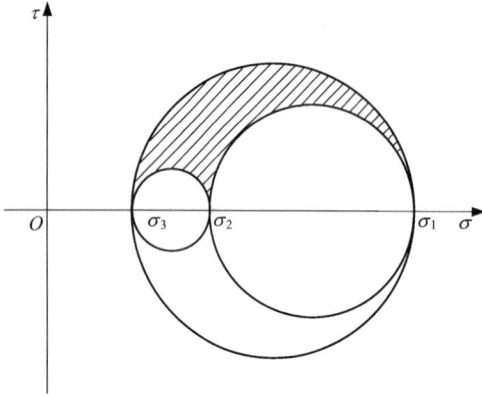

图 1-56　三向应力状态应力圆

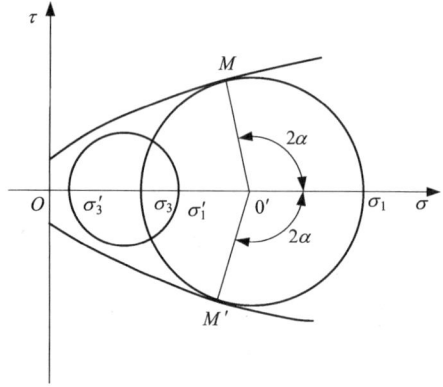

图 1-57　岩石在 σ_1、σ_3 作用下能否破坏判断

从图 1-57 看出,极限应力圆与强度曲线相切于两点 M、M'。这反映受 σ_1、σ_2 应力作用物体发生剪坏破坏时,常呈现一组 X 型共轭破坏面[图 1-50(a)]。它们与最小主应力交角分别为 $+\alpha$、$-\alpha$,而作用于破坏面上的应力值相等,但剪应力方向相反。同时,也可以看到剪切破坏并不沿最大剪应力作用面发生。

根据应力圆和强度曲线是否相切的条件,可以推导岩石强度准则的数学表达式,其随强度曲线的形状不同而不同。从试验得知,岩石强度曲线通常具有二次曲线的形式(图 1-53),一般为双曲线、抛物线、摆线,而以抛物线居多。为便于工程使用,也可把这一复杂的曲线简化成单一直线或双直线。

(1)单一直线型

其表达式为

$$\tau = C + \sigma \tan\varphi \tag{1-62}$$

式中:φ——岩石内摩擦角,$\sigma\tan\varphi$ 为岩石发生剪切破坏时,作用于破坏面上的摩擦阻力;

C——岩石纯剪切强度($C = \tau_0$),岩石颗粒间连结力,称为内聚力。

(2)双直线型

根据实测莫尔强度曲线斜率变化特点,可采用双直线表示。将强度曲线分为高、低应力区,用两条不同斜率的直线表示,如图 1-58 所示。双直线型莫尔强度曲线的表达式为

$$\begin{cases} \tau = C_1 + \sigma\tan\varphi_1 & (\sigma < \sigma_0) \\ \tau = C_2 + \sigma\tan\varphi_2 & (\sigma \geqslant \sigma_0) \end{cases} \tag{1-63}$$

式中,C_1,C_2 及 φ_1,φ_2 分别表示低应力区段及高应力区段的内聚力及内摩擦角。

(3)抛物线型

岩性较坚硬至较软弱的岩石,如泥灰岩、砂岩、泥页岩等岩石的强度曲线近似于抛物线,如图 1-59。其强度曲线表达式为

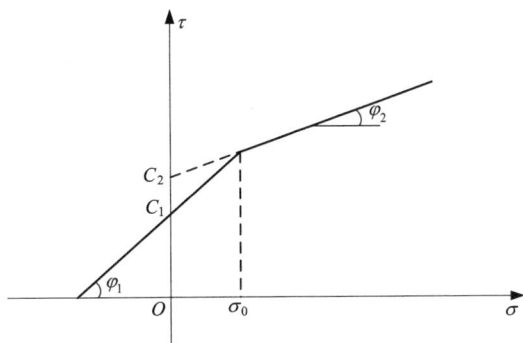

图 1-58　双直线型莫尔强度曲线

$$\tau^2 = \sigma_t(\sigma + \sigma_t) \tag{1-64}$$

式中：σ_t——岩石单轴抗拉强度。

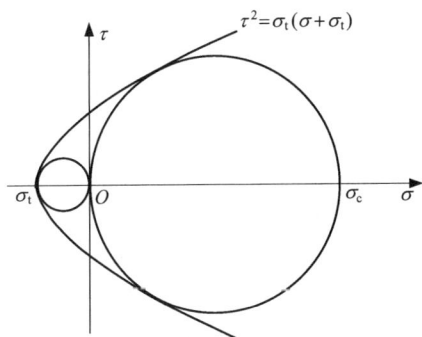

图 1-59　抛物线型强度曲线

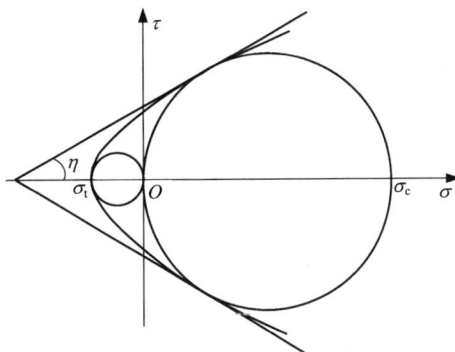

图 1-60　双曲线型强度曲线

(4)双曲线型

研究表明，对于砂岩、灰岩、花岗岩等坚硬、较坚硬岩石，其强度曲线近似于双曲线，如图 1-60 所示。其强度曲线表达式为

$$\tau^2 = (\sigma + \sigma_t)^2 \tan^2\eta + (\sigma + \sigma_t)\sigma_t \tag{1-65}$$

式中：η——双曲线渐进线的倾角，$\tan\eta = \dfrac{1}{2}\sqrt{\dfrac{\sigma_c}{\sigma_t} - 3}$；

　　　σ_t——岩石单轴抗拉强度；

　　　σ_c——岩石单轴抗压强度。

由上式可知，若 $\sigma_c/\sigma_t \leqslant 3$，$\tan\eta$ 将出现虚值，故这种双曲线强度曲线不适用于 $\sigma_c/\sigma_t \leqslant 3$ 的岩石。若岩石处于脆性状态，大多数 $\sigma_c/\sigma_t > 3$，一般比值为 10~25 左右，例如石英砂岩比值约为 10 左右。

莫尔强度理论实质上是一种剪应力强度理论。莫尔强度理论的主要优点是能较全面地反映岩石的强度特征。主要适用于脆性材料的剪切破坏，很好地反映了岩石抗拉能力远小于抗压能力这一特点。

莫尔强度理论最大不足是忽略了中间主应力 σ_2 对强度的影响。而一些试验却证实 σ_2 对强度是有影响的，特别是对各向异性的岩石强度影响较大，有时可达20%。并且未反映岩石结构面的影响，莫尔强度理论能满意地解释裂隙不发育的完整性好的均质岩石的剪切破坏，但在断裂切割破坏的岩体中，破坏面的位置同莫尔理论所确定的差别很大。再者只适于剪切，对受拉区研究不够，不适于说明发生拉伸破坏的情况，也不适于膨胀或蠕变破坏。

2. 莫尔 - 库仑理论

库仑 - 纳维尔理论为莫尔强度理论的特例，强度曲线为直线，因而有人把它称为莫尔 - 库仑理论。它是由纳维尔（Navier，1883）在库仑（Coulomb，1773）最大剪应力理论的基础上，对包括岩石在内的脆性材料进行试验研究后提出的。他认为：岩石发生剪切破坏时，破坏面上的剪应力应等于岩石本身的内聚力和作用于该面上由法向应力引起的摩擦阻力之和，由此得到库仑 - 纳维尔强度准则（Coulomb - Navier criterion）：

$$\tau = C + f\sigma \qquad (1-66a)$$

式中：τ 和 σ 分别为岩石剪切破坏面上的剪应力和正应力；C 和 f 分别表示岩石的内聚力和内摩擦系数，$f = \tan\varphi$，φ 为内摩擦角。该式也可写成

$$\tau = C + \sigma\tan\varphi \qquad (1-66b)$$

库仑 - 纳维尔准则也可采用应力 σ_1、σ_3 表示。根据材料力学，如图1 - 61所示，与 σ_3 成 α 角的剪切破坏面上的正应力和剪应力为

$$\begin{cases} \sigma = \dfrac{1}{2}(\sigma_1 + \sigma_3) + \dfrac{1}{2}(\sigma_1 - \sigma_3)\cos2\alpha \\ \tau = \dfrac{1}{2}(\sigma_1 - \sigma_3)\sin2\alpha \end{cases} \qquad (1-67)$$

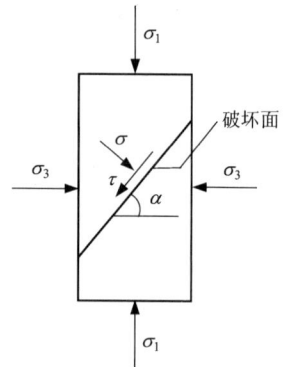

图 1 - 61　剪切面上的应力与主应力关系

库仑认为材料受压缩作用发生剪切破坏时，必然引起破坏面发生相对滑动。但由于正应力 σ 作用产生摩擦阻力，因此在破坏面上有效剪应力为 τ'，$\tau' = \tau - f\sigma$。根据式（1 - 67），将破坏面上正应力 σ 值和剪应力 τ 值代入其中便得

$$\tau' = \dfrac{1}{2}(\sigma_1 - \sigma_3)\sin2\alpha - f\left[\dfrac{1}{2}(\sigma_1 + \sigma_3) + \dfrac{1}{2}(\sigma_1 - \sigma_3)\cos2\alpha\right] \qquad (1-68)$$

剪切破坏必发生在具有最大有效剪应力的面上。因此，按 $\dfrac{d\tau'}{d\alpha}$ 条件可求出破坏面产状。

按上述条件对式（1 - 68）微分，经整理可得

$$\tan2\alpha = -\dfrac{1}{f}$$

或

$$f = -\cot2\alpha \qquad (1-69)$$

已知 $f = \tan\varphi$，根据式（1 - 69）可得

$$-\cot2\alpha = \tan\varphi \qquad (1-70)$$

式（1 - 70）又可写成

$$\tan\left(2\alpha - \dfrac{\pi}{2}\right) = \tan\varphi$$

则

$$2\alpha - \frac{\pi}{2} = \varphi$$

或

$$\alpha = \frac{\pi}{4} + \frac{\varphi}{2} \qquad (1-71)$$

上述所求出的 α 称为剪切破坏角,即为岩石在受压破坏时,破坏面与最小主应力方向夹角。从式(1-70)可看出,内摩擦角不同的岩石,其破坏角亦不同。

由式(1-69)可知,2α 介于 $90° \sim 180°$ 之间,并有

$$\sin 2\alpha = (f^2 + 1)^{-\frac{1}{2}}, \quad \cos 2\alpha = -f(f^2 + 1)^{-\frac{1}{2}} \qquad (1-72)$$

当式(1-69)满足时,$\tau' = \tau - f\sigma$ 取最大值,由于 $\tau = C + f\sigma$,该最大值等于 C,此时岩石开始发生剪切破坏。据此将上式(1-72)代入式(1-68),得到用主应力 σ_1,σ_2 表达的库仑 -纳维尔准则:

$$\sigma_1 [(1 + f^2)^{\frac{1}{2}} - f] - \sigma_3 [(1 + f^2)^{\frac{1}{2}} + f] = 2C \qquad (1-73)$$

该式在 $\sigma_1 - \sigma_3$ 坐标内是一条直线 $S_0 AP$(图1-62),它在 σ_1 轴有截距

$$C_0 = 2C [(1 + f^2)^{\frac{1}{2}} + f]$$

在 σ_3 轴有截距

$$S_0 = -2C [(1 + f^2)^{\frac{1}{2}} - f]$$

这里在 σ_1 轴上的截距 C_0 为单轴抗压强度 σ_c,但在 σ_3 轴上的截距 S_0 不是单轴抗拉强度,只有几何意义。因为式(1-68)隐含的物理条件是 $\sigma > 0$,将式(1-72)代入式(1-67),可得

$$\sigma_1 [(1 + f^2)^{\frac{1}{2}} - f] + \sigma_3 [(1 + f^2)^{\frac{1}{2}} + f] > 0 \qquad (1-74)$$

式(1-74)与式(1-73)联立求解,可得

$$\sigma_1 > C [(1 + f^2)^{\frac{1}{2}} + f] = \frac{1}{2}\sigma_c \qquad (1-75)$$

由此可见,仅直线的 AP 部分(图1-62)代表有效准则。

当 σ_3 为负值(拉应力)时,由实验知,可能会在垂直于 σ_3 平面内发生拉伸破裂,特别是在单轴拉伸中,拉应力值达到岩石抗拉强度时,岩石发生拉伸断裂。但是,这种破裂行为完全不同于剪切破裂,而且在库仑-纳维尔准则中没有描述。据此,Paul 提出了统一的准则

$$\begin{cases} \sigma_1 [(1 + f^2)^{\frac{1}{2}} - f] - \sigma_3 [(1 + f^2)^{\frac{1}{2}} + f] = 2C & \left(\sigma_1 > \frac{1}{2}\sigma_c\right) \\ \sigma_3 = -\sigma_t & \left(\sigma_1 \leqslant \frac{1}{2}\sigma_c\right) \end{cases} \qquad (1-76)$$

我们仍称之为库仑-纳维尔准则。

根据莫尔极限应力圆和库仑-纳维尔强度曲线之间的关系,也可以推导强度准则的其他形式。当已知岩石中某点在某一应力状态 σ_1,σ_3 下处于极限下平衡状态,如岩石的 C、φ 值已知,则在 $\sigma - \tau$ 平面上绘出该点应力圆。而后在 τ 轴上截取 $\tau_0 = C$ 点,过 C 点做与 σ 轴成 φ 角的直线,必与应力圆相切于 M 点(图1-63)。

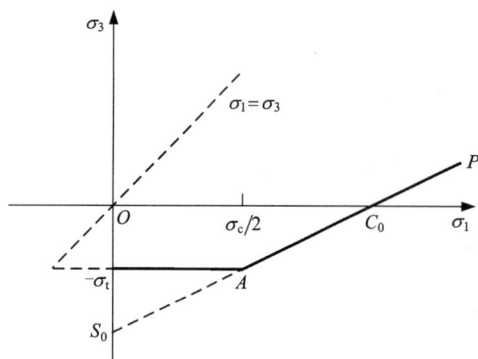

图 1-62 $\sigma_1 - \sigma_3$ 坐标系统中
库仑-纳维尔准则的完整强度曲线

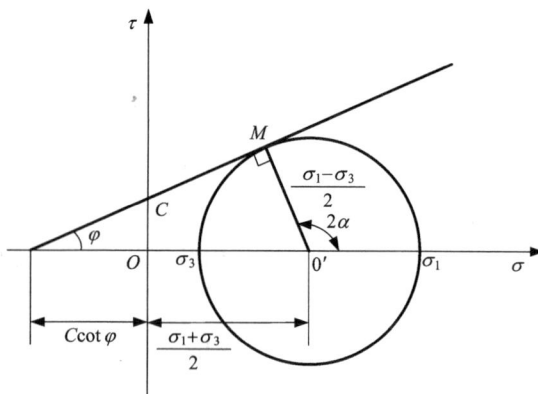

图 1-63 某点极限平衡状态图

从图 1-63 看出,有下列关系存在

$$\sin\varphi = \frac{\sigma_1 - \sigma_3}{\sigma_1 + \sigma_3 + 2C\cot\varphi}$$

将上式化简可得

$$\sigma_1 - \sigma_3 \frac{1 + \sin\varphi}{1 - \sin\varphi} - C \frac{2\cos\varphi}{1 - \sin\varphi} = 0 \qquad (1-77a)$$

根据三角关系式,式(1-77a)还可改写成

$$\sigma_1 - \sigma_3 \tan^2\left(\frac{\pi}{4} + \frac{\varphi}{2}\right) - 2C\tan\left(\frac{\pi}{4} + \frac{\varphi}{2}\right) = 0 \qquad (1-77b)$$

式(1-77a)和式(1-77b)即为直线型强度曲线所对应的强度准则。

当 $\sigma_3 = 0$,则极限应力 σ_1 为岩石单轴抗压强度 σ_c,由式(1-77a)即有

$$\sigma_c = C \frac{2\cos\varphi}{1 - \sin\varphi} \qquad (1-78)$$

代入式(1-77a)得

$$\sigma_1 = \sigma_3 \frac{1 + \sin\varphi}{1 - \sin\varphi} + \sigma_c \qquad (1-79a)$$

或

$$\sigma_1 = \sigma_3 \tan^2\left(\frac{\pi}{4} + \frac{\varphi}{2}\right) + \sigma_c \qquad (1-79b)$$

为了能得出发生剪切破坏时应力状态 σ_1,σ_3 与岩石的抗拉、抗压强度的关系,我们考察式(1-73)。

当受单向压缩破坏时,$\sigma_3 = 0$ 和 $\sigma_1 = \sigma_c$,则式(1-73)为

$$\sigma_c = \frac{2C}{(1 + f^2)^{\frac{1}{2}} - f} \qquad (1-80)$$

对拉伸破坏,$\sigma_1 = 0$ 和 $\sigma_3 = \sigma_t$,则式(1-73)为

$$\sigma_t = \frac{2C}{(1 + f^2)^{\frac{1}{2}} + f} \qquad (1-81)$$

从式(1-80)和式(1-81)可得出

$$\frac{\sigma_c}{\sigma_t} = \frac{(1+f^2)^{\frac{1}{2}} + f}{(1+f^2)^{\frac{1}{2}} - f} \tag{1-82}$$

将式(1-80)、式(1-81)代入式(1-73)得

$$\frac{\sigma_1}{\sigma_c} - \frac{\sigma_3}{\sigma_t} = 1 \tag{1-83a}$$

或

$$\sigma_1 = \sigma_c + \frac{\sigma_c}{\sigma_t}\sigma_3 \tag{1-83b}$$

这些关系式在实践中已被证实。

式(1-73),(1-77),(1-79),(1-83)分别为库仑-纳维尔破坏准则的不同形式,均可以用来判断岩石的剪切破坏。

库仑-纳维尔准则不仅适合于土,还适合于完整岩石,它合理地给出了剪切破坏所需要的应力和剪切破坏方向。试验结果表明,该准则不适用于 $\sigma_3 < 0$,即有拉应力的情况;也不适用于高围压的情况,只适用于低围压的情况。再者该准则也没有考虑中间主应力 σ_2 的影响。

1.5.3 格里菲斯准则*

1. 格里菲斯理论

一般认为材料脆性破坏是由于材料中裂隙的产生和发展的结果。岩石内部含有许多细微裂纹,研究证明,岩石发生脆性破坏是符合格里菲斯理论的。

格里菲斯(Griffith,1920)在研究"为什么玻璃等脆性材料的实际抗拉强度比由分子理论推算的强度低得多"这一问题后提出了脆性断裂理论(或称格里菲斯理论)。格里菲斯认为:任何材料内部都存在着各种缺陷(称为格里菲斯裂隙);当含有这些缺陷的材料处于复杂应力状态之下,在这些裂隙端部会产生大的拉应力集中。当这些裂隙端部某一个拉应力值超过该材料的抗拉强度值时,裂隙便开始扩展,其方向最后将与最大主应力方向平行,导致材料发生脆性拉伸破坏。

在上述基本观点的基础上,格里菲斯建立了平面压缩的格里菲斯裂隙模型(图1-64),获得了双向压缩作用下的裂隙扩展准则,即格里菲斯强度条件

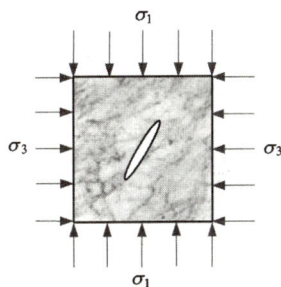

**图1-64 平面压缩的
格里菲斯裂隙模型**

①当 $\sigma_1 + 3\sigma_3 > 0$ 时

$$(\sigma_1 - \sigma_3)^2 + 8\sigma_t(\sigma_1 + \sigma_3) = 0 \tag{1-84}$$

②当 $\sigma_1 + 3\sigma_3 < 0$ 时,σ_3 为拉应力,此值为 σ_t 时产生裂隙。

$$\sigma_3 = \sigma_t \tag{1-85}$$

式中:σ_t——材料抗拉强度。

由格里菲斯条件可得出如下结论:

---

* 推导过程详见附录 I。

①抗压强度与抗拉强度关系。从式（1-84）可看出，单向压缩破坏时，$\sigma_1 = \sigma_c$；$\sigma_3 = 0$。于是从该式可得

$$\sigma_c = -8\sigma_t \qquad (1-86)$$

按格里菲斯理论计算出的抗压强度与抗拉强度关系，对某些岩石来讲是接近的。但一般 $\dfrac{\sigma_c}{\sigma_t} = 10 \sim 25$。

②材料发生断裂时，可能处于各种应力状态。这一结果验证了格里菲斯理论的基本观点，即材料的破坏机理是拉伸破坏。在其理论解中还可以证明，新裂隙与最大主应力方向斜交，而且扩展方向会最终趋于与最大主应力平行。

2. 修正的格里菲斯理论

前面所建立的破坏条件是假定介质中已有裂隙为张裂隙，没有考虑裂隙面接触产生摩擦力的情况。故该理论严格讲只能用于说明受拉条件下的破坏。但岩石一般是处于压应力场环境中，裂隙必然要闭合。裂隙闭合后，沿裂隙全长接触均一。由于裂隙面接触产生摩擦阻力，可阻碍裂隙发展，使裂隙岩石强度提高。麦克林托克和沃尔西（McClintock & Walsh, 1962）考虑到裂隙受压缩会闭合的情况，对格里菲斯理论做了修正。修正的格里菲斯强度条件为

$$\sigma_1 = -\frac{4\sigma_t}{\left(1 - \dfrac{\sigma_3}{\sigma_1}\right)\sqrt{1+f^2} - f\left(1 + \dfrac{\sigma_3}{\sigma_1}\right)} \qquad (1-87)$$

式中：f——裂隙面间摩擦系数。

也可用抗压强度表示修正的格里菲斯强度条件：

$$\frac{\sigma_1}{\sigma_c} = \frac{\sigma_3}{\sigma_c} \times \frac{\sqrt{1+f^2}+f}{\sqrt{1+f^2}-f} + 1 \qquad (1-88)$$

格里菲斯准则的提出，是从材料内部结构研究其破坏机理的良好开端。格里菲斯脆性材料破坏发生理论及其修正理论，都仅适用于说明裂隙发生开始时的应力。像岩石这样不均质的脆性材料，在很多情况下，裂隙开始时应力要低于破坏时应力，而且两者间关系复杂。因此，还不能用这个理论作为说明岩体拉伸破坏的强度条件，还需要对它做深入的研究。

思考题

1. 名词解释：岩石、岩石结构、岩石构造，岩石的密度、块体密度、颗粒密度、孔隙性、孔隙率、渗透系数、软化系数、岩石的膨胀性、岩石的吸水性、扩容、弹性模量、变形模量、泊松比、脆性度、尺寸效应、常规三轴试验、真三轴试验、岩石三轴压缩强度，流变性、蠕变、松弛、弹性后效、岩石长期强度、强度准则。

2. 岩石结构与岩石构造有何区别？并举例加以说明。

3. 岩石颗粒间连接方式有哪几种？

4. 岩石物理性质的主要指标及其表达式是什么？

5. 何谓岩石的水理性？水对岩石力学性质有何影响？

6. 岩石受载时会产生哪些类型的变形？岩石的塑性和流变性有什么不同？从岩石的破坏

特征看，岩石材料可分为哪些类型？

7. 简述岩石单向压缩条件下的变形特征。

8. 简述循环荷载条件下岩石的变形特征。

9. 简述岩石在三轴压缩条件下的变形特征与强度特征。

10. 岩石的弹性模量与变形模量有何区别？

11. 什么是岩石全应力-应变曲线？为什么普通材料试验机得不出全应力-应变曲线？研究它有何意义？

12. 岩石各种强度指标及其表达式是什么？

13. 岩石抗拉强度有哪几种测定方法？在劈裂法试验中，试件承受对径压缩，为什么在破坏面上出现拉应力破坏？

14. 岩石抗剪强度有哪几种测定方法？如何获得岩石的抗剪强度曲线？

15. 岩石的受力状态不同对其强度大小有什么影响？哪一种状态下的强度较大？

16. 岩石典型蠕变可划分为几个阶段？图示并说明其变形特征。

17. 岩石流变模型的基本元件有哪几种？分别写出其本构关系。

18. 不同受力条件下岩石流变具有哪些特征？

19. 何为岩石长期强度？其与岩石瞬时强度的关系如何？其实际意义是什么？

20. 何为强度准则？研究强度准则的意义是什么？常用的岩石强度准则有哪些？

21. 岩石的破坏有几种形式？破坏的机理是什么？

22. 莫尔强度理论的主要观点是什么？如何根据莫尔强度理论判断岩石中一点破坏与否？

23. 简述格里菲斯强度理论的基本观点，并写出格里菲斯条件。

24. 对岩石进行单轴抗压试验，如果发生剪切破坏，破坏面是否一定是试样中的最大剪应力面？为什么？如果发生拉断破坏，此时的抗压强度是否即为抗拉强度？为什么？

25. 库仑-纳维尔理论的主要观点是什么？其能否解释受拉区的强度？

习　题

1. 已知某种玢岩的块体密度为 2.5×10^3 kg，孔隙率为 2.5%。求岩石的颗粒密度。

2. 已知一块 5 cm×5 cm×10 cm 的白云岩长方体试件受单向压缩。当载荷（单位：kN）分别加到 $p_1 = 30$，$p_2 = 50$，$p_3 = 75$，$p_4 = 100$，$p_5 = 150$ 和 $p_6 = 200$ 时，测得试件的轴向变形量（单位：10^{-3} cm）分别为 $\Delta l_1 = 4.28$，$\Delta l_2 = 7.14$，$\Delta l_3 = 8.56$，$\Delta l_4 = 11.43$，$\Delta l_5 = 17.14$，$\Delta l_3 = 22.26$，试绘出白云岩的应力应变曲线，并求它的初始弹模、切线弹模和割线弹模。

3. 将某矿的页岩岩样做成边长为 5 cm 的三块立方体试件，分别作剪切角为 45°，55°和 60°的抗剪强度实验，施加的最大载荷相应地为 22.4，15.3 和 12.3 kN，求该页岩的内聚力 C 和内摩擦角 φ 值，并给出该页岩的抗剪强度曲线图。

4. 某种岩石的两组抗剪强度试验数据为：$\sigma_{n1} = 6$ MPa，$\tau_1 = 19.2$ MPa；$\sigma_{n2} = 10$ MPa，$\tau_2 = 22$ MPa。求该岩石的内聚力和内摩擦角，并估算在围压为 5 MPa 时的三轴抗压强度。

5. 将直径为 5 cm 的岩芯切成厚度为 2.5 cm 的圆盘形试件，然后进行劈裂试验，当荷载达到 9.125 kN 时，试件即发生开裂破坏，试计算试件的抗拉强度。

6. 若用岩石的单轴抗压强度 σ_c 和单轴抗拉强度 σ_t 应力圆公切线表示莫尔-库仑准则的

岩石强度曲线,试推导出强度曲线表达式。

7. 已知 σ_c, σ_t,试根据莫尔 – 库仑理论推导抗剪强度参数 C, φ 的表达式。

8. 已知抗剪强度参数 C, φ,是根据莫尔 – 库仑理论推导 σ_c, σ_t 的表达式。

9. 假定岩石中一点的应力为:$\sigma_1 = 61.2$ MPa,$\sigma_3 = -19.1$ MPa,室内实验测得的岩石单轴抗拉强度 $\sigma_t = 8.7$ MPa,剪切强度参数 $C = 50$ MPa,$\tan\varphi = 1.54$,试用格里菲斯判据和库仑 – 纳维尔判据分别判断该岩块是否破坏,并讨论结果。

10. 试用莫尔应力圆画出:①单向拉伸;②单向压缩;③纯剪切;④双向压缩;⑤双向拉伸。

11. 有一岩柱,在单向受压时,其抗压强度为 60 MPa,该岩石内摩擦角 $\varphi = 30°$。采用莫尔 – 库仑强度理论,当侧向压力为 5 MPa 时,求:

①其轴向应力为多大时,岩柱发生破坏?

②破坏面的位置。

③其破坏面上的正应力和剪应力。

12. 将一个岩石试件置于压力机上施加压力,直到 1 MPa 时发生破坏。已知破坏面与最小主应力所在的平面成 60°,并假定抗剪强度随正应力呈线性变化。试求:

①在正应力为零的那个面上的抗剪强度等于多少?

②破坏面上的正应力和剪应力。

③与最小主应力作用平面成 30°角平面上的抗剪强度等于多少?

13. 某岩石三轴试验时,围压为 $\sigma_2 = \sigma_3 = 10$ MPa,并在轴压达到 64 MPa 时破坏,破坏面与最小主应力夹角为 60°。已知岩石的破坏服从库仑准则,试求:

①内摩擦角;

②单轴抗压强度;

③内聚力;

④若该岩石在正应力为 10 MPa 条件下进行剪切试验,抗剪强度多大?

14. 有一矿柱受 40 MPa 的垂直应力,矿柱的内聚力 $C = 10$ MPa,内摩擦角 $\varphi = 30°$。采用莫尔 – 库仑强度理论,求:

①判断该矿柱是否发生破坏?

②破坏面的位置。

③如不使岩柱破坏,需加多大的侧向应力?

15. 已知某种岩石试件的内聚力 $C = 2.5$ MPa,内摩擦角 $\varphi = 30°$,当岩石试件受侧向围岩 $\sigma_3 = 10$ MPa 时,求该岩石试件的三轴抗压强度。

第 2 章 岩体的力学性质

2.1 岩体的结构面与结构体

岩体是由结构面和结构体组成的地质体(图 2 - 1)。结构面(discontinuities)和结构体(structural body)是定义岩体不可缺一的两个方面的要素。结构面和结构体在岩体力学作用上具有各自不同的力学功能,它们的力学功能不能互相代替。结构面和结构体是表征岩体结构的必要条件,而且也是充分条件。要了解岩体的力学特性,首先应了解岩体中的结构面和结构体的特征。

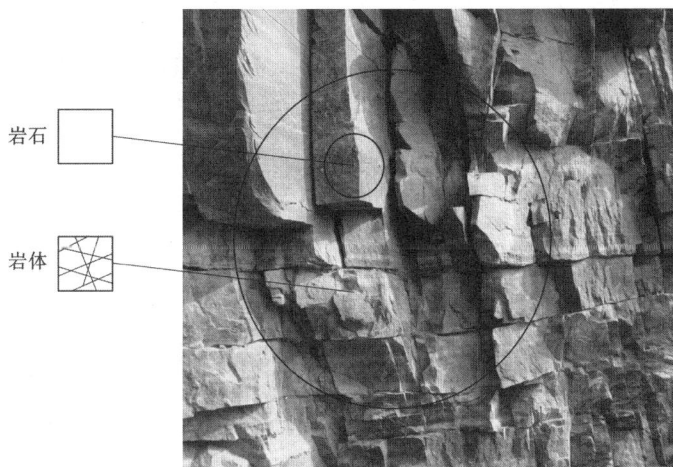

图 2 - 1 岩石与岩体

2.1.1 岩体的结构面特征

结构面是指岩体中存在着的各种不同成因和不同特性的地质界面,包括物质的分界面、不连续面,如节理、片理、断层、不整合面等。

2.1.1.1 结构面的成因类型

按照地质成因的不同,可将结构面划分为原生结构面、构造结构面和次生结构面三类。

1. 原生结构面

主要指在成岩过程中形成的构造面。如岩浆岩体冷却收缩时形成的原生节理面、流动构造面、与早期岩体接触的各种接触面;沉积岩体内的层理、不整合风化变质岩体内的片理、片麻理构造面等。

2. 构造结构面

它是在岩体形成后，地壳运动的过程中，在岩体内产生的各种破裂面或破碎带。它包括断层面、错动面、节理面及劈理面等。

3. 次生结构面

是指岩体受加卸荷作用、风化作用和地下水活动所产生的结构面，如卸荷裂隙、风化裂隙以及各种泥化夹层、次生夹泥等。

2.1.1.2 结构面的几何特征

1. 结构面的产状

产状是指结构面在空间的分布状态。它用走向、倾向、倾角三要素来描述。由于走向可根据倾向来加以推算，一般只用倾向、倾角来表示。

结构面产状与开挖面的空间关系，直接影响岩体的稳定性，最简单的实例就是边坡中顺坡向和逆坡向的结构面，从几何学上前者是一个不利的因素，而后者却是有利的因素。

2. 结构面的间距

结构面的间距是指同组相邻结构面的垂直距离。通常采用同组结构面的平均间距。间距的大小直接反映了该组结构面的发育程度，也可以反映岩体的完整程度。

3. 结构面的空间分布与延展性

结构面的延展性是与结构面规模大小相对应的，有的结构面在空间上连续分布，延伸相当远的结构面切割岩体，对岩体的稳定性影响较大；有的结构面则比较短小或不连贯，这种岩体的强度基本上取决于岩块的强度，工程稳定性较好。

4. 结构面的粗糙度

结构面的粗糙度一般是指节理表面的粗糙程度。平滑的表面较粗糙的表面有较小的摩擦角，见图 2-2。

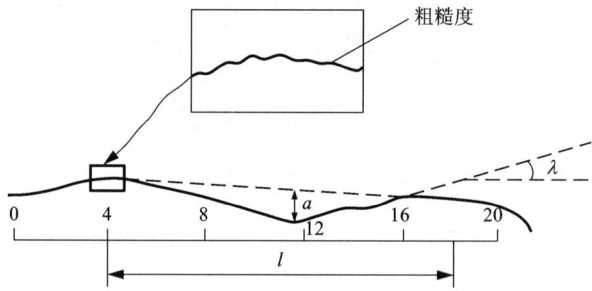

图 2-2 节理面的粗糙度和起伏度

5. 结构面的起伏度

起伏度是指结构面成波状起伏的程度，它通常反映了岩体滑移时爬坡或顺坡的能力。起伏度包括两个要素：幅度和长度。起伏波的幅度是指相邻两波峰连线与其下波槽的最大距离 a，起伏波的长度是指两相邻波峰的间距 l。当幅度越大而波长越小，则表示节理表面起伏越急峻，见图 2-2。

2.1.1.3 结构面的分级及其特征

工程实践涉及的岩体是有一定规模的。一定规模的岩体内发育的结构面按其规模及其力学效应可划分为表2-1所示的五级，其中Ⅰ、Ⅱ级属软弱结构面，Ⅲ、Ⅳ级及Ⅴ级属于硬性结构面。

表2-1 结构面分级及其特征

级序	分级依据	力 学 效 应	力学属性	地质构造特征
Ⅰ级	结构面延展长，几公里至几十公里以上，贯通岩体，破碎带宽度达数米至数十米	①形成岩体力学作用边界 ②岩体变形和破坏的控制条件 ③构成独立的力学介质单元	①属于软弱结构面 ②构成独立的力学模型——软弱夹层	较大的断层
Ⅱ级	延展规模与研究的岩体相交，破碎带宽度比较窄，几厘米至数米	①形成块裂体边界 ②控制岩体变形和破坏方式 ③构成次级地应力场边界	属于软弱结构面	小断层 层间错动面
Ⅲ级	延展长度短，从十几米至几十米，无破碎带，面内不夹泥，有的具有泥膜	①参与块裂岩体切割 ②划分Ⅱ级岩体结构类型的重要依据 ③构成次级地应力场边界	多数属于坚硬结构面，少数属于软弱结构面	不夹泥 大节理或小断层 开裂的层面
Ⅳ级	延展短、未错动、不夹泥，有的呈弱结合状态	①划分岩体Ⅱ级结构类型的基本依据 ②是岩体力学性质、结构效应的基础 ③有的为次级地应力场边界	坚硬结构面	节理 劈理 层面 次生裂隙
Ⅴ级	结构面小，且连续性差	①岩体内形成应力集中 ②岩块力学性质结构效应基础	坚硬结构面	不连续的细小节理 隐节理 层面 片理面

Ⅰ、Ⅱ级结构面的特点是规模大。这种结构面可延伸几公里至数十公里，结构面内破碎带宽度较大，结构面内物质成分变化较大，与结构面的地质力学属性有关。这种厚大结构面的上下盘面形态及其结构面内物质成分复杂，对结构面的力学性质及力学作用机制有明显的影响。这类结构面，应重视以下三方面的地质特征：

①上下盘面形态。

②结构面内物质特征。

③结构面产状及其组合特征。

Ⅲ、Ⅳ级结构面延展长度仅数米至几十米，一般未经错动或微错动而不夹泥，结构面属于硬性结构面。这种结构面连续性差，且粗糙，在工程岩体内属于非贯通性的结构面。这种结构面对岩体力学性质和岩体破坏的影响主要反映在节理密度、分散性及产状上。

Ⅴ级结构面的特点是小且不连续，肉眼难于直接观察到，在岩体内大量存在，如果把Ⅲ、Ⅳ级结构面称为显节理的话，则Ⅴ级结构面主要为隐节理。如被硅质、钙质、铁质愈合的显节理内缺陷段，层理面及片理面上的开裂，剪张裂口或发育不全的劈理，连续性极差的小节理亦当属于此类。Ⅴ级结构面多弯曲、粗糙、无软弱物质充填，属坚硬结构面。

2.1.1.4 结构面对岩体性质的影响

Ⅳ级及部分Ⅲ级结构面(硬性结构面)对岩体力学性质的影响主要取决于结构面的的产状、连续性、密度、形态、张开度、结构面充填状况及结构面组合关系等。结构面与最大主应力间的关系控制着岩体的强度与破坏机理。

结构面的连续性反映结构面的贯通程度，常用线连续性系数、迹长和面连续性系数表示。

线连续性系数(K_1)是指沿结构面延伸方向上，结构面各段长度之和($\sum a$)与测线长度的比值(图2−3)，

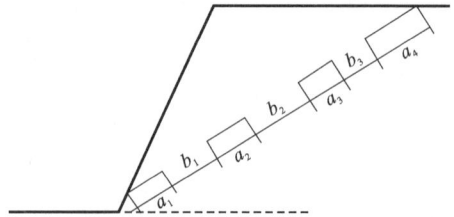

图 2 − 3　结构面的线连续性系数计算图

$$K_1 = \frac{\sum a}{\sum a + \sum b} \qquad (2-1)$$

式中：$\sum a$，$\sum b$ 分别为结构面及完整岩石长度之和。

K_1 变化在 0 ~ 1 之间，K_1 值愈大说明结构面的连续性愈好。当 $K_1 = 1$ 时，结构面完全贯通。结构面的连续性对岩体的变形、破坏机理、强度及渗透性都有很大的影响。

结构面的密度反映结构面发育的密集程度，常用线密度、间距等指标表示。线密度(K_d)是指同组结构面法线方向单位测线长度上交切结构面的条数(条/m)；间距(d)则是指同一组结构面法线方向上两相邻结构面的距离，常用平均距离表示。线密度与间距两者互为倒数关系，即

$$K_d = \frac{1}{d} \qquad (2-2)$$

结构面的密度控制着岩体的完整性和岩块的块度。一般来说，结构面发育愈密集，岩体的完整性愈差，岩块的块度愈小，进而导致岩体的力学性质变差，渗透性增强。

岩体体积节理数(J_v)为单位体积岩体内的节理的条数，根据节理统计结果，按下式计算

$$J_v = S_1 + S_2 + \cdots + S_n + S_k \qquad (2-3)$$

式中：J_v——岩体体积节理数(条/m³)；

S_n——第 n 组节理每米长测线上的条数；

S_k——每立方米岩体非成组节理条数。

岩体体积节理数应针对不同的工程地质岩组或岩性段，选择有代表性的露头或开挖壁面进行节理(结构面)统计。除成组节理外，对延伸长度大于 1 m 的分散节理亦应予以统计。已为硅质、铁质、钙质充填再胶结的节理不予统计。每一测点的统计面积，不应小于 2×5 m²。

结构面的张开度是指结构面两壁面间的垂直距离。结构面两壁面一般不是紧密接触的，而是呈点接触或局部接触，接触点大部分位于起伏或锯齿状的凸起点，结构面实际接触面积减少，会导致其粘聚力降低。当结构面张开且被外来物质充填时，则其强度将主要由充填物决定。另外，结构面的张开度对岩体的渗透性有很大的影响。

结构面的形态对岩体的力学性质及水力学性质有明显的影响，结构面的形态可以通过侧

壁的起伏形态及粗糙度两方面进行描述。结构面侧壁的起伏形态可分为:平直的、波状的、锯齿状的、台阶状的和不规则状的几种(图2-4)。而侧壁的起伏程度可用起伏角(i)表示,其表达式如下(图2-5):

$$i = \arctan\left(\frac{2h}{L}\right) \tag{2-4}$$

式中:h 为平均起伏差;L 为平均基线长度。

结构面的粗糙度可用粗糙度系数 JRC(joint roughness coefficient)表示,随粗糙度的增大,结构面的摩擦角也增大。据巴顿(Barton,1977)的研究可将结构面的粗糙度系数划分为如图2-6所示的10级。在实际工作中,可用结构面纵剖面仪测出所研究结构面的粗糙剖面,然后与图2-6所示的标准剖面进行对比,即可求得结构面的粗糙度系数 JRC。

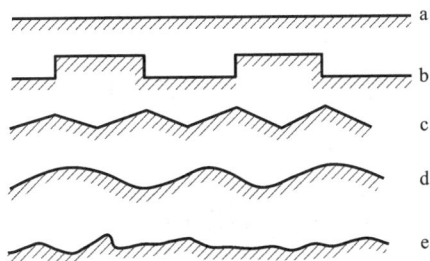

图2-4 结构面的起伏形态示意图

a.平直的;b.台阶状的;c.锯齿状的;
d.波状的;e.不规则状的

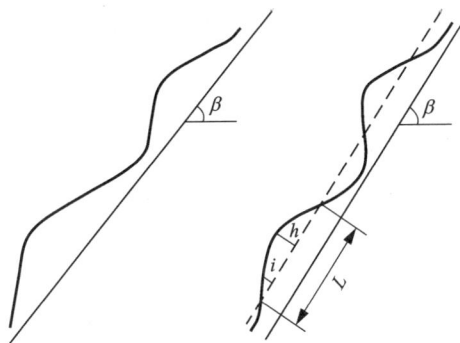

图2-5 结构面的起伏角计算图

图2-6 标准粗糙程度剖面及其 JRC 值

(据 Barton,1977)

结构面经胶结后力学性质一般有所改善,铁硅质胶结充填结构面的强度较高,往往与岩石强度差别不大,甚至超过岩石强度,而泥质与易溶盐类胶结的结构面强度最低,且抗水性差。未胶结具一定张开度的结构面往往被外来物质所充填,其力学性质取决于充填物成分、厚度、含水性及壁岩的性质等。

结构面的组合关系控制着岩体滑移的几何边界、形态、规模、滑动方向及滑移破坏类型,可以通过分析结构面之间及结构面与临空面之间的组合关系确定。结构面组合关系的分析可用赤平投影、立体投影和三角几何计算法等进行。

2.1.1.5 软弱结构面

软弱结构面主要包括原生软弱夹层、构造及挤压破碎带、泥化夹层及其他夹泥层等，它们是岩体中具有一定厚度的软弱带（层），与上下盘岩体相比具有高压缩和低强度等特征，软弱结构面在工程岩体中往往控制着岩体的变形破坏机理及稳定性。

泥化夹层是含泥质的软弱夹层经一系列地质作用演化而成的。它多分布在上下相对坚硬而中间相对软弱刚柔相间的岩层组合条件下。在构造运动作用下产生层间错动、岩层破碎、结构改组，并为地下水渗流提供了良好的通道。水的作用使破碎岩石中的颗粒分散、含水量增大，进而使岩石处于塑性状态（泥化），强度大为降低，水还使夹层中的可溶盐类溶解，引起离子交换，改变泥化夹层的物理化学性质。

泥化夹层具有以下特性：①由原岩的超固结胶结式结构变成了泥质散状结构或泥质定向结构；②粘粒含量很高；③含水量接近或超过塑限，密度比原岩小；④常具有一定的胀缩性；⑤力学性质比原岩差，强度低，压缩性高；⑥由于其结构疏松，抗冲刷能力差，因而在渗透水流的作用下，易产生渗透变形。以上这些特性对工程建设，特别是对水工建筑物的危害很大。

2.1.2 岩体的结构体特征

岩体被结构面切割出的各种分离块体或岩块统称为结构体。结构体的特征可以采用其大小、形状及块度等来描述。结构体与结构面是相互依存的，这是研究结构体地质特征的基础。结构体与结构面的依存关系主要表现在如下 3 个方面：

①结构体形状取决于结构面组数及其组合型式。一般来说，结构面组数越多，结构体形状越复杂。

②结构体块度（尺度或规模）与结构面间距密切相关。结构面间距越大，结构体块度越大。

③结构体等级划分主要依据结构面类型或等级。

2.1.2.1 结构体的大小

由于结构面规模的不同，它们之间切割包围的结构体的大小也就不同，这些大小不同的结构体在岩体稳定性分析中所起的作用也不同。按规模大小结构体可分为如下 4 种：

1. Ⅰ级结构体——地质体

Ⅰ级结构体是指在区域范围内，由Ⅰ级结构面尤其是区域性大断裂的相互组合而形成的结构体，也称地质体。Ⅰ级结构体中Ⅱ级结构面普遍发育，Ⅲ、Ⅳ、Ⅴ级结构面众多，它们往往是不均质的、各向异性的不连续介质。在构造运动过程中，地质体的变形、破坏受周边结构面的控制。由于Ⅰ级结构体范围巨大，所以它的稳定性问题，实际上是区域稳定问题。一般个体工程总是在它范围内的某一具体部位。

2. Ⅱ级结构体——山体

Ⅱ级结构体是在地质体中，由Ⅱ级结构面或Ⅱ级与Ⅰ级结构面相互组合所包围的结构体，称为山体。它是由不同工程地质岩组所组成。在其中，Ⅲ级结构面很多，Ⅳ、Ⅴ级结构面极多。一般具体工程是在山体之中，有的亦可延伸或跨越相邻的Ⅱ级结构体。Ⅱ级结构体的稳定状况，实际上是工程总体布局的稳定性问题。如果这级结构体不稳定，将对工程形成极大威胁。

3. Ⅲ级结构体——块体

Ⅲ级结构体是在Ⅰ、Ⅱ级结构体之中,由Ⅲ级结构面或Ⅲ级与Ⅰ、Ⅱ级结构面,甚至与Ⅳ级结构面密集带所切割包围的岩体,往往由一个特性相近的工程地质岩组所组成。Ⅲ级结构体中存在和发育着Ⅳ、Ⅴ级结构面,偶尔有Ⅲ级结构面延伸于其内,但并不贯通。一个工程岩体往往包含数个乃至数十个Ⅲ级结构体,其小者不过数十立方米,大者可达数万立方米。块体及相邻块体的稳定与否,实质上就是岩体稳定问题,正因为它们的失稳给工程带来危害或留下隐患,所以对块体的稳定分析具有普遍的现实意义。

4. Ⅳ级结构体——岩块

Ⅳ级结构体是存在于Ⅰ、Ⅱ、Ⅲ级结构体之中,由Ⅳ级结构面,或Ⅳ级与Ⅱ、Ⅲ级结构面相互组合所包围的岩石结构体。一般岩性单一,其中仅存在Ⅴ级结构面,偶有Ⅳ级结构面伸入,但并不穿切。这种结构体即完整的岩石,它的物理力学性质就是岩块的物理力学性质。由于Ⅳ级结构面的自然特性、展布密度等的不同,使得岩块的大小、形态、排列组合及强度等均不相同,使不同地段的岩体的工程地质特性也不相同。Ⅳ级结构面及其所包围的岩块,一般是岩体结构研究的主要对象。

2.1.2.2 结构体的块度

结构体的块度通常指最小结构体的尺寸。结构体的块度大小取决于结构面的密度。结构面的密度越大,结构体的块度越小;反之,块度越大。块度大小常用 1 m³ 岩石体内含有结构体的个数来表示。

结构体的块度影响岩体工程围岩的破坏方式及支护和加固方法。在开挖过程中结构体的块度影响工程施工及临时支护。

2.1.2.3 结构体的形状

岩体被各种结构面切割成不同形状的结构体,虽然它们的形态极为复杂、多样,但由于各种断裂、层面均呈一定规律的展布,所以岩块的几何形状也有一定的规律性。常见的有:

①柱状结构体:在岩体中由两组以上陡倾斜或竖立结构面切割形成柱状结构体,经常见到的是玄武岩中柱状节理切割出的柱状结构体,此外砂岩(尤其是水平层状砂岩)也往往被陡倾斜及近于竖直的节理或断层切割产生柱状结构体,其形状如图 2-7(a),(b),(c)。

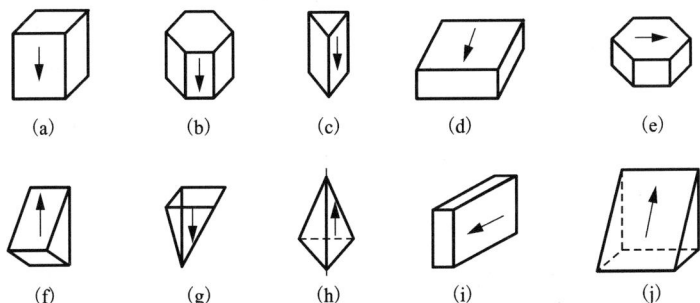

图 2-7 结构体形状典型类型

(a),(b),(c)为柱状结构体;(d),(e),(i)为板状结构体;(f),(g),(h),(j)为锥形结构体

②板状结构体:在岩体中由较为发育的一组结构面切割形成板状结构体,劈理、节理及断层等均可以在岩体中切割出板状结构体;此外,软、硬相间的岩层发生层间滑动破坏时也

能够产生板状结构体,其形状如图 2-7(d),(e),(i)。

③锥形结构体:四面体状结构体也广泛存在于各种岩体中,由四组以上结构面切割形成,有的为软弱结构面,有的为硬性结构面,其形状如图 2-7(f),(g),(h),(j)。

结构体的形状与岩石类型有关。如晚期形成的玄武岩、流纹岩,常由单一的柱状或块状结构组成;花岗岩、闪长岩由原生节理切割成短柱状或块状结构体;厚层砂岩及灰岩常由块状结构体组成;薄层及中厚层砂页岩互层岩体在层间错动下常形成板状结构体。

结构体的形状还与区域构造运动强度有关。在轻微构造运动区大多发育棋盘格式节理,它切割成的结构体多数为短柱状六面体;在强烈构造运动区,节理组数多,大多 3~4 组,常呈"米"字型组合,在它的切割下形成的结构体常呈多边形、角柱状、楔锥体;在劈理发育地区,则发育有板状结构体。

结构体的形状也与工程围岩的破坏方式有关。例如,具有临空面的板状结构体,在结构体产状为水平的情况下,可能出现坑道顶板弯曲折断,在边墙的直立板状结构体,可能发生溃屈破坏;而具有临空面的锥形结构体,可能导致坑道顶板冒落和边墙滑动破坏。

2.2　岩体的结构类型

岩体的结构(rock structure)是指岩体中结构面及结构体的形态和组合特征。由于岩体中结构面的类型、性质、规模、产状、密度及组合型式等不同,岩体力学性质无疑将不一样,所以根据结构面的等级及组合型式,对岩体结构类型分成五个大类和若干亚类。如表 2-2 所示,将由Ⅰ、Ⅱ级结构面切割的岩体定义为整体结构和块状结构岩体,Ⅲ、Ⅳ级结构面切割的岩体定义为层状结构及碎裂结构岩体,而存在于断层破碎带和风化破裂带中的破碎岩体则被定义为散体结构岩体。事实上,真正的整体结构岩体是十分罕见的,一般是将结构面极不发育的岩体,或原有的结构面被后来物质所充填、胶结的岩体看作是整体结构岩体。

表 2-2　岩体结构类型

结构类型	亚类	地质背景	结构面间距（m）	完整性系数	结构体形态	力学介质类型
整体结构		岩体单一,构造变形轻微的岩浆岩、变质岩及巨厚层沉积岩	>1.0	>0.75	岩体呈整体状态或巨形块体	连续介质
块状结构		岩体单一,构造变形轻-中等的厚层沉积岩、变质岩及火成岩体	0.5~1.0	0.35~0.75	长方体、立方体、菱形块体及多角形块体	连续或不连续介质
层状结构	层状结构	构造变形轻-中等的单层厚度大于 0.3 m 的层状岩体	0.3~0.5	0.3~0.6	长方体、柱状体、厚板状体及块体	不连续介质
	薄层状结构	同层状结构,但单层厚度小于 0.3 m,有强烈褶皱及层向错动	<0.3	<0.4	组合板状体或薄板状体	不连续介质

续表 2 − 2

结构类型	亚类	地质背景	结构面间距（m）	完整性系数	结构体形态	力学介质类型
碎裂结构	镶嵌结构	一般发育在脆性岩层中的压碎岩带、节理、劈理组数多，密度大	<0.5	<0.36	形态不一，大小不同，棱角互相咬合	似连续介质
	层状碎裂结构	软硬相间的岩石组合，通常为一系列近于平行的软弱破碎带与完整性较好的岩体组成	<1.0	<0.4	软弱破碎带以碎屑、碎块、岩粉和泥为主，骨架部分岩体为大小不等、形态各异的岩块	不连续介质
	碎裂结构	岩性复杂，构造变动剧烈，断裂发育，也包括弱风化带	<0.5	<0.3	碎屑和大小不等，形态不同的岩块	不连续介质或似连续介质
散体结构		一般为断层破碎带、侵入接触破碎带及剧烈 – 强		<0.2	泥、岩粉、碎屑、碎块、碎片等	似连续介质

2.3　岩体破坏机理及破坏判据

2.3.1　岩体破坏的概念

工程中岩体的破坏分为两个阶段，依次是岩体破坏和岩体工程结构的破坏。岩体破坏是指岩体在一定应力条件下，结构联结的丧失，包括结构面开裂、错动、滑动，结构体的拉伸破坏和剪切破坏。岩体工程结构破坏是指岩体结构联结丧失之后，结构体的运动，例如，边坡的滑移、倾倒、滚石，采场冒顶、片帮和底鼓等。第一阶段的岩体破坏导致岩体失去应有的承载力和稳定性，是本质意义上的破坏；而第二阶段的岩体工程结构的破坏影响岩体工程的使用，甚至使岩体工程报废。

2.3.2　岩体破坏机理

岩体由结构面和结构体组成，在结构体中还存在着微裂隙。工程中的岩体，由于结构的影响、应力状态及临空的条件不同，有时沿结构面破坏，有时是完整岩石的破坏，有时既沿结构面破坏也发生穿切结构面的破坏。从破坏机理来讲，大致可归为两类，即拉伸破坏和剪切破坏，其中剪切破坏中既有沿结构面的破坏，也有穿切结构面的破坏。

2.3.2.1　拉伸破坏（tensile failure）

拉伸破坏的情况有如下几种：

1. 垂直结构面方向的拉伸破坏

结构面的抗拉强度极低（未开裂结构面）或接近于零（已开裂结构面），如果在垂直结构面方向存在拉应力，最容易发生拉伸破坏。例如：在水平层状岩体中的地下坑洞的顶板非常容易在自重作用下发生离层,如图 2-8 所示。

2. 沿结构面方向的拉伸破坏

这种破坏的本质是在沿结构面方向的拉应力作用下,完整岩石的拉伸破坏。例如:板状结构体的弯折、岩体沿结构面错动的牵引力引起的两盘岩体的拉裂都属于这种拉伸破坏。

3. 完整岩体的拉伸破坏

在三向不等压的应力状态下,如果在最小

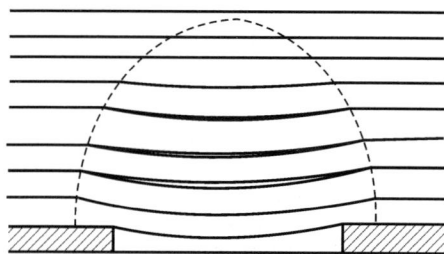

图 2-8 离层现象示意图

主应力方向产生拉应变,可引起完整岩体沿最大主应力方向发展的张破裂。例如,在矿柱的顶部或底部存在软夹层时,由于软夹层的塑性变形,可引起矿柱产生纵向劈裂。

2.3.2.2 剪切破坏(shear failure)

岩体既可发生沿结构面的剪切破坏,也可发生穿切结构面的剪切破坏。沿结构面的剪切破坏主要取决于结构面的强度,而穿切结构面的剪切破坏则取决于岩石的强度。

对于含单组结构面的岩体,破坏机理见图 2-9。

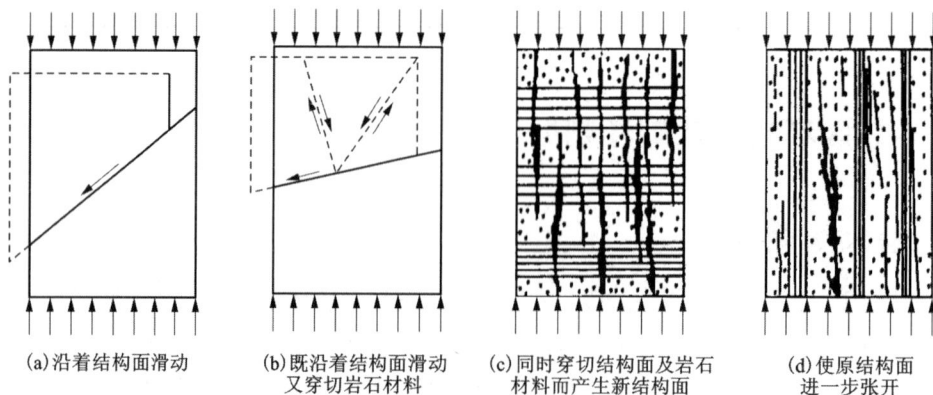

(a)沿着结构面滑动　　(b)既沿着结构面滑动　　(c)同时穿切结构面及岩石　　(d)使原结构面
　　　　　　　　　　　　又穿切岩石材料　　　　　材料而产生新结构面　　　　进一步张开

图 2-9 岩体不同类型剪切破坏示意图

设岩体中有一条(或一组)与最大主平面成 α 角的结构面,结构面强度曲线如图 2-10 (b)中的斜线 1,岩石的强度曲线为图中斜线 2。在最小主应力 σ_3 不变的前提下,讨论在不同的最大主应力作用下,结构面对岩体破坏的影响:

①当 $\sigma_1 = \sigma_{1min}$ 时,应力圆与结构面强度曲线相切。显然,当结构面与最大主平面的夹角 $\alpha = \dfrac{1}{2} \angle DO_1C$ 时,岩体将沿结构面发生剪切破坏。如果 $\alpha \neq \dfrac{1}{2} \angle DO_1C$ 时,岩体不会发生破坏。

②但是如果 σ_1 继续增大,达到图中所示的应力圆(2)所示大小时,即 $\sigma_{1min} \leqslant \sigma_1 \leqslant \sigma_{1max}$,这时,应力圆与结构面强度曲线相交于 A、B 两点。如果 α 满足: $\dfrac{1}{2} \angle BO_2C \leqslant \alpha < \dfrac{1}{2} \angle AO_2C$,岩体将发生沿结构面的剪切破坏。

③在 $\sigma_1 < \sigma_{1max}$ 的范围内,如果 α 不满足上述两条件,则岩体不会发生沿结构面的剪切破

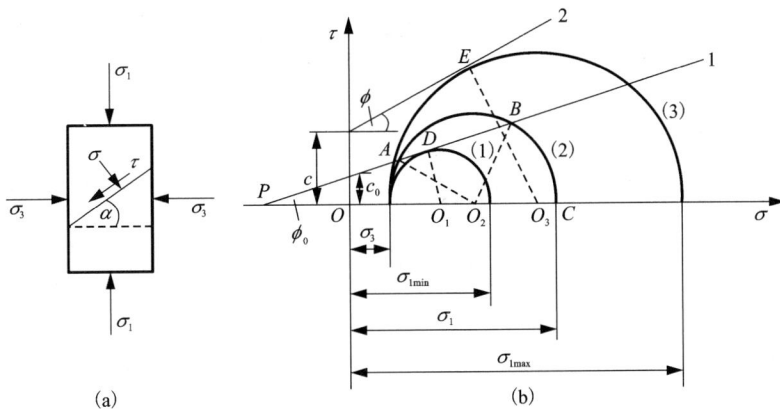

图 2-10　含单组结构面岩体破坏机理分析

坏。但是，如果 σ_1 继续增大，即 $\sigma_{1max} \leqslant \sigma_1$ 时，应力圆将与完整岩石的强度曲线相切甚至相交，即已经达到了完整岩石的破坏条件，岩体将发生穿切结构面的破坏。

　　上述讨论是在假定岩体中只有一组结构面的前提下进行的，如果岩体中有两组或两组以上的结构面，只要其中一组结构面与最大主平面的夹角 α 达到上述(1)、(2)的条件，岩体则发生沿结构面的剪切破坏，换言之，当岩体中的结构面增多时，岩体发生沿结构面剪切破坏的机会将增多，穿切结构面破坏的机会将减少，图 2-11 为部分岩体结构破坏示意图。

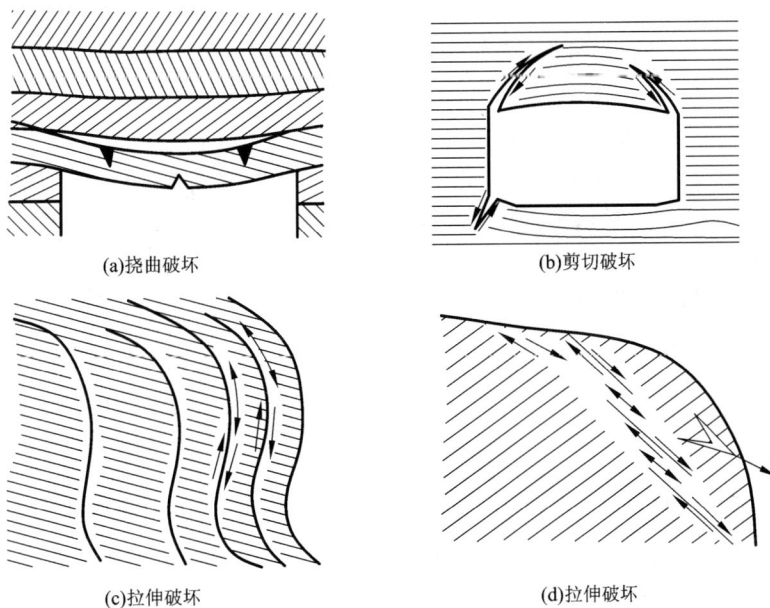

(a)挠曲破坏

(b)剪切破坏

(c)拉伸破坏

(d)拉伸破坏

图 2-11　岩体的破坏机理

2.3.3　岩体破坏判据

2.3.3.1　耶格尔判据

耶格尔判据主要是针对岩体发生沿结构面剪切破坏的情况。

设二维应力场中结构面上的应力满足其抗剪强度条件,用主应力表示结构面上的正应力和剪应力,得

$$\sigma_1 - \sigma_3 = \frac{c_0 + \sigma_3 \tan\phi_0}{\cos^2\alpha(\tan\alpha - \tan\phi_0)} \tag{2-5}$$

这就是沿结构面发生剪切破坏的判据,式中 c_0、ϕ_0 分别为结构面的粘结力和内摩擦角, α 为结构面与 σ_1 作用方向间的夹角。当 $\alpha = \pi/2$ 时,即结构面沿 σ_1 方向,$\sigma_1 \to \infty$;当 $\alpha = \phi_0$ 时,$\sigma_1 \to \infty$,即:不会发生沿结构面的剪切破坏,这意味着只有当 $\phi_0 < \alpha < \pi/2$ 时,才会发生沿结构面破坏。

在 σ_3 一定时,岩体沿结构面发生剪切破坏所需最大主应力 σ_1 只与结构面倾角 α 有关。

最小值:$\sigma_{1min} = 2(c_0 + \sigma_3 \tan\phi_0)(\sqrt{1 + \tan^2\phi_0} + \tan\phi_0) + \sigma_3$,这时,$\alpha = 45° + \phi_0/2$,结构面的倾角与岩体破坏面重合。并满足结构面在正应力 σ_n 和剪应力 τ 作用下的摩尔-库仑强度准则 $|\tau| = \sigma_n \tan\phi_0 + c_0$。

最大值:$\sigma_{1max} = \frac{1 + \sin\phi}{1 - \sin\phi}\sigma_3 + \frac{2C \cdot \cos\phi}{1 - \sin\phi}$,这时,结构体发生穿切结构面的剪切破坏,岩体的破坏准则与岩石相同。

中间值:$\sigma_{1min} < \sigma_1 < \sigma_{1max}$,$\alpha$ 必须满足 $\alpha_1 < \alpha < \alpha_2$,岩体发生沿结构面破坏。其中

$$\alpha_1 = \frac{\phi_0}{2} + \frac{1}{2}\arcsin\left[\frac{(2c_0\cot\phi_0 + \sigma_1 + \sigma_3)\sin\phi_0}{\sigma_1 - \sigma_3}\right] \tag{2-6}$$

$$\alpha_2 = \frac{\pi}{2} + \frac{\phi_0}{2} - \frac{1}{2}\arcsin\left[\frac{(2c_0\cot\phi_0 + \sigma_1 + \sigma_3)\sin\phi_0}{\sigma_1 - \sigma_3}\right] \tag{2-7}$$

由此可见 $[\alpha_1, \alpha_2]$ 的大小随应力状态而变。最大范围取决于在一定的 σ_3 条件下结构体发生破坏的 σ_{1max}。如果 α 不在 $[\alpha_1, \alpha_2]$ 内,则岩体不沿结构面破坏。

由上述分析可以作出组合判断曲线,如图 2-12。从图中可以看出,改变 σ_3 的大小,可以作出不同的判断曲线,σ_3 越大,判断曲线越高。B、D 两点所对应的角度范围代表了沿结构面破坏时结构面的倾角范围,A、B 和 D、E 点对应的角度范围,代表穿切结构面破坏时,结构面倾角的范围。

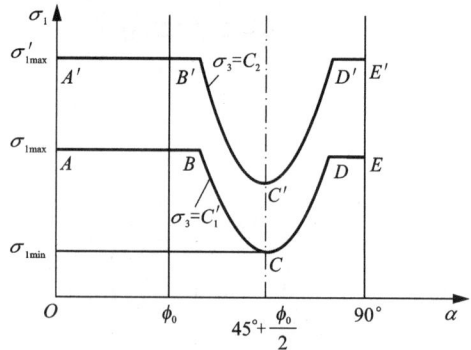

图 2-12 岩体破坏判定曲线

2.3.3.2 霍克-布朗经验判据

霍克-布朗根据岩块互锁和结构面表面条件,提出了估算节理岩体强度经验判据。霍克-布朗强度经验判据是以大量实验数据为根据的经验准则,其表达各向同性岩石材料的三轴抗压强度基本方程为

$$\sigma_1 = \sigma_3 + \sigma_c\left(m_b\frac{\sigma_3}{\sigma_c} + s\right)^a \tag{2-8}$$

式中:σ_c——完整岩石单轴抗压强度;

m_b——霍克-布朗常数,由岩石类型而定;

s, a——取决于岩体特征的常数,对于完整岩石,$s = 1$,$a = 0.5$。

2.4 岩体的强度特征

岩体是由结构体及结构面共同组成的复杂地质体,其力学性质受结构体和结构面力学性质,以及二者不同组合型式的影响与控制,一般情况下,岩体强度(rock strength)不等同于结构体或结构面的强度。

2.4.1 岩体强度特征

岩体的抗剪强度包络线一般介于结构面强度包络线和岩石强度包络线之间,见图2-13。

岩体强度受加载方向与结构面间夹角 α 的控制,因此,表现出岩体强度的各向异性,见图2-14。

(1)岩体中只有一组结构面

①当 σ_1 与结构面垂直,岩体强度与结构面无关,为岩石强度。

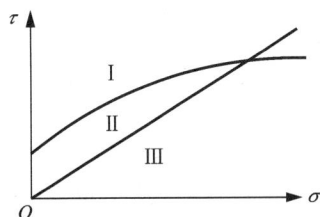

图2-13 岩体的强度特征

Ⅰ—岩石;Ⅱ—岩体;Ⅲ—节理

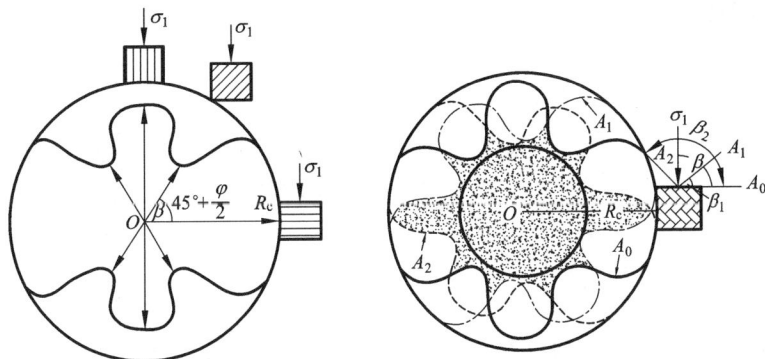

图2-14 岩体强度的各向异性及其与岩石强度的关系

②当 $\alpha = \dfrac{\pi}{4} + \dfrac{\phi}{2}$,岩体将沿结构面破坏,岩体强度最低,其强度为结构面强度,其中 ϕ_j 为结构面摩擦角。

③当 σ_1 与结构面平行,结构面的抗拉强度小,岩体将因结构面的横向扩展而破坏。

(2)岩体中有多组结构面

岩体的强度图像将为各单组结构面岩体强度图像的叠加,如图2-14中阴影部分。如果结构面分布均匀、且强度大体相同时,则岩体表现出各向同性的特性,但强度却大大削弱了。

(3)水对岩体的作用使得岩体软化、泥化、润滑、膨胀、崩解、溶蚀、水化和水解,使岩体的力学性质改变,强度弱化。

①水对岩体的软化、泥化和崩解作用。

几乎所有岩石在水的作用下都发生软化,其中泥岩、页岩等软岩的软化程度可能更为严重。地下水渗入不连续面,对不连续面两侧岩石或不连续面内充填物质具有软化、泥化和崩解作用,从而改变不连续面的抗剪特性。水对岩体结构面的润滑使其摩擦阻力降低。水的溶蚀作用使可溶岩类岩体产生溶蚀裂隙、空隙和溶洞等岩溶现象,破坏岩体的完整性,进而降低岩体的强度。

②静水压力作用。

水的作用对岩体产生渗流应力减少了作用在岩体固相上的有效应力,从而降低了岩体的抗剪强度。在没有水的情况下,岩体中不连续面的抗剪强度由莫尔-库伦强度准则确定,在裂隙充水的情况下,由于静水压力作用,使不连续面上的正应力减小,这时,不连续面的抗剪强度为

$$|\tau| = (\sigma_n - p_w)\tan\phi_0 + c_0 \tag{2-9}$$

式中:τ 是无水情况下不连续面上的剪应力,σ_n 是无水情况下不连续面上的正应力,p_w 是孔隙水压力。可见,静水压力作用降低了不连续面的抗剪强度。

③岩体和地下水之间的相互作用。

水、岩相互耦合作用产生的力学作用效应,改变岩体的渗透性能,降低或增大岩体的渗透系数,由于岩体的渗透性能发生改变,反过来影响岩体中的应力分布,从而影响岩体的强度和变形性质。

2.4.2 岩体强度

1. 岩体单向抗压强度和准岩体强度

(1)岩体单向抗压强度 σ_c 现场测试

岩体单向抗压强度(uniaxial compressive strength)现场测试试件一般在巷道内开挖形成试验岩体,试验岩体的水平边长一般为 0.5 ~ 1.5 m,高度不小于水平边长的立方块体(图2-15)。岩体单向抗压强度 σ_c 采用下式求得

$$\sigma_c = \frac{P}{A} \tag{2-10}$$

式中:P——试件破坏时的作用力,N;

A——试件横截面面积,m²。

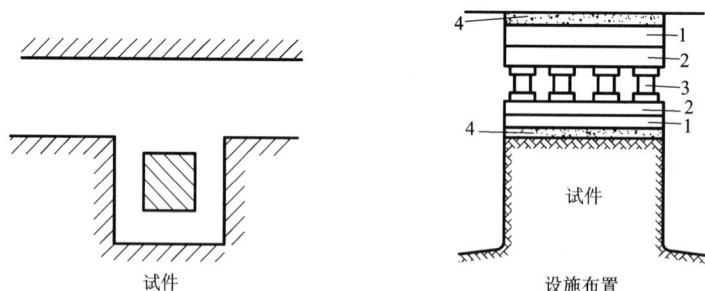

图2-15 单向抗压强度装置

(2)准岩体强度

准岩体强度由完整岩石试件的强度和岩体完整性系数 K 确定。岩体完整性系数 K 为

$$K = \left(\frac{v_{岩体}}{v_{岩石}}\right)^2 \qquad (2-11)$$

式中：$v_{岩体}$，$v_{岩石}$ 分别为弹性波在岩体和岩石中传播的纵波速度。

准岩体抗压强度：
$$\sigma_{cm} = K \cdot \sigma_c \qquad (2-12)$$

准岩体抗拉强度：
$$\sigma_{tm} = K \cdot \sigma_t \qquad (2-13)$$

式中：σ_c，σ_t 分别为岩石试件的单轴抗压强度和单轴抗拉强度。

2　岩体抗剪强度现场测定

岩体抗剪强度(shear strength)现场测定一般在巷道内或硐室内进行，有双千斤顶法、单千斤顶法和三轴强度试验法。

(1)双千斤顶法

双千斤顶法采用双向加载的形式测定抗剪强度(图2－16)，图2－17为受力示意图。受力计算公式为

$$\left.\begin{array}{c} \sigma = \dfrac{N}{F} + \dfrac{Q}{F}\sin\alpha \\[2mm] \tau = \dfrac{Q}{F}\cos\alpha \end{array}\right\} \qquad (2-14)$$

式中：σ，τ——试件剪切面上的正应力和剪应力；

　　　F——试件剪切面面积；

　　　N——法向力；

　　　Q——斜向力；

　　　α——横向推力与剪切面的夹角，通常为15°。

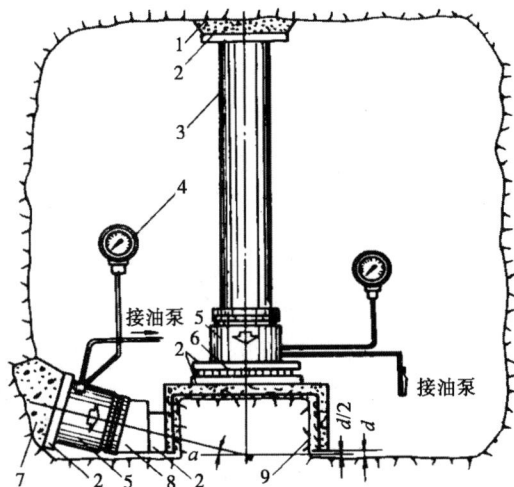

图2－16　岩体直剪(斜推法)试验

1—砂浆顶板；2—钢板；3—传力柱；4—压力表；5—液压千斤顶；
6—滚轴排；7—混凝土后座；8—斜垫板；9—钢筋混凝土保护罩

(2)单千斤顶法

现场无法施加垂直荷载的情况下采用单千斤顶法测定,受力计算公式为

$$\left.\begin{aligned} \sigma &= \frac{Q}{F}\sin\alpha \\ \tau &= \frac{Q}{F}\cos\alpha \end{aligned}\right\} \qquad (2-15)$$

3. 现场三轴强度试验

岩体三轴强度(triaxial strength)试验采用三向加载的方式在现场进行测定,岩体试件尺寸一般为 2.8 m × 1.4 m × 2.8 m,一般 $h > 2a$,矩形截面,加压装置一般为千斤顶或应力枕(图 2 – 18)。

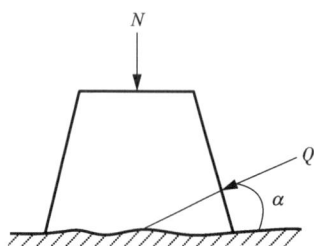

图 2 – 17   剪切示意图

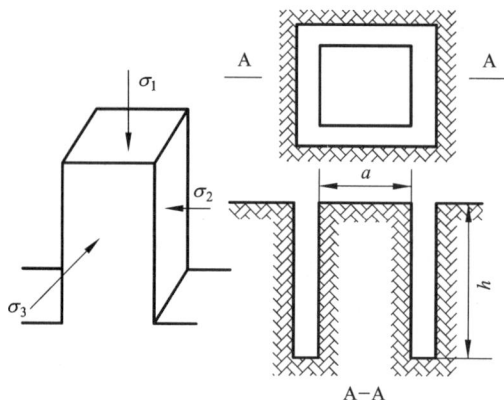

图 2 – 18   现场三轴试验的力学模型

2.5   岩体的变形特性

2.5.1   岩体的单轴和三轴压缩变形特性

2.5.1.1   岩体的应力 – 应变曲线

岩体全应力 – 应变曲线的变化规律一般与岩石的全应力 – 应变曲线相似,但弹性模量、峰值强度和残余强度有所降低,泊松比则有所提高。岩体相对于岩石的另一个不同点,是由于弱面存在而引起岩体变形和强度上的各向异性。

岩体不是一个理想的弹性体,它同时具有弹性、塑性和粘性特征,是一种多裂隙的非连续介质。因此岩体

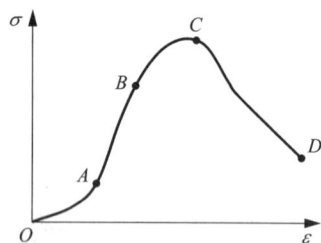

图 2 – 19   岩体的应力 – 应变曲线

受力后的变形特征主要取决于岩体中的结构面和结构体的性质。岩体典型的全应力 – 应变曲线,即破坏全过程曲线(图 2 – 19)可以分为 4 个阶段:

1. 微裂隙压密阶段(OA 段)

岩体中裂隙受压逐渐闭合后,充填物被压密实,出现不可恢复的残余变形。形成非线性

上凹状压缩变形曲线,压缩变形的大小取决于裂隙的性态。在这一阶段岩体表现出弹性、塑性并存的特点。

2. 弹性变形阶段(AB 段)

经过压密阶段后,岩体中裂隙闭合,岩体压应力传递由不连续状态进入连续状态,变形呈现弹性变形特征。

3. 塑性变形阶段(BC 段)

当应力超过屈服极限时,岩体进入塑性变形阶段,这个阶段内,即使荷载增加不大,也会产生较大的变形,应力 - 应变曲线形成向下弯曲的下凹型。

4. 破坏阶段(CD 段)

当应力达到岩体的强度极限时,岩体进入破坏阶段,出现岩体应力释放过程。岩体在破裂时应力并不是突然下降,在破裂面上尚存在一定摩擦力,使岩体仍具有承载能力,直至最终达到岩体的残余强度。

上面所分析的是岩体变形的一般规律,对于不同结构类型的岩体,其变形特征则有所不同。

2.5.1.2　岩体变形曲线的基本形式

力学性质的不同导致岩体的应力 - 应变曲线有明显的差异,详细研究岩体变形曲线发现,岩体变形曲线可以划分为 4 种类型,即直线型、上凹型、下凹型及复合型,如图 2 - 20 所示。

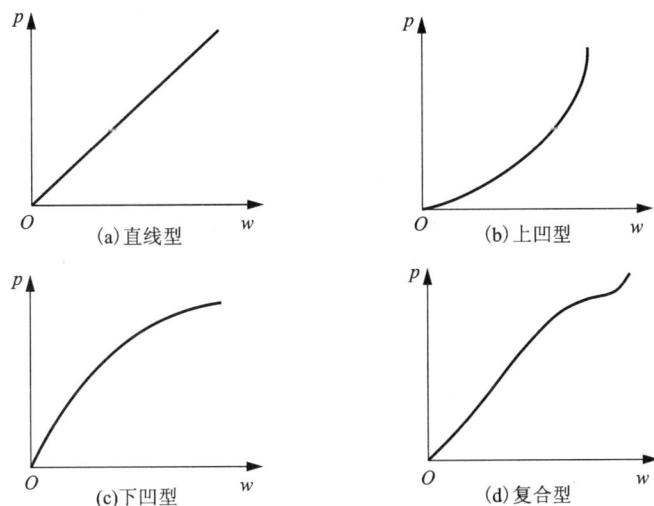

图 2 - 20　岩体变形曲线类型

1. 直线型

直线型岩体的变形曲线是一条经过坐标原点的直线,见图 2 - 20(a),其方程为

$$\begin{cases} p = f(w) = kw \\ \dfrac{\mathrm{d}p}{\mathrm{d}w} = k \\ \dfrac{\mathrm{d}^2 p}{\mathrm{d}w^2} = 0 \end{cases} \tag{2-16}$$

式中,p 为荷载,w 为位移,k 为刚度。直线型主要为坚硬完整无裂隙岩体的变形曲线。此

外，当岩体裂隙分布较均匀时，其变形曲线也常呈现这种形状。

2. 上凹型

上凹型岩体变形曲线是一条经过坐标原点的上凹曲线，如图 2-20(b) 所示，其方程为

$$\begin{cases} p = f(w) & (增函数) \\ \dfrac{\mathrm{d}p}{\mathrm{d}w} = f(p) & (增函数) \\ \dfrac{\mathrm{d}^2 p}{\mathrm{d}w^2} > 0 \end{cases} \quad (2-17)$$

式中，p 为 w 的非线性函数，并且随着 w 增大而加速增加（p 随 w 增加的速度开始较小，后来增加的速度越来越快，属于变加速度增加过程）。$\mathrm{d}p/\mathrm{d}w$ 为 p 的非线性函数，并且随着 p 增大而加速增加（也属于变加速度增加过程）。这种变形曲线多为岩性较坚硬、但裂隙较发育、且裂隙多为张开而无充填物的岩体。随着压力的增大，曲线斜率逐渐增大，这反映了裂隙逐渐闭合或岩体因镶嵌作用挤紧的过程。

3. 下凹型

下凹型岩体变形曲线是一条经过坐标原点的下凹曲线，如图 2-20(c) 所示，其方程为

$$\begin{cases} p = f(w) & (增函数) \\ \dfrac{\mathrm{d}p}{\mathrm{d}w} = f(p) & (增函数) \\ \dfrac{\mathrm{d}^2 p}{\mathrm{d}w^2} > 0 \end{cases} \quad (2-18)$$

式中，p 为 w 的非线性函数，并且开始时 p 随着 w 增大而增加比较快，但后来 p 随着 w 增大而增加逐渐减慢，最终 p 可能趋于某一定值。$\mathrm{d}p/\mathrm{d}w$ 为 p 的非线性函数，并且随着 p 增大而递减，最终 $\mathrm{d}p/\mathrm{d}w$ 也许变为零。若岩体中有较为发育软弱夹层，或者较为发育节理裂隙且这些节理裂隙中只有泥质等软弱充填物，或者组成岩体的岩石性质软弱，或者岩体较深处（坚硬岩体下面）埋藏有软弱夹层，或者岩体遭受强烈风化作用等，均可能出现这种类型变形曲线或与之类似的变形曲线。

上述三种情况在循环加卸载情况下，岩体变形 $p-w$ 曲线的斜率均随着载荷循环次数及压力 p 的增加而逐渐变缓，每次加荷曲线在压力 p 较小时往往近似相互平行，但是在压力 p 较大时则随着压力 p 的增加每次加荷曲线不断变缓，并且塑性变形值 w_p 与总变形值 w_0 之比 w_p/w_0 随着压力 p 增加而提高。这些变形现象的机理因岩体不同而各异。对于由软弱岩石或结构组成的岩体来说，岩体变形 $p-w$ 曲线变缓反映岩体中微裂纹逐渐扩展。对于裂隙被泥质等软弱物质所充填的节理岩体来说，岩体变形 $p-w$ 曲线变缓反映岩体结构随着压力 p 增大而逐渐流动，并且向外侧挤出。对于深部埋藏有软弱夹层的岩体来说，岩体变形 $p-w$ 曲线变缓反映随着压力 p 增大岩体受压层增厚及深部软弱岩层压缩与固结。

4. 复合型

岩体变形复合型 $p-w$ 曲线如图 2-20(d) 所示，呈阶梯状。若组成岩体的岩石或结构体性质不均匀，或者结构体在岩体中分布不均匀，或者结构面（节理裂隙）在岩体中分布不均匀等等，即当岩体性质及结构不均匀时，岩体的变形曲线一般为复合型。

岩体在载荷压力作用下变形的力学行为是十分复杂的，包括结构体和软弱夹层的压密与

受压固结、节理裂隙的闭合、结构体沿着结构面的滑移与转动、结构体之间的嵌密与楔紧及结构面之间的相互错动等，加之岩体受压边界条件又随着压力增大而不断改变，所以当岩体的物质组成及结构不均匀时，其多级循环载荷变形曲线往往表现出各种复杂的形状。

现场岩体单轴压缩试验的应力-应变全过程曲线一般比较复杂，取决于岩石特性和结构面特性和结构面分布。图2-21为岩体循环加卸载时的应力-应变全过程曲线。

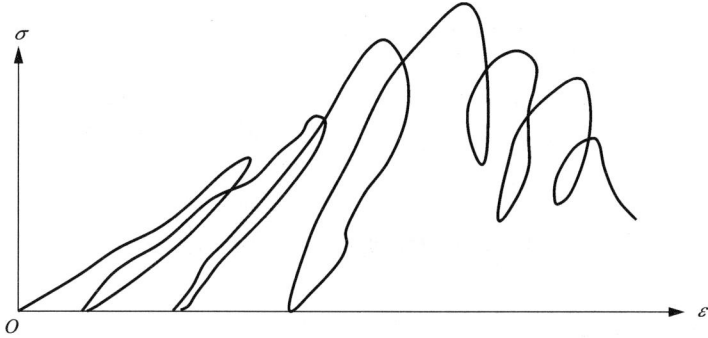

图2-21 现场岩体循环压缩应力-应变全过程曲线

2.5.2 结构面的剪切变形特征

结构面的剪切变形特征与结构面表面形态及其物质特征有关。

2.5.2.1 无填充物的结构面

1. 平直光滑结构面

这种结构面在剪切过程中基本不发生垂直位移，其剪应力-剪位移曲线如图2-22所示，峰值抗剪强度与残余抗剪强度相近。

2. 平直、光滑但局部连接或相互咬合的台阶状结构面

这种结构面的剪应力-剪位移曲线如图2-23所示，峰值抗剪强度与残余抗剪强度相差较大，这是因为局部连接部分或咬合部分的粘结力发挥了抗剪作用。

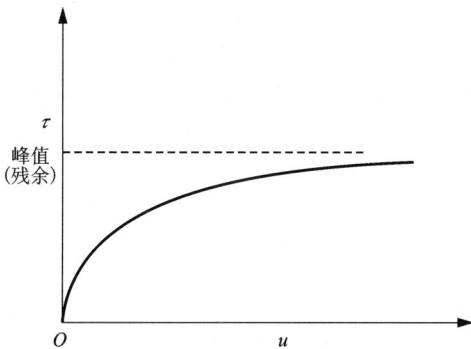

图2-22 平直光滑不连续面 $\tau - u$ 曲线

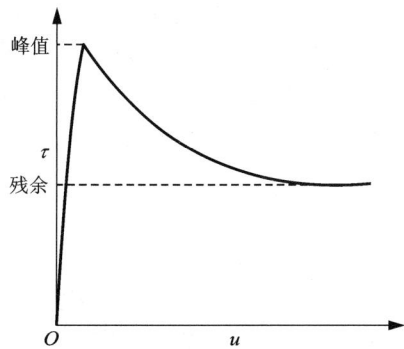

图2-23 局部连结和咬合不连续面 $\tau - u$ 曲线

3. 规则齿状(或波状)不连续面

这种结构面在铅垂应力 σ 较小时，在剪切应力作用下将沿齿面向上滑动，即出现爬坡现象，剪切面积逐渐减小，然后剪断齿尖部分。如果铅垂应力足够大，则可以阻止爬坡现象，不连续面直接发生沿齿根剪断的现象，如图2-24所示。

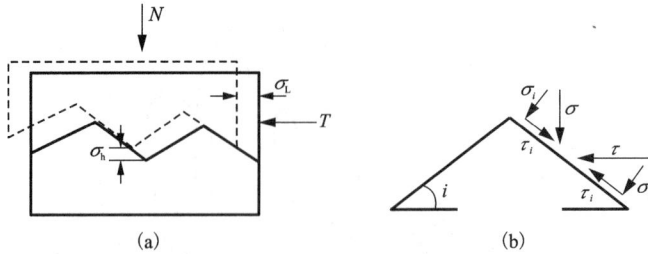

图2-24 规则齿状不连续面的剪切

4. 不规则闭合齿状不连续面

大多数天然不连续面凹凸不平，呈不规则齿状，起伏角 i 不是常数，变化很大。这类不连续面剪切过程中发生剪胀现象，不连续面发生水平位移 δ_L 和垂直位移 δ_H。巴顿定义剪胀角(dilatancy angle)为

$$\alpha_n = \arctan\left(\frac{\delta_H}{\delta_L}\right) \qquad (2-19)$$

并建议用剪胀角 α_n 来代替起伏角 i，用不连续面粗糙度系数和完整岩石抗压强度来计算，即：

$$\alpha_n = JRC\lg\frac{\sigma_c}{\sigma} \qquad (2-20)$$

式中：σ 为不连续面上的铅垂应力；JRC 为不连续面粗糙度系数，取值为0~20，可按不连续面粗糙程度，对照典型不连续面剖面图确定；σ_c 是不连续面附近岩石单轴抗压强度，一般用斯密特锤来确定其大小。当不连续面表面未风化时，可采用不连续面壁岩石单轴抗压强度来代替。

5. 未闭合不规则状不连续面

这种情况多发生在经过人工扰动过的不连续面，上下两盘齿不咬合，呈松开错位状态。开始剪切很少发生剪胀，相反，有时法向位移还下降；剪应力增长缓慢，直到最后趋于稳定值，如图2-25所示，其中(a)图为切向位移 u 与法向位移 v 间的关系曲线，(b)图为切向位移 u 与剪应力 τ 间的关系曲线。

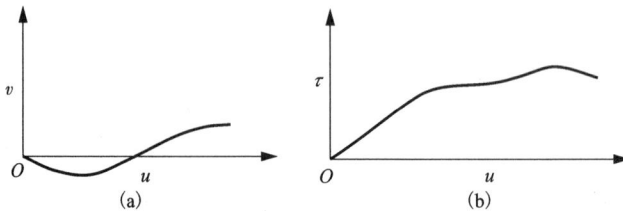

图2-25 未闭合任意结构面之 $u-v$ 和 $u-\tau$ 关系曲线

2.5.2.2 有填充物的结构面

充填不连续面有胶结和未胶结二种充填形式。胶结的不连续面的胶结物成分，未胶结的不连续面中充填物成分、厚度和粒度对不连续面的变形都有影响。对于软夹层（诸如粘土质软夹层、泥化夹层和次生夹泥层）不连续面，剪应力 – 位移曲线有两种形式，如图 2 – 26 所示，（a）型，峰值抗剪强度与残余抗剪强度相等；（b）型，峰值抗剪强度大于残余抗剪强度。但是两种类型都是塑性破坏或近于塑性破坏，峰值抗剪强度与残余抗剪强度相差不大。

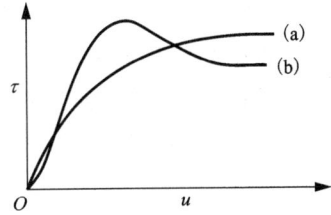

图 2 – 26 粘土软质夹层泥化夹层 τ – u 关系曲线

这种不连续面的剪切破坏实质上是充填物夹层剪切破坏，不像坚硬岩石剪切破坏那样带有突然性。在充填物含水量大而边界条件又允许充填物挤出的情况下，当不连续面上的正应力 σ 较大时，充填物会从不连续面挤出，两盘岩石靠拢，剪切变形特征则发生变化。

2.5.3 岩体各向异性变形特征

由于组成岩体的地质体成因比较复杂，岩石变质、重结晶、侵入等作用，使其物理力学性质变化大，遭受的构造变动及次生变化的不均一性，导致了岩体结构的复杂性，反映在岩体的变形性质中，就表现出各向异性（anisotropy）变形特征（图 2 –27）。构成岩体变形各向异性的两个基本要素是：

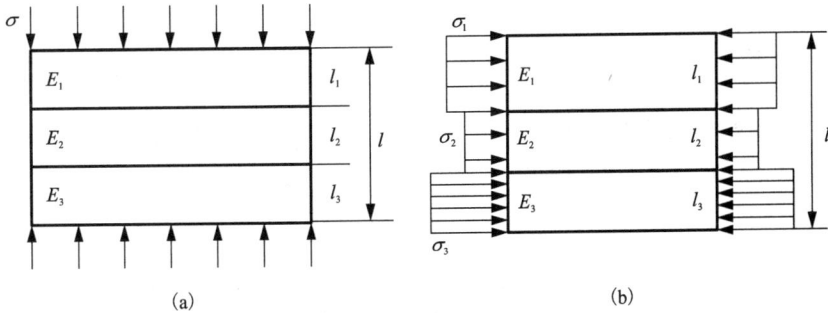

图 2 –27 岩体各向异性变形特征示意图
（a）垂直层面加力；（b）平行层面加力

①物质成分和物质结构的方向性。
②结构面的方向性。
各向异性岩体变形主要有以下特征：
①垂直层面方向岩体变形模量 $E_\perp$ 明显小于平行层面方向岩体的变形模量 $E_\parallel$。
②垂直层面的压缩变形量主要是由岩块和结构面（软弱夹层）压密而成；层状岩体层面压缩变形量大。
③平行层面方向的压缩变形量主要是岩块变形和少量结构面错动而成。

2.5.4 原位岩体变形参数测量

对于一些重要的岩体工程，为了确保工程安全，需要测定原位岩体的变形参数。

2.5.4.1　弹性模量与变形模量

对岩体在极限强度范围内反复加载、卸载，可得到图 2 - 28 所示的应力 - 应变曲线。从该曲线可以看出，在第一次卸载后，应力 - 应变曲线并没有回到原点，而是有一个残余变形。随着加、卸载次数的增多，每次出现的残余变形逐渐变小并趋近于零。弹性模量和变形模量由下式确定：

弹性模量：
$$E_e = \frac{\sigma_0}{\varepsilon_e} \qquad\qquad (2 - 21)$$

变形模量：
$$E_p = \frac{\sigma_0}{\varepsilon_e + \varepsilon_p} \qquad\qquad (2 - 22)$$

式中：σ_0——岩体所受的应力；

　　　ε_e——弹性变形；

　　　ε_p——永久变形（残余变形）。

原位岩体变形试验常采用的方法是承压板法（图 2 - 29），可以分为表面承压板试验和孔底承压板试验。

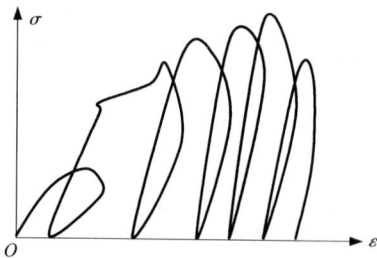

图 2 - 28　岩体在极限强度范围
反复加载、卸载的应力 - 应变曲线

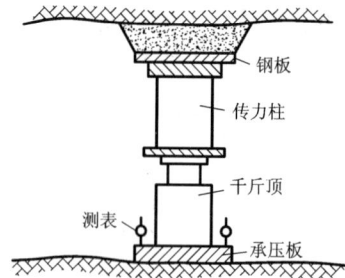

图 2 - 29　表面承压板法

1. 表面承压板试验

这种方法是在岩体表面上加载并测量其表面变形，然后作为弹性力学中的半无限体在垂直荷载作用下的位移问题，计算出岩体的弹性模量。加载设备主要是千斤顶，故又称为千斤顶法。试验所需设备主要有：加载设备（千斤顶）、传力装置、承压板和变形测量装置（图 2 - 29）。

承压板一般为方形或圆形，面积大小视岩体裂隙情况和加载设备而定，材料可用柔性板也可用刚性板。加载设备一般用 500 ~ 3000 kN 千斤顶，加载方法根据岩体的结构和工程要求而定。当岩体比较完整时，可采用大循环法分级加载，每级荷载作一次加、卸载过程，用以确定岩体在不同荷载作用下的变形特征。当裂隙较多或有夹层时，可采用小循环法，即逐级多循环加载方法，在每次荷载条件下进行多次加、卸载试验，可以测试各种结构面对岩体变形的影响。图 2 - 30 为岩体现场变形试验荷载 p 与时间 t 的示意图。

试验时，岩体的位移可以在垫板下测定。岩体的总位移 W_0 为弹性位移 W_e 和塑性位移 W_p 之和（图 2 - 31）。岩体变形模量 E_0 和岩体弹性模量 E_e 分别定义为

$$E_0 = \frac{pD(1 - \mu^2)\omega}{W_0} \qquad\qquad (2 - 23)$$

$$E_e = \frac{pD(1 - \mu^2)\omega}{W_e} \qquad\qquad (2 - 24)$$

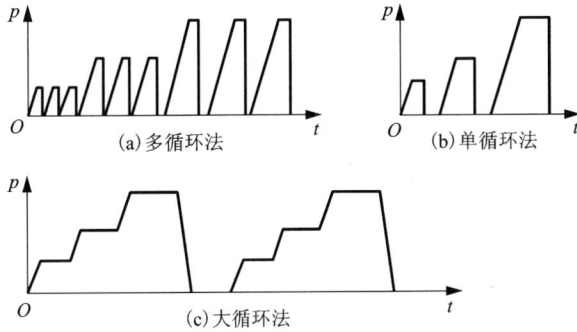

图 2 – 30　岩体现场变形试验加荷过程示意图

式中：E_0——岩体变形模量；E_e——岩体弹性模量；W_0——岩体表面上的垂直位移（垫板总位移量）；W_e——垫板弹性位移；p——岩体表面上的分布压力；μ——泊松比；D——承压板尺寸（圆形板为直径，方形板为边长）；ω——与承压板形状和刚度有关的系数，方形板为 0.88，圆形板为 0.79。

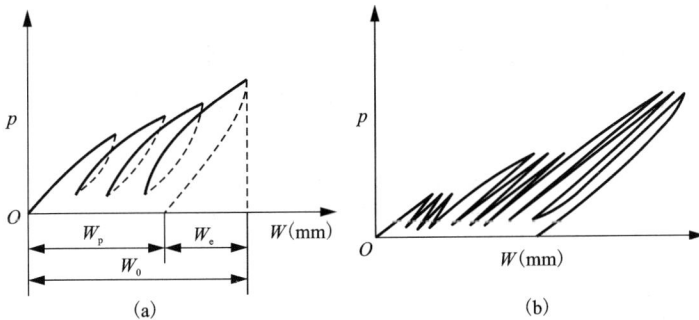

图 2 – 31　不同加载方式的荷载 p – 位移 W 曲线

2. 钻孔承压板法

表面承压板法测得的岩体变形模量偏低，这是由于工程岩体表面附近岩体大多发生了不同程度的松动。为了消除松动的影响，可采用孔底承压板法（图 2 – 32）测定岩体变形模量。测定结果表明：孔底承压板法测得的原位岩体变形参数比表面承压板试验测定值一般要高。

2.5.4.2　岩体动弹性模量和动泊松比

岩体动弹性模量是与岩体在动荷载作用下弹性性质有关的参数，根据弹性波在岩体中的传播速度求出。测定时，采用小量药包爆炸激发地震波，在距震源一定距离设置检波器，检测弹性波。根据弹性波波速算出动泊松比 μ_d 和动弹性模量 E_d，计算式为

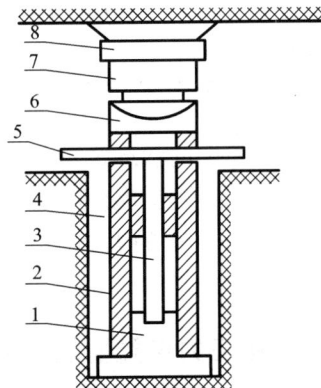

图 2 – 32　孔底承压板法

1—刚性承压板；2—刚性传力柱；3—变形传梯杆；4—滑块；
5—变形测量杆；6—球面座；7—千斤顶；8—反力架

$$\mu_d = \frac{v_p^2 - 2v_s^2}{2(v_p^2 - v_s^2)} \qquad (2-25)$$

式中：v_p——纵波传播速度；

v_s——横波传播速度。

由此可得：

$$E_d = \rho v_p^2 \frac{(1+\mu_d)(1-2\mu_d)}{1-\mu_d} \qquad (2-26)$$

式中：ρ——岩体的密度。

在一般情况下，测得的岩体动弹性模量比静弹性模量大很多，主要的原因是由于岩体并非完全弹性体，因此采用的计算公式会带来误差。

2.6 岩体的动力学特性

在岩体工程中，遇到的大多数问题与岩体的稳定性有关，一般假定外荷载和岩体结构处于静态或准静态，但有一些情况则不然，荷载具有明显的动载特性，此时仍用静力学的原理和方法求解这类问题显然不合适。

区别岩体静力学和动力学问题的依据是岩体应变率大小。岩体受到不同荷载作用时，其应变率变化范围很大，根据应变率的大小，可把岩体的变形分为五个等级，如表2-3所示。

表2-3 应变率等级分类

荷载状态	应变率(1/s)	试验方式	动静态区别
蠕变	$<10^{-5}$	蠕变试验机	惯性力可忽略
静态	$10^{-5} \sim 10^{-1}$	普通试验机和刚性伺服试验机	
准动态	$10^{-1} \sim 10^1$	气动快速加载机	惯性力不可忽略
动态	$10^1 \sim 10^4$	霍布金逊压杆及其变形装置	
超动态	$>10^4$	轻气炮、平面波发生器	

惯性力不可忽略的状态属于岩体动力学研究范畴，低应变率的静态为岩体静力学研究范畴，而极低应变率的蠕变状态则是岩体流变力学研究的内容。因此，区别岩体静力学和动力学只是在于岩体应变率的大小，静力学的研究对象并非处于静止状态，只是处于低应变率状态。

2.6.1 岩体中应力波类型及传播

2.6.1.1 岩体中应力波类型

所谓波，是指某种扰动或某种运动参数或状态参数(例如，应力、变形、振动、温度、电磁场强度等)的变化在介质中的传播。应力波就是应力在固体介质中的传播。由于固体介质变形性质不同，在固体中传播的应力波有以下几类：

1. 弹性波

在线弹性体(应力－应变关系服从胡克定律)的介质中传播的波。

2. 粘弹性波

在非线性弹性体中传播的波,这种波,除产生弹性应力外,还产生摩擦应力或粘滞应力。

3. 塑性波

应力超过介质弹性极限的波。在能够传播塑性波的介质中,应力在未超过弹性极限前,仍然是弹性的;当应力超过弹性极限后,出现屈服应力,其传播速度比弹性应力传播速度小得多。

4. 冲击波

如果固体介质的变形性质能使大扰动的传播速度远比小扰动的传播速度大,在介质中就会形成波头陡峭、以超声速传播的冲击波。

岩体受扰动(例如爆炸时)在岩体中主要传播的是弹性波。即使在静荷载作用下表现为弹塑性的岩体,在爆破载荷作用下,因塑性减小,屈服极限提高,脆性增加,变形性质也接近于线弹性体。塑性波和冲击波只有在振源处才能观察到,而且不是在所有岩体中都能产生这样的波。冲击波产生有不可逆的能量损失,故传播到一定距离,例如爆炸在从中心算起12～15倍装药半径处,就蜕变为弹性波。

在岩体中传播的弹性波大致可分为两类:一类是在岩体内部传播的体波,另一类是沿着岩体表面传递的面波。而体波又可分为两类:一类是质点振动方向与波传播方向一致的波,称为纵波(又称压力波或P波),它产生压缩或拉伸变形;另一类是质点振动方向与波传播方向垂直的波,称为横波(又称剪力波或S波),它产生剪切变形。沿岩体表面传播的面波主要有瑞利波和勒夫波两种。瑞利波,又称R波,其质点在沿波传播方向的垂直平面内作椭圆运动,长轴垂直地面,它与纵波的辐射有关。勒夫波,又称L波,其质点在水平面内垂直于波前进方向作水平振动。

面波传播速度小于体波,其随着表面距离增加按指数规律减速减弱,但因为只在表面扩展传播,在传播方向上的衰减要比体波慢,故传播距离较大。面波的能量主要分布在表面附近,集中在一个波长的深度内。若振源辐射出的能量为100,则沿着表面方向上的纵波、横波和面波所占的能量分别为:纵波7%,横波26%,面波67%。因此,在岩体表面上,面波是最强的优势波。这种面波,在地震中起着主要作用。

弹性波的形式取决于质点的运动规律,质点作简谐振动形成正弦波。根据振动频率的不同,正弦波又分为次声波(20 Hz以下)、声波($20 \sim 2 \times 10^4$ Hz)、超声波(2×10^4 Hz以上),超声波中振动频率在10^{10} Hz以上的称为特超声波。按波面形状,应力波又区分为平面波、柱面波和球面波。波面上介质的质点具有相同的速度、加速度、位移、应力和变形,最前方的波面称为波前或波阵面。

2.6.1.2 岩体中弹性波的传播

在弹性力学中,由运动方程、几何方程和物理方程可得出拉梅运动方程,当不计体力时,该方程可表示为

$$\left.\begin{array}{l}(\lambda + G_{\mathrm{d}})\dfrac{\partial \theta}{\partial x} + G_{\mathrm{d}}\nabla^2 u = \rho\dfrac{\partial^2 u}{\partial t^2}\\[3mm](\lambda + G_{\mathrm{d}})\dfrac{\partial \theta}{\partial y} + G_{\mathrm{d}}\nabla^2 v = \rho\dfrac{\partial^2 v}{\partial t^2}\\[3mm](\lambda + G_{\mathrm{d}})\dfrac{\partial \theta}{\partial z} + G_{\mathrm{d}}\nabla^2 w = \rho\dfrac{\partial^2 w}{\partial t^2}\end{array}\right\} \qquad (2-27)$$

式中：∇ 为算子，$\nabla = \dfrac{\partial}{\partial x} + \dfrac{\partial}{\partial y} + \dfrac{\partial}{\partial z}$；

u，v，w——分别为 x，y，z 方向的位移分量；

λ——拉梅常数，其值为 $\dfrac{\mu_{\mathrm{d}} E_{\mathrm{d}}}{(1 + \mu_{\mathrm{d}})(1 - 2\mu_{\mathrm{d}})}$；

θ——体积应变，其值为 $\dfrac{\partial u}{\partial x} + \dfrac{\partial v}{\partial y} + \dfrac{\partial w}{\partial z}$；

E_{d}——介质的动弹性模量；

G_{d}——动剪切模量，其值为 $\dfrac{E_{\mathrm{d}}}{2(1 + \mu_{\mathrm{d}})}$，$\mu_{\mathrm{d}}$ 为介质的动泊松比；

ρ——介质的密度；

t——时间。

将式(2-27)中的三式分别对 x，y，z 求偏导，并相加，得

$$\rho\frac{\partial^2 \theta}{\partial t^2} = (\lambda + 2G_{\mathrm{d}})\nabla^2 \theta \qquad (2-28)$$

上式即为体积应变 θ 的波动方程。θ 为表示弹性体膨胀、收缩状态的物理量。

在岩体中取一点作为波的振源，且 θ 随时间 t 的变化规律为正弦函数，即

$$\theta = \theta_0 \sin\omega t \qquad (2-29)$$

式中：θ_0——初振幅；

ω——角频率。

因为振动是由振源向四周传播，假定岩体为各向同性体，且只考虑单方向传播(例如 x 方向)，故距振源为 x 点的 θ 为

$$\theta = \theta_0 \sin\omega\left(t - \frac{x}{c}\right) \qquad (2-30)$$

式中：c 为波动在岩体中的传播速度。

式(2-30)中 θ 分别对 t 和 x 求二阶偏导，得

$$\frac{\partial^2 \theta}{\partial t^2} = -\omega^2 \theta \qquad (2-31)$$

$$\frac{\partial^2 \theta}{\partial x^2} = -\frac{\omega^2}{c^2}\theta \qquad (2-32)$$

由于只考虑 x 方向的传播，故 $\nabla^2 \theta = \dfrac{\partial^2 \theta}{\partial x^2}$。

将式(2-31)、式(2-32)代入式(2-28)中，得到纵波在各向同性岩体中传播的速度 v_{p}：

$$v_p = \left(\frac{\lambda + 2G_d}{\rho} \right)^{\frac{1}{2}} \qquad (2-33)$$

同上述方法，可得到横波在各向同性岩体中传播的速度 v_s：

$$v_s = \left(\frac{G_d}{\rho} \right)^{\frac{1}{2}} \qquad (2-34)$$

若将 $\lambda = \dfrac{\mu_d E_d}{(1+\mu_d)(1-2\mu_d)}$，$G_d = \dfrac{E_d}{2(1+\mu_d)}$ 代入式（2-33）和式（2-34），可得到用 E_d、μ_d 和 ρ 表示的纵波和横波速度，即

$$v_p = \left(\frac{E_d(1-\mu_d)}{\rho(1+\mu_d)(1-2\mu_d)} \right)^{\frac{1}{2}} \qquad (2-35)$$

$$v_s = \left(\frac{E_d}{2\rho(1+\mu_d)} \right)^{\frac{1}{2}} \qquad (2-36)$$

若已知 ρ，v_p 和 v_s，则可根据式（2-35）、式（2-36）求动弹性模量 E_d 和泊松比 μ_d。由于动泊松比 μ_d 和静泊松比 μ 很接近，当无条件进行试样变形试验测定静泊松比 μ 时，可用声波测试获得的动泊松比 μ_d 代替静泊松比 μ；反之，当横波波速 v_s 分辨不清时，可用静泊松比 μ 代替动泊松比 μ_d，从而由式（2-35）获得动弹性模量 E_d。

由式（2-35）和式（2-36），可得

$$\frac{v_p}{v_s} = \left[\frac{2(1-\mu_d)}{1-2\mu_d} \right]^{\frac{1}{2}} \qquad (2-37)$$

当 $\mu_d = 0.25$ 时，$v_p/v_s = 1.73$，试验结果统计表明，完整岩体的纵波波速与横波波速的比值 v_p/v_s 一般为 1.7 左右。

2.6.2　影响岩体弹性波速度的因素

1. 结构面的影响

①岩石的完整性越差，弹性波速度越低；

②张性不连续面使波动（动应力）传递受阻，弹性波只能在沿不连续面其边缘绕传递，导致弹性波速度降低；

③结构面使波反射、折射、散射等，导致合成波复杂化；

④结构面分布的不均匀性或方向性，使岩体中各方向弹性波传递速度不等。

2. 岩性、地质年代、风化程度影响

①坚硬岩石中弹性波速度高，软岩中弹性波速度低；

②地质年代不同，波速也不同。例如古生代及中生代地层，$u_p = 3100 \sim 4000$ m/s，而第 3、4 纪火山喷出岩，$u_p = 1000$ m/s 左右。

3. 岩体应力状态影响

①在压应力状态下，弹性波速高。在拉应力状态下，波速低；

②在一定应力范围内，波速随压应力增大而增大。

4. 温度的影响

在低温或常温条件下，以作用的应力的影响为主。在高温条件下，温度与作用的应力对

波速起联合控制作用,一般随着温度、应力的升高,波速增大。

2.7 岩体的水力学特性

岩体水力学特性是岩体与水共同作用所表现出的力学特性。岩体中的孔隙和裂隙为地表水的渗透和地下水的运流创造了条件。水的存在,影响岩石的力学性质,也影响岩体的稳定性,因此,在岩体力学研究中,应对地下水的影响予以足够的重视。

2.7.1 渗流的基本定律

1856 年,达西就法国 Dijon 城的水源问题研究了水在直立均质砂柱中的流动。图 2-33 表示了达西所采用的试验装置。根据

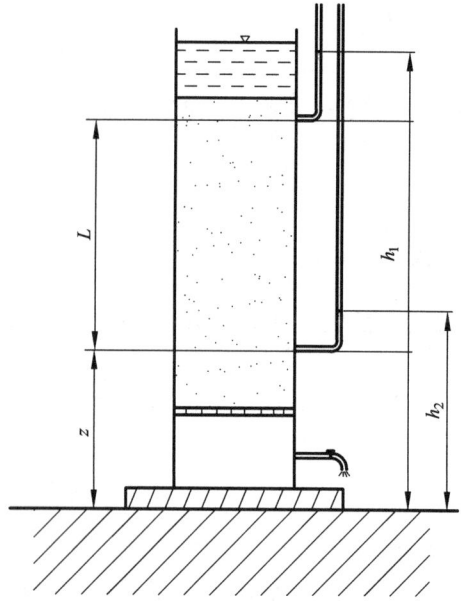

图 2-33 达西实验装置示意图

实验,达西认为:流量 Q(单位时间流体流过的体积)与不变的横断面积 A 及水头差$(h_1 - h_2)$成正比,而与流体经过的路径 L 成反比。将这些结论合并在一起,就得到著名的达西公式

$$Q = KA(h_1 - h_2)/L \tag{2-38}$$

式中:K——渗透系数;

h_1,h_2——相对于某个水平基准面测量的高度;

$(h_1 - h_2)$——经过长度为 L 的砂柱的侧压水头差。

侧压水头是用水头表示的单位重量流体的压能与势能之和,$(h_1 - h_2)/L$ 为水力梯度。如果用 $J[J = (h_1 - h_2)/L]$ 表示水力梯度,而把比流量 q 定义为与流动方向垂直的每单位横截面积的流量$(q = Q/A)$,则达西定律可写为

$$q = KJ \tag{2-39}$$

在实际地下水流中,水力梯度往往是各处不同的,所以我们把达西定律写成更一般性的表达式

$$q = K\,\mathrm{grad}U \tag{2-40}$$

式中:$\mathrm{grad}U$——水力梯度;

U——水力势,$\left(z + \dfrac{p}{\gamma_\omega}\right)$;

z——位置高度;

p——水压力;

γ_ω——水的容重。

当位置高度没有变化或者当重力效应可以忽略不计时,有

$$q = K\,\mathrm{grad}\left(\frac{p}{\gamma_\omega}\right) \tag{2-41}$$

考虑到岩体可能具有各向异性的渗透性,一般可将达西定律写成下列关于 x,y,z 三个

方向的分量的表达式：

$$
\left.
\begin{aligned}
q_x &= K_x \frac{\partial U}{\partial x} \\
q_y &= K_y \frac{\partial U}{\partial y} \\
q_z &= K_z \frac{\partial U}{\partial z}
\end{aligned}
\right\}
\qquad (2-42)
$$

式中 q_x，q_y，q_z 分别为 x，y，z 方向的比流量，K_x，K_y，K_z 分别为 x，y，z 方向的主渗透系数。渗透系数的物理意义是介质对流体的渗透能力（量纲为 L/T）。

　　一般在实验室内通过岩石的渗透试验来测定渗透系数，图 2 - 34 为岩石渗透试验原理图。

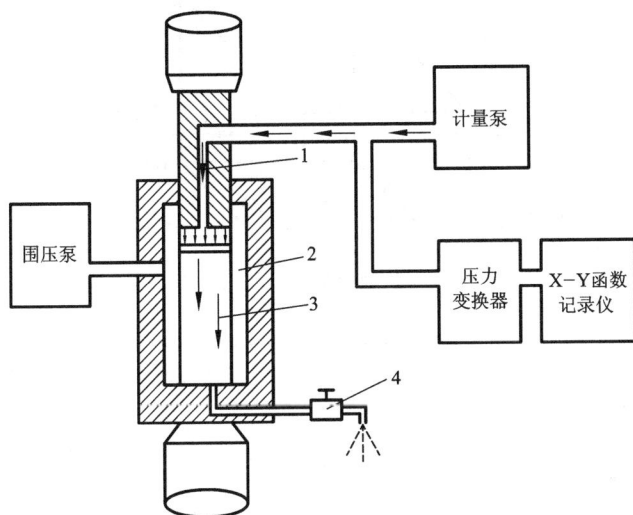

图 2 - 34　岩石渗透试验原理图
1—主水管路；2—围压室；3—岩样；4—放水阀

　　试验时采用下式计算渗透系数 K

$$
K = \frac{QL\gamma_\omega}{pA}
\qquad (2-43)
$$

式中：γ_ω——水的容重；

　　　Q——单位时间内通过试样的水量；

　　　L——试样的长度；

　　　A——试样的截面积；

　　　p——试样两端的压力差。

2.7.2　岩体中水的渗流理论(seepage)

2.7.2.1　水在岩体中流动的基本微分方程

岩石的渗透性主要取决于张开裂隙和细微裂隙，由于裂隙是有方向性的，这就使得岩石的渗透有各向异性,特别是层状岩石更为明显。因此,当研究岩体的渗流问题时,必须查明裂隙分布规律,定出渗流主向及其渗透系数,才能合理地计算,以符合实际。

下面分析岩体裂隙的渗流控制方程。在均质各向异性岩体含水层中取一微小立方体(图 2-35),使它的三组平行面分别垂直于 x,y 和 z 轴。它的棱长分别为 dx、dy 和 dz,各侧面积分别为 $dydz$、$dzdx$ 和 $dxdy$。

设与 x,y,z 主向对应的主渗透系数分别为 K_x、K_y 和 K_z。Q_x,Q_y 和 Q_z 分别表示单元体在 x,y,z 方向的流量。

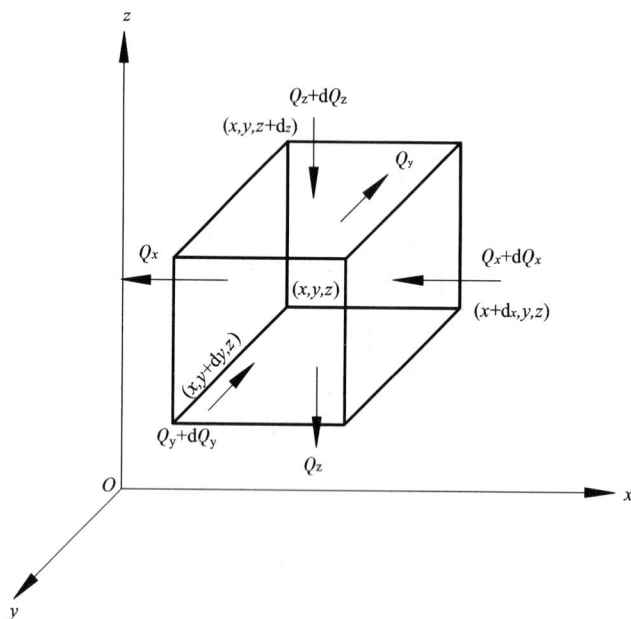

图 2-35　三维流动区域中的单元体

在 dt 时段内,通过垂直 x 轴的左侧面的流量是 $Q_x dt$。

右侧面的流量是

$$(Q_x + dQ_x) dt = Q_x dt + \frac{\partial Q_x}{\partial x} dx dt \tag{2-44}$$

根据达西定律,有

$$\frac{\partial Q}{\partial x} = \frac{\partial}{\partial x} \left(K_x \frac{\partial H}{\partial x} dy dz \right) = K_x \frac{\partial^2 H}{\partial x^2} dy dz \tag{2-45}$$

式中 H 为水头。此时段内,通过垂直 x 轴的两个侧面的净流入量为

$$K_x \frac{\partial^2 H}{\partial x^2} dx dy dz dt \tag{2-46}$$

同理,此时段内,通过垂直 y 轴和 z 轴侧面的净流入量分别是

$$K_y \frac{\partial^2 H}{\partial y^2} dx dy dz dt \tag{2-47}$$

$$K_z \frac{\partial^2 H}{\partial z^2} \mathrm{d}x\mathrm{d}y\mathrm{d}z\mathrm{d}t \tag{2-48}$$

考虑到解题的困难，M. S. Hantush 将渗流量近似地平均分配到整个含水层的厚度上，即在此时段内进入立方体的渗流量为

$$\varepsilon \mathrm{d}x\mathrm{d}y \frac{\mathrm{d}z}{M}\mathrm{d}t \tag{2-49}$$

式中：ε——渗入强度；

  M——含水层的厚度。

上述四部分的总和应表现在立方体内部水量的贮存（或释放）上。如在此时段内立方体内的水头上升 $\mathrm{d}H$，则其贮存增量为

$$\mu_s \mathrm{d}H\mathrm{d}x\mathrm{d}y\mathrm{d}z \tag{2-50}$$

μ_s 为单位体积贮水度，它表示当水头上升（或下降）一个单位时，单位体积岩层中贮存的水量。故有

$$\left(K_x \frac{\partial^2 H}{\partial x^2} + \frac{\partial^2 H}{\partial y^2} + K_z \frac{\partial^2 H}{\partial z^2} + \frac{\varepsilon}{M} \right)\mathrm{d}x\mathrm{d}y\mathrm{d}z\mathrm{d}t = \mu_s \mathrm{d}H\mathrm{d}x\mathrm{d}y\mathrm{d}z \tag{2-51}$$

由此得到均质各向异性含水岩层中，裂隙水三维流动的微分方程：

$$K_x \frac{\partial^2 H}{\partial x^2} + K_y \frac{\partial^2 H}{\partial y^2} + K_z \frac{\partial^2 H}{\partial z^2} + \frac{\varepsilon}{M} = \mu_s \frac{\mathrm{d}H}{\mathrm{d}t} \tag{2-52}$$

对于承压平面二维流动，且 $\varepsilon = 0$，有

$$K_x \frac{\partial^2 H}{\partial x^2} + K_y \frac{\partial^2 H}{\partial y^2} = \mu_s \frac{\mathrm{d}H}{\mathrm{d}t} \tag{2-53}$$

如果岩体是各向同性的，有

$$K\left(\frac{\partial^2 H}{\partial x^2} + K_y \frac{\partial^2 H}{\partial y^2} \right) = \mu_s \frac{\mathrm{d}H}{\mathrm{d}t} \tag{2-54}$$

当岩层中的水呈轴对称流动时，令 $a_e = \frac{K}{\mu_s}$ 为岩层压力传导系数 $[\mathrm{L}^2\mathrm{T}^{-1}]$，利用极坐标变换公式，得到

$$a_e\left(\frac{\partial^2 H}{\partial r^2} + \frac{1}{r}\ \frac{\partial H}{\partial r} \right) = \frac{\partial H}{\partial t} \tag{2-55}$$

2.7.2.2 岩体中的稳定渗流

无压含水层（图2－36）是只有一部分充水的透水层，并下伏有相对的不透水层。它的上部边界是由处于大气压下的自由水面或潜水位构成的。无压含水层中的水称为无压水或潜水。

承压含水层（图2－36）是完全饱和的含水层，其上部和下部边界是不透水层。在承压含水层中，水压通常高于大气压。承压含水层中的水称为承压水或自流水。

1. 无压水井涌水量方程

当无压水井抽水延续到一定时间后，地下水由不稳定流转化为稳定流，降落漏斗亦逐渐趋于稳定（图2－37）。

从平面上看，这时流线沿着半径方向流向集水井，而等水位线则呈同心圆形。

与过水断面垂直的渗透速度 v 的方向是倾斜的，即它在水平与垂直方向都有分量。忽略

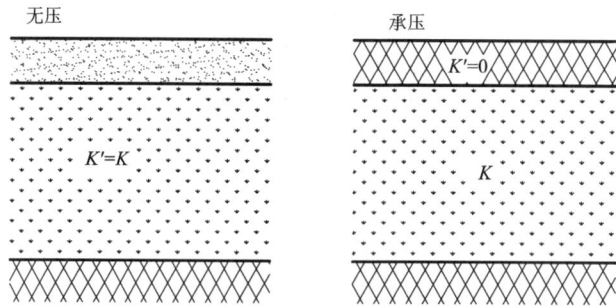

图 2-36　在不同类型的含水层中 K 和 K' 的关系

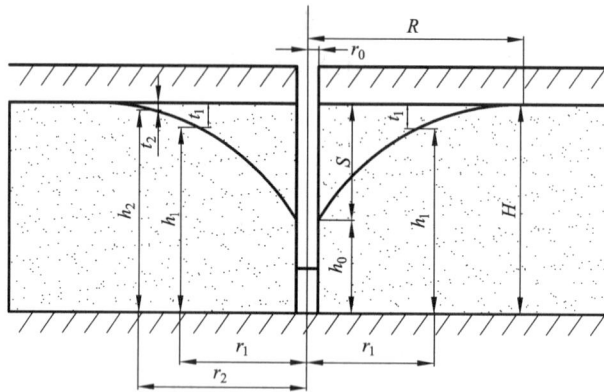

图 2-37　潜水井抽水剖面图

微小的垂直分量,仅考虑水平分量,就将原来的空间流动问题简化为平面流动问题。

取隔水底板为 r 轴,取井轴为 h 轴。

当地下水为层流时,涌水量与过水断面面积和水力梯度成正比,遵守达西定律。因此有

$$Q = KAJ = K \cdot 2\pi RH \frac{\mathrm{d}h}{\mathrm{d}r} \qquad (2-56)$$

分离变量,移项,取 r 由 $r_0 \to R$,h 由 $h_0 \to H$,积分得无压水井涌水量方程为

$$Q = \frac{\pi KM(H - h_0)}{\ln R - \ln r_0} \qquad (2-57)$$

2. 承压水井涌水量方程

同样可得承压井涌水量为

$$Q = \frac{2\pi KM(H - h_0)}{\ln R - \ln r_0} \qquad (2-58)$$

如果引入水位降深 $S = H - h_0$,并把自然对数改用常用对数表示,则式(2-57)和(2-58)式变为

(1)承压水公式

$$Q = 2.73 \frac{KMS}{\lg R - \lg r_0} \qquad (2-59)$$

(2)无压水公式

$$Q = 1.366 \frac{KMS}{\lg R - \lg r_0} \qquad (2-60)$$

(3)地下水为紊流时的承压水公式

$$Q = 2\pi KM \sqrt{r_0 S} \qquad (2-61)$$

式中：Q——涌水量，m^3/d；

　　　K——含水层渗透系数，m/d；

　　　H——含水层水柱高度，m；

　　　S——水位降低值，m；

　　　R——引用影响半径（由开采中心算起），m；

　　　r_0——"大井"引用半径，m；

　　　M——承压水含水层厚度，m。

2.7.3 岩体内孔隙水压力的作用

水对岩石强度的影响是明显的，一般来说，受水影响岩石的力学性质弱化，主要是由胶结物的破坏所致，例如砂岩在其接近水饱和时可以损失15%的强度。在极端的情况下，如蒙脱质粘土页岩在被水饱和时可能全部破坏。然而，在大多数情况中，对岩石强度有影响的还有孔隙和裂隙中的水压力，这种水压力统称为孔隙水压力（pore water pressure）。如果水饱和岩石在荷载作用下不易排水或不能排水，那么，孔隙或裂隙中的水就有孔隙水压力 p_w，岩石固体颗粒所承受的压力将相应地减少，强度则相应降低。

如岩石中有连通的孔隙（包括细微裂隙）系统，土力学中的太沙基有效应力定律，在岩石中也是适用的，即作用在岩石中的有效应力 σ' 为

$$\sigma' = \sigma - p_w \qquad (2-62)$$

式中：σ——总应力；

　　　p_w——孔隙水压力；

　　　σ'——有效应力。

根据莫尔 – 库仑强度理论，考虑到孔隙水压力的作用，饱和多孔岩石的抗剪强度用下式表示：

$$\left.\begin{array}{l} \tau_f = C + \sigma' \tan\varphi \\ \tau_f = C + (\sigma - p_w)\tan\varphi \end{array}\right\} \qquad (2-63)$$

或者

可见，岩石由于孔隙水压力的存在，强度降低。强度降低的程度视孔隙水压力 p_w 的大小而定。

为了在莫尔 – 库仑破坏准则（用主应力表示）中考虑到孔隙水压力的影响，在该准则中用有效主应力 σ_1' 和 σ_3' 来代替主应力 σ_1 和 σ_3。在干岩石的试验中，主应力与有效主应力没有差别。对受水饱和的岩石来说，莫尔 – 库仑破坏准则方程式为

$$\sigma_1' = \sigma_3' N_\varphi + R_c \qquad (2-64)$$

或者

$$(\sigma_1' - \sigma_3') = \sigma_3'(N_\varphi - 1) + R_c \qquad (2-65)$$

因为 $\sigma_1' = \sigma_1 - p_w$，$\sigma_3' = \sigma_3 - p_w$

式中：$N_\varphi = \dfrac{1 + \sin\varphi}{1 - \sin\varphi}$

$$R_c = \frac{2C \cdot \cos\varphi}{1 - \sin\varphi}$$

所以式(2-64)可以写为

$$(\sigma_1 - \sigma_3) = (\sigma_3 - p_w)(N_\varphi - 1) + R_c \tag{2-66}$$

解上式的 p_w，就可求得岩石从初始作用应力 σ_1 和 σ_3 达到破坏时所需的孔隙(或裂隙)水压力的计算公式

$$p_w = \sigma_3 - \frac{[(\sigma_1 - \sigma_3) - R_c]}{N_\varphi - 1} \tag{2-67}$$

这个条件的图解见图 2-38，可以看出孔隙水压力对岩石破坏的影响。图中 AB 是孔隙水压力为零的试验包络线。曲线 II 表示 $\sigma_1 = 540$ MPa，$\sigma_3 = 200$ MPa，孔隙水压力为零时的莫尔圆，可以看到该圆在莫尔包络线的里边。当孔隙水压力增加时，该曲线向左移动直到它和 AB 线相切(这时 $p_w \approx 50$ MPa)，此时发生破坏(曲线 I)。

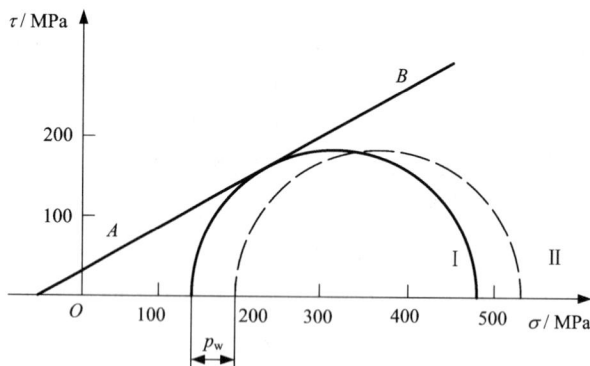

图 2-38 孔隙水压力对破坏的影响

AB——莫尔包络线；曲线 I ——有效应力莫尔圆；曲线 II——总应力莫尔圆

2.8 岩体的热力学特性

交替的昼夜温度变化、季节温度变化，能引起岩体热胀冷缩，发生物理风化，使岩石破坏。对于深部采矿和大埋深的岩石地下工程，地热高温对工程的影响是工程建设者必须解决的一个问题。对于在高寒地区的岩土工程，例如我国的青藏铁路建设，会遇到低温对岩体特性影响的问题。此外，在地温异常的岩体地质条件下进行矿产资源采掘，水电资源开发、以及核工业中核废料的处理等等，都将遇到岩体的热力学问题。因此，研究温度对岩体力学性质的影响具有重要的意义。

温度对岩石力学性质的影响，一是表现在随温度的升高，岩石的变形特征和强度发生变化；二是表现在高温高压下，岩石的变形破坏机理与常温下不同。在围压不变的情况下，随温度的上升，岩石的强度降低，延性增长；在室温下(<25℃)，岩石呈脆性破坏，在高温下，岩石呈延性破坏。在不受力情况下，高温还可引起岩石内部结构发生变化，导致破坏。可见，岩石在高温条件下的力学特性比较复杂。

2.8.1 岩石的热力学性质

导热传热、对流传热和辐射传热这三种热交换方式的物理学原理适用于天然岩石。在岩石力学中，最重要的岩石热学特性是比热、热导性、热扩散率和热膨胀性。

1. 岩石的比热

在不存在相转变的条件下，单位质量岩石温度变化1℃所需要输入的热量称为岩石比热，记为 c，单位是 J/(g·℃)(焦耳每克摄氏度)或 cal/(g·℃)(卡每克摄氏度)。

根据热力学定律，质量为 m 的物体，温度由 t_1 变化至 t_2 所需的热量 Q 为

$$Q = cm(t_2 - t_1) \qquad (2-68)$$

上式也可用微分表示

$$c = \frac{1}{m} \frac{\partial Q}{\partial t} \qquad (2-69)$$

岩石的比热大小取决于矿物成分及其含量，大多数的矿物比热介于 $(0.5 \sim 1.0)$ J/(g·℃)之间，尤其以 $(0.70 \sim 0.95)$ J/g℃ 更为常见。当温度和压力变化范围不大时，岩石的比热可作为常数。由于各种类型水的比热较之矿物的比热高出许多，所以在计算岩石比热时应根据其含水的状态加以修正。含水状态岩石的比热可以用干试样的比热等指标进行换算，换算公式如下

$$c_s = \frac{mc + m_{wt}c_{wt}}{m + m_{wt}} \qquad (2-70)$$

式中：c_s 为含水试样的比热，m 为干试样的质量，m_{wt} 为含水试样的质量，c 为温度 t 时干试样的比热，c_{wt} 是温度 t 时水的比热。

2. 岩石的热传导性

岩石的热传导性是指岩石传导热的能力，常用热导率来度量。其定义为当温度梯度为1时，单位时间内通过单位面积岩石所传导的热量，记为 k，单位是 J/(m³·s·℃)。热量 Q 与 k 间的关系式为

$$Q = -kS \frac{dT}{dx} dt \qquad (2-71)$$

式中：dT/dx 叫做 x 点的温度梯度(℃/cm)，dt 表示时间的变化，S 表示面积，k 即为热导率。

大多数造岩矿物的热导率值介于 $0.40 \sim 7.00$ 之间，一般为 $0.80 \sim 2.00$。水的热导率为 0.63，空气的热导率为 0.021。当岩石中全部孔隙被水所充满时，它的热导率达到最高，并且与孔隙内溶液的浓度无关。实验表明热导率与岩石的密度有关，当沉积岩的骨架密度增加 $15\% \sim 20\%$ 时，热导率将提高一倍。

3. 热扩散率

温度变化对于一个物体的影响程度取决于物质的热扩散率。热扩散率好的岩石对温度的变化反应快，受影响的深度也比较大。热扩散率 λ 可以用热导率 k、比热 c 和密度 ρ 来表示，即：

$$\lambda = k/\rho c \qquad (2-72)$$

4. 热膨胀性

温度的变化不仅能改变岩石试件的形状和尺寸，也会引起岩石内部应力的变化。一般用

线膨胀系统(或体膨胀系统)表示岩石的热膨胀性。膨胀系数的定义是,岩石的温度升高1℃所引起的线性伸长量(体积增长量)与其在温度为0℃时的长度(体积)之比值。如果用 L_0(V_0)和 $L_t(V_t)$ 分别代表岩石试件在0℃和 t℃时的长度(体积),则热膨胀系数可用下式表示

线膨胀系数
$$\alpha = \frac{L_t - L_0}{L_0 t}$$
(2−73)

体膨胀系数
$$\beta = \frac{V_t - V_0}{V_0 t}$$
(2−74)

岩石的体膨胀系数大致为线膨胀系数的3倍。岩石的线膨胀系数是随其矿物成分不同而变化的,如矿物组分复杂的粗粒花岗岩的 α 值在 $(0.6 \sim 6) \times 10^{-5}$(1℃)范围内变化,而石英岩的矿物成分单调,它的 α 值变化范围比较小,在 $(1 \sim 2) \times 10^{-5}$(1℃)之间。

2.8.2 岩体的热力学效应

岩体的热力学效应在三种情况下反映比较突出:一种是地表及近地表岩体随气温变化在岩体中引起热应力;二是近地下热源岩体随地温变化引起热应力,如硫化矿体和高温地热岩体;三是核废料库因放射性同位素衰变产生大量的热,使围岩温度升高,产生热应力。岩体的热力学效应常伴有温度场、渗流场和应力场相互作用,产生综合效应。

1. 温度变化引起的热力学效应

一般情况下,温度变化1℃,可在岩体中产生0.4~0.5 MPa的应力变化,年温度变化可引起20~30 MPa的岩体应力变化。这种热应力对某些地表工程,特别是那些建在基岩上的混凝土工程,其影响是不可忽略的。

2. 核废料库引起的岩体温度变化

由于花岗岩具有致密坚固、渗透性小、隔水性好、易于开挖的特点,是核废料处理库的理想介质,中低放核废料库在贮存核废料的最初几年到几十年间,围岩温度上升快,并在100余年内达到最大值。围岩温度变化梯度与核废料硐室的设计尺寸相关,核废料贮存室半径越大,核废料库近场的温度梯度越大。地下核废料库的运行,对远场的温度变化影响很小。

2.9 岩体质量评价及其分类

岩体分类是对影响岩体稳定性、工程设计、施工和维护的各种因素建立一些评价指标,对工程辖区岩体进行评价,划分出不同的级别或类别。通过一定的勘测和实验,在逐步认识岩石基本特征的基础上,对岩石的工程特性进行研究,并建立与之相应的计算模型、施工工艺和处理措施,从而使有关工程设计和施工更加合理而经济。

分类的目的是为岩体工程建设的勘察、设计、施工和编制定额提供必要的基本依据。

2.9.1 工程岩体分类的参考影响因素

对岩石进行科学的、定量的综合评价是一个很复杂的问题。影响岩石工程分类的因素很多,主要有以下一些因素:

1. 岩石的强度

岩石的强度是岩石工程分类要考虑的一个重要因素。国家标准《岩土工程勘察规范》

（GB50021—2001，2009 年版）中提出用岩石的饱和单轴抗压强度进行岩石坚硬程度分类（表 2-4），可供岩体工程参考。

表 2-4 岩石坚硬程度分类

类别	亚类	饱和单轴抗压强度（MPa）	代表性岩石
硬质岩石	坚硬岩	>60	花岗岩、石灰岩、石英岩、大理岩、玄武岩、闪长岩等
	较硬岩	30~60	
软质岩石	较软岩	15~30	粘土岩、页岩、千枚岩、绿泥石片岩、云母片岩等
	软岩	5~15	
	极软岩	≤5	

2. 岩体的完整性

岩体完整性取决于不连续面的组数和密度，可用结构面频率（裂隙度）、间距、岩芯采取率、岩体质量指标 RQD 以及完整性系数作为定量指标进行描述。岩体完整性系数是岩体中纵波速度和同种岩体的完整岩石中纵波速度之平方比，即：

$$K_{rm} = \frac{v_p^2}{v_p^2} \tag{2-75}$$

式中：K_{rm} 是岩体完整性系数，又叫龟裂系数；v_p 是岩体纵波速度，m/s；v_p 是完整岩石纵波速度，m/s。K_{rm} 值越高岩体完整性越好。岩体完整性系数与岩体完整程度之间的关系见表 2-5。

表 2-5 岩体完整性系数与岩体完整程度

K_{rm}	>0.75	0.75~0.55	0.55~0.35	0.35~0.15	<0.15
完整程度	完整	较完整	较破碎	破碎	极破碎

3. 结构面条件

结构面条件包括结构面产状、粗糙度和充填情况。岩体的工程性质主要取决于结构面的性质和分布状态以及其间的充填物性质。

4. 岩体及结构面的风化程度

风化程度越高，岩体越破碎，强度越低。不连续面风化程度越高，其抗剪强度越低。因此，岩体及不连续面的风化蚀变程度在岩体工程分类中占较大权重。

5. 地下水的影响

地下水的作用可以使岩体软化，进一步风化，使岩体发生膨胀甚至崩解；同时地下水产生的静压力使不连续面上的粘结力减小，不连续面抗滑能力降低；地下水在岩体中流动产生的动水压力可以冲走不连续面的胶结物。因此，地下水的作用是不可忽略的因素。

2.9.2 代表性的工程岩体分类方法

1. 普氏分类法

以岩石试件的单轴抗压强度作为分类依据，根据普氏坚固性系数 f 将岩石分为十级。f 值越大，岩体越稳定。$f \geq 20$ 为 1 级，最坚固；$f \leq 0.3$ 为第 10 级，最软弱。普氏坚固性系数 f 为

$$f = \frac{\sigma_c}{10} \tag{2-76}$$

式中：σ_c——岩石单轴抗压强度，MPa。

普氏分类法的优点是形式简单，容易测定，便于工程应用。其缺点是未考虑岩体的完整性、岩体结构特征的影响，故不能准确评价岩体的质量。

2. 按岩石质量指标（RQD）分类

蒂尔（Deer，1968）提出根据钻探时岩心完好程度来判断岩体的质量，对岩体分类。岩石质量指标 RQD（rock quality designation）是指本回次钻孔取芯不小于 10 cm 岩芯的总长与进尺之比：

$$RQD = \frac{\sum l_i}{L} \tag{2-77}$$

式中：l_i——所取岩芯中 ≥ 10 cm 长度的岩芯段的长度；

L——本回次取芯钻孔进尺。

这种分类方法简单易行，现更多的是与其他分类方法结合应用。

表 2-6 按岩石质量指标分类表

$RQD(\%)$	$0 \sim 25$	$25 \sim 50$	$50 \sim 75$	$75 \sim 90$	$90 \sim 100$
分类	极差	差	一般	好	极好

3. 宾尼奥夫斯基节理岩体地质力学分类（RMR 分级系统）

宾尼奥夫斯基（Bieniawski，1976）提出的分类指标 RMR（Rock Mass Rating System），由下列 6 种指标组成：

①岩块强度（$R1$）；

②RQD 值（$R2$）；

③节理间距（$R3$）；

④节理条件（$R4$）；

⑤地下水（$R5$）；

⑥节理方位对工程的影响的修正参数（$R6$）。

即：

$$RMR = R1 + R2 + R3 + R4 + R5 + R6 \tag{2-78}$$

（1）对应岩石强度的岩体评分值 R1

表 2 – 7

点荷载指标（MPa）	岩石单轴抗压强度 Rc（MPa）	评分值
> 10	> 250	15
4 ~ 10	100 ~ 250	12
2 ~ 4	50 ~ 100	7
1 ~ 2	25 ~ 50	4
不采用	5 ~ 25	2
不采用	1 ~ 5	1
不采用	< 1	0

（2）对应于岩芯质量指标的岩体评分值 R2

表 2 – 8

RQD（%）	90 ~ 100	75 ~ 90	50 ~ 75	25 ~ 50	< 25
评分值	20	17	13	8	3

（3）对应于最有影响的节理组间距的岩体评分值 R3

表 2 – 9

节理间距（m）	> 2	0.6 ~ 2	0.2 ~ 0.6	0.06 ~ 0.2	< 0.06
评分值	20	15	10	8	5

（4）对于节理状态的岩体评分值 R4

表 2 – 10

说明	评分值
尺寸有限的粗糙的表面,硬岩壁	30
略粗糙的表面、张开度 < 1 mm,硬岩壁	25
略粗糙的表面、张开度 < 1 mm,软岩壁	20
光滑表面;由断层泥充填厚度为 1 ~ 5 mm;张开度 1 ~ 5 mm,节理延伸超过数米	10
由厚度 > 5 mm 的断层泥充填的张开节理;张开度 > 5 mm 的节理,延伸超过数米	0

(5)取决于地下水状态的岩体评分值 R5

表 2-11

每米隧道的涌水量(L/min)	节理水压力与最大主应力的比值	总的状态	评分值
无	0	完全干燥	15
<10	<0.1	潮湿	10
10～25	0.1～0.2	湿	7
25～125	0.2～0.5	有中等压力水,滴水	4
>125	>0.5	有严重地下水问题,流水	0

(6)节理方位对 RMR 的修正值 R6

表 2-12

节理方位对工程的影响评价	隧 道	地 基	边 坡
很有利	0	0	0
有利	-2	-2	-5
一般	-5	-7	-25
不利	-10	-15	-50
很不利	-12	-25	

根据总分确定岩体分级:

表 2-13

类 别	岩体描述	岩体评分值 RMR
I	很好	81～100
II	好	61～80
III	较好	41～60
IV	较差	21～40
V	很差	0～20

不支护隧道的自稳时间与岩体分级间的相互关系见表 2-14。

表 2-14　不支护隧道的自稳时间与岩体分级岩体分级的意义

岩体分级	I	II	III	IV	V
平均自稳时间	15 m 跨,20 年	10 m 跨,1 年	5 m 跨,1 星期	2.5 m 跨,10 h	1 m 跨,30 min
岩体的内聚力(kPa)	>400	300～400	200～300	100～200	<100
岩体内摩擦角	>45°	35°～45°	25°～35°	15°～25°	<15°

该分类法已得到比较广泛的应用。

4. 巴顿等人的 Q 值岩体质量分类法

挪威岩土工程研究所(NGI)的巴顿(Barton et al, 1974)、Lien 和 Lunde 等人,根据对已建的 200 座地下隧道稳定性的资料分析,提出了 Q 值岩体质量分类法。这种方法综合了 RQD、节理组数、节理面粗糙度、节理面蚀变程度、裂隙水及地应力的影响等 6 个方面的因素,用一个算式确定岩体综合质量指标 Q,即

$$Q = \frac{RQD}{Jn} \times \frac{Jr}{Ja} \times \frac{Jw}{SRF} \tag{2-79}$$

式中:RQD——岩石质量指标;Jn——节理组数;Jr——节理粗糙度系数;Ja——节理蚀变影响系数;Jw——节理水折减系数;SRF——应力折减系数。

各参数评分标准见表 2 – 15 ~ 表 2 – 19。

表 2 – 15　节理组数影响表

节 理 发 育 情 况	Jn 值
A. 整体的,没有或很少有节理	0.5 ~ 1
B. 一组节理	2
C. 1 ~ 2 组节理	3
D. 2 组节理	4
E. 2 ~ 3 组节理	6
F. 3 组节理	9
G. 3 ~ 4 组节理	12
H. 4 ~ 5 组节理,岩体被多组节理切割成块	15
I. 压碎岩石,似土类岩石	20

表 2 – 16　节理粗糙度影响表

节 理 面 粗 糙 度 情 况	Jr 值
(a)节理面直接接触;(b)当剪切变形 <100 cm,岩壁接触	
A. 不连续节理	
B. 粗糙而不规则的起伏节理	4
C. 光滑,但具起伏的节理	3
D. 有擦痕,但具起伏的节理	2
E. 平坦且粗糙,或不规则节理	1.5
F. 光滑平直节理	1.5
G. 平直且光滑的节理	1
H. 剪切后节理不再直接接触	0.5
I. 节理面间充填有不能使节理面直接接触的连续粘土矿物	1.0
J. 节理面间充填有不能使节理面直接接触的砂、砾石或挤压破碎带	1.0

注:(1)如有关节理组平均间距大于 2.0 m,则加 1.0;

　　(2)只要节理的线理居有利方位,$Jr = 0.5$ 可用于具有线理的板状光滑节理。

表 2 – 17　节理蚀变程度影响表

节　理　蚀　变　程　度	Ja 值
（a）节理直接接触	
A. 坚硬的,半软弱的经过处理而紧密且不具透水充填物的节理(如石英、绿帘石充填)	0.75
B. 节理面未产生蚀变,仅少数表面稍微有变化	1
C. 轻微蚀变的节理,表面为半软弱矿物所覆盖,具砂质微粒、风化岩石等	2
D. 节理为粉质粘土或砂质粘土覆盖,少量粘土,半软弱岩覆盖	3
E. 有软弱的或低摩擦角的粘土矿物覆盖在节理面(如高岭石、云母、绿泥石、滑石和石膏等)或含少量膨胀性粘土(不连续覆盖,厚度约 1～2 m 或更薄)的节理面	4
（b）当剪切变形＜10 cm 时,节理面直接接触	
F. 砂质微粒,岩石风化物充填	4
G. 紧密固结的半软弱粘土矿物充填(连续的或厚度小于 5 mm)	6
H. 中等或轻微固结的粘土矿物充填(连续的或厚度小于 5 mm)	8
I. 膨胀性粘土充填,如连续分布的厚度小于 5 mm 的蒙脱石充填时,Ja 值取决于膨胀性颗粒所占百分比,以及水的渗透情况	8～12
（c）剪切后,节理面不再直接接触	
J. K. L 破碎带夹层或挤压破碎带岩石和粘土(粘土状态说明见 G. 或 H. I.)	6～8 或 8～12
M. 粉质或砂质粘土及少量粘土(半软弱)	5
N. O. Q. P. 厚的连续分布的粘土带或夹层(粘土状态说明见 G. H. I.)	10、13 或 13～20

表 2 – 18　裂隙水影响表

裂　隙　水　情　况	Jw
A. 开挖时干燥,或有少量水入渗,即只有局部渗入,渗水量＜5 L/min	1.0
B. 中等入渗,或充填物偶然受水压冲击	0.66
C. 大量入渗,或为高水压,节理未充填	0.5
D. 大量入渗,或高水压,节理充填物被大量带走	0.33
E. 异常大的入渗,或具有很高的水压,但水压随时间衰减	0.1～0.2
F. 异常大的入渗,或具有很高且持续的无显著衰减的水压	0.05～0.1

表2-19 地应力影响表

(a)当隧道的交叉点开挖在软弱带上时,开挖后可能引起岩体疏松			SRF
A. 含有粘土或化学风化岩石的软弱带多次出现,周围岩石非常疏松(处于任何深度部位)			10
B. 含有粘土或化学风化岩石的单一软弱带,开挖深度≤50 m			5
C. 含有粘土或化学风化岩石的单一软弱带,开挖深度>50 m			2.5
D. 在坚硬岩石中,多次出现剪切带,周围岩石疏松			7.5
E. 坚硬岩石中,具有单一剪切带(中间无粘土),开挖深度≤50 m			5
F. 坚硬岩石中,具有单一剪切带(中间无粘土),开挖深度>50 m			2.5
G. 疏松张节理,形成节理组很多,多呈方块状(处于任何深度部位)			5
(b)坚硬岩石,岩石应力问题	σ_c(抗压强度)/ σ_1(最大主应力)	σ_1(抗拉强度)/ σ_1(最大主应力)	
H. 低应力,靠近地表	>200	>13	2.5
I. 中等应力	10~200	0.66~13	1.0
J. 高应力,结构致密(对稳定是有利的,但对岩壁可能不利)	5~10	0.33~0.66	0.5~2.0
K. 破碎软弱岩体	2.5~5	0.16~0.33	5~10
L. 很破碎的岩体	<2.5	<0.16	10~20
(c)经挤压的岩石在高压下具塑性状态的软岩			
M. 轻微挤压的岩石			5~10
N. 经强烈挤压的岩石			10~20
(d)膨胀性岩石以及取决于水压力作用的化学膨胀岩石			
O. 轻微膨胀的岩石			5~10
P. 强烈膨胀的岩石			10~15

公式(2-79)可以看做是三个参数的函数:

①结构体尺寸大小(RQD/Jn);②结构面抗剪强度(Jr/Ja);③有效应力(Jw/SRF)。其中第一个参数为RQD与Jn比值,比蒂尔单独用RQD指标要好。第二个参数则同时考虑了不连续面的形态特征和蚀变、充填物特征。第三个参数中的Jw值高时,不连续面抗剪强度则低,而且地下水还能软化和冲刷不连续面中的粘土质充填物。SRF值的影响比较复杂,如果不连续面上无充填物,应力垂直于结构面,则不连续面抗剪强度会因SRF值高而增高,而其他情况下可能有相反的结果。NGI的Q值岩体质量分类等级标准见表2-20。

根据Q值,可将岩体分为9类,如表2-20。

表 2 - 20　NGI 的 Q 值岩体质量分类标准表

Q 值	0.001~0.01	0.01~0.1	0.1~1	1~4	4~10	10~40	40~100	100~400	>400
岩体质量	异常差	极差	很差	差	一般	好	很好	极好	异常好

根据岩体分类,可以确定巷道是否需要支护(图 2 - 39),图中 D_e 为地下开挖当量直径,由下式求得:

$$D_e = \frac{\text{跨度、直径或高度}}{\text{巷道支护比 } ESR} \qquad (2-80)$$

ESR 的取值对于矿山开采为 3~5,矿山和输水隧道为 1.6,贮库和水力发电厂取 1.3,地下电站硐室取 1.0,地下核电站和铁路隧道取 0.8。

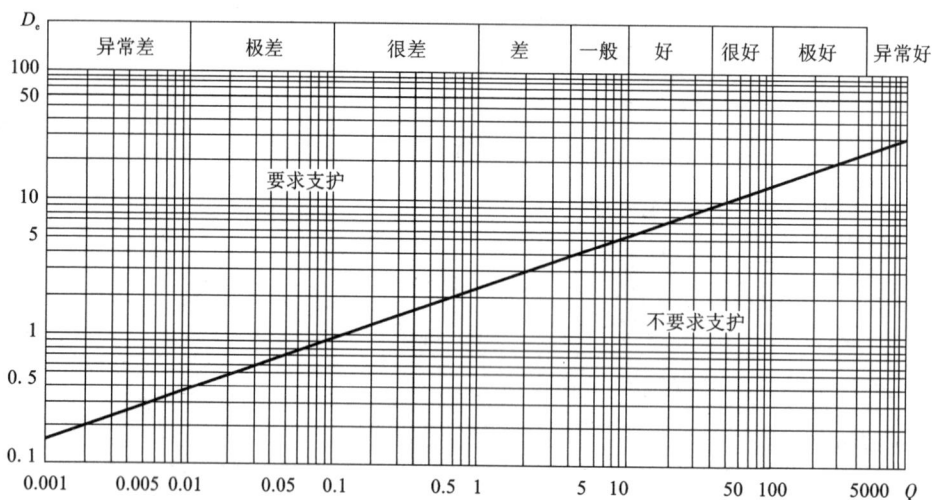

图 2 - 39　岩体分类与支护条件示意图

Q 分类法考虑的地质因素较全面,而且把定性分析与定量评价结合起来了,软硬岩均适用,在处理极软弱的岩层中推荐采用此分类法。

宾尼奥夫斯基(Bieniawski,1976)在大量实测统计的基础上,发现 Q 值与 RMR 值之间具有如下条件关系:

$$RMR = 9\ln Q + 44 \qquad (2-81)$$

2.9.3　我国工程岩体分级标准

1. 工程岩体分级的基本方法

(1)确定岩体基本质量

《工程岩体分级标准》(GB50218 - 94)认为岩石的坚硬程度和岩体完整程度决定岩体的基本质量。岩体质量好,则稳定性好,反之,稳定性差。

①采用饱和岩石单轴抗压强度 R_c 划分岩石坚硬程度。

表 2 - 21

R_c(MPa)	>60	60~30	30~15	15~5	<5
坚硬程度	坚硬	较坚硬	较软岩	软岩	极软岩

R_c 与点荷载强度指数 $I_{s(50)}$ 的关系:

$$\sigma_c = 22.8 I_{s(50)}^{0.75} \tag{2-82}$$

$I_{s(50)}$ 为直径 50 mm 圆柱试件径向加压时的点荷载强度。

②采用完整性系数 K_v 划分岩体完整程度。

表 2 - 22

K_v	>0.75	0.75~0.55	0.55~0.35	0.35~0.15	<0.15
完整程度	完整	较完整	较破碎	破碎	极破碎

岩体体积节理数 J_v 与 K_v 的对照关系:

表 2 - 23

J_v	<3	3~10	10~20	20~35	>35
K_v	>0.75	0.75~0.55	0.55~0.35	0.35~0.15	<0.15

(2)岩体基本质量分级

①岩体基本质量指标(BQ)的计算:

$$BQ = 90 + 3\sigma_c + 250K_v \tag{2-83}$$

式中:BQ——岩体基本质量指标;

R_c——岩石饱和单轴抗压强度,MPa;

K_v——岩体完整性系数。

注意:

当 $R_c > 90K_v + 30$ 时,应以 $R_c = 90K_v + 30$ 代入上式计算 Q 值;

当 $K_v > 0.04R_c + 0.4$ 时,应以 $K_v = 0.04R_c + 0.4$ 和 R_c 代入上式计算 BQ 值;

②按 BQ 值进行岩体基本质量分级。

表 2 – 24

基本质量级别	岩体基本质量定性特征	岩体基本质量指标(BQ)
I	坚硬岩,岩体完整	>550
II	坚硬岩,岩体较完整 较坚硬岩,岩体完整	550 ~ 451
III	坚硬岩,岩体较破碎 较坚硬岩或软硬岩互层,岩体较完整 较软岩,岩体完整	450 ~ 351
IV	坚硬岩,岩体破碎 较坚硬岩,岩体较破碎 – 破碎 较软岩或软硬岩互层,且以软岩为主,岩体较完整 – 较破碎软岩,岩体完整 – 较完整	350 ~ 251
V	较软岩,岩体破碎 软岩,岩体较破碎 ~ 破碎 全部极软岩及全部极破碎岩	<250

(3)基本质量指标 BQ 值的修正

结合工程具体情况,需对 BQ 进行修正,修正值 $[BQ]$ 按下式计算:

$$[BQ] = BQ - 100(K_1 + K_2 + K_3) \qquad (2-84)$$

式中:K_1——地下水影响修正系数;

K_2——主要软弱结构面产状影响修正系数;

K_3——初始应力状态修正系数。

①地下水影响修正系数 K_1:

表 2 – 25

地下水出水状态	BQ			
	>450	450 ~ 351	350 ~ 251	<250
潮湿或点滴出水	0	0.1	0.2 ~ 0.3	0.4 ~ 0.6
淋雨状或涌流状出水,水压≤0.1 MPa 或单位出水量≤10 L/(min·m)	0.1	0.2 ~ 0.3	0.4 ~ 0.6	0.7 ~ 0.9
淋雨状或涌流状出水,水压 >0.1 MPa 或单位出水量>10 L/(min·m)	0.2	0.4 ~ 0.6	0.7 ~ 0.9	1.0

②主要软弱结构面产状影响修正系数 K_2:

表 2 – 26

结构面产状及其与洞轴线的组合关系	结构面走向与洞轴线的夹角<30° 结构面倾角 30° ~ 75°	结构面走向与洞轴线的夹角>60° 结构面倾角 >75°	其他组合
K_2	0.4 ~ 0.6	0 ~ 0.2	0.2 ~ 0.4

③初始应力状态修正系数 K_3：

表 2 - 27

初始应力状态	BQ				
	>550	550~451	450~351	350~251	<250
极高应力区	1.0	1.0	1.0~1.5	1.0~1.5	1.0
高应力区	0.5	0.5	0.5	0.5~1.0	0.5~1.0

2. 工程岩体分类标准的应用

(1)岩体物理参数的选用

工程岩体的级别一旦确定，可按表选用岩体的物理参数和结构面的抗剪强度参数。

(2)地下工程岩体自稳能力的确定

表 2 - 28   岩体级别与岩体物理力学参数

基本质量级别	重力密度 $\gamma(kN/m^3)$	内摩擦角 $\varphi(°)$	粘结力 $C(MPa)$	变形模量 $E(GPa)$	泊松比 μ
I	>26.5	>60	>2.1	>33	<0.2
II		60~50	2.1~1.5	33~20	0.2~0.25
III	26.5~24.5	50~39	1.5~0.7	20~6	0.25~0.3
IV	24.5~22.5	39~27	0.7~0.2	6~1.3	0.3~0.35
V	<22.5	<27	<0.2	<1.3	>0.35

表 2 - 29   岩体级别与岩体结构面抗剪强度参数

基本质量级别	两侧岩体的坚硬程度及结构面的结合程度	内摩擦角 $\varphi(°)$	粘结力 $C(MPa)$
I	坚硬、结合好	>37	>0.22
II	坚硬 - 较坚硬，结合一般； 软弱岩，结合好	37~29	0.22~0.12
III	坚硬 - 较坚硬，结合差； 较软弱岩，结合一般	29~19	0.12~0.08
IV	较坚硬 - 较软岩，结合差 - 很差； 软弱岩，结合差；软质岩的泥化面	19~13	0.08~0.05
V	较坚硬及全部软质岩，结合很差； 软质岩泥化层本身	<13	<0.05

表 2 – 30 岩体级别与地下工程岩体自稳能力

基本质量级别	自 稳 能 力
I	跨度 <20 m,可长期稳定,偶有掉块,无塌方
II	跨度 10 ~ 20 m,可基本稳定,局部发生掉块或小塌方 跨度 < 10 m,可长期稳定,偶有掉块
III	跨度 10 ~ 20 m,可稳定数日至 1 个月,可发生小至中塌方 跨度 5 ~ 10 m,可稳定数月,可发生局部块体位移及小至中塌方 跨度 <5 m,可基本稳定
IV	跨度 >5 m,一般无自稳能力,数日至数月内可发生松动变形、小塌方,可发展为中至大塌方。 跨度 <5 m,可稳定数日至 1 个月
V	无自稳能力

注:小塌方:塌方高度 <3 m,或塌方体积 <30 m³;

中塌方:塌方高度 3 ~ 6 m,或塌方体积 30 ~ 100 m³;

大塌方:塌方高度 >6 m,或塌方体积 >100 m³。

思考题

1. 岩体中的结构面与几何上的面有何不同?什么叫不连续面?不连续面的起伏形态有哪几种?不连续面的粗糙度和形貌有何不同?

2. 胶结不连续面的胶结物有哪几种类型?它们对不连续面的力学性能有什么影响?非胶结不连续面的充填物有哪几种?它们对不连续面的力学性能有什么影响?

3. 不连续面剪切试验可以得到哪几方面的成果,各种无充填物不连续面的剪切变形特征如何?它们的抗剪强度与哪些因素有关?

4. 充填不连续面的剪切变形特征如何?其抗剪强度与充填物成分和厚度有什么关系?

5. 岩体中的结构体有哪几种类型?它们与岩石类型和构造变动有何关系?

6. 简述岩石与岩体的区别与联系。

7. 根据岩体中结构面和结构体的成因、特征及其排列组合关系,岩体结构划分为哪几种类型?

8. 试述结构面强度的特点。

9. 如何理解岩体的破坏?岩体拉伸破坏和剪切破坏机理如何?

10. 不连续面的抗剪强度曲线与完整岩石的抗剪强度曲线在形式上相同,在应用上有什么区别?

11. 简述不连续面剪切时,不连续面的起伏和充填对不连续面抗剪强度的作用,写出无充填规则齿状不连续面的抗剪强度表达式。

12. 岩体与地下水之间的相互作用有哪些?

13. 在三维应力作用下含有一组不连续面的岩体可能发生哪些破坏方式?产生某种破坏方式取决于什么参数?

14. 什么叫做岩体结构?岩体结构类型的划分有什么实际意义?

15. 岩体工程分类与岩体结构分类有什么不同?岩体工程分类考虑的主要因素有哪些?

目前国内外常用的岩体工程分类方法有哪些?

16. 已知岩体应力状态：$\sigma_3 = 10$ MPa，$\sigma_1 = 50$ MPa，岩体中有一组与最大主平面成42°角的结构面，其粘结力为 $C_0 = 0.2$ MPa，摩擦角为 $\Phi_0 = 30°$，完整岩石的强度参数为：$C = 30$ MPa，$\Phi = 40°$，问在此种应力状态下岩体是否会发生破坏?

17. 如果某一组结构面与最大主平面夹角为32°，岩体的强度参数为 $C = 15$ MPa，$\Phi = 35°$，其余条件为 $\sigma_3 = 10$ MPa，$\sigma_1 = 50$ MPa，粘结力为 $C_0 = 0.2$ MPa，摩擦角为 $\Phi_0 = 30°$，岩体是否会发生破坏或者发生什么方式的破坏?

18. 某岩石边坡岩石强度指标为 $C = 40$ MPa，$\Phi = 30°$，边坡上有一结构面顺坡倾斜，角 $\alpha = 45°$，结构面的强度参数为：$C_0 = 20$ MPa，$\Phi_0 = 20°$。为防止边坡下滑，而采取加固措施，使边坡获得侧向应力 $\sigma_3 = 10$ MPa。求：①边坡岩体可能具有的极限抗压强度；②如果结构面倾角为30°，求得的极限抗压强度是增大还是减小?

19. 已知硐室顶板的最大主应力 $\sigma_1 = 61.2$ MPa，最小主应力 $\sigma_3 = -19.1$ MPa，岩石的单轴抗拉强度 $\sigma_t = -8.7$ MPa，粘结力 $C = 50$ MPa，内摩擦系数 $f = tg\Phi = 1.54$，使用莫尔强度准则判据判断顶板的稳定性，并讨论计算结果。

20. 岩体中有一结构面，其摩擦角 $\Phi = 35°$，粘结力 $C = 0$，岩石的内摩擦角 $\Phi_0 = 48°$，$C_0 = 10$ MPa，岩体受围压 $\sigma_3 = \sigma_2 = 10$ MPa，受最大主应力 $\sigma_1 = 45$ MPa，结构面与 σ_1 方向夹角为45°，问岩体是否沿结构面破坏?

21. 某矿大理岩试验成果如下：其单向抗压强度为 $\sigma_c = 120$ MPa，当侧压力为 $\sigma_3 = \sigma_2 = 80$ MPa，其破坏时垂直压力为 $\sigma_1 = 360$ MPa。试问：①当侧压力为 $\sigma_3 = \sigma_2 = 60$ MPa，垂直压力 $\sigma_1 = 240$ MPa 时，其试件是否破坏?②当侧压力为 $\sigma_3 = \sigma_2 = 50$ MPa 时，能承受的最大垂直应力是多少?

22. 有一层状结构体，已知结构面参数为 $C_0 = 2$ MPa，$\Phi_0 = 30°$，结构面与最大主应力所在平面的夹角为70°，试问岩体的最大最小主应力分别为15 MPa 及 6 MPa 时，岩体是否会沿结构面破坏?

23. 做岩体试件等围压三轴试验，节理与 σ_3 方向的夹角为30°，已知 $C_0 = 2.5$ MPa，$\Phi_0 = 35°$，$C = 10$ MPa，$\Phi = 45°$，$\sigma_3 = 6$ MPa。求岩体三轴抗压强度、破坏面的位置和强度。

24. 根据弹性波在某矿花岗岩中的测定结果：在岩体中弹性波的传播速度 $v = 1750$ m/s，在该岩石试件中测得的弹性波的传播速度 $v = 2120$ m/s，该岩石在室内试验测得的单向抗拉强度 $\sigma_t = 20$ MPa，单向抗压强度 $\sigma_c = 220$ MPa，试求该岩体的准岩体强度。

25. 图 2-40 为弱面抗剪试验试件受力图，$\sigma_1 > \sigma_2$，并且 σ_1 与 σ_2 作用面互相垂直，α 为剪切面的倾角。试写出剪切面上正应力 σ 和剪应力 τ 的表达式（不考虑试件自重），并在莫尔应力圆上表示出 σ，τ，α 的关系。

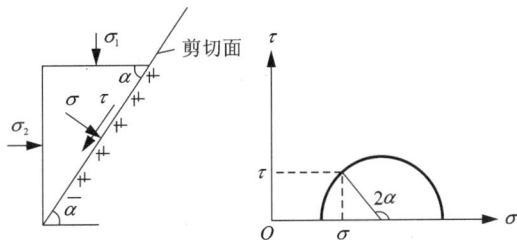

图 2-40

第3章 地应力及其测量

3.1 概 述

3.1.1 地应力的基本概念

岩石是地球表层的物质，在漫长的地质年代里，由于地质构造运动等原因使地壳物质产生了内应力效应，这种应力称为地应力（geostress）或原岩应力（rock mass stress）。它是地壳应力的统称。

随着地质构造运动和地形的不断变化，又引起地应力的积聚或释放，形成现存的原地应力（in-situ stress），或叫作残余应力（residual stress）。

工程开挖时，会引起工程附近的原地应力发生变化，而距工程一定距离的原地应力保持不变。为区分起见，受工程开挖影响而形成的应力称为二次应力（secondary stress）或诱导应力（induced stress），而未受影响的应力称为初始应力（initial stress）。实质上，初始应力就是原地应力或残余应力。

岩石中的内应力，是在不断变化的应力效应作用下产生和保存的，在一定时间和一定地区内地壳中的应力状态是各种应力效应综合作用的结果。因此，地应力是时间和空间的函数，可以用"场"的概念来描述，称之为地应力场。

3.1.2 地应力研究的重要性

地应力是引起各种地下或露天岩石开挖工程变形和破坏的根本作用力。因此，研究地应力是确定工程岩体力学属性，进行围岩稳定性分析，实现岩石工程开挖设计和决策科学化的必要前提条件。

传统的岩石工程的开挖设计和施工是根据经验来进行的。当开挖活动在小规模范围内和接近地表的深度上进行时，经验类比法往往是有效的。但是随着开挖规模的不断扩大和不断往深部发展，特别是数百万吨级的大型地下矿山、大型地下电站、大坝、大断面地下隧道、地下硐室以及高陡边坡的出现，经验类比法已越来越失去其作用。根据经验进行开挖施工往往造成各种露天或地下工程的失稳、坍塌或破坏，使开挖作业无法进行，并经常导致严重的工程事故。

为了对各种岩石工程进行科学合理的开挖设计和施工，就必须对影响工程稳定性的各种因素进行充分调查。只有详细了解了这些工程影响因素，并通过定量计算和分析，才能做出既经济又安全实用的工程设计。在影响岩石开挖工程稳定性的诸多因素中，地应力状态是最重要最根本的因素之一。如矿山设计，只有掌握了具体工程区域的地应力条件，才能合理确定矿山整体布置，确定巷道和采场的最佳断面形状和尺寸。如根据弹性力学理论，巷道和采场的最佳形状主要由其断面内的两个主应力的比值来决定。为了减少巷道和采场周边的应力集中现象，最理想的断面形状是一个椭圆，而这个椭圆在水平和垂直方向的两个半轴的长度之比与该断面内水平主应力和垂直主应力之比相等。在此情况下，巷道和采场周边将处于均匀等压应力状态。这是一种最稳定的受力状态。同样，在确定巷道和采场走向时，也应考虑地应力的状态，最理想的走向是与最大主应力方向相平行。当然，实际工程中的采场和巷道走向以及断面形状还要综合考虑工程需要、经济性和其他条件来决定。

岩石工程的定量设计计算比其他工程要复杂得多和困难得多，其根本点在于工程地质条件和岩体性质具有不确定性以及岩石材料受力后的应力状态受加载途径的影响。岩石开挖的力学效应不仅取决于当时的应力状态，也取决于历史上的全部应力状态。由于许多岩石工程是一个多步骤的多次开挖过程，前面的每次开挖都对后期的开挖产生影响，施工步骤不同，开挖顺序不同，都有各自不同的力学效应，即最终不同的稳定性状态，因此需要通过大量的计算和分析，比较各种不同开挖和支护方法、过程、步骤、顺序下的应力和应变动态变化过程，采用优化设计的方法，才能确定最经济合理的开挖设计方案。而所有这些计算和分析都必须在已知地应力的前提下进行。如果对工程区域的实际原始应力状态一无所知，那么任何计算和分析都将失去其应有的真实性和实用价值。

另外，地应力状态对地震预报、区域地壳稳定性评价、油田油井的稳定性、核废料储存、岩爆、煤和瓦斯突出的研究以及地球动力学的研究等也都具有重要意义。

3.1.3 对地应力的认识过程

人们认识地应力距今仅仅近百年的事。1912 年瑞士地质学家海姆(A. Heim)在大型越岭隧道的施工工程中，通过观察和分析，首次提出了地应力的概念，并假定地应力是一种静水应力状态，即地壳中任意一点的应力在各个方向上均相等，且等于单位面积上覆岩层的重量，即

$$\sigma_h = \sigma_v = \gamma H$$

式中：σ_h——水平应力；

σ_v——垂直应力；

γ——上覆岩层的重力密度；

H——深度。

这就是著名的海姆假说，也称为静水压力假说。

1926 年苏联学者金尼克(A. H. Динник)对海姆假说进行了修正，认为地壳中各点的垂直应力等于上覆岩层的重量，而侧向应力(水平应力)是泊松效应的结果，其值应为 γH 乘以一个修正系数 K。他根据弹性力学理论，认为这个系数等于 $\dfrac{\mu}{1-\mu}$，即

$$\sigma_v = \gamma H, \ \sigma_h = \frac{\mu}{1-\mu}\gamma H$$

式中：μ——上覆岩层的泊松比。

这就是后人称之为的金尼克假说。$K = \dfrac{\mu}{1-\mu}$ 也称为侧压系数。当泊松比 $\mu = 0.5$ 时，$K = 1$，此时金尼克假说等价于海姆假说。因此，海姆假说仅是金尼克假说当 $\mu = 0.5$ 时的一个

特例。

同时期的其他一些人主要关心的也是如何用一些数学公式来定量地计算地应力的大小，并且也都认为地应力只与重力有关，即以垂直应力为主，他们的不同点只在于侧压系数的不同。然而，许多地质现象，如断裂、褶皱等均表明地壳中水平应力的存在。早在 20 世纪 20 年代，我国地质学家李四光就指出：“在构造应力的作用仅影响地壳上层一定厚度的情况下，水平应力分量的重要性远远超过垂直应力分量。”

1958 年，瑞典工程师哈斯特（N. Hast）首先在斯堪的纳维亚半岛进行了地应力测量的工作，发现存在于地壳上部的最大主应力几乎处处是水平或接近水平的，而且最大水平主应力一般为垂直应力的 1~2 倍，甚至更多；在某些地表处，测得的最大水平应力高达 7 MPa。这就从根本上动摇了地应力是静水压力的理论和以垂直应力为主的观点。

后来的进一步研究表明，重力作用和构造运动是引起地应力的主要原因，其中尤以水平方向的构造运动对地应力的形成影响最大。当前的应力状态主要由最近一次的构造运动所控制，但也与历史上的构造运动有关。由于亿万年来，地球经历了无数次大大小小的构造运动，各次构造运动的应力场也经过多次的叠加、牵引和改造，另外，地应力场还受到其他多种因素的影响，因而造成了地应力状态的复杂性和多变性。即使在同一工程区域，不同点地应力的状态也可能是很不相同的，因此，地应力的大小和方向不可能通过数学计算或模型分析的方法来获得。要了解一个地区的地应力状态，唯一的方法就是进行地应力测量。

3.2 地应力的成因和影响因素

3.2.1 地应力的成因

产生地应力的原因是十分复杂的，也是至今尚不十分清楚的问题。数十年来的实测和理论分析表明，地应力的形成主要与地球的各种动力运动过程有关，其中包括：板块边界受压、地幔热对流、地球内应力、地心引力、地球旋转、岩浆侵入和地壳非均匀扩容等。另外，温度不均、水压梯度、地表剥蚀或其他物理化学变化等也可引起相应的应力场。其中，构造应力场和重力应力场为现今地应力场的主要组成部分。

（1）大陆板块边界受压引起的应力场

中国大陆板块受到外部两块板块的推挤，即印度洋板块和太平洋板块的推挤，推挤速度为每年数厘米，同时受到了西伯利亚板块和菲律宾板块的约束。在这样的边界条件下，板块发生变形，产生水平受压应力场，其主应力迹线如图 3-1 所示。印度洋板块和太平洋板块的移动促成了中国山脉的形成，控制了我国地震的分布。

（2）地幔热对流引起的应力场

由硅镁质组成的地幔因温度很高，具有可塑性，并可以上下对流和蠕动。当地幔深处的上升流到达地幔顶部时，就分为二股方向相反的平流，经一定流程直到与另一对流圈的反向平流相遇时，一起转为下降流，回到地球深处，形成一个封闭的循环体系。地幔热对流引起地壳下面的水平切向应力，在亚洲形成由孟加拉湾一直延伸到贝加尔湖的最低重力槽，它是一个有拉伸特点的带状区。我国从西昌、攀枝花到昆明的裂谷正位于这一地区，该裂谷区有一个以西藏中部为中心的上升流的大对流环。在华北-山西地堑有一个下降流，由于地幔物

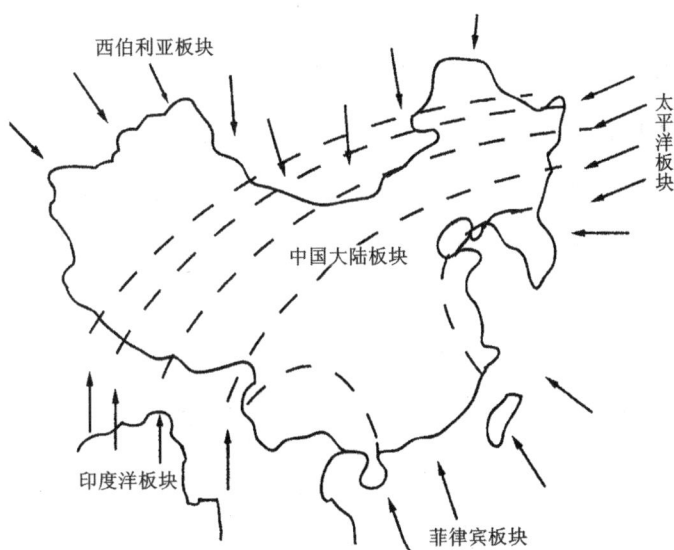

图3-1 中国板块主应力迹线图

质的下降，引起很大的水平挤压应力。

（3）由地心引力引起的应力场

由地心引力引起的应力场称为重力应力场，重力应力场是各种应力场中唯一能够计算的应力场。地壳中任一点的自重应力等于单位面积的上覆岩层的重量，即

$$\sigma_G = \gamma H$$

式中γ为上覆岩层的重力密度，H为深度。

重力应力为垂直方向应力，它是地壳中所有各点垂直应力的主要组成部分，但是垂直应力一般并不完全等于自重应力，因为板块移动，岩浆对流和侵入，岩体非均匀扩容、温度不均和水压梯度均会引起垂直方向应力变化。

（4）岩浆侵入引起的应力场

岩浆侵入挤压、冷凝收缩和成岩，均在周围地层中产生相应的应力场，其过程也是相当复杂的。熔融状态的岩浆处于静水压力状态，对其周围施加的是各个方向相等的均匀压力，但是炽热的岩浆侵入后即逐渐冷凝收缩，并从接触界面处逐渐向内部发展。不同的热膨胀系数及热力学过程会使侵入岩浆自身及其周围岩体应力产生复杂的变化过程。

与上述3种应力场不同，由岩浆侵入引起的应力场是一种局部应力场。

（5）地温梯度引起的应力场

地层的温度随着深度增加而升高，一般温度梯度为$\alpha = 3℃/100\ m$。由于温度梯度导致地层中不同深度产生不相同的膨胀，从而引起地层中的压应力，其值可达相同深度自重应力的数分之一。

另外，岩体局部寒热不均，产生收缩和膨胀，也会导致岩体内部产生局部应力场。

（6）地表剥蚀产生的应力场

地壳上升部分岩体因为风化、侵蚀和雨水冲刷搬运而产生剥蚀作用。剥蚀后，由于岩体内颗粒结构的变化和应力松弛赶不上这种变化，导致岩体内仍然存在着比由地层厚度所引起的自重应力还要大得多的水平应力值。因此，在某些地区，大的水平应力除与构造应力有关外，还与地表剥蚀有关。

3.2.2 影响地应力的主要因素

从总体上讲，上述成因引起的应力场是地应力场的主要成分，但对局部地应力场而言，地应力的分布还会受到地形地貌、岩体结构特征、岩体力学性质、地下水等因素的影响，特别是地形和断层的扰动影响最大。

（1）地形地貌对地应力的影响

地形地貌对原始地应力的影响是十分复杂的。在具有负地形的峡谷或山区，地形的影响在侵蚀基准面以上及其以下一定范围内表现特别明显。一般来说，谷底是应力集中的部位，越靠近谷底应力集中越明显。最大主应力在谷底或河床中心近于水平，而在两岸岸坡则向谷底或河床倾斜，并大致与坡面相平行。近地表或接近谷坡的岩体，其地应力状态与深部及周围岩体显著不同，并且没有明显的规律性。随着深度不断增加或远离谷坡则地应力分布状态逐渐趋于规律化，并且显示出与区域应力场的一致性。

（2）岩体结构对地应力的影响

在断层和结构面附近，地应力分布状态将会受到明显的扰动。断层端部、拐角处及交汇处将出现应力集中的现象。端部的应力集中与断层长度有关，长度越大，应力集中越强烈，拐角处的应力集中程度与拐角大小及其与地应力的相互关系有关。当最大主应力的方向与拐角的对称轴一致时，其外侧应力大于内侧应力。由于断层带中的岩体一般都比较软弱和破碎，不能承受高的应力且不利于能量积累，所以成为应力降低带，其最大主应力和最小主应力与周围岩体相比均显著减小。同时，断层的性质不同对周围岩体应力状态的影响也不同。压性断层中的应力状态与周围岩体比较接近，仅是主应力的大小比周围岩体有所下降，而张性断层中的地应力大小和方向与周围岩体相比均发生显著变化。

（3）岩石力学性质对地应力的影响

从能量积累的观点来看，岩体地应力也可以说是能量积累和释放的结果。因此，岩石力学性质对地应力的影响是十分明显的。

岩体应力的上限必然要受到岩体强度的限制。杰格尔(J. C. Jaeger)曾提出地应力与岩石抗压强度成正比的概念。

弹性模量 E 也对地应力具有重要影响。从实测资料来看，对于 $E = 50$ GPa 的岩体，最大主应力一般为 $10 \sim 30$ MPa，而对于 $E = 10$ GPa 以下的岩体应力很少超过 10 MPa。另据李光煜、白世伟等人的统计资料，当 E 分别为 2 MPa 和 100 MPa 时，地应力分别为 3 MPa 和 30 MPa，即 E 相差 50 倍时，地应力相差 10 倍。由此可见，弹性模量较大的岩体有利于地应力的积累，所以地震和岩爆容易发生在这些部位，而塑性岩体容易发生变形，不利于地应力的积累。在软硬相交和互层的地质结构处，就会由变形不均匀而产生附加应力。

此外，软硬不同的岩石或重度不同的岩体，会出现自重应力分布不均匀和塑性状态深度不等的现象。

（4）水对地应力的影响

水对地应力的影响是显而易见的。岩石自身包含有节理、裂隙。而节理、裂隙中又往往含有水。尤其在深层岩体中，水对地应力的影响是非常显著的。由于岩体中水的存在而形成岩石空隙压力，它与岩石骨架承受的应力共同组成岩体的地应力。

三峡工程库区茅坪填 800 深孔空隙压力测量结果表明，空隙压力大体相当于静水压力（各测段的误差仅为 0.01 ~ 0.03 MPa）。如果钻孔深 120 m，地下水位离空口高程为 20 m，则空隙压力近似为 1 MPa。

3.3 地应力场的一些基本特征

3.3.1 地应力场的特性

（1）地应力场是一个以水平应力为主的三向不等压应力场

从总体上讲，地应力场是一个压应力场，很少出现拉应力状态。在绝大部分地区，地应力的 3 个主应力中，2 个主应力的方向基本上是水平的，另外一个主应力的方向虽然并不总是铅直的，但与铅直方向的夹角小于 30°，故可认为其基本上是铅直的。3 个主应力的大小在多数情况下存在明显差异，而且水平应力一般大于垂直应力。

（2）地应力场是一个具有相对稳定性的非稳定应力场

地应力场的 3 个主应力的大小和方向都是随着空间和时间而变化的，因而它是一个非稳定场。从空间上看，地应力在小范围内的变化是很明显的，从某一点到相距数十米外的另一点，地应力的大小和方向也可能是不同的；从时间上看，在某些地震活动活跃的地区，地应力的大小和方向随时间的变化是很明显的，在地震前，处于应力积累阶段，应力值不断升高，而地震时使集中的应力得到释放，应力值突然大幅度下降。

地应力场又具有相对稳定性。虽然地应力在小范围中的变化是明显的，但就某个地区整体而言，地应力的变化是不大的，如我国的华北地区，地应力场的主导方向为北西到近于东西的主压应力；地震时地应力的大小和方向会发生明显变化，但在震后一段时间又会渐渐恢复到震前的状态。

3.3.2 垂直应力的分布规律

霍克（E. Hoek）和布朗（E. T. Brown）根据世界各国的地应力实测资料，对垂直应力 σ_v 随深度 H 变化的规律进行了统计分析，如图 3 - 2 所示。该图表明，在深度为 25 ~ 2700 m 的范围内，σ_v 呈线性增长，大致相当于按平均重度 γ 等于 27 kN·m^{-3} 计算出来的重力 γH。但在某些地区的测量结果有一定幅度的偏差，上述偏差除有一部分可能归结于测量误差外，板块移动、岩浆对流和侵入、扩容、不均匀膨胀等也有可能引起垂直应力的异常。

3.3.3 水平应力的分布规律

水平应力的分布比较复杂，它具有 3 个特点：

（1）绝大多数情况下，水平主应力之一为最大主应力

大量地应力实测资料表明，地壳中最大主应力方向接近水平，它与水平面夹角多数小于 30°。

（2）水平应力具有明显的各向异性

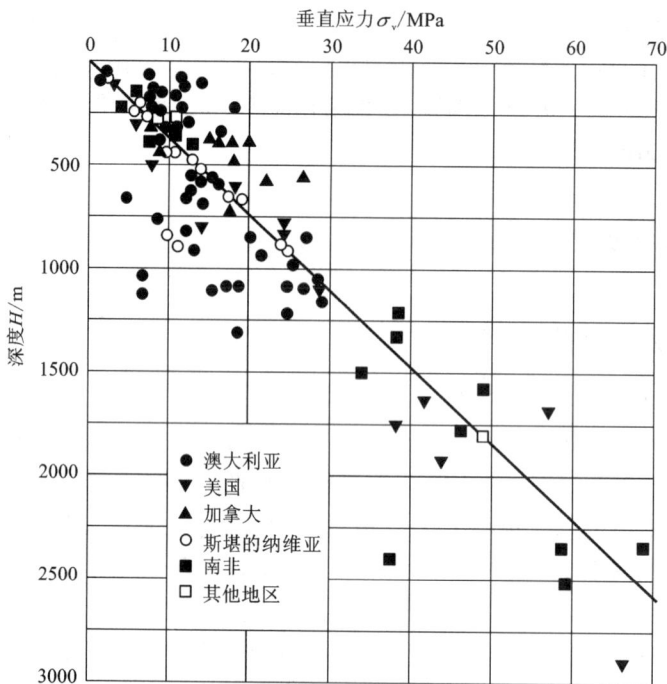

图 3 - 2   世界各国垂直应力 σ_v 随深度 H 的变化规律

水平应力的 2 个主应力分量不相等，一大一小具有明显的各向异性，最小水平应力 $\sigma_{h, min}$ 与最大水平应力 $\sigma_{h, max}$ 之比一般为 $0.2 \sim 0.8$，多数情况下为 $0.4 \sim 0.8$，参见表 3 - 1。

表 3 - 1   世界部分国家和地区两个水平主应力的比值表

实测地点	统计数目	$\sigma_{h, min}/\sigma_{h, max}$ (%)				
		1.0 ~ 0.75	0.75 ~ 0.50	0.50 ~ 0.25	0.25 ~ 0	合计
斯堪的纳维亚等地	51	14	67	13	6	100
北美	222	22	46	23	9	100
中国	25	12	56	24	8	100
中国华北地区	18	6	61	22	11	100

（3）水平应力随深度呈线性增长关系

与垂直应力随深度的变化规律相同，水平应力随深度的变化也呈线性增长关系。斯蒂芬森（O. Stephansson）等人根据实测结果给出了芬诺斯堪的亚古陆最大水平主应力 $\sigma_{h, max}$ 和最小水平主应力 $\sigma_{h, min}$ 随深度 H 变化的线性函数

$$\sigma_{h, max} = 6.7 + 0.0444H (\text{MPa})$$

$$\sigma_{h, min} = 0.8 + 0.0329H (\text{MPa})$$

根据我国地应力测量资料，在地层 500 m 以上的最大水平主应力 $\sigma_{h, max}$ 和最小水平主应

力 $\sigma_{h,\min}$ 随深度 H 也呈线性变化

$$\sigma_{h,\max} = (4.5 \pm 2.5) + 0.049H$$

$$\sigma_{h,\min} = (1.5 \pm 1.0) + 0.030H$$

我国平均水平主应力(最大水平主应力与最小水平主应力的平均值)$\sigma_{h,av}$ 随深度的变化关系为

$$\sigma_{h,av} = (\sigma_{h,\max} + \sigma_{h,\min})/2 = 0.72 + 0.041H$$

3.3.4 水平应力与垂直应力的关系

总结现有地应力实测资料,可以归纳出水平应力与垂直应力的关系具有如下两个带有普遍意义的特点:

(1)水平应力普遍大于垂直应力

实测资料表明,在绝大多数地区,最大水平主应力 $\sigma_{h,\max}$ 普遍大于垂直应力 σ_v。$\sigma_{h,\max}$ 与 σ_v 之比一般为 $0.5 \sim 5.5$,在很多情况下该比值大于 2.0,见表 $3-2$。

表 3-2 世界各国水平主应力与垂直主应力的关系

国家名称	$\sigma_{h,av}/\sigma_v(\%)$			$\sigma_{h,\max}/\sigma_v$
	<0.8	0.8~1.2	>1.2	
中国	32	40	28	2.09
澳大利亚	0	22	78	2.95
加拿大	0	0	100	2.56
美国	18	41	41	3.29
挪威	17	17	66	3.56
瑞典	0	0	100	4.99
南非	41	24	35	2.50
前苏联	51	29	20	4.30
其他地区	37.5	37.5	25	1.96

从表 $3-2$ 还可以看出,不仅最大水平主应力普遍大于垂直应力,平均水平应力(最大水平主应力与最小水平主应力的平均值)$\sigma_{h,av}$ 也普遍大于垂直应力。$\sigma_{h,av}/\sigma_v$ 之值一般为 $0.5 \sim 5.0$,大多数为 $0.8 \sim 1.5$。

垂直应力在多数情况下为最小主应力,在少数情况下为中间主应力,只在个别情况下为最大主应力。这一现象揭示,水平方向的构造运动(如板块移动、碰撞)对地壳浅层地应力的形成起着控制作用。

(2)平均水平应力与垂直应力的比值随深度增加而减小

图 $3-3$ 为世界不同地区取得的地应力实测结果。该图表明,平均水平应力与垂直应力的比值随深度增加而减小,但在不同地区,变化的速度很不相同。Hoek 和 Brown 对该图给出的 116 个实测数据进行回归分析,得出了平均水平应力与垂直应力的比值随深度 H 变化的取

值范围：

$$\frac{100}{H} + 0.3 \leqslant \frac{\sigma_{h,av}}{\sigma_v} \leqslant \frac{1500}{h} + 0.5$$

从图 3-3 可以看出，在深度不大的情况下，$\sigma_{h,av}/\sigma_v$ 的值相当分散。随着深度增加，该值的变化范围逐步缩小，并向 1.0 附近集中，这说明在地壳深部有可能出现静水压力状态。

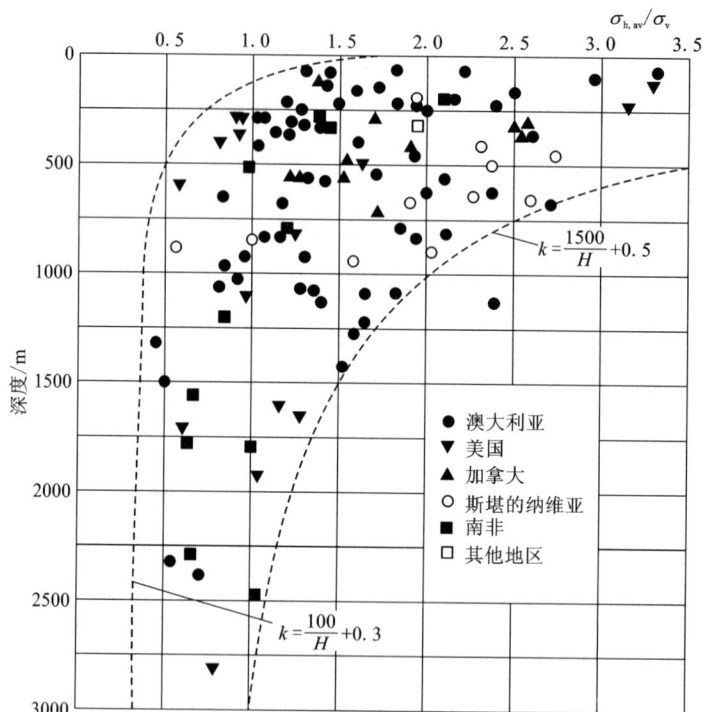

图 3-3　世界各国平均水平应力与垂直应力之比随深度的变化规律

3.4　高地应力区的若干特征

3.4.1　高地应力概念及其判别准则

高地应力是一个相对的概念。由于不同岩石具有不同的弹性模量，岩石的储能性也不同。一般来说，地区初始地应力大小与该地区岩体的变形特性有关，岩质坚硬，则存储弹性能多，地应力也大。因此高地应力是相对于围岩强度而言的。也就是说，当围岩内部的最大地应力 σ_{max} 与围岩强度 R_b 的比值

$$围岩强度比 = \frac{R_b}{\sigma_{max}}$$

达到某一水平时，才称为高地应力或极高地应力。

目前的地下工程设计施工中，都把围岩强度比作为判断围岩稳定性的重要指标，有的还

作为围岩分级的重要指标。从这个角度讲，应该认识到埋深大不一定就存在高地应力问题，而埋深小但围岩强度很低的场合，如大变形的出现，也可能出现高地应力问题。因此，在研究是否出现高或极高地应力的问题时必须与围岩强度联系起来进行判定。

表3-3是一些以围岩强度比为指标的地应力分级标准，可以参考。需要强调的是，一定不要认为初始地应力大，就是高地应力，因为有时初始地应力虽然大，但与围岩强度相比却不一定高。因而在埋深较浅的情况下，虽然初始地应力不大，但因围岩强度极低，也可能出现大变形等现象。

表3-3　以围岩强度比为指标的地应力分级基准

	极高地应力	地应力	一般地应力
法国隧道协会	<2	2~4	>4
我国工程岩体分级基准	<4	4~7	>7
日本新奥法指南(1996年)	>2	4~6	>6
日本仲野分级	<2	2~4	>4

围岩强度比与围岩开挖后的破坏现象有关，特别是与岩爆、大变形有关。前者是在坚硬完整的岩体中可能发生的现象，后者是在软弱或土质地层中可能发生的现象。表3-4所示是在工程岩体分级基准中的有关描述，而日本仲野则是以是否产生塑性地压来判定的(见表3-5)。

表3-4　高初始地应力岩体在开挖中出现的主要现象

应力情况	主要现象	$R_b(\sigma_{max})$
极高应力	硬质岩：开挖过程中时有岩爆发生，有岩块弹出，洞室岩体发生剥离，新生裂缝多，成洞性差，基坑有剥离现象，成形性差 软质岩：岩芯常有饼化现象。开挖工程中洞壁岩体有剥离，位移极为显著，甚至发生大位移，持续时间长，不易成洞，基坑发生显著隆起或剥离，不易成形	<4
高应力	硬质岩：开挖过程中可能出现岩爆，洞壁岩体有剥离和掉块现象，新生裂缝较多，成洞性较差，基坑时有剥离现象，成形性一般尚好 软质岩：岩芯时有饼化现象，开挖工程中洞壁岩体位移显著，持续时间长，成洞性差。基坑有隆起现象，成形性较差	4~7

表3-5　不同围岩强度比开挖中出现的现象

围岩强度比	>4	2~4	<2
地压特性	不产生塑性地压	有时产生塑性地压	多产生塑性地压

3.4.2 高地应力现象

（1）岩芯饼化现象

在中等强度以下的岩体中进行勘探时，常可见到岩芯饼化现象。美国 L. Obert 和 D. E. Stophenson（1965 年）用实验验证的方法同样获得了饼状岩芯，由此认定饼状岩芯是高地应力产物。从岩石力学破裂成因来分析，岩芯饼化是剪张破裂产物。除此以外，还能发现钻孔缩径现象。

（2）岩爆

在岩性坚硬完整或较完整的高地应力地区开挖隧洞或探洞的过程中时有岩爆发生。岩爆是岩体内积聚的能量由于开挖卸压而突然释放所造成的一种岩石破坏现象。

（3）探洞和地下隧洞的洞壁产生剥离，岩体锤击为嘶哑声并有较大变形

在中等强度以下的岩体中开挖探洞或隧洞，高地应力表现不会像岩爆那样剧烈，洞壁岩体产生剥离现象，有时裂缝一直延伸到岩体浅层内部，锤击时有破哑声。在软质岩体中洞体则产生较大的变形，位移显著，持续时间长，洞径明显缩小。

（4）岩质基坑底部隆起、剥离以及回弹错动现象

在坚硬岩体表面开挖基坑或槽，在开挖过程中会产生坑底突然隆起、断裂，并伴有响声；或在基坑底部产生隆起剥离。在岩体中，如有软弱夹层，则会在基坑斜坡上出现回弹错动现象（如图 3－4）。

（5）野外原位测试测得的岩体物理力学指标比实验室岩块试验结果高

由于高地应力的存在，致使岩体的声波速度、弹性模量等参数增高，甚至比实验室无应力状态岩块测得的参数高。野外原位变形测试曲线的形状也会变化，在 σ 轴上有截距（如图 3－5）。

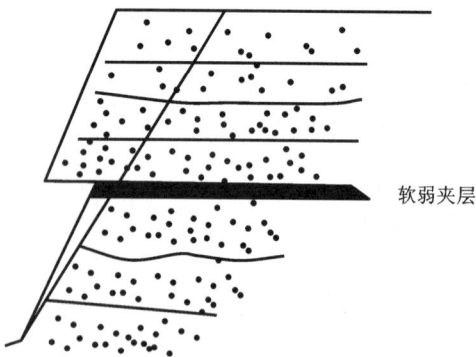

图 3－4　基坑边坡回弹错动

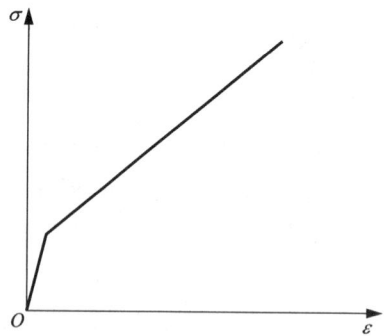

图 3－5　高地应力条件下岩体变形曲线

3.5　地应力测量方法

如前所述，了解一个工程区域的地应力状态是进行岩石工程设计和稳定性计算分析的必要前提条件，而地应力的分布具有复杂性和多变性，因此要了解一个工程区域的地应力状态

不可能通过数学计算或模型分析的方法来获得,唯一的方法就是进行地应力测量。

地应力测量可以分为初始地应力测量和地下工程应力分布测量,前者是为了测定岩体初始地应力场,后者则是为了测定岩体开挖后引起的应力重分布状况。但从岩体应力现场测量的技术来讲,两者并无原则区别。

地应力测量可以借助力学方法和地球物理学方法来实现。力学方法的基本原理是通过测定某些力学量(包括各种应力量,如补偿应力、恢复应力、平衡应力),进而根据基于弹性力学理论建立的这些力学量与原岩应力的理论关系来确定岩体的应力。地球物理学方法的基本原理则是通过测定某些物理量,进而根据这些物理量与原岩应力的经验关系来确定岩体的应力。

3.5.1 地应力测量方法分类

从1932年美国垦务局在哈佛坝(Hoover Dam)的坝底泄水隧洞采用应力解除法测量洞壁的围岩应力状态,首开现场地应力测量的先河以来,特别是20世纪50年代哈斯特开始利用钻孔现场测定浅层岩体地应力以来,地应力测量工作在许多国家相继开展,各种测量方法和测量仪器也不断发展起来。就世界范围而言,目前各种主要测量方法有数10种之多,而测量仪器则有数百种之多。

对测量方法的分类并没有统一的标准。有人根据测量手段的不同,将在实际测量中使用过的测量方法分为构造法、变形法、电磁法、地震法和放射性法5大类;也有人根据测量原理的不同分为3大类,即:基于钻孔变形原理的测量方法、基于静力平衡原理的测量方法和基于岩石破裂原理的测量方法;还有人根据应力测量部位的深度,将应力测量方法归纳为岩体表面地应力测量、浅钻孔地应力测量和深钻孔地应力测量3大类。

但根据国内外多数人的观点,依据测量基本原理的不同,可将测量方法分为直接测量法和间接测量法两大类。

1. 直接测量法

直接测量法是由测量仪器直接测量和记录各种应力量,如补偿应力、恢复应力、平衡应力,并由这些应力量和原岩应力的相互关系,通过计算获得原岩应力值。在计算过程中并不涉及不同物理量的换算,不需要知道岩石的物理力学性质和应力应变关系。

直接测量法主要包括扁千斤顶法、水压致裂法、刚性包体应力计法和声发射法。目前,水压致裂法应用最为广泛,声发射法次之,其他两种方法已很少采用。

2. 间接测量法

间接测量法不是直接测量应力量,而是借助某些传感元件或某些介质,测量和记录岩体中某些与应力有关的间接物理量的变化,如岩体中的变形或应变,岩体的密度、渗透性、吸水性、电阻、电容的变化,弹性波传播速度的变化等,然后由测得的间接物理量的变化,通过已知的理论公式或经验公式来计算岩体中的应力值。因此,在间接测量法中,为了计算应力值,首先必须确定岩体的某些物理力学性质以及所测物理量与应力的相互关系。

间接测量法又可以分为全应力解除法、局部应力解除法和地球物理方法等3类方法。

(1)全应力解除法

全应力解除法是一类使测点岩体完全脱离地应力作用的地应力测量方法。通常采用套钻的方式使岩芯完全解除地应力作用,因此也常称为套孔应力解除法。套孔应力解除法技术比较成熟、能定量测量地应力,在测定原始应力的适用性和可靠性方面,目前还没有哪种方法可以与其相比。

根据所测量的力学量和所采用的测试元件不同,套孔应力解除法主要有孔径变形法、孔底应变法、孔壁应变法、空心包体应变法和实心包体变形法等几种方法。

(2)局部应力解除法

局部应力解除法则是一类采用某种方式使测点岩体局部解除地应力作用的地应力测量方法。

根据所采用的应力解除方式不同,局部应力解除法通常有径向切槽法、平行钻孔法、中心钻孔法、钻孔延伸法和千斤顶压裂法等几种方法。

(3)地球物理方法

地球物理学方法是通过测定某些物理量,进而根据这些物理量与原岩应力的内在的经验关系来确定岩体应力的一类测量方法。

根据所测量的物理量不同,地球物理方法通常有超声波速法、超声波谱法、放射性同位素法和原子磁性共振法等几种方法。此外,应力作用所引起的电阻率、电容、电磁等岩体物理量的变化,也可用来推算岩体应力状态。

此类方法目前尚未完全弄清地球物理量与岩石及地应力的理论关系,因而也不能精确测定地应力的大小与方向,只能对大范围的应力状态进行大致的探索。

本章将着重介绍扁千斤顶法、孔径变形法、水压致裂法和声发射法,其中前3种方法分别为国际岩石力学学会试验方法委员会推荐在表面应力测量、浅孔应力测量和深孔应力测量中采用的方法。

3.5.2　扁千斤顶法

1.基本原理

扁千斤顶法是一种最早期的应力测量方法。其基本原理是:采取在岩壁上开切凹槽的方式,使岩体应力得到解除;岩体应力解除导致凹槽两侧岩体发生变形;然后通过扁千斤顶(也称液压枕)对凹槽两面岩体加压,使岩体变形恢复到未开切凹槽时的初始状态,此时扁千斤顶的压力就近似等于原岩应力。

这种方法的优点是能直接测读应力,避免了用岩体弹模换算所带来的误差,而且操作简便。然而,由于在岩壁上开槽深度较浅,因此测出的是围岩爆破松动圈范围内的二次应力,数值偏低,且只能测已知主应力方向的应力大小。

2.试验步骤

扁千斤顶法操作简单,图 3 - 6 为其试验装置示意图。具体试验步骤如下:

①选择有代表性的岩壁,在岩壁上布置一对或多对测点(如图中 A,B 为一对测点),每对测点的间距 d_0 视所采用的引伸仪尺寸而定,一般每对测点间的距离为 15 cm 左右。

②在两测点之间的中线处,用金刚石锯切割一道狭缝槽。由于洞壁岩体受到环向压应力 σ_θ 的作用,所以,在狭缝槽切割后,两测点间的距离就会从初始值 d_0 减小到 d。

③将扁千斤顶塞入狭缝槽内[如图 3 - 6(b)所示],并用混凝土充填狭缝槽,使扁千斤顶与洞壁岩体紧密胶结在一起。

④对扁千斤顶泵入高压油,通过扁千斤顶对狭缝两壁岩体加压,使岩壁上两测点的间距

缓缓地由 d 恢复到 d_0，如图 3 – 6(c)所示。这时扁千斤顶对岩壁施加的压力 P_c，即为所要测定的洞壁岩体的环向应力值 σ_θ。

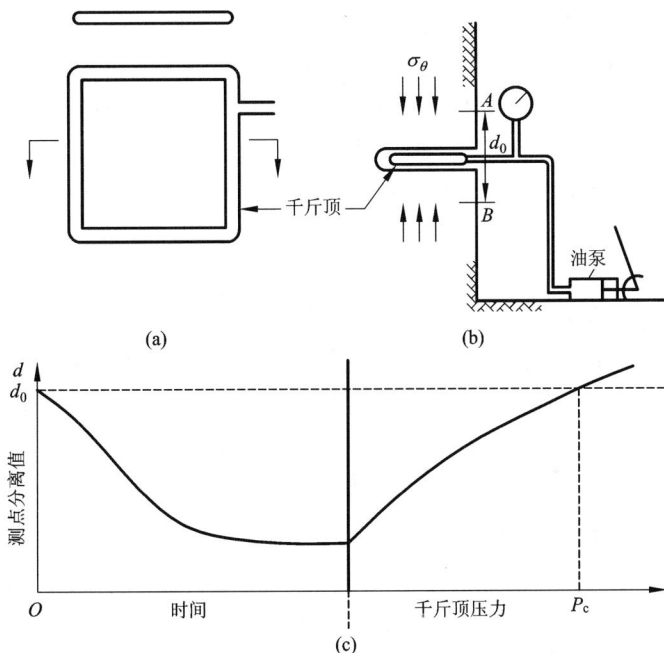

图 3 – 6　扁千斤顶试验装置示意图

3. 地应力计算

如果在垂直地下巷道的断面上，布置 A，B，C 三个扁千斤顶试验测点，则可以测得 3 个环向应力值 $\sigma_{\theta A}$，$\sigma_{\theta B}$，$\sigma_{\theta C}$，它们与岩体天然应力 σ_x，σ_y，τ_{xy} 间的关系为

$$\begin{Bmatrix} \sigma_{\theta A} \\ \sigma_{\theta B} \\ \sigma_{\theta C} \end{Bmatrix} = \begin{bmatrix} a_{11} & a_{12} & a_{13} \\ a_{21} & a_{22} & a_{23} \\ a_{31} & a_{32} & a_{33} \end{bmatrix} \begin{Bmatrix} \sigma_x \\ \sigma_y \\ \tau_{xy} \end{Bmatrix} \tag{3 – 1}$$

式中系数 a_{ij}，可以用数值法求得。根据式(3 – 1)即可由实测环向应力值求得岩体地应力。

对于圆形巷道开挖，天然应力为铅直和水平，若在该巷道某断面上用扁千斤顶法，分别测得边墙和拱顶处的环向应力 $\sigma_{\theta W}$ 和 $\sigma_{\theta R}$，则岩体沿水平和竖直方向的天然应力为

$$\sigma_h = \frac{3}{8}\sigma_{\theta R} + \frac{1}{8}\sigma_{\theta W} \tag{3 – 2}$$

$$\sigma_v = \frac{1}{8}\sigma_{\theta R} + \frac{3}{8}\sigma_{\theta W} \tag{3 – 3}$$

扁千斤顶法一般用于较坚硬完整的岩体，而且测出的应力为一个二维应力场，虽然通过数值模拟可以推算出深层岩体中的三维应力场，但是这种推算需要许多假设，因而其结果是不准确的。

3.5.3 孔径变形法

1. 基本原理

孔径变形测量法是套孔应力解除法中的一种。其基本原理是：当需要测定岩体中某点的应力状态时，先钻一大孔至该点，然后钻一同心小孔（测量孔）；再通过套钻方式将该处的岩体单元与周围岩体分离，此时岩体单元上所受的应力将被解除并导致该单元体的几何尺寸产生弹性恢复；应用一定的仪器，测定这种弹性恢复引起的测量孔的孔径变形值；如果假定岩体是连续、均质和各向同性的弹性体，则根据孔径变形值就可以借助弹性理论的解答来计算岩体单元所受的应力状态。

2. 试验步骤

这种方法的主要试验步骤为（参见图3-7）：

①钻一个大直径孔至需要测量岩体应力的部位；

②在大直径孔底部钻一个同心小孔（测量孔）；

③将探头（测试元件）安装到测量孔中；

④用外径与大孔直径相同的薄壁钻头（套芯钻头）继续延深大孔（如虚线所示），从而使测量孔周围的岩芯实现应力解除；

⑤用包括测试探头在内的量测系统测定和记录岩芯由于应力解除引起的测量孔变形或应变；

⑥计算测量点的应力数值和方向。

3. 求解应力状态的计算公式

孔径变形法可通过一个钻孔的测量获得垂直于钻孔轴线的平面内的应力状态。若需要确定一点的三维应力状态，则需要通过3个互不平行钻孔的测量才能达到目的。

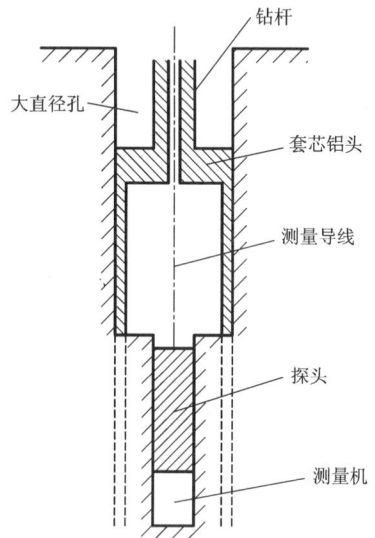

图3-7 套孔应力解除法示意图

如果只进行一个钻孔的孔径变形测量，则可通过下式求出垂直于钻孔轴线的平面内的应力状态（参见图3-8）：

$$\sigma_1 = \frac{E}{6d(1-v^2)} \times \left[(U_1+U_2+U_3) + \frac{\sqrt{2}}{2}\sqrt{(U_1-U_2)^2+(U_2-U_3)^2+(U_3-U_1)^2} \right]$$

$$\sigma_2 = \frac{E}{6d(1-v^2)} \times \left[(U_1+U_2+U_3) - \frac{\sqrt{2}}{2}\sqrt{(U_1-U_2)^2+(U_2-U_3)^2+(U_3-U_1)^2} \right] \quad (3-4)$$

$$\beta = \frac{1}{2}\arctan\frac{\sqrt{3}(U_2-U_3)}{2U_1-U_2-U_3}$$

式中：U_1，U_2，U_3 为相互间隔60°的3个孔径方向的变形值；β 为 U_1 和 σ_1 之间的夹角，从 U_1 逆时针到 σ_1 为正，同时 β 的范围限制如下：

当 $U_2 > U_3$ 且 $U_2+U_3 < 2U_1$ 时，$0° \leq \beta \leq 45°$；

当 $U_2 > U_3$ 且 $U_2+U_3 > 2U_1$ 时，$45° < \beta \leq 90°$；

当 $U_2 < U_3$ 且 $U_2+U_3 > 2U_1$ 时，$90° < \beta \leq 135°$；

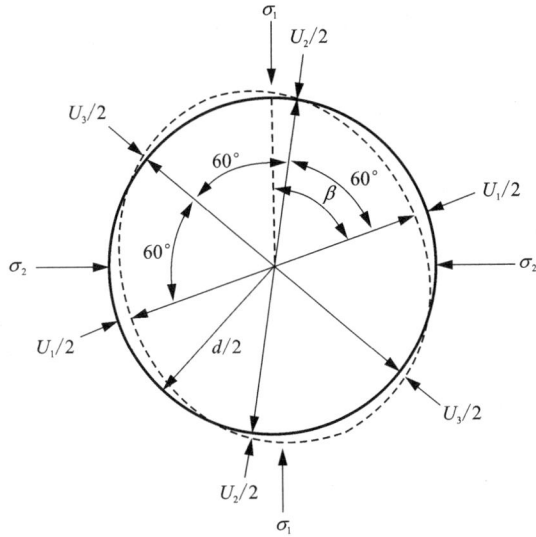

图3-8 垂直钻孔轴线的平面内的孔径变形和应力状态示意图

当 $U_2 < U_3$ 且 $U_2 + U_3 < 2U_1$ 时，$135° < \beta \leqslant 180°$。

假如钻孔轴线和一个主应力方向重合，且该方向主应力值也已知，譬如假定重应力是一个主应力，且钻孔为垂直方向，则一个钻孔的孔径变形测量也就能确定该点的三维应力状态。

4. 弹性模量和泊松比计算公式

由式(3-4)可知，为了从所测应力解除过程中的孔径变形值求原岩应力值，需知岩石的弹性模量和泊松比。在一般的岩石力学研究中，均取圆柱或立方体岩石试样进行压缩试验，测定弹性模量和泊松比值。而对于套孔应力解除试验，有比这更好的方法来测定弹性模量和泊松比值，即通过对套孔岩芯加围压并通过孔径变形计测量围压-孔径变形曲线，由此确定弹性模量值。这就保证了这是真正测点的岩石弹性模量。计算公式如下：

$$E = \frac{4P_0 r R^2}{U(R^2 - r^2)} \qquad (3-5)$$

式中：P_0——围压值；

U——所测的由围压引起的平均径向变形值；

R, r——套孔岩芯的外、内径。

为了求得泊松比值，可在套孔岩芯上贴轴向应变片，测得的轴向应变和径向应变之比即为岩石的泊松比值。

5. 常用测试仪器简介

有许多仪器可用于测量孔径变形，其中最著名的是 USBM(美国矿山局)孔径变形计。USBM 孔径变形计是由奥伯特(L. Obert)和梅里尔(R. H. Merrill)等人于20世纪60年代研制出来的，其结构如图3-9所示。其探测头是6个圆头活塞，两个径向相对的活塞测量一个直径方向的变形，被测的3个直径方向相互间隔60°。每个活塞由一个悬臂梁式的弹簧施加压力，以使其和孔壁保持接触，在悬臂弹簧的正反面各贴一支电阻应变片。应力解除前将变形计挤压进钻孔中，以便两个活塞头之间有 0.5 mm(500 μm)左右的预压变形，并使变形计能够固定在测点部位。应力解除时，钻孔直径膨胀，预压变形得到释放，悬臂弹簧的弯曲变形发生变化，这一变化由电阻应变片探测并通过仪器记录下来。弹簧正反两面变形相反，一面是拉伸，一面是压缩，两支应变片的读数相加，使测量精度提高一倍。径向相对的两个悬臂弹簧上的4支应变片组成一个惠特斯顿电桥的全桥电路，自身解决了温度补偿的问题，也大大有利于提高测量结果的准确性。通过标定实验可以确定两个活塞头之间的径向变形和悬臂弹簧上应变片所测读数之间的关系。USBM 孔径变形计的适用孔径为 36 ~ 40 mm，增加或减少活塞中的垫片，可改变其适用孔径的大小。

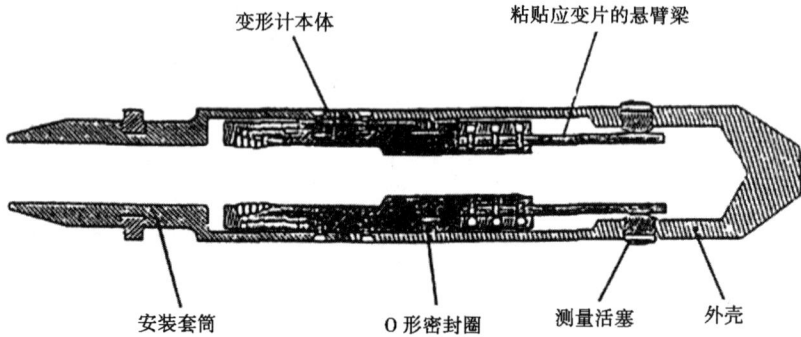

图 3-9　USBM 孔径变形计

中国科学院武汉岩土力学研究所设计制造的 36-2 型钻孔变形计在我国得到广泛应用。其测量元件分钢环式和悬臂钢片式两种(如图 3-10)。

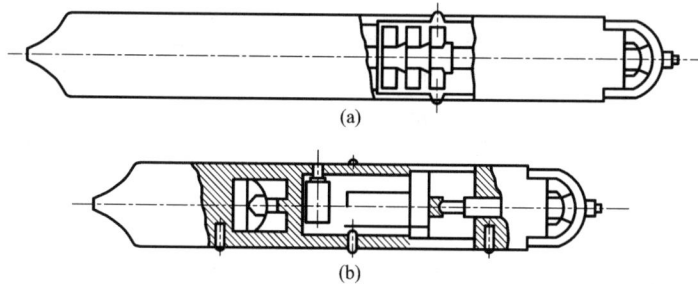

图 3-10　36-2 型钻孔变形计

该钻孔变形计用来测定钻孔中岩体应力解除前后孔径的变化值(径向位移值)。钻孔变形计置于中心小孔需要测量的部位，变形计的触脚方位由前端的定向系统来确定。通过触脚测出孔径位移值，其灵敏度可达 1×10^{-4} mm。

3.5.4　水压致裂法

1. 基本原理

水压致裂法在 20 世纪 50 年代被广泛应用于油田，通过在钻井中制造人工的裂隙来提高石油的产量。哈伯特(M. K. Hubbert)和威利斯(D. G. Willis)在实践中发现了水压致裂裂隙与原岩应力之间的关系。这一发现又被费尔赫斯特(C. Fairhurst)和海姆森(B. C. Haimson)用于地应力测量。

从弹性力学理论可知,当一个位于无限体中的钻孔受到无穷远处二维应力场(σ_1, σ_2)的作用时,离开钻孔端部一定距离的部位处于平面应变状态。在这些部位,钻孔周边的应力为

$$\sigma_\theta = \sigma_1 + \sigma_2 - 2(\sigma_1 - \sigma_2)\cos2\theta \qquad (3-6)$$

$$\sigma_r = 0 \qquad (3-7)$$

式中:σ_θ, σ_r——钻孔周边的切向应力和径向应力;

θ——周边一点与 σ_1 轴的夹角。

由式(3-6)可知,当 $\theta = 0°$ 时,σ_θ 取得极小值,此时 $\sigma_\theta = 3\sigma_2 - \sigma_1$。

如果采用图3-11所示的水压致裂系统将钻孔某段封隔起来,并向该段钻孔注入高压水,当水压超过 $\sigma_\theta = 3\sigma_2 - \sigma_1$ 与抗拉强度 R_t 之和后,在 $\theta = 0°$ 处,也即 σ_1 所在方位将发生孔壁开裂。设钻孔壁发生初始开裂时的水压为 p_i,则有

$$p_i = 3\sigma_2 - \sigma_1 + R_t \qquad (3-8)$$

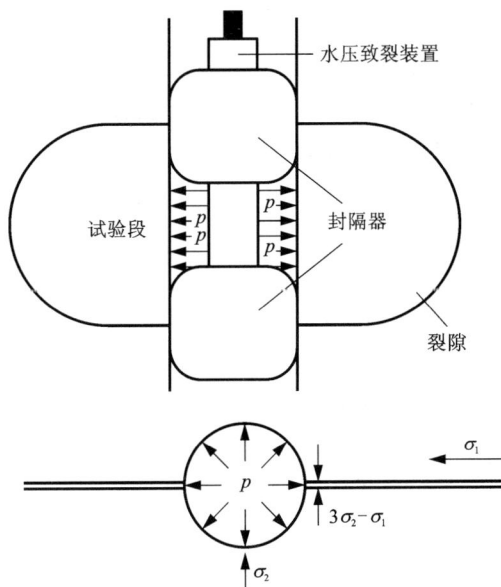

图3-11 水压致裂应力测量原理

如果继续向封隔段注入高压水使裂隙进一步扩展,当裂隙深度达到3倍钻孔直径时,此处已接近原岩应力状态,停止加压,保持压力恒定,将该恒定压力记为 p_s,则由图3-11可见,p_s 应与原岩应力 σ_2 相平衡,即

$$p_s = \sigma_2 \qquad (3-9)$$

由式(3-8)和式(3-9),只要测出岩石抗拉强度 R_t,即可由 p_i 和 p_s,求出 σ_1 和 σ_2,这样 σ_1 和 σ_2 的大小和方向就全部确定了。

在钻孔中存在裂隙水的情况下,如封隔段处的裂隙水压力为 p_0,则式(3-8)变为

$$p_i = 3\sigma_2 - \sigma_1 + R_t - p_0 \qquad (3-10)$$

根据式(3-9)和式(3-10)求 σ_1 和 σ_2，需要知道封隔段岩石的抗拉强度，这往往是很困难的。为了克服这一困难，在水压致裂试验中增加一个环节，即在初始裂隙产生后，将水压卸除，使裂隙闭合，然后再重新向封隔段加压，使裂隙重新打开，记裂隙重开的压力 p_r，则有

$$p_r = 3\sigma_2 - \sigma_1 - P_0 \tag{3-11}$$

这样，由式(3-10)和式(3-11)求 σ_1 和 σ_2 就无须知道岩石的抗拉强度。因此，由水压致裂法测量原岩应力将不涉及岩石的物理力学性质，而完全由测量和记录的压力值来决定。

2. 水压致裂法的主要步骤

水压致裂法测量应力包括6个步骤：

(1)打钻孔到测试部位，并将试验段用两个封隔器隔离起来。

(2)相隔离段注高压水流，直到孔壁出现裂隙，并记下此时的初始开裂压力；然后继续施加水压使裂隙扩展，当水压增至2~3倍开裂压力，裂缝扩展到10倍钻孔直径时，关闭高压水系统，待水压恒定后记下关闭压力；最后卸压使裂隙闭合。

(3)重新向密封段注射高压水，使裂隙重新张开，并记下裂隙重开时的压力。这种重新加压的过程重复2~3次。

(4)将封隔器完全卸压后从钻孔内取出。

(5)将用特殊橡皮包裹的印模器送入破裂段并加压获取裂隙的形状、大小、方位及原来孔壁存在的节理、裂隙均由橡皮印痕器记录下来。

(6)根据记录数据绘制压力-时间曲线图(如图3-12所示)，计算主应力的大小，确定主应力方向。

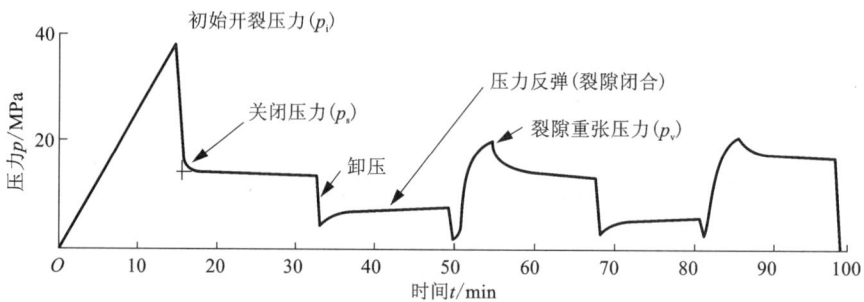

图 3-12 水压致裂试验的压力-时间曲线图

3. 水压致裂法的特点

水压致裂法具有如下优点：

①设备简单。该法只需用普通钻探方法打钻孔，用双止水装置密封，用液压泵通过压裂装置压裂岩体，不需要复杂的电磁测量设备。

②操作方便。只通过液压泵向钻孔内注液以压裂岩体，观测压裂过程中泵压、液量即可。

③测值直观。它可根据压裂时泵压(初始开裂泵压、稳定开裂泵压、关闭压力、开启压力)计算出地应力值，不需要复杂的换算及辅助测试，同时还可求得岩体抗拉强度。

④测值代表性大。所测得的地应力值及岩体抗拉强度是代表较大范围内的平均值，有较好的代表性。

⑤适应性强。这一方法不需要电磁测量元件，不怕潮湿，可在干孔及孔中有水条件下作试验，不怕电磁干扰，不怕震动。

因此，这一方法越来越受到重视和推广。但它存在一个较大的缺陷，就是主应力方向定得不准。另外，这种方法认为初始开裂在垂直于最小主应力的方向发生，可是如果岩石本来就有层理、节理等弱面存在，那么初始裂隙就有可能沿着弱面发生。因此这种方法只能用于比较完整的岩石中。

3.5.5 声发射法

1. 基本原理

材料在受到外荷载作用时，其内部贮存的应变能快速释放产生弹性波，从而发出声响，称为声发射。1950年，德国人凯泽(J. Kaiser)发现多晶金属的应力从其历史最高水平释放后，再重新加载，当应力未达到先前最大应力值时，很少有声发射产生，而当应力达到或超过历史最高水平后，则大量产生声发射，这一现象叫做凯泽效应。从很少产生声发射到大量产生声发射的转折点称为凯泽点，该点对应的应力即为材料先前受到的最大应力。后来国外许多学者证实了在岩石压缩试验中也存在凯泽效应，许多岩石如花岗岩、大理岩、石英岩、砂岩、安山岩、辉长岩、闪长岩、片麻岩、辉绿岩、灰岩、砾岩等也具有显著的凯泽效应。

凯泽效应为测量岩石应力提供了一条新途径，即如果从原岩中取回定向的岩石试件，通过对加工不同方向的岩石试件进行加载声发射试验，测定凯泽点，即可找出每个试件以前所受的最大应力，并进而求出取样点的原始(历史)三维应力状态。

2. 试验步骤

从现场钻孔提取岩石试样，试样在原环境状态下的方向必须确定。将试样加工成圆柱体试件，径高比为 1:2~1:3。为了确定测点三维应力状态，必须在该点的岩样中沿6个不同方向制备试件，假如该点局部坐标系为 $Oxyz$，则3个方向选为坐标轴方向，另3个方向选为 Oxy、Oyz、Ozx 平面内的轴角平分线方向。为了获得测试数据的统计规律，每个方向的试件为 15~25 块。

将试件放在压力试验机上加压。为了消除由于试件端部与压力试验机上、下压头之间摩擦所产生的噪声和试件端部应力集中，试件两端浇铸由环氧树脂或其他复合材料制成的端帽。

在加压过程中，通过声发射监测系统监测试件中产生的声发射信号。监测系统由声发射仪和两个压电换能器(声发射接受探头)组成。两个压电换能器分别固定在试件的上、下部，用以将岩石试件在受压过程中产生的弹性波转换成电信号。该信号输入到声发射仪，被转换成声发射模拟量和数字量(事件数和振铃数)。

凯泽效应一般发生在加载的初期，故加载系统应选用小吨位的应力控制系统，并保持加载速率恒定，尽可能避免用人工控制加载速率，如用手动加载则应采用声发射事件数或振铃总数曲线判定凯泽点，而不应根据声发射事件速率曲线判定凯泽点，这是因为声发射速率和加载速率有关。在加载初期，人工操作很难保证加载速率恒定，在声发射事件速率曲线上可能出现多个峰值，难于判定真正的凯泽点。

3. 地应力计算

由声发射监测所获得的应力 – 声发射事件数(速率)曲线(如图 3 – 13),即可确定每次试验的凯泽点,并进而确定该试件轴线方向先前受到的最大应力值。15 ~ 25 个试件获得 1 个方向的统计结果,6 个方向的应力值即可确定取样点的历史最大三维应力大小和方向。

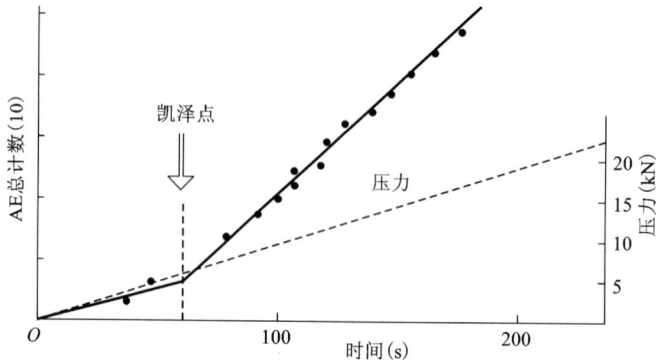

图 3 – 13 应力 – 声发射事件试验曲线图

根据凯泽效应的定义,用声发射法测得的是取样点的先存最大应力,而非现今地应力。但是也有一些人对此持相反意见,并提出了"视凯泽效应"的概念。认为声发射可获得两个凯泽点,一个对应于引起岩石饱和残余应变的应力,它与现今应力场一致,比历史最高应力值低,因此称为视凯泽点。在视凯泽点之后,还可获得另一个真正的凯泽点,它对应于历史最高应力。

由于声发射与弹性波传播有关,所以高强度的脆性岩石有较明显的声发射凯泽效应出现,而多孔隙低强度及塑性岩体的凯泽效应不明显,所以不能用声发射法测定比较软弱疏松岩体中的应力。

*3.5.6 地应力测量的发展和现状

1. 国外地应力测量的发展概况

利用钻孔现场测定浅层岩体地应力虽自 20 世纪 50 年代初才由哈斯特开始,但在岩体表面测地应力却早在 30 年代就已用于工程实践中了。1932 年美国垦务局在哈佛坝(Hoover Dam)的坝底泄水隧洞最早用应力解除法测量洞壁的围岩应力状态,从而开辟了现场实测地应力的新纪元。紧接着前苏联、英国、法国、意大利、葡萄牙等国也相继开展了这项试验,在测试技术和试验方法上都有所提高和发展,例如在解除孔的口径尺寸问题、掏槽方法和工具、测量元件的研制等方面均有很大的改进,并在此基础上又发展了应力恢复法和局部应力解除的中心孔法。直至 20 世纪 50 年代,塞拉芬(J. L. Serafim)在葡萄牙的卡尼卡达(Canicada)和匹柯特(Picote)两座坝的地下厂房开展这项试验时,测试技术才走向成熟。

由于钻孔应力测量可以克服表面应力测量的缺陷,不受开挖爆破的影响,因此从 20 世纪 60 年代以来,钻孔应力测量发展很快。根据测量元件安装和测量的物理量不同,钻孔应力测量又可分为孔壁应变测量法、孔底应变测量法和孔径变形测量法三种。哈斯特研制的压磁式应力计和 1962 年美国矿务局欧贝特(L. Obert)等人研制的 USBM 钻孔变形计,都是测量钻孔直径变化的孔径变形测量法;而 1963 年南非黎曼(E. R. Leeman)研制的"CSIR 门塞器",则是钻孔孔底应变测量法的一种测量元件;1964 年南非冶金采矿杂志发表的钻孔三向应变计,1976 年又经南非科学及工业研究委员会(CSIRO)进一步改进定名为 CSIRO 的三轴应变计是测量孔壁应变的测量元件,现已成为国际商品化。至于葡萄牙国家土木研究所(LENC)罗哈(M. Rocha)在 1968 年研制的三向应力张量计,经过 20 世纪 70 年代的改进和完善而成为空心包体式三轴应变计,是间接测量孔壁应变的测量元件。

但是,上述各种方法都是在钻孔中用套芯进行应力解除来实现的,一般深度仅几十米,且限于在无水的钻孔中施测,尤以电阻丝应变片直接粘贴在孔壁最为困难。有鉴于此,瑞典国家电力局(SSPB)的赫尔特希(R. Hiltscher)等人自 1976 年以来,一直在致力于研制一种能在含水的钻孔中测地应力设备,至 20 世纪 80 年代初期研制成功水下三向应变计,最大测深已达 510 m。在此基础上,他们又研制出带有自动数据采集系统的新型三向应变计探头,且使井下的测量元件与地面的接收仪表不需要连接任何电缆。此项设备在 1988—1989 年期间在现场进行过大约 60 次的测量。从此深层岩体钻孔应力测量技术又达到一个新的水平。

超过千米以上深层岩体的应力测量,目前只能通过水压致裂法来实现。1970 年美国首先在油气井中用此法测得了地应力,从此在很多国家得到发展。该方法的测量深度在上世纪末就已达到 5105 m。

国际岩石力学学会试验方法委员会于 1987 年颁布了"测定岩石应力的建议方法",建议在地应力实测工作中广泛推广以下 4 种方法:①表面应力测量采用应力恢复法;②深孔应力测量采用水压致裂法;③浅孔应力测量采用基于"USBM 型钻孔孔径变形计"的钻孔孔径变形测量法;④基于"CSIR(或 CSIRO)型钻孔三轴应变计"的孔壁应变测量法。

2. 我国地应力测量的发展和现状

我国地应力测量是自 20 世纪 50 年代后期由李四光和陈宗基两位教授分别指导的地质力学研究所和三峡岩基专题研究组开始的。三峡岩基组最早开始摸索表面应力解除技术,虽然该项技术国外早在 30 年代就已提出,但当时我国处于封闭状态,对其并不了解。三峡岩基组仅凭一本外文书上介绍的法国的谭斯林(Tancelin)1950 年提出的 Freysinet jack(即国内俗称的扁千斤顶或液压枕)的照片,进行加载设备研制及应变片粘贴、防潮和岩芯掏槽等关键技术研究,于 1962—1964 年在三峡平善坝坝址成功获得表面岩石应力量测成果。20 世纪 60 年代初,中国科学院武汉岩土力学研究所又在大冶铁矿摸索浅层钻孔应力测量技术,获得可贵成果。与此同时,地质力学研究所研制成功压磁式应力计,并于 1966 年 3 月首先在河北隆尧建立了第一个地应力观测站。

20 世纪 70 年代以后,我国钻孔应力测量犹如雨后春笋,许多部门和单位纷纷组建地应力测量的专业组织,测量元件和测量方法的研究也呈五彩缤纷的景象。中国科学院的地质研究所,国家地震局的地壳应力研究所,冶金部的长沙矿冶研究院,水电系统的昆明、成都、东北水电勘测设计院科研所和长江科学院等都有试验研究测量地应力的专门机构。1972 年长沙矿冶研究院最先对黎曼的门塞器和三轴应变计进行了探索和尝试,取得了成功经验;地壳应力研究所最早开始采用水压致裂法测量地应力,从 20 世纪 70 年代末进行实地测量,并研制成功轻便型水压致裂法测量设备;昆明水电勘测设计院科研所在 20 世纪 80 年代初根据该所实践的经验对三类浅孔应力测量方法进行了系统的总结；长江科学院从1984年引进了瑞典的深孔水下三向应变计，开展了深钻孔套芯应力解除法测地应力研究，并在实践中不断改进完善该项设备，曾先后在长江三峡、广州抽水蓄能电站等大型水电工程现场进行了实测，最大测深已达307 m，为工程设计提供了依据。

总之，近60年来，我国地应力测量，从无到有，从点到面，尤其在20世纪70年代以后发展更快，不仅建立了许多专业组织遍布全国，而且从表面到浅层、到深层，在许多工程中都积累了丰富的经验，直接满足了工程设计的需要。就测试技术与设备而言，几乎各种量测方法和设备国内都已具备；不仅如此，在引进设备中还根据我国实际情况和设备本身存在的缺点加以改善提高，获得很好的效果。现在我国深层岩体套芯应力解除法测地应力的深度，在孔中有水的情况下已超过300 m；深层钻孔的水压致裂法测地应力的深度也已突破2000 m大关；各种测地应力方法的设备也日趋提高和完善。这些都标志着我国地应力测试和研究水平已为国际所瞩目。

思考题

1. 地壳是静止不动的还是变动的？怎样理解岩体的自然平衡状态？

2. 初始应力、二次应力和应力场的概念是什么？

3. 请阐述海姆假说和金尼克假说。

4. 地应力是如何形成的？

5. 什么是岩体的构造应力？构造应力是怎样产生的？土中有无构造应力？为什么？

6. 试述自重应力场与构造应力场的区别和特点。

7. 岩体原始应力状态与哪些因素有关？

8. 简述地应力场的分布规律。

9. 什么是侧压系数？侧压系数能否大于1？从侧压系数值的大小如何说明岩体所处的应力状态？

10. 何谓高地应力？任何判别高地应力？

11. 有哪些高地应力现象？

12. 简述地应力测量的重要性。

1 地应力测量方法分哪两类？两类的主要区别在哪里？每类包括哪些主要测量技术？

14. 简述套孔应力解除法的基本测量原理和主要测试步骤。

15. 根据测试元件的不同，套孔应力解除法可分为哪几种方法？

16. 简述水压致裂法的基本测量原理。

17. 对水压致裂法的主要优缺点作出评价。

18. 简述应力解除法的基本原理。

19. 简述声发射法的主要测试原理。

20. 哪些地应力测量方法是国际岩石力学学会建议采用的方法？

第4章　露天矿边坡

4.1　概　述

4.1.1　露天矿边坡构成要素

在露天开采过程中所形成的采场、台阶和沟道的总和称为露天采场。露天采场周边由台阶组成的斜坡，称为露天矿的边帮。

根据露天矿的设计，已达到开采境界不再进行采矿、剥岩的边帮称为最终边帮(非工作帮)，矿体下盘边帮称为底帮，上盘边帮称为顶帮。矿体两端的边帮称为端帮，如图4－1所示，正在进行开采(剥岩)或将要进行开采(剥岩)的台阶所组成的边帮称为工作帮(DF)，工作帮的位置是不固定的，它随开采(剥岩)工作的进行而不断变化。

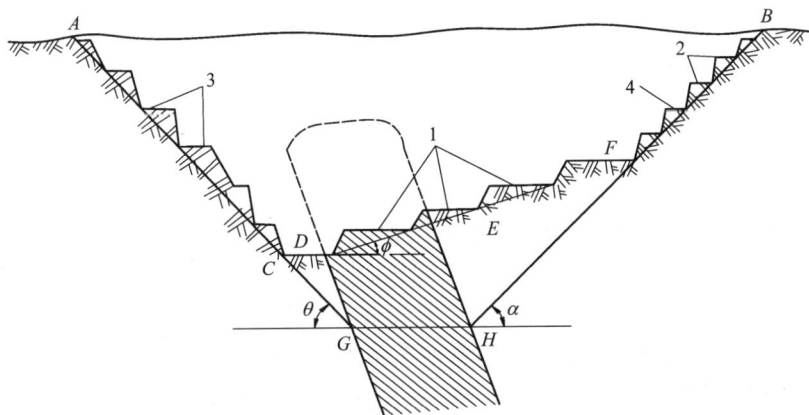

图4－1　露天矿场构成要素

1—工作平台；2—安全平台；3—运输平台；4—清扫平台

通过最终边帮最上一个台阶的坡顶线和最下一个台阶的坡底线所作的斜面，叫做露天矿的最终边帮坡面(AG，BH)，最终边帮面与水平面的夹角叫做最终边帮坡角或最终边坡角(θ，α)，由最终边帮坡面及下面的岩体构成了露天矿的最终边坡，简称露天矿边坡。

为了保证露天矿的生产与安全，在露天矿边坡台阶中按其用途分为安全平台、清扫平台和运输平台。安全平台是用作缓冲和阻截滑落的岩石，同时使最终边坡角变缓，以保证最终边坡的稳定性和下部工作水平的工作安全。清扫平台既阻截滑落的岩石，又对滑落的岩石不断进行清扫。运输平台是工作平台与出入沟之间的运输联系通道。

露天矿边坡主要是挖掘具有原岩应力的岩体之中。由于开挖，出现了临空面，使部分岩体暴露,改变了岩体中的原始应力状态(图 4 - 2),同时也改变了地下水流条件,加上岩石风化和爆破震动,促使部分边坡岩体发生变形和破坏。

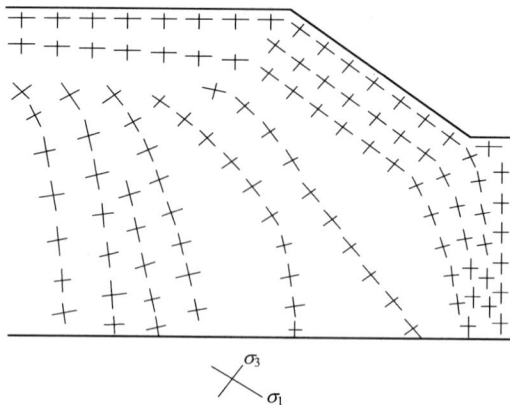

图 4 - 2　边坡开挖后岩体应力的变化

σ_1——最大主应力;σ_3——最小主应力

露天矿边坡的变形和破坏,主要有崩落、散落、倾倒和滑动 4 种形式。在这 4 种变形和破坏形式中,崩落和散落一般只涉及台阶的变形和破坏;滑动则可涉及多个台阶乃至整体边坡的破坏,对露天矿的生产与安全危害巨大。它是露天矿边坡破坏的主要形式;倾倒破坏一般只涉及台阶,如它和滑动破坏结合起来也可造成较大规模的边坡破坏。

4.1.2　边坡设计原则及设计内容

4.1.2.1　设计原则

边坡的稳定性问题是非常复杂,设计工作者以往根据矿山的地质条件,主要是岩性条件,采用类比法确定露天矿的最终边坡角,但是并不全面,因为它将十分复杂的边坡问题过于简单化了。事实上,露天矿山边坡都有比较复杂的工程地质条件,任何露天矿都不可能完全类同,这是采用类比法确定稳定边坡角所存在的主要弊病。为了科学合理地做好露天矿边坡设计,必须遵循建立在岩石力学理论基础上的边坡设计基本原则。

1.边坡岩体结构的转化或岩体性质的强化

设计稳定边坡角,最重要的是根据岩体的结构性质及强度。岩体结构类型不同,岩体强度不同,稳定边坡角也随之不同,这当然是合理的,仅做到这一点是不够的。在边坡设计工作中应该考虑采用适当的边坡人工加固方法,改造岩体的结构及强度条件,提高稳定的边坡角,以期获得更好的技术经济效益。

2.爆破减震或控制爆破

一个完善的边坡设计不仅应该给出稳定的边坡角,而且应该同时给出所必须采取的各种技术措施,否则,即便剥离采矿按设计的边坡角施工,如果没有采取相应的爆破减震措施,亦不能保证边坡的稳定状态。因此,在边坡设计中必须提出严格的爆破减震措施。

3.边坡变形观测设计

边坡的变形观测是边坡设计的重要内容之一。露天边坡开挖过程中,边坡岩体总会产生不同程度的变形，如果从建矿的初期就进行边坡的变形观测工作，就可以获得评价或预测边坡稳定性的比较完整可靠的第一手资料，且可以用这些变形资料检验边坡设计的合理性。

4. 允许边坡产生有限的变形或破坏

边坡设计的中心任务是确定稳定的边坡角。所谓露天矿的稳定边坡角，并不要求边坡绝对不产生变形甚至破坏现象，只要这种变形破坏不影响矿山的生产及安全条件。边坡的局部破坏一般亦不会影响边坡的整体稳定性。重要的问题是确定允许的变形限度及破坏的性质，有时，露天矿开挖境界附近有建筑物，而对边坡的变形就有不同的要求。边坡设计对这类问题应该有所预见和预测。

4.1.2.2 设计的相关内容

边坡工程实践表明：边坡设计是一个复杂的系统工程。就系统的优化问题而言，它涉及的相关内容主要有：

①设计最终边坡形状。

②边坡岩体工程地质测绘。

③岩体结构面参数的确定。

④边坡岩体稳定性分析。

⑤边坡加固治理措施及设计。

⑥爆破减震。

⑦边坡变形和失稳的监测及预报。

4.2 影响露天矿边坡稳定性的主要因素和边坡破坏形式

4.2.1 影响露天矿边坡稳定性的主要因素

露天矿边坡通常是挖掘在自然岩体之中，这些岩体是长期地质历史发展的产物，一般都不同程度地被各种地质界面所分割，使岩体具有复杂的不连续体的特征。由于岩体中有空隙存在，为地下水的渗入和流动创造了条件。露天开采的结果形成了巨大的露天边坡，改变了边坡岩体中的原岩应力状态，这样就有可能造成边坡岩体不稳定甚至破坏。影响露天矿边坡稳定的因素是复杂的，其中岩体的岩石组成、岩体构造和地下水是最主要的因素，此外，爆破和地震、边坡形状等也有一定影响。

1. 岩石的组成

岩石是构成边坡岩体的物质基础，岩石的矿物成分和结构构造对岩石的工程地质性质起主要作用，对某些岩石边坡的稳定条件也起重要作用。

2. 岩体结构面特征

从边坡稳定性考虑，岩体结构面的主要特征将对边坡稳定状况、可能滑落形式、岩体强度等起重要作用。岩体结构面特征在第二章中已讲过，这里只简要介绍结构面产状及其与边坡临空面的关系。

结构面的产状是结构面的重要特征。结构面对边坡稳定性的影响，在很大程度上是取决于结构面的产状与边坡临空面的相对关系。当结构面的走向与边坡走向近于垂直时，结构面对边坡稳定性的影响较小，它一般只能作为平面滑落的解离面或边界面；当结构面的走向与边坡走向近于平行时,则它对边坡稳定性的影响取决于它的倾向和倾角。如图4-3所示,当结构面的倾向与边坡倾向相同,且倾角小于坡面角而大于结构面的摩擦角时,边坡是不稳定的,可能发生平面滑落[图4-3(c)];当结构面为水平、或其倾向与边坡相同而其倾角小于结构面的摩擦角[图4-3(a)、(b)],或结构面的倾向与边坡相同而倾角等于或大于坡面角[图4-3(d)、(e)],以及结构面倾向与坡面相反的情况[图4-3(f)],边坡应该是稳定的。

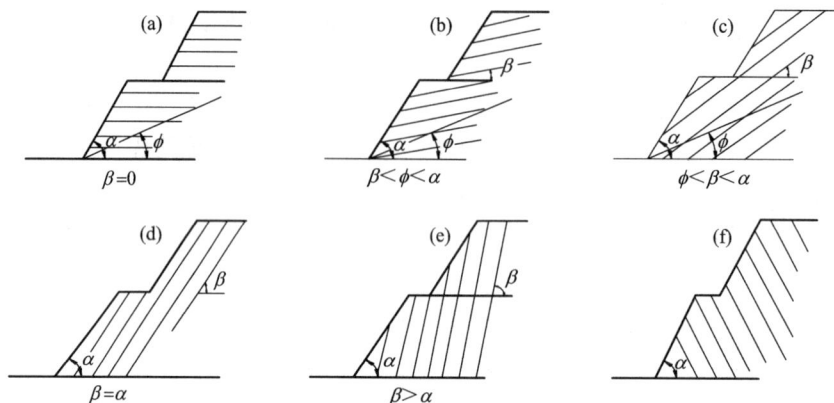

图4-3　结构面产状与坡面的相互关系

α—坡面角;β—结构面倾角;φ—结构面摩擦角

当两组结构面与坡面斜交时,则往往边坡面附近将岩体切割成楔形体。可根据楔形体的组合交线与坡面的相互关系,参照上述原理进行边坡是否稳定的判断。即当构成楔体的两平面的组合交线与坡面同倾向、且其倾角大于结构面的摩擦角而小于坡面角时,则楔体可能不稳定。

上述原则只适用于高度较小的边坡(如露天矿的台阶)稳定性的概略评价,若要作为工程设计依据,则尚需根据岩体强度等做进一步的分析计算。

3. 地下水

露天矿的滑坡多发生在雨季或解冻期,说明地下水对边坡稳定性的影响是很显著的。地下水是影响边坡稳定的重要因素。在边坡稳定性研究中,对岩体中地下水的赋存情况、动态变化、对边坡稳定性的影响以及防治措施等方面都要进行详细研究,并做出定量评价。

地下水对边坡稳定性的影响主要表现在以下几方面:

(1)静水压力和浮托力

当地下水赋存于岩石裂隙充水时,水对裂隙两壁产生静水压力,如图4-4所示。当由于边坡岩体位移而产生的张裂隙充水时,则沿裂隙壁产生的静水压力,压强为$\gamma_w Z_w$,总压力为

$$p_{总} = (1/2)\gamma_w Z_w \tag{4-1}$$

式中:γ_w——水的容重;

　　Z_w——裂隙充水深度。

静水压力作用方向垂直于裂隙壁,作用点在Z_w的三分之一处。此静水压力V是促使边坡破坏的推动力。

当张裂隙中的水沿破坏面继续向下流动,流至坡脚逸出坡面时,则沿此破坏面将产生水

的浮托力，压力分布如图4-4(沿AB面)所示。沿AB面的总浮托力为

$$p'_{\text{总}} = (1/2)\gamma_w Z_w L \tag{4-2}$$

式中L为AB面的长度。此力和沿AB面作用的正应力方向相反，抵消一部分正应力的作用，从而减小了沿该面的摩擦力，对边坡稳定不利。

当岩体比较破碎，地下水在岩体中比较均匀地渗透，并形成如图4-5所示的统一的潜水面，而且当滑动面为平面时，则作用于滑面上的浮托力可用滑面下所画的三角形水压分布近似地表示。总浮托力可用下式计算：

$$p'_{\text{总}} = \frac{1}{2}\gamma_w \cdot h_w \cdot \frac{1}{\sin\phi_P} \tag{4-3}$$

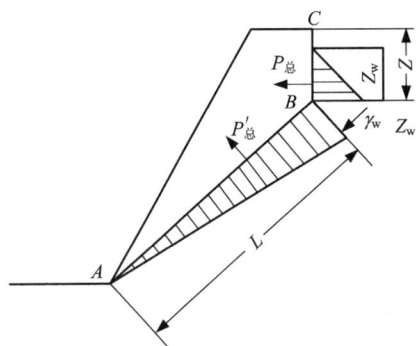

图4-4 张裂隙充水所产生的静水压力和浮托力

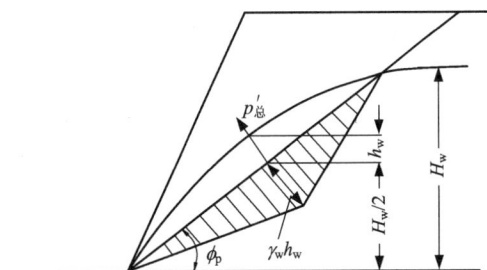

图4-5 潜水对平面滑面的浮托力

式中：h_w——滑面中点处的压力水头；

其他符号见图4-5。

如为圆弧滑面，用分条法进行稳定性分析时，则需在每分条中考虑水的浮托力。

(2)动水压力或渗透力

当地下水在土体或碎裂中流动时，受到土颗粒或岩石碎块的阻力，水要流动就得对它们施以作用力以克服它们对水的阻力，这种作用力称为动水压力或渗透力。动水压力作用方向与渗透方向一致。动水压力以$p_{\text{水}}$代表，并以下式表示：

$$p_{\text{水}} = \gamma_w I \tag{4-4}$$

式中：γ_w——水的容重；

I——水力坡度。

动水压力是一种体积力，其方向与水流方向一致。在计算土边坡和散体结构的岩石边坡时，要考虑动水压力作用。

(3)水对某些岩石的软化作用

某些粘土质岩石浸水后发生软化作用，岩石强度显著降低。水对由这些岩石构成的边坡危害很大。抚顺西露天矿下盘凝灰岩中多次发生滑坡，重要原因就是由于该岩石中含有大量蒙特石粘土矿物遇水软化所致。阜新海州露天矿沿泥质软弱夹层频繁滑动，也主要是因为水对岩石的软化作用。对于主要是由坚硬的岩浆岩、变质岩构成的金属矿山边坡，水的软化作用一般是不显著的。但这些矿山岩体中的断层破碎带中有大量粘土质充填物存在，在研究这些断裂面的强度和稳定性时，要特别注意水对这些岩石的软化作用。

如上所述，水对岩石边坡稳定性的影响是很突出的，要根据每个矿山具体的岩性和水文地质条件进行分析。

4. 爆破震动

露天矿爆破产生的震动波，可使岩石节理面张开，甚至使岩石破碎；爆破地震波通过岩体时，给潜在破坏面施加额外的动应力，可促使边坡破坏。在边坡稳定分析中必须考虑此附加外应力。

为了保证边坡稳定，要求在生产中能控制一次爆破的炸药量或微差爆破一段的炸药量。在靠近最终边坡爆破时，要采取减震或缓冲爆破技术。

专门研究表明，爆破震动对岩体造成的损害取决于岩体质点震动速度的大小。质点震动速度的影响可用下列临界速度估计：

≤25.4 cm/s——完整不破坏；

25.4 ~ 61 cm/s——出现少量剥落；

61 ~ 254 cm/s——发生强烈拉伸和径向裂隙；

>254 cm/s——岩体完全破碎。

对于爆破造成的岩体质点震动速度，目前研究尚不充分。我国部门使用下列经验公式确定：

$$v = K(3\sqrt{Q}/R)^{\alpha} \tag{4-5}$$

式中：v——边坡岩体质点的振动速度，m/s；

Q——一次爆破的炸药量，kg；

R——测点至爆源的距离；m；

K——与岩石性质、地质条件等有关的系数；

α——爆破地震波随距离衰减系数。

利用上述公式计算 v 值时，必须先通过试验爆破加以确定。

5. 其他因素

①边坡几何形状。根据强度的一般概念认为，边坡的平面形状对边坡岩体的应力状态有影响。当边坡向采场凸出时，岩体的侧向受拉力，由于岩体抗拉性能很低，所以这种条件下边坡稳定条件差；当边坡向采场凹进时，边坡岩体侧向受压力作用，这种形式的边坡比较稳定。同理，圆锥形采场边坡受力和稳定条件均较好。

②风化作用。风化作用对边坡稳定也有明显影响，它可使边坡岩体随时间推移而不断产生破坏，最终也可能威胁边坡稳定。边坡岩体的风化速度和风化程度是比较复杂的问题。一般说来，风化速度与岩石本身的矿物成分、结构构造和后期蚀变有关，同时也与湿度、温度、降雨、地下水以及爆破震动等因素有关。

③人为因素。有时由于对影响边坡稳定的因素认识不足，在生产中往往人为地促使边坡破坏。如在边坡上堆积废石和设备以及建筑房屋等，加大了边坡上的承重，增加了岩体的下滑力；或挖掘坡脚；减小岩体的抗滑力，这些都会使边坡的稳定条件恶化，甚至导致边坡破坏。

4.2.2 露天矿边坡破坏类型

露天矿边坡破坏类型，主要是受岩体的工程地质条件特别是岩体结构面的控制。常见的破坏形式有以下四种：

1. 平面破坏

边坡沿一主要结构面如层面、节理、断层或层间错动面发生滑动[图4-6(a)]。边坡中如有一组结构面与边坡倾向相近，且其倾角小于边坡角而大于其摩擦角时，发生这类破坏。

2. 楔体破坏

一般发生在边坡中有两组结构面与边坡斜交，且相互交成楔形体。当两结构面的组合交线倾向与边坡倾向相近，倾角小于坡面角而大于其摩擦角时，容易发生这类破坏[图4-6(b)]。坚硬岩体中露天矿台阶很多是以这种形式破坏的。

3. 圆弧形破坏

滑动面为圆弧形。土体滑坡一般取此种形式，散体结构岩体或坡高很大的碎裂岩体边坡也可以此种形式破坏[图4-6(c)]。

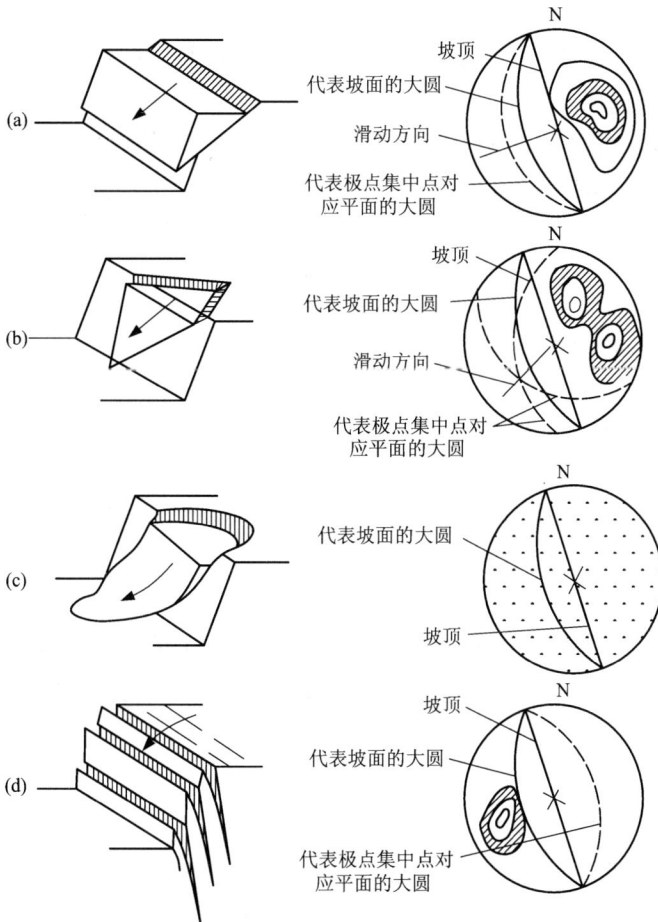

图4-6 边坡破坏主要类型及相应的赤平图

以上3种形式破坏的机理主要为剪切破坏。

4.倾倒破坏

当岩体中结构面或层面很陡时,岩体发生倾倒破坏[图 4 – 6(d)],其破坏机理与以上 3 种不同,它是在重力作用下岩块向外向下弯曲塌落,主要不是剪切破坏。

另外从边坡破坏规模来说,也可分为以下 3 种情况:

①单个台阶或组合台阶滑落。多呈平面或楔体形式滑落,这种滑落在露天矿山中是难于避免的,对采矿生产不会造成很大危害,但应注意人员和设备的安全。

②多个台阶滑落。多沿规模较大的结构面如断层面滑落,可以呈平面形或楔形破坏,滑面也可呈折线形。这种滑落对采场运输和生产会造成威胁。

③整体边坡变形破坏。可呈平面形、圆弧形或滑动—倾倒形等形式。这种破坏可对采矿生产和安全造成严重威胁,应尽量避免这种破坏发生。

4.3 边坡稳定性分析

边坡稳定性分析可确定边坡是否处于稳定状态,是否需要对其进行加固与治理,防止其发生破坏的重要决策依据。

边坡发生滑坡是一种复杂的地质灾害过程,由于边坡内部结构的复杂性和组成边坡岩石物质的不同,造成边坡破坏具有不同模式。对于不同的破坏模式就存在不同的滑动面,因此应采用不同的分析方法及计算公式来分析其稳定状态。目前用于边坡稳定性分析的方法大体上可分为定性分析方法和定量分析方法两大类。定性分析方法包括工程类比法和图解法(赤平极射投影、实体比例投影、摩擦圆等),定量分析方法主要有极限平衡法、极限分析法。

极限平衡法是根据边坡上的滑体或滑体分块的力学平衡原理(即静力平衡原理)分析边坡各种破坏模式下的受力状态,以及边坡滑体上的抗滑力和下滑力之间的关系来评价边坡的稳定性。极限平衡法是边坡稳定性分析计算的主要方法,也是工程实践中应用最多的一种方法。

在极限平衡法的各种方法中,尽管每种分析方法都有它适用范围及假定条件,得出的计算公式所涉及的因素不同,但将它们都归结为极限平衡法一类里,其大前提是相同的。所有的极限平衡法都有 3 个前提。即:

①滑动面上实际岩土提供的抗剪强度 S 与作用在滑面上的垂直应力 σ 存在如下关系:

$$s = c + \sigma \cdot \tan\varphi \qquad (4-6)$$

或 $$s = c' + (\sigma - u) \cdot \tan\varphi' \qquad (4-7)$$

式中:c,c'——滑动面的粘结力和有效粘结力;

φ,φ'——滑动面的内摩擦角和有效内摩擦角;

σ——滑动面上的有效应力;

u——滑动面孔隙水压。

②稳定系数 F(安全系数)的定义为沿最危险破坏面作用的最大抗滑力(或力矩)与下滑力(或力矩)的比值。即

$$F = 抗滑力/下滑力 \qquad (4-8)$$

③二维(平面)极限分析的基本单元是单位宽度的分块滑体。

极限平衡分析除上述几点共同前提外,还具有基本相似的分析计算步骤:

①在断面上绘制滑面形状。根据滑坡外形,观测滑坡中段滑面深度、坍塌情况、破坏方式(平面、圆弧、复合滑动等),推测几个可能的滑动面形状。

②推定滑坡后裂缝及塌陷带的深度,计算或确定其产生的力。

③对滑坡的滑体进行分块。分块的数目要根据滑坡的具体情况确定。一般来说应尽量使分块小些。条块数目越多,结果误差越小。此外,条块垂直不垂直条分要根据方法和岩体结构确定。

④计算滑动面上的空隙水压力,可采用地下水检测等方法确定。

⑤采用合适的计算方法,计算稳定系数。原则上应采取两种或两种以上的计算方法进行结果比较。

下面针对边坡稳定分析中常用的具有代表性的平面破坏计算法、Bishop 法、Janbu 法、Sarma 法进行详细论述。

4.3.1　平面破坏计算法

平面破坏计算法是指边坡上滑体沿单一结构面或软弱面产生平面滑动的分析方法。其力学模型如图 4 - 7 所示。

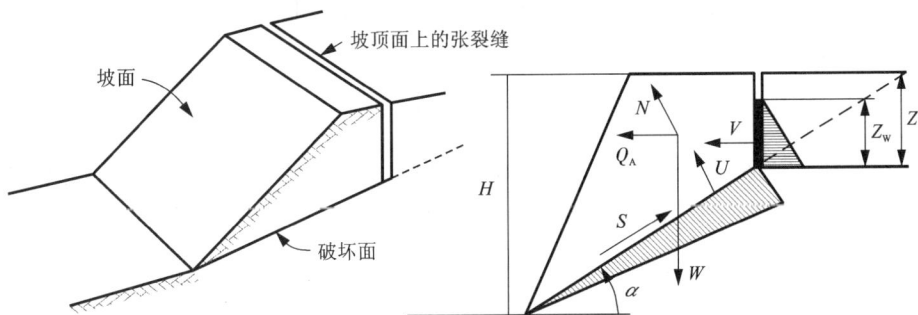

图 4 - 7　平面破坏计算法分析模型

1. 假定条件

①滑动面及张裂隙的走向平行于坡面;②张裂隙是直立的,其中充有深度为 Z_W 的水;③水沿张裂隙底端进入滑动面并沿滑动面渗透;④滑体沿滑动面作刚体下滑。

2. 力学分析

由图 4 - 7 可知,滑体上作用有:滑体重量 W;滑动面上的法向力 N;滑动面上的裂隙水压 U(该力在库仑准则里考虑);抗滑力 S;作用在滑体重心上的水平力(如地震力)Q_A;张裂隙空隙水压力 V。

由滑线法向(N 方向)力平衡 $\sum \vec{N} = 0$,得

$$N + Q_A \sin\alpha - W\cos\alpha + V\sin\alpha = 0 \tag{4-9}$$

由滑面切向(S 方向)力平衡 $\sum \vec{S} = 0$,得

$$Q_A \cos\alpha + W\sin\alpha + V\sin\alpha - S = 0 \tag{4-10}$$

由库仑破坏准则及安全系数定义得

$$S = \frac{1}{F}[c \cdot l + (N - U) \cdot \tan\varphi] \tag{4-11}$$

将式(4-9)中的 N_1 代入式(4-11)得

$$S = \frac{1}{F}\left[c \cdot l + (Q_A\sin\varphi - W\cos\varphi - V\sin\alpha + U] \cdot \tan\varphi\right] \tag{4-12}$$

将式(4-10)中的 S 值代入(4-12)并整理得

$$F = \frac{c \cdot l - (Q_A\sin\alpha - W\cos\alpha + V\sin\alpha + U)\tan\varphi}{Q_A\cos\alpha + W\sin\alpha + V\sin\alpha} \tag{4-13}$$

其中：$U = \frac{1}{2}\gamma_W Z_W(H-Z) \cdot \cos\alpha$；$V = \frac{1}{2}\gamma_W Z_W^2$

式中：c——滑动面的粘结力；

φ——滑动面的内摩擦角；

α——滑动面的倾角；

l——滑动面的长度；$l = (H-Z) \cdot \cos\alpha$

γ_W——裂隙水体重

F——稳定系数。

3. 主要特点及适用条件

平面破坏计算法的主要特点是力学模型和计算公式简单，主要适用于均质砂性土、顺层岩质边坡以及沿基岩产生的平面破坏的稳定分析，但要求滑体作整体刚体运动，对于滑体内产生剪切破坏的边坡稳定性分析误差很大。

4.3.2 简化 Bishop 法

Bishop 法是一种适合于圆弧形破坏滑动面的边坡稳定性分析方法。但它不要求滑动面为严格的圆弧形，而只是近似圆弧形即可。Bishop 法的力学模型如图 4-8 所示。

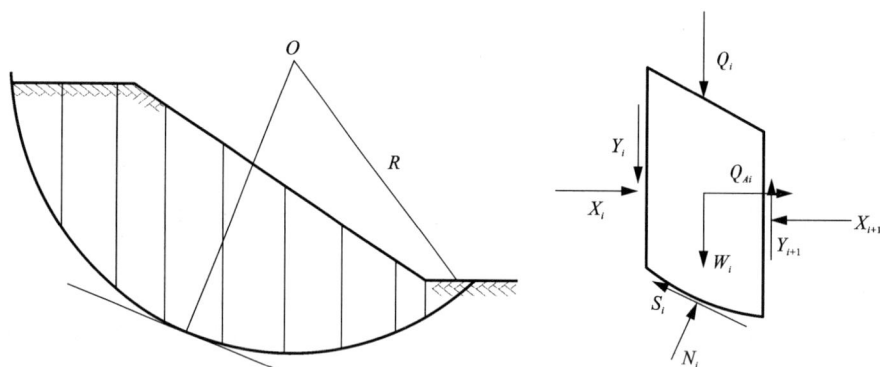

图 4-8 Bishop 法力学模型

1. 假设条件

①滑动面为圆弧形或近似圆弧形；

②简化 Bishop 法时假定条块侧面的垂直剪力 $(Y_i - Y_{i+1})\tan\varphi_i = 0$。

2. 力学分析

由图 4-8 可知，滑体的条块上作用有：分块的重量 W_i；作用在分块上的地面载荷 Q_i；作用在分块上的水平作用力（如地震力）Q_{Ai}；条间作用力的水平分力 X_i；条间作用力的垂直分

力 Y_i；条块底面的抗剪力（抗滑力）S_i；条块底面的法向力 N_i。

由条块的垂直方向的平衡方程 $\sum \vec{Y} = 0$，得

$$W_i - N_i \cos\alpha_i + Y_i - Y_{i+1} - S_i \sin\alpha_i + Q_i = 0 \qquad (4-14)$$

由库仑破坏准则得

$$S_i = \frac{1}{F}\left[c_i l_i + (N_i - u_i l_i) \cdot \tan\varphi_i\right] \qquad (4-15)$$

由式（4 – 14）和（4 – 15）可得

$$N_i = \frac{1}{m_i}\left(W_i + Q_i - \frac{1}{F}u_i l_i \cdot \sin\alpha_i + Y_i - Y_{i+1} + \frac{1}{F}u_i l_i \cdot \tan\varphi_i \sin\alpha_i\right) \qquad (4-6)$$

式中：$m_i = \cos\alpha_i + \dfrac{1}{F}\sin\alpha_i \cdot \tan\varphi_i$。

由滑体绕圆弧中心 O 点的力矩平衡 $\sum M_0 = 0$，得

$$\sum (W_i + Q_i) \cdot R \cdot \sin\alpha_i - \sum S_i \cdot R + \sum Q_{1i} \cdot \cos\alpha_i \cdot R = 0 \qquad (4-17)$$

联合公式且取 $b_i = l_i \cdot \cos\alpha_i$ 可得稳定性系数

$$F = \frac{\displaystyle\sum_{i=1}^{n} \frac{1}{m_i}\left[c_i b_i + (W_i + Q_i - u_i b_i) \cdot \tan\varphi_i + (Y_i - Y_{i+1}) \cdot \tan\varphi_i\right]}{\displaystyle\sum_{i=1}^{n} (W_i + Q_i) \cdot \sin\alpha_i + \sum_{i=1}^{n} Q_{Ai} \cdot \cos\alpha_i} \qquad (4-18)$$

用简化 Bishop 法时，令 $(Y_i - Y_{i+1}) \cdot \tan\varphi_i = 0$，则

$$F = \frac{\displaystyle\sum_{i=1}^{n} \frac{1}{m_i}\left[c_i b_i + (W_i + Q_i - u_i b_i) \cdot \tan\varphi_i\right]}{\displaystyle\sum_{i=1}^{n} (W_i + Q_i) \cdot \sin\alpha_i + \sum_{i=1}^{n} Q_{Ai} \cdot \cos\alpha_i} \qquad (4-19)$$

式中：F——稳定系数；

　　　u_i——作用在分块滑面上的空隙水压力（应力）；

　　　l_i——分块滑面长度（$l_i \approx b_i / \cos\alpha_i$）

　　　b_i——岩土条分块宽度；

　　　α_i——分块滑面相对于水平面的夹角；

　　　c_i——滑体分块滑动面上的粘结力；

　　　φ_i——滑面岩土的内摩擦角；

　　　R——圆弧形滑面的半径；

　　　i——分析条块序数（$i = 1, 2, \cdots, n$）；

　　　n——分块数。

3. 主要特点及应用条件

Bishop 法稳定性系数的计算考虑了条块间作用力，是对 Fellenius 法的改进，计算较准确，但要采用迭代法。分割条块时要求垂直条分。此方法适用于均质粘性及碎石堆土等斜坡形成的圆弧形或近似圆弧形滑动滑坡。此法当 $m_i \geqslant 0.2$ 时计算误差较小，当 $m_i < 0.2$ 时，计算误差大。

4.3.3 Janbu 法

对于松散均质的边坡体,由于受基岩面的限制而产生两端为圆弧、中间为平面或折线的复合滑动。分析具有这种复合破坏面的边坡稳定性可用 Janbu 法。Janbu 法的力学模型如图 4-9 所示:

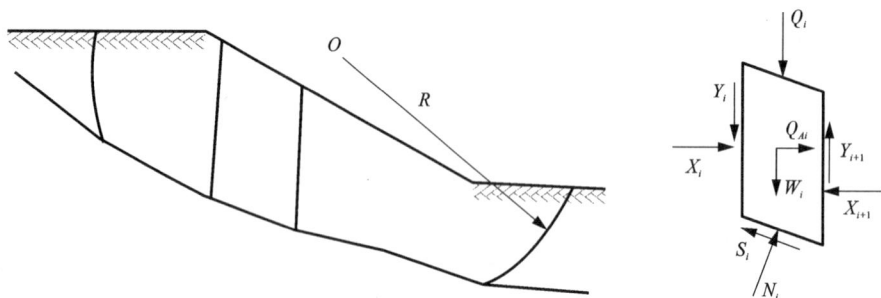

图 4-9　Janbu 法力学模型

1. 假设条件

①垂直条块侧面上的作用力位于滑面之上 1/3 条块高处;②作用于条块上的重力、反力通过条块底面的中点。

2. 力学分析

由图 4-9 可知,条块上作用有:分块的重量 W_i;作用在分块上的地面载荷 Q_i;作用在分块上的水平作用力(如地震力)Q_{Ai};条间作用力的水平分力 X_i;条间作用力的垂直分力 Y_i;条块底面的抗剪力(抗滑力)S_i;条块底面的法向力 N_i。

Janbu 法满足平衡的条件有:①条块水平方向力平衡;②条块垂直方向力平衡;③条块绕分块低滑面点力矩平衡。因此:

由垂直方向力平衡 $\sum \vec{Y} = 0$,得

$$W_i + Q_i - N_i\cos\alpha_i - S_i\sin\alpha_i + Y_i - Y_{i+1} = 0 \qquad (4-20)$$

由水平方向力平衡 $\sum \vec{X} = 0$,得

$$X_i + Q_{Ai} + N_i\sin\alpha_i - S_i\cos\alpha_i - X_{i+1} = 0 \qquad (4-21)$$

由库仑破坏准则可得

$$S_i = \frac{1}{F}\left[c_i b_i + (N_i - u_i l_i)\cdot\tan\varphi_i\right] \qquad (4-22)$$

由式(4-20),式(4-21)和(4-22)可得

$$F = \frac{\sum \dfrac{1}{n_{a_i}}\{c_i b_i + [(W_i + Q_i - u_i b_i) + (Y_i - Y_{i+1})]\cdot\tan\varphi_i\}}{\sum \{[W_i + (Y_i - Y_{i+1}) + Q_i]\cdot\tan\alpha_i + Q_{Ai}\}} \qquad (4-23)$$

$$n_{a_i} = \cos^2\alpha_i(1 + \tan\alpha_i\cdot\tan\varphi_i/F)$$

若令 $Y_i - Y_{i+1} = 0$,并引入修正系数 f_0 将式(4-23)改为

$$F = f_0 \frac{\sum \{c_i b_i + [(W_i + Q_i - u_i b_i) \cdot \tan\varphi_i]/n_{a_i}\}}{\sum \{[W_i + Q_i] \cdot \tan\alpha_i + Q_{Ai}\}} \tag{4-24}$$

这个公式称为简化的 Janbu 法。其中符号意义同 Bishop 法，f_0 在 $c > 0$，$\varphi > 0$ 时可用下列公式求得

$$f_0 \approx (50d/L)^{1/33.6}$$

当 $d/L \leqslant 0.02$ 时，$f_0 = 1.0$，d 和 L 的取法见图 4-10。f_0 的图解法见图 4-11。

Janbu 法的精确解要利用条块底面中的力矩平衡条件、滑块条块间侧面力作用线倾角以及逐步递推法来求解，具体步骤如下：

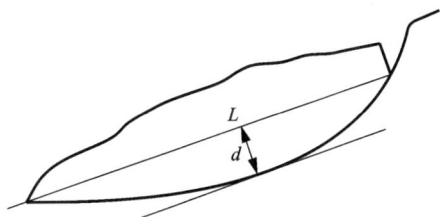

图 4-10　Janbu 法修正系数

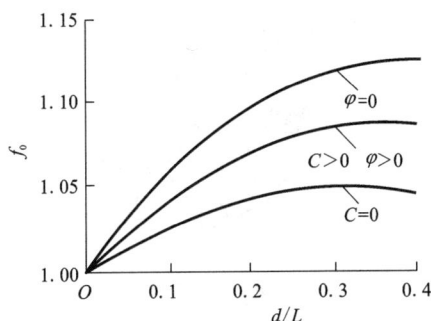

图 4-11　Janbu 法 f_0 与
d/L 的关系曲线

①假设 $\Delta Y = 0$，即 $Y_i - Y_{i+1} = 0$，用式(4-24)求得稳定系数 F_0(用递推法求取)。

②假定滑坡块条间作用力合力位于条块侧面滑面以上 1/3 处，并将各条间作用点连成线，在条块侧面与作用力交点处做切线，求出各作用力的作用点的作用角 α_t。根据假定条件以及分块的底面中间力矩平衡 $\sum M_p = 0$，可得

$$Y_i/X_i = -\tan\alpha_{ti}$$

即
$$Y_i = -X_i \cdot \tan\alpha_{ti}$$

③计算条块侧面竖向作用力，令 $F = F_0$，且

$$\Delta Y_i = Y_i - Y_{i+1}$$
$$B_i = (W_i + \Delta Y_i + Q_i)\tan\alpha_i + Q_{Ai}$$
$$A_i = [c_i b_i + (W_i + Q_i + \Delta Y_i - u_i b_i) \cdot \tan\varphi_i]/n_{a_i}$$
$$Y_{i+1} = -\tan\alpha_{ti} \cdot \sum (B_i - A_i/F) \tag{4-25}$$

由此逐步计算 Y_{i+1} 值，且 $Y_0 = 0$，$Y_n = 0$。

④用式(4-25)计算稳定系数 F_1，重复第二步且令 $F = F_1$，如此往复，直至 F 的精度达到要求为止。

3. 主要特点及适用条件

Janbu 法计算稳定系数的特点是计算准确但计算复杂。主要适用于复合破坏面的边坡，既可用于圆弧滑动，也可用于非圆弧滑动。但条块分割时要求垂直条分。

4.3.4 Sarma 法

Sarma 法是 Sarma1979 年在《边坡和堤坝稳定性分析》一文中提出的。基本原理是：边坡破坏的滑体除非是沿一个理想的平面或弧面滑动，才可能作一个完整的刚体运动。否则，滑体必须先破裂成多个可相对滑动的块体，才可能发生滑动。也就是说在滑体内部要发生剪切情况下才可能滑动。其破坏形式见图4-12，力学模型见图4-13。

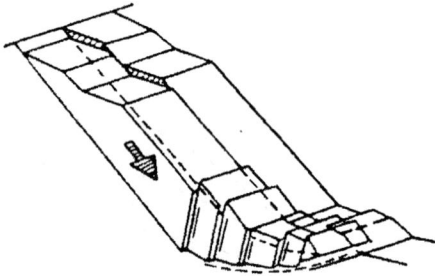

图 4-12   Sarma 法岩体破坏形式

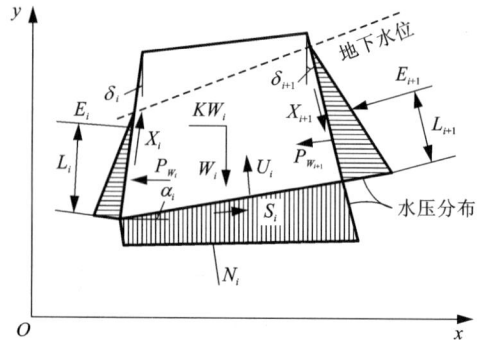

图 4-13   Sarma 法力学模型

1. 力学分析

由图4-13可知，滑体分块上作用有：块体重量 KW_i；地震水平力 W_i；块体侧面上的孔隙水压力 P_{W_i}、$P_{W_{i+1}}$；块体底面上水压力 U_i；块体侧面上的总法向力 E_i、E_{i+1}；块体侧面上的总剪力 X_i、X_{i+1}；块体底面上法向力 N_i；块体底面上的剪力 S_i。

根据图4-13的力学模型可知：

由 X 方向力平衡条件 $\sum \vec{X} = 0$，得

$$S_i \cdot \cos\alpha_i - N_i\sin\alpha_i + X_i\sin\delta_i - X_{i+1}\sin\delta_{i+1} - KW_i + E_i\cos\delta_i - E_{i+1}\cos\delta_{i+1} = 0 \tag{4-26}$$

由 Y 方向力平衡条件 $\sum \vec{Y} = 0$，得

$$S_i \cdot \sin\alpha_i + N_i\cos\alpha_i - W_i + X_i\cos\delta_i - X_{i+1}\cos\delta_{i+1} + E_i\sin\delta_i - E_{i+1}\sin\delta_{i+1} = 0 \tag{4-27}$$

应用库仑破坏准则在分块滑面上：

$$S_i = \left[C_{b_i}l_i - (N_i - U_i) \cdot \tan\varphi_{b_i} \right]/F \tag{4-28}$$

及分块侧面上：

$$X_i = \left[C_{s_i}d_i - (E_i - P_{W_i}) \cdot \tan\varphi_{s_i} \right]/F \tag{4-29}$$

$$X_{i+1} = \left[C_{s_{i+1}}d_{i+1} - (E_{i+1} - P_{W_{i+1}}) \cdot \tan\varphi_{s_{i+1}} \right]/F \tag{4-30}$$

将式(4-28)~式(4-30)代入式(4-26)和式(4-27)，消去 S_i、X_i 和 X_{i+1}，然后再从式中消去$_i$，得

$$E_{i+1} = a_i + E_ie_i - P_iK \tag{4-31}$$

由式(4-31)，逐步递推可得

$$E_{n+1} = a_n + E_ne_n \cdots P_nK$$
$$= a_n + e_n(a_{n-1} + E_{n-1} \cdot e_{n-1} - P_{n-1}K) - P_nK$$

$$= (a_n + e_n a_{n-1}) - (P_{n-1} e_{n-1} + P_n) \cdot K + E_{n-1} \cdot e_{n-1} \cdot e_n$$

最后可得

$$E_{n+1} = (a_n + a_{n-1} e_n + a_{n-2} e_n e_{n-1} + \cdots + a_1 e_n \cdot e_{n-1} \cdots e_2)$$
$$- K(P_n + P_{n-1} e_n + P_{n-2} e_n \cdot e_{n-1} + \cdots + P_1 e_n \cdot e_{n-1} \cdots e_3 \cdot e_2) + E_1 \cdot e_n \cdot e_{n-1} \cdots e_1 \tag{4-32}$$

由边界条件 $E_{n+1} = E_1 = 0$，得

$$K = \frac{a_n + a_{n-1} \cdot e_n + a_{n-2} \cdot e_n \cdot e_{n-1} + \cdots + a_1 \cdot e_n \cdot e_{n-1} \cdots e_3 \cdot e_2}{P_n + P_{n-1} \cdot e_n + P_{n-2} \cdot e_n \cdot e_{n-1} + \cdots + P_1 \cdot e_n \cdot e_{n-1} \cdots e_3 \cdot e_2} \tag{4-33}$$

式中：$e_i = \theta_i [\sec\varphi_{s_i} \cdot \cos(\varphi_{b_i} - \alpha_i + \varphi_{s_i} - \delta_i)]$；

$a_i = \theta_i [W_i \cdot \sin(\varphi_{b_i} - \alpha_i) + R_i \cdot \cos\varphi_{b_i} + S_{i+1} \cdot \sin(\varphi_{b_i} - \alpha_i - \delta_{i+1})$
$\quad - S_i \cdot \sin(\varphi_{b_i} - \alpha_i - \delta_i)]$；

$P_i = \theta_i W_i \cdot \cos(\varphi_{b_i} - \alpha_i)$；

$\theta_i = \cos\varphi_{s_{i+1}} \cdot \sec(\varphi_{b_i} - \alpha_i + \varphi_{s_{i+1}} - \delta_{i+1})$；

$S_i = (C_{s_i} \cdot d_i - P_{W_i} \cdot \tan\varphi_{s_i})/F$；

$S_i = (C_{s_{i+1}} \cdot d_i - P_{W_{i+1}} \cdot \tan\varphi_{s_{i+1}})/F$；

$R_i = (C_{b_i} \cdot b_i \cdot \sec\alpha_i - U_i \cdot \tan\varphi_{b_i})/F$。

除已标出的几何参数外，其他参数说明如下：

C_{b_i}——分块底面的粘结力；

C_{s_i}——分块侧面的粘结力；

φ_{b_i}——分块底面的内摩擦角；

φ_{s_i}——分块侧面的内摩擦角；

d_i——分块侧面长度；

l_i——分块滑面的长度；

α_i——滑面与水平面的夹角；

δ_i, δ_{i+1}——分块侧面与垂直方向的夹角。

2. 稳定系数计算

计算稳定系数时，首先假设稳定系数 $F = 1$，用公式(4-33)求解 K，此时为 K_C，即极限水平加速度。公式(4-33)的物理意义是，使滑体达到极限平衡时的平衡状态，必须在滑体上施加一个临界水平加速度 K_C。K_C 为正时，方向向坡外，K_C 为负时，方向向坡内。但计算中一般假定有一个水平加速度为 K_C 的水平外力作用，求其稳定系数 F。此时要采用改变 F 值的方法，即初定一个 $F = F_0$，计算 K，比较 K 与 K_0 是否接近精度要求，若不满足，要改变 F 值大小，直到满足 $|K - K_0| \leqslant \varepsilon$。此时的 F 值即为稳定系数。

3. 主要特点及适用条件

Sarma 法的特点是用极限加速度系数 K_C 来描述边坡的稳定程度，它可以用于评价各种破坏模式下边坡稳定性，诸如平面破坏、楔形体破坏，圆弧面破坏和非圆弧面破坏等，而且它的条块的分条是任意的，无需条块边界垂直，从而可以对各种特殊的边坡破坏模式进行稳定性分析。Sarma 法计算比较复杂，要用迭代法计算。目前已编制出相应的计算机程序，应用颇为方便。

4.3.5　极限平衡分析中的几个问题

1. 最危险滑面的确定

在用极限平衡方法分析边坡稳定性时，首先需要确定滑面的形状和位置，对于直接由边坡体内的软弱结构面控制的滑面，可由工程地质的方法确定其位置和形状。而对于无软弱结构面控制的或部分受软弱结构面控制的边坡滑面，其最危险滑面的确定就显得重要而又必须解决的问题。

寻找最危险滑面，实际上是找出安全系数最小（最容易发生滑坡）的那个滑面，即找出函数 $F(X_i)$ 的最小值。

$$F_{\min} = \text{Minimize}\{F(X_i)\} \tag{4-34}$$

式中：$F_{\min}$——最小安全系数；

　　　$F(X_i)$——潜在滑面的安全系数，是滑面几何尺寸的函数，X_i 是一 N 维向量，$X_i = \{X_1, X_2, \cdots, X_N\}$，控制着第 i 个滑面的几何形状和位置。

危险滑面的确定包含着安全系数的优化，因而在安全系数的优化过程中，将产生最小安全系数值，同时也将产生相应于最小安全系数的滑面。安全系数的优化方法一般采用非线性优化求解方法，如 0.618 法、最优梯度法、单纯形发射法等。

2. 稳定系数（安全系数）限值 F_s 的确定

在边坡稳定性分析中，稳定系数取多大是安全的，这在边坡工程中具有重要的技术经济意义。一般来说，不同性质的工程对边坡安全性有不同的要求，其稳定系数限值 F_s 就有不同的取值。显然，稳定系数限值 F_s 取值的大小是边坡设计和稳定性评价中的最重要的决策。目前国内外不少学者和政府机构的规范根据不同工程和工程所在的地区推荐了不同的稳定系数限值 F_s，建议的 F_s 值多在 1.05 ~ 1.5 的范围内。下面对国外几位学者推荐的稳定系数 F_s 值和我国《岩土工程勘察规范》GB50021 - 2001 规定的 F_s 值作一介绍：

①E. Hock 和 J. W. Bray 认为，在大部分采矿条件下，短期保持稳定的边坡 F_s 值取 1.3，较永久的边坡 F_s 值取 1.5。

②I. K. Lee 等认为，边坡常用的稳定系数 F_s 取值是 1.2 ~ 1.3。

③G. S. Gedney 等提出，公路工程边坡设计的稳定系数 F_s 取值一般在 1.25 ~ 1.5 的范围内。

④T. W. Lambe 和 R. V. Whitman 认为，对均匀土坡，在良好实验实验的基础上选择了强度参数，并慎重地估计了空隙水压力后，一般采用的稳定系数 F_s 值至少为 1.5。对于裂隙粘土和非均质土坡必须更加慎重。

⑤我国《岩土工程勘察规范》GB50021 - 2001 规定：①新设计的边坡，对一级边坡工程，F_s 值宜采用 1.3 ~ 1.5；二级边坡工程，宜采用 1.15 ~ 1.3；三级边坡工程，宜采用 1.05 ~ 1.15。②验算已有边坡的稳定性时，F_s 值可采用 1.10 ~ 1.25。当需对边坡加荷、增大坡角或开挖坡角时，应按新设计的边坡选用 F_s 值。

4.4　露天矿边坡加固治理

露天矿边坡的加固治理，是矿山边坡研究和日常边坡管理的重要组成部分，其目的是对露天矿可能发生，正在发生和已经发生的滑坡进行预防与工程治理，一般包括对地表水和地下水的治理，控制爆破，边坡人工加固。

4.4.1 对地表水和地下水的治理

治理地表水和地下水的原则是：防止地表水流入边坡表面裂隙中；采取用地下疏干措施降低了潜在破坏面附近的水压，边坡疏干工程的布置一般只限于疏干边坡附近的地下水，而没有必要在广大范围内疏干地下水。

边坡疏干的一般方法(图4-14)为：

①地表排水。在边坡岩体外修筑排水沟，防止地表水流入边坡表面张裂隙中。对张裂隙还要用柔性物料(如粘土)及时充填密封，防止雨水进入裂隙中。当裂隙口比较宽大时，应先用砾石或废石充填，顶部再充填粘土等适当材料封闭雨水进入。不要使用灰浆或混凝土充填张裂隙，因为它在边坡中起阻水作用，可能形成危险水压。

②水平疏干孔。从坡面钻水平排水孔，可有效降低张裂隙底部或潜在破坏面附近的水压。钻孔一般必须垂直的地面结构面，钻孔上仰2°~5°，孔径直10~15 cm，长度30~60 m。间距10~20 m不等。钻孔中排出的水应汇集于集水沟排走。以免继续影响下部边坡。

③垂直疏干井。在边坡岩体外围打疏干井，装配深井泵或潜水泵进行排水，降低地下水位；疏干高边坡可设置两个或两个以上的排水水平。

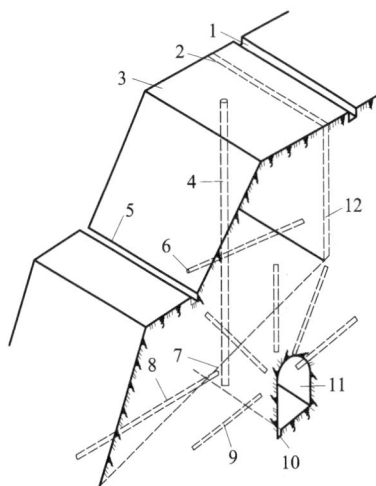

图4-14 边坡疏干方法示意图

1—地面排水沟；2—潜在张裂隙；3—坡面角；
4—垂直抽水井；5—集水沟；6—水平钻孔；
7—潜在滑动面；8—水平钻孔；9—扇形钻孔；
10—集水沟；11—地下疏干坑道；12—潜在张裂隙

④地下疏干巷道。可用于水文地质条件复杂的重要边坡岩体的疏干。地下巷道一般布置边坡后部或深部，在巷道内可以打扇形水孔，以提高疏干效果。

在实际中，可根据边坡岩体水文地质条件，同时采用上述中的若干种方法对地表水和地下水进行综合治理。

4.4.2 控制爆破

采用控制爆破是维护露天矿边坡稳定的比较有效的方法，具体有3种：

①减少每次延发爆破的炸药量，使爆破冲击波的振幅保持在最小范围内；每次延发爆破的最优炸药量以及延发系统应根据具体矿山条件试验确定。

②预裂爆破是当前国内外露天矿用以改善最终边坡状况的最好办法。该是在最终边坡面钻一排倾斜小直径孔，在生产炮孔爆破之前起爆这些孔，使之形成一条破碎槽，将生产爆破引起的冲击波反射回去，保护最终边坡岩体免遭破坏。预裂孔孔径为63.5~127 mm，孔间距为10~20倍孔径，装药直径为孔径的一半，装药长度为孔深的一半。

③缓冲爆破是在预裂爆破带和生产爆破带之间爆破一排孔，其孔距大于预裂孔而小于生

产孔。其爆破顺序在预裂爆破和生产爆破之间。形成一个吸收爆破冲击波的缓冲区，进一步减弱通过预裂爆破带传至边坡岩体的冲击波，使边坡岩体保持完好状态。

4.4.3 边坡人工加固

边坡人工加固对现有滑坡和潜在不稳定边坡是一项有效的治理措施，而且它已发展成为提高设计边坡角、减速少剥岩量、加快露天矿的开采速度，提高露天开采经济效益的一条重要途径。目前国内外边坡人工加固中，主要采用的加固方法有：

①挡墙及混凝护坡。

②抗滑桩。

③滑动面混凝土抗滑栓塞。

④锚杆及钢绳锚索。

⑤麻面爆破。

⑥压力灌浆。

在这些加固方法中，锚杆及锚索加固、抗滑桩加固在边坡工程的应用日益普遍，引起了人们的注意与重视。

思考题

1. 边坡设计应遵循哪些原则？
2. 分析影响露天矿边坡稳定性的主要因素。
3. 露天矿边坡破坏类型有几种？
4. 极限平衡法分析计算的基本步骤是什么？
5. 分析四种极限平衡法优缺点及其适用条件。
6. 露天矿边坡加固治理有哪些方法？

第5章　井巷地压

5.1　概　述

5.1.1　地压的概念

未经工程开挖(采动)扰动的岩体，称为原岩(virgin rock)。未经扰动的岩体中存在的应力，称原岩应力(virgin stress)，也称初始应力(initial stress)——工程开挖进行之初就已存在的应力。

在地下岩体中开挖巷道(开采矿石)以前，岩体中任意一点的应力是平衡的，其数值就是岩体中的初始应力。巷道开挖后，初始应力的平衡状态被打破，初始应力场将发生改变。如果新的应力未超过岩体的承载能力，岩体中就会建立新的应力平衡，应力发生重新分布。这种新的应力状态就称为次生应力(induced stress)，也称二次应力。

开巷(采动)后，初始应力发生显著变化(通常界定为应力的变化超过5%)的区域，称为采动影响范围；在此范围内的岩体，通常称围岩(country rock)。

巷道开挖(采动)后，如果新的应力超过了岩体的屈服极限或承载能力，则巷道周围一定范围内的岩体会出现塑性变形，产生破裂，甚至冒落破坏。此时，为了维护巷道的稳定性，就需要在巷道中采取支护措施，如架设支架、或采用锚杆、喷射混凝土等支护方法。

当初始应力的数值较大而岩体强度较低时，支架不仅会发生变形，还可能发生破坏。围岩发生变形、出现裂隙、断裂冒落和支架破坏的现象，通常称地压现象；因围岩位移和冒落破坏而作用在支架上的压力，称为地压(ground pressave)，也称狭义地压。

当岩体强度较高时，开巷后不需要架设支架，围岩仍可保持稳定。但岩石所具有的较高的强度，并不能阻止开巷后围岩中应力重分布的发生，围岩中的应力较开巷前仍会有很大变化。所不同的是，此时不需要支护，原岩的压力，完全由围岩所承担。巷道无支护条件下原岩对围岩的压力，称为广义地压。

在对巷道开凿后围岩中次生应力的分布以及巷道的稳定性状况进行分析时，需要使用弹性力学和塑性力学的方法。虽然一般工程岩体并不满足弹塑性力学中材料为均质、连续、各向同性等条件，但在岩体中软弱结构面规模较小、岩体完整性较好，属整体结构和块状结构的条件下，使用弹塑性力学有关假设所带来的影响不是太大，所得结果仍可以满足工程需要。当软弱结构面对岩体的变形和强度有显著影响，岩体成为碎裂状结构等复杂情况，不能视为连续介质时，则需要根据具体情况，使用专门的方法对其进行分析和稳定性评价。

5.1.2　地压的分类

地压显现时岩体将产生变形和不同形式的破坏。为便于分析各种不同形式的地压，按其表现形式，地压可分为以下 4 类：

1. 变形地压

变形地压是在大范围内岩体受支架约束而产生的对支架的压力。变形地压的特点表现在围岩与支架间的相互作用，变形压力的大小既取决于围岩的力学性质和原岩应力的大小、侧压力系数等因素，又取决于支护支架的特性和假设时间。按照岩体变形的特征，变形地压又可以分为以下几类：

(1) 弹性变形压力

当采用紧跟掘进工作面支护的方法时，工作面附近岩体的弹性变形尚未完全释放。此时支架上即可承受弹性变形压力。

(2) 塑性变形压力

开巷后，如果围岩中次生应力的数值较大，使围岩应力超过屈服极限而发生塑性变形，由此，作用在支架上的压力，即为塑性变形压力。

(3) 流变压力

某些岩体具有显著的流变特性，其变形随时间的增长而持续增加。在某些岩盐中掘进的巷道，会长期保持稳定的变形速率，若干年后巷道甚至会完全闭合。这类巷道中支架所承受的压力，就是流变压力。

2. 散体地压

当岩体较为松散破碎，或初始应力较大时，开巷后围岩会发生冒落破坏。在这类岩体中的巷道，假设支架后，冒落下的岩体会以重力的方式作用在支架上。此时支架所承受的压力，即为散体地压。

散体地压又可分为以下情形：

①整体稳定的岩体中，可能出现个别松动冒落的岩石，对支架造成落石压力。

②松散软弱的岩体中，出现顶板冒落，两帮片帮，形成对支架的压力。

③在岩块强度较高但节理裂隙发育的岩体中，某些部位的岩体沿弱面发生破坏，冒落块体形成对支架的压力。

造成散体地压的原因，不仅有地质构造、岩体强度等客观因素，也有施工开挖方法、爆破影响、支架架设时间和支护形式、巷道断面形状等人为因素。某些岩体因风化等原因，会在开巷一定时间后发生局部冒落，使变形地压转换为散体地压。

当岩体的强度较高、完整性好、初始应力数值较低时，地压形式一般为变形地压，巷道通常不需要支护。当岩体松散破碎，或节理裂隙发育时，则地压形式多表现为散体压力。岩体完整性越差，初始应力数值越大，地压形式越容易发展成散体压力。因此，可以认为，变形地压和散体地压，是在不同性质的岩体中，以及地压发展的不同阶段，地压显现的不同形式。

3. 冲击地压

冲击地压又称岩爆，是坚硬围岩中积累了很大的弹性变形能，并以突然爆发的形式释放出的压力。因此，冲击地压是一种动力现象(dynamic process)，其过程类似于爆炸。

冲击地压一般发生于坚硬、完整的岩体中，多在开采深部矿体时出现。冲击地压发生的原因是岩体中的高应力和弹性变形能的突然释放。岩爆发生时，伴随着巨响，岩石以饼状或碎块状迸出，飞向巷道或采场。

岩爆发生的机制尚不完全清楚，有待进一步研究。但近年来，在深部矿体开采中，岩爆危害的防治已经取得了长足的进展，岩爆造成的伤亡事故已大大减少。

4. 膨胀地压

在某些软岩的巷道中，由于围岩吸水膨胀，常发生较大变形，出现顶板下沉、底板鼓起、两帮突出的现象，造成支架破坏。这类由岩石膨胀而产生的压力称膨胀地压。

膨胀地压产生的主要原因是水的活动以及岩体本身的力学性质。某些含粘土、具有塑性特性的岩体，如膨胀土，存在显著的吸水膨胀的特性。巷道的开挖，造成岩体与水接触，导致膨胀地压的发生。

5.2 巷道围岩应力分布

5.2.1 圆形巷道围岩的弹性应力分布

设在地下岩体中距地表深度为 H 处开挖一半径为 a 的圆形巷道。设岩体为均质、连续、各向同性的弹性体，沿巷道轴向无变形发生，可视为平面应变问题；巷道半径 a 远小于 H，属于深埋巷道，因此，可以把巷道开挖后的岩体视为开有圆孔、双向受压的无限大弹性体，孔附近的应力分布问题，如图 5-1。巷道开挖前，岩体中原岩应力在水平方向和垂直方向的分量分别为 q 和 p。同时，假设岩体强度较高，巷道开挖后围岩仍处于弹性状态，没有破坏发生。

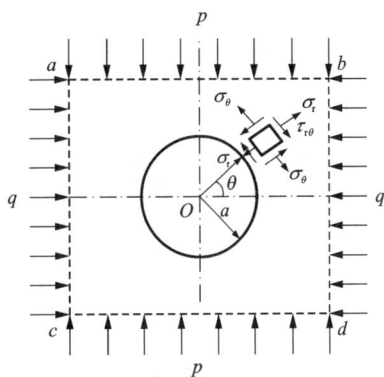

图 5-1

在弹性力学中，此问题已经有称为吉尔希解(the kirsch solution)的解析解。其中计算圆孔周围弹性体中任意一点的应力的公式为

$$\left.\begin{aligned}
\sigma_r &= \frac{(p+q)}{2}\left(1-\frac{a^2}{r^2}\right) + \frac{(q-p)}{2}\left(1-4\frac{a^2}{r^2}+3\frac{a^4}{r^4}\right)\cos2\theta \\
\sigma_\theta &= \frac{(p+q)}{2}\left(1+\frac{a^2}{r^2}\right) - \frac{(q-p)}{2}\left(1+3\frac{a^4}{r^4}\right)\cos2\theta \\
\tau_{r\theta} &= \frac{(p-q)}{2}\left(1+2\frac{a^2}{r^2}-3\frac{a^4}{r^4}\right)\sin2\theta
\end{aligned}\right\} \quad (5-1)$$

式中 σ_r，σ_θ 和 $\tau_{r\theta}$ 分别为围岩中的径向应力、周向(切向)应力和剪切应力，r 为极径(原点与所考查点的连线)，θ 为极角，即所考查点的极径与水平轴间的夹角。

令 $\dfrac{q}{p}=\lambda$，称侧压力系数，则式(5-1)可化为

$$\left.\begin{aligned}
\sigma_r &= \frac{(1+\lambda)}{2}p\left(1-\frac{a^2}{r^2}\right) + \frac{(\lambda-1)}{2}p\left(1-4\frac{a^2}{r^2}+3\frac{a^4}{r^4}\right)\cos2\theta \\
\sigma_\theta &= \frac{(1+\lambda)}{2}p\left(1+\frac{a^2}{r^2}\right) - \frac{(\lambda-1)}{2}p\left(1+3\frac{a^4}{r^4}\right)\cos2\theta \\
\tau_{r\theta} &= \frac{(1-\lambda)}{2}p\left(1+2\frac{a^2}{r^2}-3\frac{a^4}{r^4}\right)\sin2\theta
\end{aligned}\right\} \quad (5-2)$$

以下考虑3种情况:

1. 轴对称,即,$\lambda = 1$ 的情形

在原岩应力水平分量 q 与垂直分量 p 相等的条件下,$\lambda = 1$,围岩处于各向等压的静水压力状态。于是由式(5-2)可得

$$\left. \begin{array}{l} \sigma_r = p\left(1 - \dfrac{a^2}{r^2}\right) \\[2mm] \sigma_\theta = p\left(1 + \dfrac{a^2}{r^2}\right) \\[2mm] \tau_{r\theta} = 0 \end{array} \right\} \qquad (5-3)$$

由式(5-3)可知,在 $q=p$ 的条件下,巷道围岩中的剪应力为零,即应力与极角 θ 无关,径向应力 σ_r 和切向应力 σ_θ 都是主应力。σ_r 和 σ_θ 随极径 r 的变化见图5-2和表5-1。

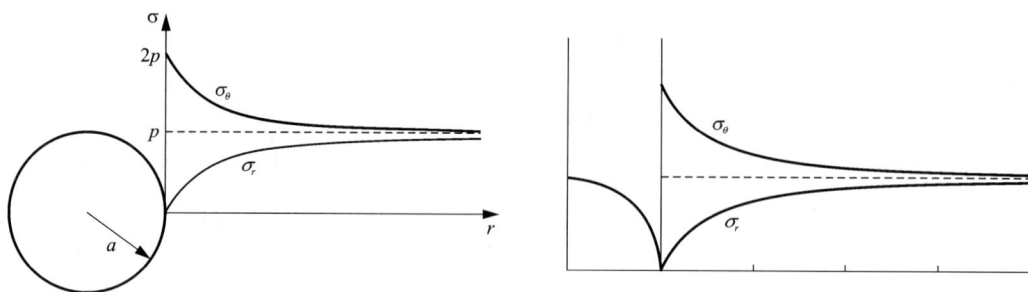

图5-2 $q=p$ 的条件下圆形巷道围岩中的径向应力和切向应力

表5-1 $\lambda = 1$ 时圆形巷道不同深度围岩中的径向应力和切向应力

	$r=a$	$r=2a$	$r=3a$	$r=4a$	$r=5a$
σ_r	0	$0.75p$	$0.89p$	$0.9375p$	$0.96p$
σ_θ	$2p$	$1.25p$	$1.11p$	$1.0625p$	$1.04p$

由式(5-3)和表5-1可得如下结论:

①围岩中的应力大小与岩石的弹性常数无关,与巷道尺寸无关,仅与原岩应力的大小和距巷道周边的距离有关。

②在巷道周边,径向应力 $\sigma_r = 0$;随着距离 r 的增加,σ_r 迅速增大,并在无限远处等于原岩应力。切向应力 σ_θ 则在巷道周边处等于 $2p$,并随距离 r 的增加而迅速减小,在无限远处等于原岩应力。

③巷道周边的主应力差 $\sigma_\theta - \sigma_r$ 最大,达 $2p$;随距离 r 的增加,$\sigma_\theta - \sigma_r$ 的数值迅速减小。σ_θ 和 σ_r 之间有差值存在时,会产生的剪应力 $\tau = \dfrac{\sigma_\theta - \sigma_r}{2}$;在巷道周边,差值最大,剪应力也最大。这就是说,如果围岩发生破坏,破坏将总是从巷道周边开始。

④从理论上说,巷道开挖所产生的影响范围为无穷远,即仅当在距离巷道周边为无限远处,σ_r 和 σ_θ 才等于 p。但从工程的角度来考虑,当应力变化不超过5%时,通常就可以忽略

其影响。按式(5-3)计算，当 $r=5a$ 时，$\sigma_\theta=1.04p$，$\sigma_r=0.96p$，与原岩应力相差已小于 5%。因此，可以认为，巷道开挖后的影响范围，约为巷道半径的 5 倍。有时，应力的变化在 10% 以下，即可忽略不计。此时则可认为，巷道开挖的影响范围，约为巷道半径的 3 倍。

巷道开挖后，围岩中的应力增大，称为应力集中现象。巷道周边应力 σ_θ 与原岩应力之比 $K=\dfrac{\sigma_\theta}{p}$，称为应力集中系数。由表 5-1，当 $\lambda=1$ 且 $r=a$ 的时候，在巷道周边，$K=2$。

2. 非轴对称，$\lambda=0$ 的情形

$\lambda=0$ 和 $r=a$，即可得出巷道周边的应力。此时，σ_r 和 $\tau_{r\theta}$ 均为 0，$\sigma_\theta=p(1+\cos2\theta)$。于是可得：

当 $\theta=0$ 或 $\theta=\pi$ 时，$\sigma_\theta=\dfrac{1}{2}p(2+\dfrac{a^2}{r^2}+3\dfrac{a^4}{r^4})$；

当 $\theta=\dfrac{\pi}{2}$ 或 $\theta=\dfrac{3}{2}\pi$ 时，$\sigma_\theta=\dfrac{1}{2}p(\dfrac{a^2}{r^2}-3\dfrac{a^4}{r^4})$。

表 5-2 给出了 r 为不同数值条件下切向应力 σ_θ 的数值。

表 5-2　$\lambda=0$ 时巷道围岩的应力

		$r=a$	$r=2a$	$r=3a$	$r=4a$	$r=5a$
σ_θ	$\theta=0°$	$3p$	$1.219p$	$1.074p$	$1.037p$	$1.022p$
σ_θ	$\theta=90°$	$-p$	$0.031p$	$0.037p$	$0.025p$	$0.018p$

在式(5-2)的第 2 式中，令 $r=a$，可得巷道周边 σ_θ 的应力分布公式为

$$\sigma_\theta=(1+\lambda)p(1+\cos2\theta)$$

据此，可作出巷道周边 σ_θ 的分布曲线图，如图 5-3。该曲线系从巷道断面中心引出的射线。若射线自巷道边界圆周向外，表示应力为正(压应力)；自巷道边界圆周向内，则表示应力为负(拉应力)。

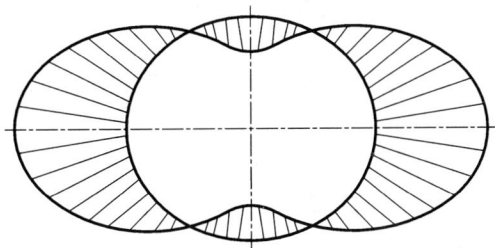

图 5-3　$\lambda=0$ 时圆形巷道周边切向应力 σ_θ 的分布图

由此可知，在 $\lambda=0$，即原岩应力水平分量 q 为 0 的条件下，巷道围岩中的应力有如下特点：

①σ_θ 随距离 r 的增加而迅速减小。在距周边为 4 倍半径处，σ_θ 与原岩应力 p 的差已经小于 4%。

②应力集中系数的最大值等于 3，出现该应力值的位置在两帮中点。

③在巷道周边的顶板和底板中点，应力的绝对值等于原岩应力 p，但符号相反。即，应力集中系数等于 -1。这表明，当原岩应力为压缩应力时，巷道顶板和底板中点附近出现了拉应力。

岩石是脆性材料，其抗拉强度远低于抗压强度，抗压强度 S_C 与抗拉强度 S_T 之比，一般在 6 到 80 之间；多数岩石 S_C 与 S_T 之比，在 10 到 20。因此，拉应力的出现，将使岩体发生破坏的危险大大增加。

由以上结果可知，在原岩应力不均匀，侧压力系数 $\lambda = 0$ 的条件下，巷道两帮的应力集中系数由 $\lambda = 1$ 时的 2 增加到 3；顶板和底板岩石中还出现拉应力。这就是说，侧压力系数 $\lambda \neq 1$ 时比 $\lambda = 1$ 时更危险。

当原岩应力的垂直分量 p 等于零、水平分量 q 不等于零时，巷道周边应力分布的情况与 $\lambda = 0$ 的情形类似。所不同的是，拉应力出现在巷道侧帮中点附近，最大压应力（应力集中系数等于 3）则出现在顶底板中点，相当于把图 5-3 旋转 90°。

3. $\lambda \neq 1$ 时巷道周边的应力分布

当 $\lambda \neq 1$ 时，在巷道周边，$r = a$，由式（5-2）可得

$$\sigma_\theta = p[(1+\lambda) + 2(1-\lambda)\cos2\theta] \tag{5-4}$$

由此可知：$\sigma_r = 0$，$\tau_{r\theta} = 0$

当 $\theta = 0$ 和 $\theta = \pi$ 时，$\sigma_\theta = (3-\lambda)p$

当 $\theta = \dfrac{\pi}{2}$ 和 $\theta = \dfrac{3}{2}$ 时，$\sigma_\theta = (3\lambda - 1)p$

即，在一定条件下，巷道周边会出现拉应力。

由于拉应力对巷道围岩稳定性有很大影响，我们需要掌握拉应力出现的条件。为此，令

$$p[(1+\lambda) + 2(1-\lambda)\cos2\theta] < 0$$

可得：

当 $\theta = 0$ 和 $\theta = \pi$ 时，满足上式的条件为 $\lambda > 0$。即，当 $\lambda > 3$ 时巷道两帮出现拉应力；

当 $\theta = \dfrac{\pi}{2}$ 和 $\theta = \dfrac{3}{2}$ 时，满足上式的条件为 $\lambda < \dfrac{1}{3}$。即，当 $\lambda < \dfrac{1}{3}$ 时，巷道顶、底板出现拉应力。

这就是说，侧压力系数 λ 太大或太小，巷道围岩都容易出现拉应力。当 λ 的数值满足 $3 \geq \lambda \geq \dfrac{1}{3}$ 时，围岩中不会出现拉应力。

图 5-4 是据式（5-4）绘出的 $\lambda = 1/2$ 和 $\lambda = 1/4$ 两种情形下，巷道周边切向应力 σ_θ 的分布曲线。图 5-5 则是 $\lambda = 2$ 和 $\lambda = 4$ 两种情形下 σ_θ 的分布曲线。由图可见，当 $\lambda = 1/2$ 和 $\lambda = 2$ 时，巷道周边无拉应力；当 $\lambda = 1/4$ 和 $\lambda = 4$ 时，周边附近有拉应力存在。

由以上讨论可以看出，对于一个开挖于岩体中的圆形巷道，对巷道稳定性最有利的是 $\lambda = 1$ 的情形，因为此时围岩处于均匀受压状态，没有拉应力出现，且巷道周边各点的应力大小都相等，应力集中系数等于 2。对巷道稳定性最不利的则是 $\lambda = 0$（原岩应力水平分量为零）的情形，此时巷道周边两帮中点的应力集中系数等于 3，顶底板中点则存在着绝对值等于原岩应力 p 的拉应力（应力集中系数 $K = -1$）。$\lambda = \infty$（原岩应力垂直分量为零）的情形，与 $\lambda =$

0 情形相似。当 λ 的数值在 0~1 之间时，应力集中系数在 2~3 之间。但当 $\lambda < 1/3$ 或 $\lambda > 3$ 时，巷道周边仍然存在拉应力；仅当 λ 的数值满足 $1/3 < \lambda < 3$ 时，巷道周边不再有拉应力存在。

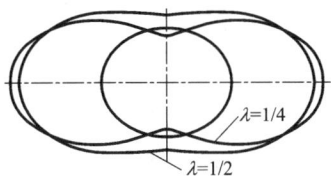

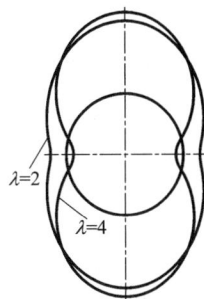

图 5-4 $\lambda = \dfrac{1}{2}$ 和 $\lambda = \dfrac{1}{4}$ 时巷道周边 σ_θ 的分布曲线 　　图 5-5 $\lambda = 2$ 和 $\lambda = 4$ 时巷道周边 σ_θ 的分布曲线

由以上分析可以得出另外一个重要结论：侧压力系数对巷道稳定性的影响，往往大于原岩应力本身的数值大小。

5.2.2 非圆形巷道围岩的弹性应力分布

1. 椭圆形巷道

无限大弹性体中开挖一椭圆孔的情形，在弹性力学中已经采用复变函数保角映射的方法获得了解析解。

设椭圆孔的水平方向的轴长为 a，垂直方向的轴长为 b，且

$$n = \frac{a - b}{a + b}$$

称椭圆的偏心率。

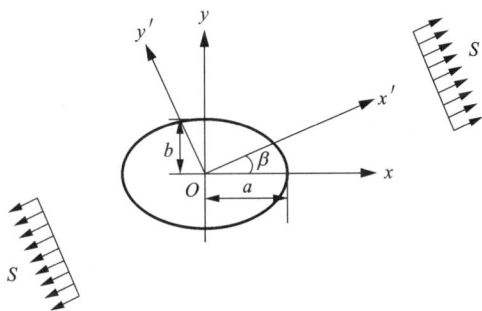

图 5-6

与圆孔的情形一样，在孔的周边，围岩中应力的数值最大。由弹性力学可得，在孔的周边，径向应力 σ_r 和剪应力 $\tau_{r\theta}$ 均为零，切向应力 σ_θ 的数值可由下式计算：

$$\sigma_\theta = \frac{S\left[1 - n^2 - 2\cos 2(\beta - \theta) + 2n\cos 2\beta\right]}{1 + n^2 - 2n\cos 2\theta} \tag{5-5}$$

式中 θ 为极角；S 为作用于板无限远处的初始应力，该力作用的方向与 x 坐标轴的夹角为 β。

当 $\beta = 90°$，$S = p$（原岩应力垂直分量）时，式(5-5)成为

$$\sigma_\theta = \frac{1 - 2n - n^2 + 2\cos2\theta}{1 + n^2 - 2n\cos2\theta}p \qquad (5-6)$$

当 $\beta = 0°$，$S = q = \lambda p$（原岩应力水平分量）时，则式(5-5)成为

$$\sigma_\theta = \frac{1 + 2n - n^2 - 2\cos2\theta}{1 + n^2 - 2n\cos2\theta}\lambda p \qquad (5-7)$$

在 p，q 共同作用的条件下，则

$$\sigma_\theta = \frac{(1 - 2n - n^2 + 2\cos2\theta)p + (1 + 2n - n^2 - 2\cos2\theta)\lambda p}{1 + n^2 - 2n\cos2\theta} \qquad (5-8)$$

由式(5-8)可知，应力最大的点仍然出现在巷道的两帮中点（$\theta = 0$，π）以及顶底板中点（$\theta = \frac{\pi}{2}$，$\frac{3}{2}\pi$）。令 $m = \frac{b}{a}$，称为椭圆形巷道的轴比，则可得：

当 $\theta = 0$，π 时，$\sigma_\theta = p(2\frac{a}{b} + 1 - \lambda) = p(\frac{2}{m} + 1 - \lambda)$ $(5-9)$

当 $\theta = \frac{\pi}{2}$，$\frac{3}{2}\pi$ 时，$\sigma_\theta = p[(2\frac{b}{a} + 1)\lambda - 1] = p[(2m + 1)\lambda - 1]$ $(5-10)$

显然，使巷道稳定性处于最有利的条件，应该是巷道周边不出现拉应力，且各处应力相等。令式(5-9)和式(5-10)相等

$$p(\frac{2}{m} + 1 - \lambda) = p[(2m + 1)\lambda - 1]$$

可解得

$$\lambda = \frac{1}{m} \qquad (5-11)$$

这就是说，当巷道轴比的倒数与侧压力系数相等，满足(5-11)式时，椭圆形巷道的周边任意点的应力均为数值相等的压应力，如图5-7，犹如圆形巷道 $\lambda = 1$ 的情形。显然，这是对巷道稳定性最有利的最佳轴比。

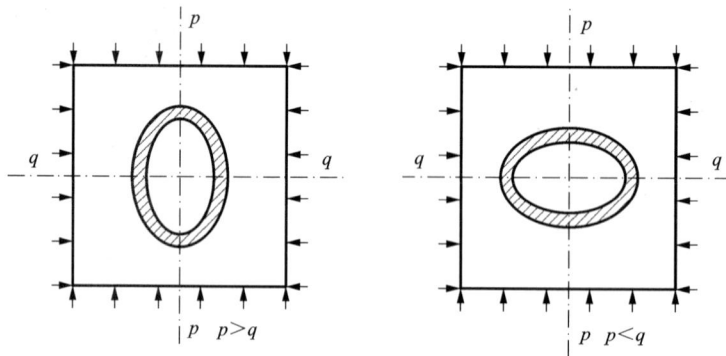

图5-7 $\lambda = 1/m$ 时椭圆形巷道周边切向应力的分布图

例如，当 $\lambda = 2$，即，原岩水平应力等于垂直应力的2倍时，巷道的最佳断面为水平轴等

于垂直轴2倍的横卧椭圆。

当 $\lambda = 0.5$，即，原岩垂直应力等于水平应力的2倍时，巷道的最佳断面则为垂直轴等于水平轴2倍的竖向椭圆。

应该说明的是，当式(5-12)不能满足时，可能使巷道围岩的稳定性处于更不利的情形。例如，若 $\lambda = m = 2$，则由式(5-10)和式(5-11)可得：当 θ 等于0和 π 时，$\sigma_\theta = 0$；当 θ 等于 $\pi/2$ 和 $3\pi/2$ 时则 $\sigma_\theta = 9p$。即，此时巷道顶、底板出现很大的应力集中。又如，当 $\lambda = m = 1/3$ 时，则可得，在巷道两帮中点，$\sigma_\theta = 6.67p$；在顶底板中点，$\sigma_\theta = 4/9p$，即，巷道周边存在较大的应力集中，还出现了拉应力。

因此，对轴比 m 与侧压力系数 λ 的不同组合，椭圆形巷道周边的应力集中系数会有很大变化。以 $m = 2$ 的横卧椭圆为例，当 λ 等于3的时候，应力集中系数 K 的最大值出现在顶底板中点，$K = 5p$；当 λ 等于0.3的时候，则顶底板中点存在拉应力，其数值等于 $-0.4p$（图5-8）。

岩石的抗拉强度远低于其抗压强度，因此，应该尽量避免拉应力的出现。由式(5-9)和式

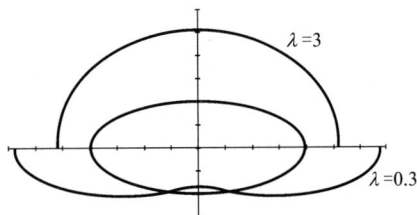

图5-8 轴比 $m = 2$ 的椭圆形巷道 $\lambda = 3$ 和 $\lambda = 0.3$ 条件下周边 σ_θ 的分布曲线

(5-10)，令 $\sigma_\theta = p\left(\dfrac{2}{m} + 1 - \lambda\right) > 0$；$\sigma_\theta = p[(2m+1)\lambda - 1] > 0$，即可求出椭圆形巷道的零应力(无拉力)轴比

$$m < \frac{2}{\lambda - 1}（当 \lambda > 1 时）$$

$$m > \frac{1 - \lambda}{2\lambda}（当 \lambda < 1 时）\qquad (5-12)$$

在岩石工程的实践中，椭圆形巷道很少用到。然而，椭圆形巷道稳定性的讨论，对其他形状巷道稳定性的维护，却有着重要的启发意义。

2. 矩形巷道

圆形和椭圆形巷道围岩的应力可以根据弹性力学的公式来计算，矩形、梯形、直墙拱顶形等其他形状的巷道围岩的应力，则可以采用有限单元法、边界单元法等数值方法获得。本书编著者采用边界单元虚应力法，计算了在不同侧压力系数条件下矩形、直墙拱顶等形状巷道周边的应力分布情况。本节以下的内容，就是采用边界单元虚应力法和有限单元法得出的。

图5-9是根据计算结果绘出的正方形巷道周边的应力分布图。图中应力的数值为相对值，以巷道周边为零点，射线向巷道外的为正(压应力)，向巷道内的则为负(拉应力)。因为对称，图5-9中左半部分所给出的是侧压力系数 $\lambda = 1$ 时的结果，右半部分则是侧压力系数 $\lambda = 0.4$ 时的结果。

由图可以看出，侧压力系数对围岩的应力分布有重大影响。巷道周边应力分布由如下特点：

(1)侧压力系数较小时，巷道顶底板围岩中容易出现拉应力

例如，当 $\lambda \leqslant 0.53$ 时，顶底板围岩中就出现拉应力；λ 的数值越小，拉应力的数值越大；

$\lambda = 0.3$ 时，顶底板围岩中拉应力的最大值为 0.39 MPa。

（2）侧压力系数较大时，巷道两帮围岩中容易出现拉应力

例如，当 $\lambda \geqslant 1.89$ 时，巷道侧帮围岩中有拉应力存在；λ 的数值越大，拉应力的数值越大。

（3）当 $\lambda = 1$ 时，巷道顶板和侧帮均不存在拉应力

（4）巷道隅角处存在较大的应力集中

应力集中系数的值与隅角的曲率半径有关，曲率半径越小，应力集中系数越大。当隅角为理论上的尖锐角度时，应力集中系数将为无穷大越大。但在工程现场，应力数值太大会造成局部屈服和破坏，产生隅角钝化的效应。因此，应力集中系数的实际数值通常不会太大。

与圆形和椭圆形的巷道相比，正方形巷道的特点是：

①巷道顶板中点和侧帮中点的应力一般小于圆形巷道的应力。例如，当 $\lambda = 0$ 时，巷道顶板中点的应力集中系数 K 为 -0.89（拉应力），略小于圆形巷道的情形（$K = -1$，拉应力）；侧帮中点的应力集中系数约为 1.68，小于圆形巷道的应力（$K = 3$）。

②正方形巷道隅角处的应力集中较圆形巷道要大得多，而且，隅角处的应力集中程度与巷道的曲率半径有关，曲率半径越小，应力集中程度就越高。例如，当隅角曲率半径为巷道边长的 0.05 倍时，正方形巷道隅角处的应力集中系数约为 8～10。圆形巷道周边应力集中系数的最大值则仅为 3。

③正方形巷道周边容易出现拉应力。对于圆形巷道，仅当 $\lambda < 1/3$ 和 $\lambda > 3$ 时，周边才出现拉应力；正方形巷道则侧压力系数在 $\lambda \leqslant 0.53$ 和 $\lambda \geqslant 1.89$ 的条件下就有拉应力出现。

应该说明的时，拉应力并非只出现在顶底板岩石中。当原岩应力的侧压大于顶压（$\lambda > 1$）时，拉应力将出现于巷道两帮的围岩中。

与圆形巷道相比，当正方形巷道围岩中出现拉应力时，拉应力在巷道周边的分布范围较圆形巷道要大得多。

这就是说，在岩体力学性质和原岩应力条件相同的情况下，正方形巷道的稳定性较圆形巷道差。

图 5-10 是宽高比为 3:2 的矩形巷道周边的应力分布图。由图可见，此时巷道隅角处应力集中的情形与正方形巷道大体相同，但巷道顶板更容易出现拉应力。事实上，当 $\lambda \leqslant 0.65$ 时，顶底板围岩中就会出现拉应力。当 $\lambda = 0$ 时，巷道顶板和底板中点的应力集中系数 K 为 -0.91（拉应力）。

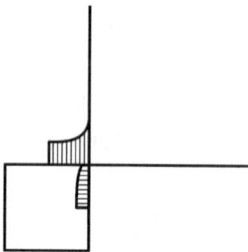

图 5-9

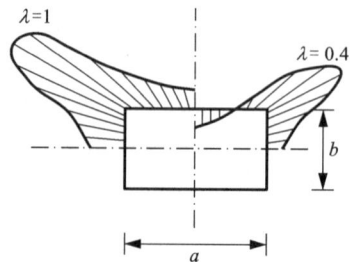

图 5-10

与正方形巷道相比,在 $\lambda > 1$ 的情况下,宽高比为 3∶2 的矩形巷道的侧帮中较不容易出现拉应力。事实上,仅当 $\lambda > 2.13$ 时,这种形状巷道的侧帮围岩中才开始出现拉应力。

这就是说,在侧压大于顶压($\lambda > 1$)的情况下,采用宽度大于高度的矩形巷道,更有利于巷道的稳定性。

反之,在顶压大于侧压($\lambda < 1$)的情况下,则是采用高度大于宽度的矩形巷道,更有利于巷道的稳定性。

在 $\lambda = \infty$ 或 $\lambda = 0$ 的情况下,矩形巷道周边的应力集中系数略小于圆形巷道。但在 $\lambda \neq 0$ (或 $\lambda \neq \infty$)的情况下,矩形巷道围岩中拉应力的数值较圆形巷道大得多,拉应力的分布范围也要大得多。例如,$\lambda = 4$ 时,圆形巷道侧帮中点应力集中系数 $K = -p$,矩形巷道侧帮中点 $K = -1.887p$(见图 5-11),即,在侧压等于顶压 4 倍时,侧帮中点的最大拉应力等于顶压的 1.887 倍,等于侧压的 0.47 倍。

从理论上说,巷道尖锐隅角处的应力集中系数等于无穷大。但在实际工程中,真正的尖锐隅角是不会出现的。同时,当隅角处的应力太大时,也会导致岩体小范围的局部破坏,从而产生使隅角钝化的效应。

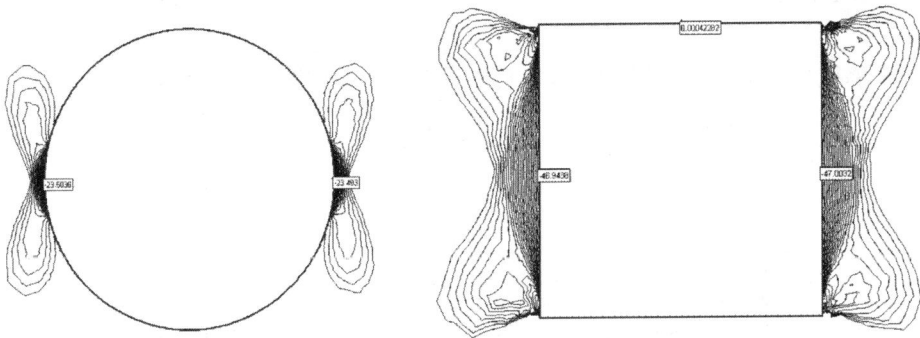

图 5-11　$\lambda = 4$ 时圆形和正方形巷道围岩中拉应力分布的范围

3. 直墙拱顶形和马蹄形巷道

直墙拱顶形巷道是地下矿山常用的断面形状。这种形状的巷道也没有弹性力学的解析解。根据有限单元法计算结果所作的巷道周边应力分布见图 5-12。

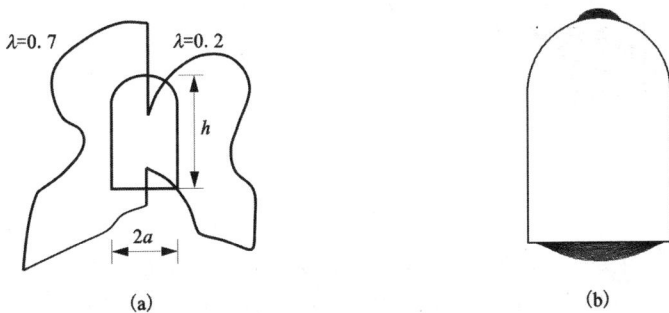

图 5-12　直墙拱顶形巷道周边的应力分布

(a)$\lambda = 0.2$ 和 $\lambda = 0.7$ 时周边的应力分布;(b)$\lambda = 0$ 时围岩中的拉应力区(阴影部分)

由图 5 - 12 可见，直墙拱顶形巷道周边的应力分布具有如下特点：

在顶压大于侧压($p > q$)的条件下，顶板岩石中不容易出现拉应力。即使顶压远大于侧压，顶板岩石中也不容易出现拉应力，但底板岩石中较容易出现拉应力。

在侧压大于顶压的条件下，巷道侧帮岩石中容易出现拉应力。

与矩形巷道的情形类似，巷道隅角会出现较大的应力集中。

由直墙拱顶形巷道围岩应力分布的上述特点可以看出，这种断面形状的巷道较适合于顶压大于侧压的情形。但当岩石强度较低时，巷道容易出现底鼓现象。此外，当侧压大于顶压时，巷道侧帮也容易发生破坏。由于这些原因，侧帮和底板都具有曲线形状且能更好地抵御地压的马蹄形断面巷道近年来在交通、铁道等部门获得了广泛应用。

应该说明的是，对于直墙拱顶形巷道，当侧压力系数 $\lambda = 0$ 时，巷道中点（拱顶）的拉应力大于底板中点的拉应力（见本章 5.2.5 节表 5 - 4）。即，顶板比底板更危险。然而，随着侧压力系数 λ 的增加，结果就不同了。例如，对于直墙半圆形拱顶形状的巷道，如图 5 - 13，当 $\lambda = 0$ 时，顶板中点 A 点的应力集中系数等于 - 1.85，底板中点 B 点的应力集中系数等于 - 0.86，顶板更危险；当 $\lambda = 0.2$ 时，A 点的应力集中系数等于 - 0.29，B 点的应力集中系数等于 - 0.61，底板更危险；当 $\lambda = 0.3$ 时，B 点的应力集中系数等于 - 0.45，顶板中则不再出现拉应力。

虽然直墙拱顶形巷道在顶板和底板岩石中都容易出现拉应力，在实际工程中，底板岩石中拉应力的范围和数值都要大于顶板，见图 5 - 13。但因底板岩石没有冒落的问题，直墙拱顶的形状仍然被一些矿山广泛采用。

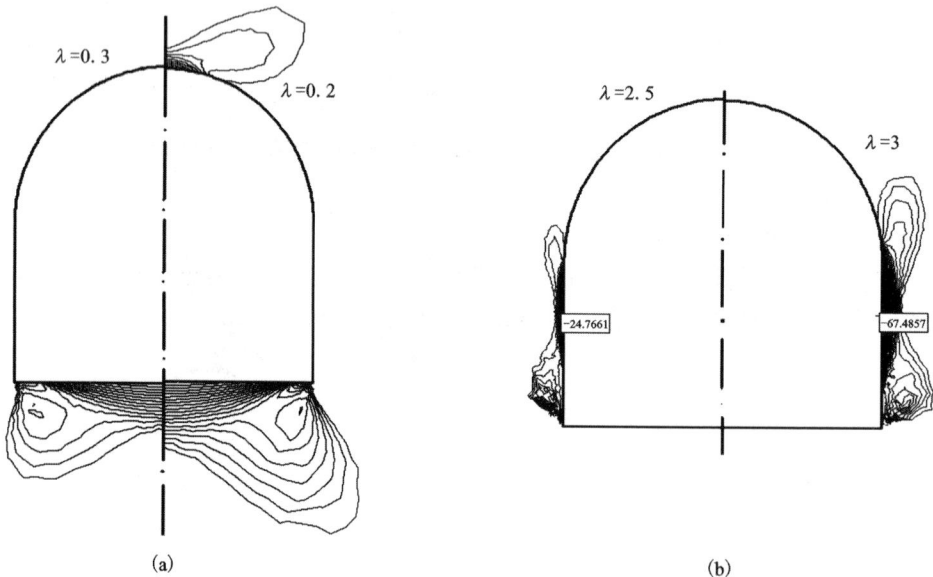

图 5 - 13　半圆拱直墙拱顶形巷道顶底板围岩中拉应力的分布范围（阴影部分）

(a)$\lambda < 0$（左：$\lambda = 0.3$，底板应力集中系数 $K_{max} = - 0.45$，顶板无拉应力；

右：$\lambda = 0.2$，底板 $K_{max} = - 0.61$，顶板 $K_{max} = - 0.29$）；

(b)$\lambda > 0$（左：$\lambda = 2.5$，侧帮最大应力集中系数 $K_{max} = - 0.25$，顶板无拉应力；右：$\lambda = 3$，侧帮 $K_{max} = - 0.67$）

直墙拱顶断面形状巷道的缺点是，当岩石为软岩时，可能导致底鼓现象的发生。此外，当侧压力系数较大时，两帮岩石中也会出现拉应力，导致侧壁的破坏。在这样的情况下，马蹄形断面形状的巷道具有明显的优点。

图 5 – 14 是使用边界元虚应力法计算出的马蹄形断面巷道周边的切应力 σ_θ 分布图。由图可见，对马蹄形断面的巷道，在侧压力系数大于 1 的情况下，巷道侧帮和隅角附近岩体中存在拉应力，但拉应力的数值小于上述其他几种形状的巷道。例如，当原岩垂直应力等于 p、侧压力系数 $\lambda = 4$ 时，巷道侧帮最大拉应力等于 $-0.18p$，隅角附近的最大拉应力等于 $-0.45p$，巷道隅角附近的最大拉应力等于 $-0.183p$，最大压应力等于 $0.39p$。当侧压力系数小于 1 时，顶板附近巷道周边较大范围的围岩内存在拉应力，但拉应力的绝对值很小，小于 $0.01p$，可以忽略不计。

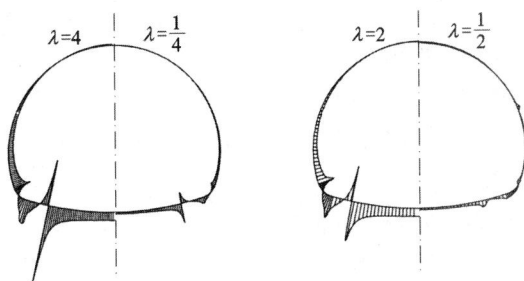

图 5 – 14　马蹄形断面巷道周边切向应力 σ_θ 分布图

这就是说，马蹄形断面巷道的围岩中不容易出现拉应力和大的应力集中；出现拉应力时，拉应力的绝对值和分布范围，也相对较小。因此，这种断面比矩形、直墙拱形等断面形状的巷道具有更好的稳定性。

5.2.3　相邻巷道对围岩应力状态的相互影响

以上各节所考虑的是岩体中仅有单个巷道存在时的情形。当存在的有 2 条巷道且其间的距离较近时，就需要考虑相邻巷道间的相互影响。

1. 尺寸相同的相邻圆形巷道

设有二个彼此相距不远、在无限远处承受原岩应力水平分量 q 和垂直分量 p、半径均为 a、相互间距离为 d 的圆形巷道，如图 5 – 15(a)。

采用有限单元法进行分析计算的结果表明，两巷道间的距离对巷道围岩种的应力分布有重大影响；巷道间的距离越近，相互的影响越大。同时，原岩应力中水平分量 q 和垂直分量 p 之比，对应力分布也有很大影响：巷道间的距离越小，相互影响就越大。

当 p 大于 q（$\lambda < 1$）时，以 $\lambda = 0.5$ 的情形为例，若两巷道间的距离 d 等于巷道半径 a 的 2 倍，第 2 条巷道的开挖，会使第 1 条巷道侧帮周边附近的最大应力增加 7%；若距离 d 等于半径 a 时，则会使第 1 条巷道侧帮周边附近的最大应力增加 21%；d 为 $0.5a$ 时，最大应力增加 51%；d 为 $0.25a$ 时，最大应力增加高达 104%，见图 5 – 15。

这就是说，两条巷道的开凿，会使两巷道间的围岩中的应力集中系数增大，恶化巷道的稳定性。巷道间的距离越近，相邻巷道间的相互影响越大。当距离大于巷道半径3倍以上时，相互影响可以忽略不计。

在开凿了2条巷道后，当巷道间的距离较远时，两条巷道之间 A 点到 B 点间的垂直应力，可以近似地用分别只开挖了左边和右边巷道两种情形的应力叠加而得到。但应该注意的是，两条巷道同时开挖后的应力，大于两条巷道分别开挖叠加后的应力；两条巷道间的距离越小，实际应力与两种情形叠加后应力的差别也越大。例如，当两圆形巷道间的距离 d 等于巷道的直径 $2a$ 时，两种情形的结果相差在4%以内；d 等于 a 时，两种情形结果的差别在6%~11%之间；d 等于 $0.25a$ 时，差别高达45%~55%，见图5-15(b)。

巷道顶底板(图5-15a中的 C 点)的应力变化则又有所不同。在相邻的第二条巷道开凿后，C 点拉应力的数值有所降低，但无论两条巷道间的距离如何，C 点应力变化不超过5%。因此，C 点应力变化的影响可以忽略不计。

当 q 大于 $p(\lambda > 1)$，巷道侧帮 A 点附近有拉应力出现时，所得结果又有很大不同：开凿第二条巷道后，A 点的拉应力几乎消失；D 点的应力也显著降低，C 点的压缩应力也略有降低。例如，当两巷道间的距离 d 等于巷道半径 a，$\lambda = 4$ 时，开凿第2条巷道后，在巷道的 A 点和 B 点的连线上，拉应力完全消失；D 点的拉应力则降低60%。在 C 点，则开凿第2条巷道后应力集中系数降低约12%。

A 点、B 点和 D 点拉应力的降低，可视为相邻巷道的相互"屏蔽"作用。这种作用与巷道间的距离有关：距离越近，"屏蔽"作用越强。

这就是说，对于图5-15的情形，当 $\lambda < 1$ 时，由于相邻巷道的相互影响，周边应力增大，围岩稳定性降低；当 $\lambda > 1$ 以致巷道周边出现拉应力时，则相邻巷道产生了相互的"屏蔽"作用，使拉应力降低，提高了巷道的稳定性。

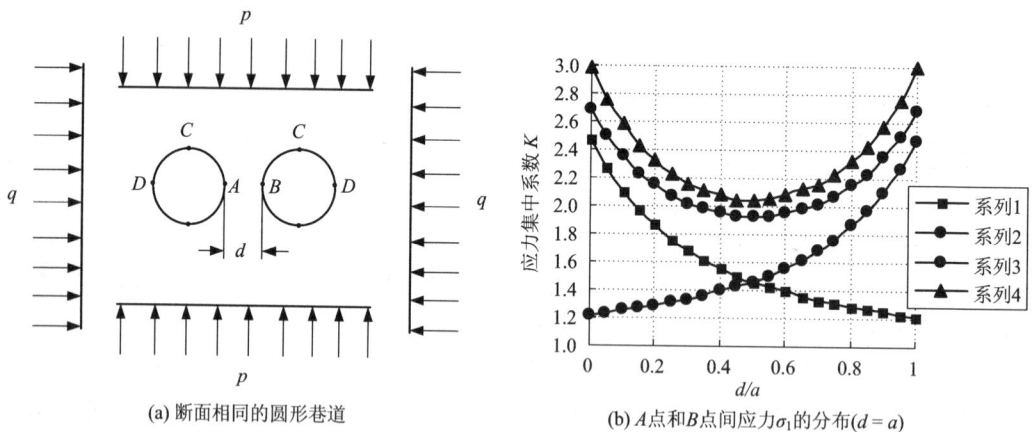

(a) 断面相同的圆形巷道

(b) A 点和 B 点间应力 σ_1 的分布 $(d = a)$

图5-15 两相邻圆形巷道的相互影响

系列1—仅开凿了左边的巷道；系列2—仅开凿了右边的巷道；

系列3—两条巷道分别开凿后应力的叠加；系列4—2条巷道都已开凿

当两条巷道中心线的连线位于同一铅垂线上，如图5-16时，情况正好相反。此时，若 $\lambda > 1$ 时，因相邻巷道的相互影响，巷道之间(A 点与 B 点间)岩体中的应力增大，围岩稳定性降低；当 $\lambda < 1$ 时，则相邻巷道产生相互的"屏蔽"作用，使拉应力降低，巷道的稳定性有所提高。

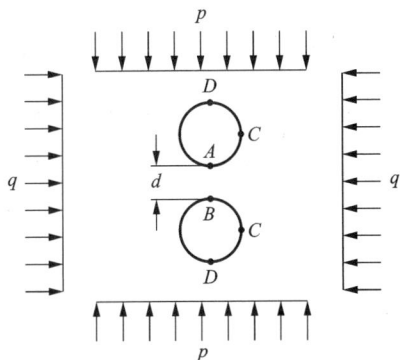

图 5 – 16　中心线连线在铅垂线上的相邻圆形巷道

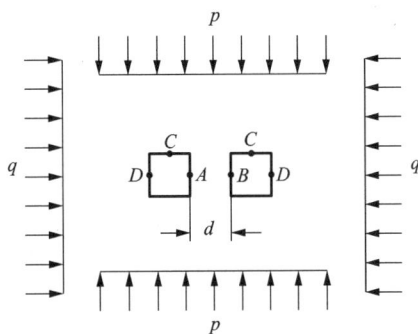

图 5 – 17　两相邻的方形巷道

2. 尺寸相同的相邻矩形巷道

当两相邻巷道的断面形状为矩形时，如图 5 – 17 时，所得结果与圆形巷道相似。所不同的是，由此导致的相邻矩形巷道间岩体应力的增加幅度，比圆形巷道更大。

例如，当 p 大于 $q(\lambda < 1)$，且两巷道间的距离 d 等于巷道边长 $2a$ 时，第 2 条巷道的开挖，会使 A 点与 B 点连线间岩体中的垂直应力增加 $19\% \sim 39\%$；当两巷道间的距离等于 $0.5a$ 时，应力将增加 $83\% \sim 113\%$；距离为 $0.25a$ 时，应力的增加量高达 $129\% \sim 159\%$。

两种断面相邻巷道导致的 A 点与 B 点间应力集中系数的升高，见图 5 – 18。由图可见，圆形巷道周边的应力集中系数高于矩形巷道，但因相邻巷道而导致的应力集中系数的升高，则使矩形巷道更为显著。

3. 尺寸不同的相邻巷道

当两相邻巷道具有不同尺寸时，所得结果又有很大不同。

由于单个巷道对周围应力所产生的扰动范围与巷道断面成正比，因此，尺寸较大的巷道，对周围岩体应力所产生的扰动范围较大；尺寸较小的巷道则对周围岩体应力所产生的扰动范围较小。结果

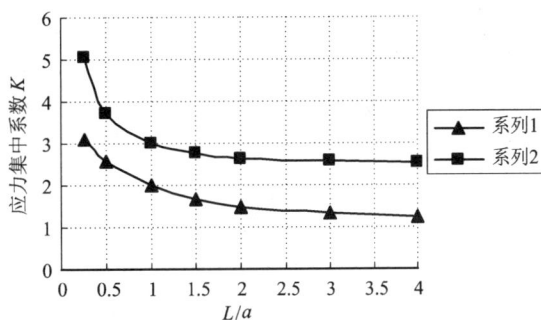

图 5 – 18　两巷道间的距离与应力集中系数的关系
系列 1—方形巷道；系列 2—圆形巷道

是，当两相邻巷道具有不同断面尺寸时，大巷道对小巷道的影响显著，小巷道对大巷道的影响则小得多。

图 5 – 19 为直径相差 4 倍的两相邻巷道对周边应力分布的影响。由图可见，当两巷道间的距离 L 为小巷道半径 a 的 4 倍时，大巷道的开凿，就使先开凿的小巷道周边的应力升高 7.8%；L 等于 a 的 2 倍时，影响达到 32.6%；L 等于 a 时，小巷道周边的应力将升高 80.9%。反过来，若大巷道先开凿，仅当 L 等于 a 时，小巷道开凿后大巷道周边应力才升高 4%。

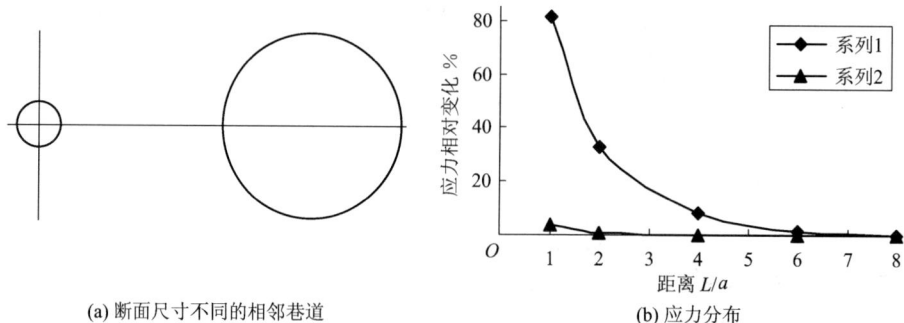

(a) 断面尺寸不同的相邻巷道　　　　　(b) 应力分布

图 5 – 19　相邻不同尺寸圆形巷道对巷道周边应力分布的相互影响

系列 1—大巷道开凿对小巷道周边应力分布的影响；系列 2—小巷道开凿对大巷道周边应力分布的影响

在矿山生产中，一些离采场很近的巷道往往容易发生冒顶破坏，主要原因就是巷道位于采场次生应力场的高应力带。对于这样的巷道，必要时应开凿在与采场有足够距离的岩层中。

5.2.4　巷道围岩稳定性判断

由前述各节可知，当岩体处于弹性状态时，巷道开挖后，围岩中的径向应力 σ_r 将减小，周向应力 σ_θ 增大。在无支护的条件下，巷道周边的 σ_r 为零，σ_θ 则达到最大值。因此，如果巷道因所受应力太大而发生破坏，则破坏将始于周边；巷道的稳定性，可以用巷道周边周向应力 σ_θ 数值的大小来判断。在巷道周边，主要的危险点通常又出现在两帮中点($\theta = 0$，π)和顶底板中点($\theta = \pi/2$，$3\pi/2$)。因此，对圆形、椭圆形和矩形巷道围岩进行稳定性判断时，通常只需要考察图 5 – 20(a)中的 A 点和 B 点的应力数值即可；对直墙拱顶形巷道进行稳定性判断，则只需考察图 5 – 20(b)中的 A，B，C，D 等点处的应力。图中的 2a 和 2b 分别为巷道的宽度(跨度)和高度。

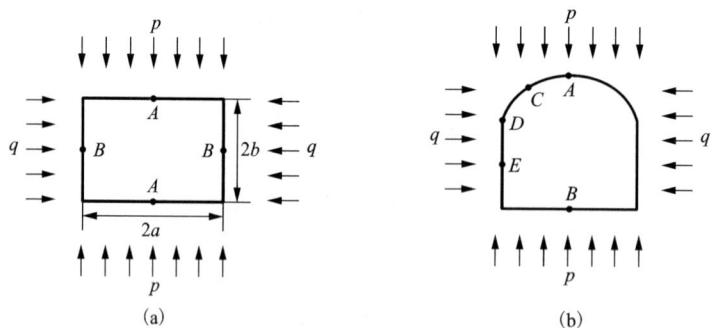

(a)　　　　　　　　　　　(b)

图 5 – 20

为了工程实践应用的方便，不同形状巷道两帮中点和顶底板中点以及其他关键点的应力数值，可以根据有关计算结果，用表格的形式给出。

表 5 – 3 和表 5 – 4 就是根据边界单元法和有限单元法有关计算结果给出的矩形和直墙拱顶形巷道周边有关点的切向应力集中系数。

表 5 - 3 圆形、椭圆形和矩形巷道周边切向应力集中系数表

形状	a/b	点号	应力集中系数	
			α	β
圆形		A	3	-1
		B	-1	3
椭圆形		A	$2a/b + 1$	-1
		B	-1	$2b/a + 1$
矩形	1/1	A	1.677	-0.891
		B	-0.891	1.677
矩形	3/2	A	1.502	-0.910
		B	-0.883	1.883
矩形	2/1	A	1.407	-0.918
		B	-0.870	2.073
矩形	3/1	A	1.296	-0.933
		B	-0.860	2.382
矩形	4/1	A	1.235	-0.942
		B	-0.853	2.644
矩形	5/1	A	1.195	-0.948
		B	-0.849	2.874

表 5 - 4 直墙拱顶形巷道切向应力集中系数表

拱顶形状	点号	$a/b = 0.5$		$a/b = 1$		$a/b = 2$	
		α	β	α	β	α	β
半圆形	A	1.690	-0.887	7.895	-1.849	15.127	-1.631
	B	1.696	-0.888	2.101	-0.864	2.687	-0.845
	C	2.073	2.573	2.852	1.586	3.339	1.850
	D	-0.890	1.791	-0.921	1.480	-0.959	1.239
	E	-0.848	1.695	-0.880	1.413	-0.910	1.284
圆弧形	A	4.222	-1.404	8.067	-1.883	14.059	-1.618
	B	1.681	-0.893	2.077	-0.871	2.531	-0.876
	C	2.853	0.868	4.265	1.092	7.819	0.449
	D	-0.971	1.680	-1.030	1.409	-1.100	1.267
	E	-0.856	1.772	-0.886	1.476	-0.876	1.299
三心拱	A	3.788	-1.389	7.228	-1.872	12.524	-1.577
	B	1.681	-0.893	2.077	-0.871	2.530	-0.876
	C	0.883	4.579	1.720	3.712	4.610	2.628
	D	-0.903	1.678	-0.936	1.407	-0.957	1.255
	E	-0.855	1.775	-0.885	1.476	-0.875	1.300

使用表5-3和表5-4时，可用以下公式计算巷道周边有关点的切向应力：

$$\sigma_\theta = \alpha q + \beta p = p(\alpha\lambda + \beta) \qquad (5-13)$$

式中 α 和 β 为 A 点和 B 点的应力集中系数，p 和 q 分别为原岩应力垂直分量和水平分量，λ 为侧压力系数。因此，使用式(5-13)，可以估算在原岩应力水平分量和垂直分量共同作用下巷道周边危险点的切向应力。

【例题5-1】 某矿拟掘进主要运输平巷。已知：原岩应力垂直分量 $p = 4.2$ MPa，水平分量 $\lambda p = 5.46$ MPa，岩体单轴抗压强度 $S_c = 20$ MPa。试设计其断面形状。

［解］ ①先选用圆形断面形状，并进行稳定性校核。

A 点：$\alpha = 3$，$\beta = -1$。于是 $\sigma_\theta = \alpha\lambda p + \beta p = 12.18$ MPa

B 点：$\alpha = -1$，$\beta = 3$。于是 $\sigma_\theta = \alpha\lambda p + \beta p = 7.14$ MPa

取安全系数为1.5，则 A 点和 B 点均安全。因此，采用圆形巷道可以满足巷道稳定条件。

②采用直墙拱顶形状、$a/b = 0.5$ 的三芯拱断面。

A 点：$\alpha = 3.788$，$\beta = -1.389$。于是 $\sigma_\theta = \alpha\lambda p + \beta p = 14.85$ MPa

B 点：$\alpha = 1.681$，$\beta = -0.893$。于是 $\sigma_\theta = \alpha\lambda p + \beta p = 5.43$ MPa

D 点：$\alpha = -0.903$，$\beta = 1.678$。于是 $\sigma_\theta = \alpha\lambda p + \beta p = 2.12$ MPa

E 点：$\alpha = -0.855$，$\beta = 1.775$。于是 $\sigma_\theta = \alpha\lambda p + \beta p = 2.78$ MPa

取安全系数为1.5，则顶板处(A 点处)不安全。

采用宽高比等于1的矩形巷道。

A 点：$\alpha = 1.677$，$\beta = -0.891$。于是 $\sigma_\theta = p(\alpha\lambda + \beta) = 5.4$ MPa

B 点：$\alpha = -0.891$，$\beta = 1.677$。于是 $\sigma_\theta = p(\alpha\lambda + \beta) = 2.18$ MPa

仍取安全系数为1.5，A 点和 B 点均安全。

由本例可以看出，在侧压力系数大于1的条件下，直墙拱顶形状的巷道并不具有优越性，因为顶板岩石中可能存在较大的应力集中。

(注：俄国人萨文采用复变函数、光弹性试验等方法，以图表的形式给出了部分断面形状巷道周边的应力集中系数，并被我国许多教材广泛引用。应该指出的是，这些教材所引用的应力集中系数中，部分数据存在较大误差。本节表5-3和表5-4所引用的数据，则是采用边界单元虚应力法和有限单元法校正后的结果。)

5.2.5 塑性区次生应力

1. 塑性区次生应力公式的推导

在前述各节中，均假设围岩中的应力低于岩体的屈服极限，开巷后围岩处于弹性状态。在这种情况下，巷道围岩保持稳定而无需支护。

如果围岩应力超过岩体的屈服极限，则围岩将处于塑性状态。因为巷道周边岩体的主应力差最大，屈服和破坏将首先发生于巷道周边附近；巷道深处的岩体则仍然处于弹性状态。处于塑性和弹性状态的岩体范围分别称为塑性区和弹性区。

假设岩体为均置连续各向同性的弹性体，则对于长而直的圆形巷道、轴对称(原岩应力侧压力系数 $\lambda = 1$)的情形，可以获得围岩中弹塑性应力分布的解析解。求解中，需要以弹性力学平衡微分方程和莫尔-库仑屈服条件为基本方程，联合求解。

从岩体中取出一个微元体来分析其平衡状态，如图5-21。由于巷道围岩在整体上处于

合外力为零的平衡状态，作用于微元体上的合外力也必为零。于是微元体在直径方向的平衡方程为

$$\left(\sigma_r + \frac{\partial \sigma_r}{\partial r}dr\right)(r+dr)d\theta - \sigma_r r d\theta - \left(\sigma_\theta + \frac{\partial \sigma_\theta}{\partial \theta}\right)dr\frac{d\theta}{2} - \sigma_\theta F_r dr\frac{d\theta}{2} + \left(\tau_{r\theta} + \frac{\partial \tau_{r\theta}}{\partial \theta}d\theta\right)dr - \tau_{r\theta}dr +$$

$$F_r r dr d\theta = 0$$

由于轴对称，$\tau_{r\theta} = 0$。不计体积力 F_r，略去高阶微量，整理，可得

$$\frac{\sigma_\theta - \sigma_r}{r} = \frac{d\sigma_r}{dr} \qquad (5-14)$$

方程式（5-14）尚不足以解出 σ_r 和 σ_θ 两个未知量，还需要列出补充方程。在材料进入塑性状态的条件下，这个补充方程就是屈服准则。对于岩体，常用的屈服条件就是莫尔-库仑准则。材料屈服时，其应力状态的莫尔圆与强度曲线相切。于是由图5-22的几何关系可得

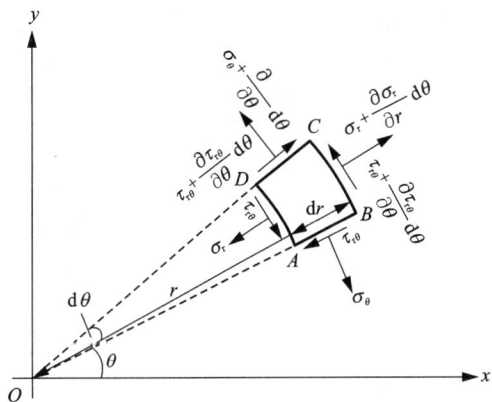

图 5-21

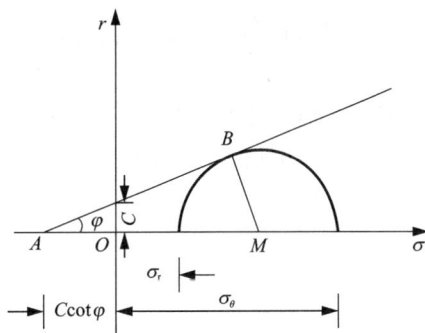

图 5-22

$$\sin\varphi = \frac{BM}{AM} = \frac{\dfrac{\sigma_\theta - \sigma_r}{2}}{C\cot\varphi + \dfrac{\sigma_\theta + \sigma_r}{2}}$$

整理，可得

$$\sigma_\theta - \sigma_r = 2(C\cot\varphi + \sigma_r)\frac{\sin\varphi}{1-\sin\varphi} \qquad (5-15)$$

将（5-14）式和（5-15）式结合起来，就可以求出塑性区的应力。为此，把（5-15）式带入（5-14）式，可得

$$2(C\cot\varphi + \sigma_r)\frac{\sin\varphi}{1-\sin\varphi}\frac{1}{r} - \frac{d\sigma_r}{dr} = 0$$

分离变量，有

$$\frac{d\sigma_r}{C\cot\varphi + \sigma_r} = \frac{2\sin\varphi}{1-\sin\varphi}\frac{dr}{r}$$

两端积分，得

$$\ln(C\cot\varphi + \sigma_r) = \frac{2\sin\varphi}{1 - \sin\varphi}\ln r + c$$

式中的积分常数 c，需要根据边界条件求出。此处，边界条件为：在巷道周边($r = a$)，径向应力 σ_r 的数值等于支架的支护反力 p_i。于是有

$$\ln(C\cot\varphi + p_i) = \frac{2\sin\varphi}{1 - \sin\varphi}\ln a + c$$

即

$$c = \ln(C\cot\varphi + p_i) - \frac{2\sin\varphi}{1 - \sin\varphi}\ln a$$

从而可解得

$$\sigma_r = (p_i + C\cot\varphi)\left(\frac{r}{a}\right)^{\frac{2\sin\varphi}{1 - \sin\varphi}} - C\cot\varphi \tag{5-16}$$

带入式(5-14)，可得

$$\sigma_r = (p_i + C\cot\varphi)\left(\frac{r}{a}\right)^{\frac{2\sin\varphi}{1 - \sin\varphi}}\frac{1 + \sin\varphi}{1 - \sin\varphi} - C\cot\varphi \tag{5-17}$$

式(5-16)和式(5-17)，就是塑性区内的次生应力公式，也称修正的芬涅尔(Fenner)公式。

2. 塑性区内应力的分布特点

图5-23是根据式(5-16)和式(5-17)绘出的径向应力 σ_r 和切向应力 σ_θ 从巷道周边起沿径向的变化规律。

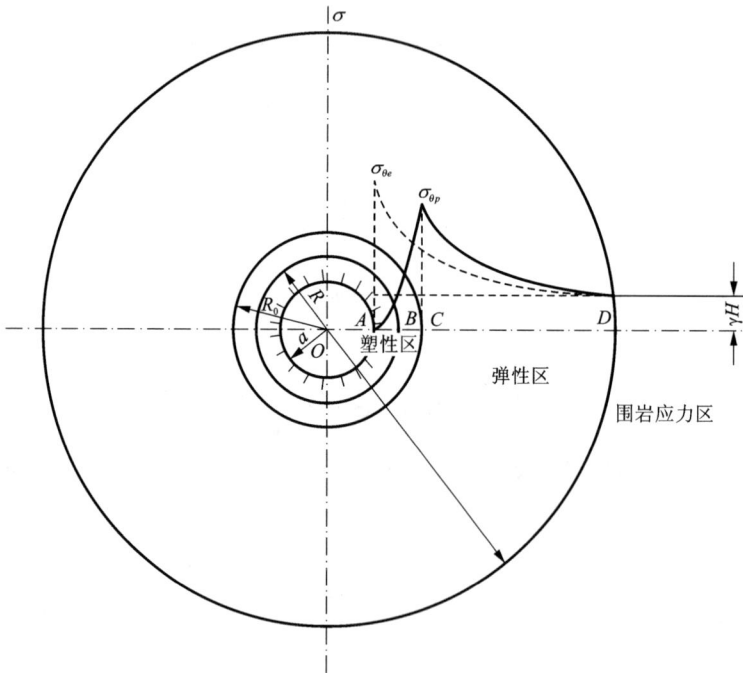

图5-23 弹塑性区围岩的应力分布状态

由图可见，在围岩产生塑性变形(屈服)后，巷道周边附近出现了一个塑性区；深处的围岩则仍然处于弹性状态。与未发生塑性变形的情形相比，在巷道周边，塑性区内岩体切向应力 $\sigma_{\theta p}$ 的数值较弹性区降低，并随距离 r 的增大而长高；切向应力 σ_θ 的最大值，从巷道周边转移到了弹性区与塑性区的交界处。在塑性区内，应力 $\sigma_{\theta p}$ 的数值从弹塑性区交界起逐渐降低，在巷道周边达到最小值。

根据应力的分布，可以把巷道围岩划分成塑性区、弹性区和原岩应力区。在塑性区内，岩体应力处于塑性状态。根据塑性区内切向应力 σ_θ 数值的大小，该区又可以分为松动区和塑性强化区。因此，围岩又可以划分为以下 4 个区：

①松动区。这是塑性区内巷道周边的区域。划分该区的主要依据是，切向应力 σ_θ 的数值小于原岩应力 p，因此，该区又称应力降低区。在松动区内，岩体已经被裂隙切割，而且在巷道周边切割最严重，致使周边岩体的强度大大降低，内聚力趋于零，内摩擦角也有所降低。

②塑性强化区。该区内的岩体仍处于塑性状态，但比松动区有更高的承载能力，岩体处于塑性强化阶段。该区内切向应力 σ_θ 的数值高于原岩应力 p，因此，又称应力升高区。

③弹性变形区。该区内岩体的切向应力 σ_θ 虽然高于原岩应力，但仍未超过屈服极限，处于弹性变形状态。

④原岩应力区。该区内岩体的应力受巷道开挖的影响很小，可以忽略不计，岩体仍处于弹性状态。

3. 塑性区的半径 R_p

由图 5 - 23 可知，出现塑性区后，弹性区边界将转移到巷道深处；塑性区半径，就是弹塑性区交界处的半径 R_p，如图 5 - 24。因此，在塑性区半径处既满足塑性条件，也满足弹性条件。据此，即可解出 R_p。

塑性区外的弹性区，可看作一个壁厚为无限大的厚壁圆筒。因为 $\lambda = 1$，弹性区内岩体的应力可以按照弹性力学厚壁筒公式来计算。对于内半径为 R_p，外半径为无穷大，内半径上作用有塑性区提供的支反力 σ_R，外半径处作用有原岩

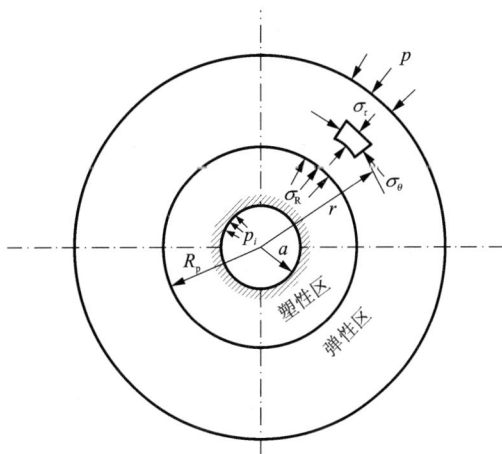
图 5 - 24　塑性区半径计算图

应力 p 的厚壁圆筒，圆筒内的应力可由下式计算出：

$$\left. \begin{aligned} \sigma_r &= p\left(1 - \frac{R_p^2}{r^2}\right) + \sigma_R \frac{R_p^2}{r^2} \\ \sigma_\theta &= p\left(1 + \frac{R_p^2}{r^2}\right) - \sigma_R \frac{R_p^2}{r^2} \end{aligned} \right\} \tag{5-18}$$

式(5 - 18)的 2 式相加，可得

$$\sigma_r + \sigma_\theta = 2p \tag{5-19}$$

将式(5 - 16)与式(5 - 17)相加则得

$$\sigma_r + \sigma_\theta = \frac{2(p_i + C\cot\varphi)}{1 - \sin\varphi}\left(\frac{r}{a}\right)^{\frac{2\sin\varphi}{1-\sin\varphi}} - 2C\cot\varphi \qquad (5-20)$$

式(5-19)和式(5-20)是分别在弹性区和塑性区获得的,在弹性区与塑性区边界($r = R_p$处)也成立。于是,当$r = R_p$时,式(5-18)和式(5-19)应该相等。即:

$$\frac{2(p_i + C\cot\varphi)}{1 - \sin\varphi}\left(\frac{R_p}{a}\right)^{\frac{2\sin\varphi}{1-\sin\varphi}} - 2C\cot\varphi = 2p$$

由此可得出塑性区半径的计算公式:

$$R_p = a\left[\frac{p + C\cot\varphi}{p_i + C\cot\varphi}(1 - \sin\varphi)\right]^{\frac{1-\sin\varphi}{2\sin\varphi}} \qquad (5-21)$$

也可写成另外一种形式:

$$p_i = (p + C\cot\varphi)(1 - \sin\varphi)\left(\frac{a}{R_p}\right)^{\frac{1-\sin\varphi}{2\sin\varphi}} - C\cot\varphi \qquad (5-22)$$

由式(5-21)可知,塑性区半径R_p与原岩应力p、岩体的强度(C、φ值)、支架的支反力p_i,以及巷道半径a有关。原岩应力越大,R_p越大;岩体强度越高,R_p越小;支反力越大,R_p越小;巷道半径越大,R_p越大。

在工程实践中,随着围岩位移的增大,塑性区内的岩体往往不能保持极限平衡状态。塑性区内岩体的C、φ值会逐渐降低,变成更低的值C_1、φ_1,使强度曲线由$\tau = \cot\varphi + C$变为$\tau = \cot\varphi_1 + C_1$。在松动区,$C_1$、$\varphi_1$可能接近于零。因此,塑性区内的应力会逐步降低,塑性区也会进一步扩大,导致巷道周边岩体的冒落和破坏。

5.3 围岩与支架的力学模型

5.3.1 基本概念

支架所承受的压力及其变形,是围岩在其自身平衡的过程中的变形或破裂松动作用于支架而形成的。因此,支架所承受的力的大小以及支架的变形,不仅与岩石的力学特性有关,也与支架的特性有关。支架的存在可以抑制围岩的变形和破坏;支架的强度和刚度不同,支架上所承受的压力也会随之而变化。因此,支架架设后,围岩与支架形成一个共同体,二者相互制约,共同变形,共同承受全部地压。

巷道开凿后,如果支架及早架设,围岩中的应力尚未全部释放,于是,围岩进一步的变形和破裂松动,就受到支架的约束,形成围岩和支架共同承载的情况。如果支架具有足够的强度和刚度,则围岩与支架所形成的共同体是稳定的。

如果开巷后支架未及时架设,围岩的变形已经得到充分的发展,就可能产生破裂和松动。此时架设支架,则支架上所承受的,是将要冒落和滑落的岩块所产生的压力,这就是散体地压。同时,未冒落的岩石产生进一步的变形,也会继续对支架产生变形压力。

因此,支架架设后,在支架与岩体紧密接触的条件下,我们可以得到如下结论:

①围岩对支架的作用力(地压),等于支架对围岩的反作用力(支护反力,又称支护抗力);

②巷道周边的位移量,等于支架的被压缩量;

③围岩对支架所施加的压力,不仅与围岩本身的性质有关,也与支架的刚度有关。

5.3.2　围岩与支架的共同作用

围岩与支架间的相互的共同作用，可以用二者之间共同作用的压力－位移曲线来说明，如图5－25。图中曲线1围岩的压力－位移曲线，它所表示的，是支架所提供的支护反力与巷道围岩周边位移之间的函数关系。该关系式的数学表达式为

$$u_a = \Delta u_0 + u_b = f(p_i) \qquad (5-23)$$

式中：u_a——开巷后巷道周边的总位移；

　　　Δu_0——支护前围岩的弹塑性位移；

　　　u_b——支架的位移；

　　　p_i——支架的支护抗力。

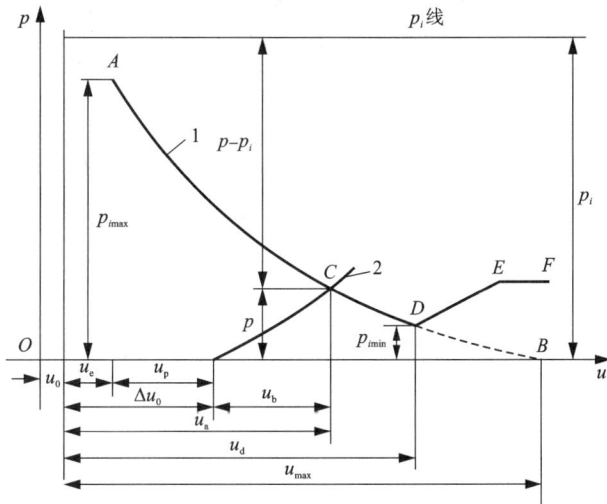

图5－25　围岩与支架共同作用原理

1—围岩的压力－位移曲线；2—支架特性曲线；

u_0—巷道开挖前岩体已有的位移；u_e—支护前围岩的弹性位移；

u_p—支护前围岩的塑性位移；u_a—有支护巷道周边的实际位移；

u_b—支架的位移；u_d—围岩容许的最大位移；

u_{max}—围岩理想的最大位移；$\Delta u_0 = u_e + u_p$—支护前围岩的位移。

曲线2则是支架特性曲线，表示支架所承受的围岩载荷与支架位移（被压缩量）之间的函数关系。支架特性曲线的一个主要特征是其刚度。支架刚度较大时，就会更多地限制围岩，使巷道周边的位移较小，但支架会承受较大的压力；支架刚度较小，则对围岩的限制小，巷道周边会产生较大的位移，而支架所承受的压力也较小，如图5－26所示。

对围岩于支架间的相互共同作用，假设两种极端的情况：

①开挖后立即假设支架，而且支架为理想绝对刚性的。

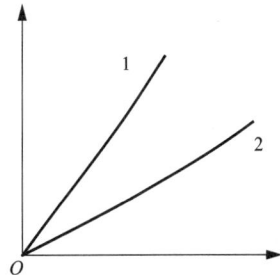

图5－26　支架的特性曲线

1—刚性支架；2—柔性支架

即，受力后支架不发生变形。于是巷道周边的位移等于开巷后的瞬时弹性位移 u_e。在这样的情况下，支架的工作点为图 5-25 中的 A 点；支架所需提供的支护反力最大，这就是支架所能承担的最大载荷 p_{imax}，也称最大支护抗力。围岩所承担的则是产生瞬时弹性变形的力 $p = p_{imax}$。

②开挖后不假设支架。此时支架所提供的支护抗力 $p_b = 0$，围岩位移 $u_a = u_{max}$。此时支架的工作点在图 5-25 中的 B 点，即，围岩承担了全部地压，支架所承担的载荷为零。

实际上，材料受力后都要发生变形，绝对刚性的支架是不存在的。因此，即使开巷后立即假设支架，支架的工作点也不会是支架特性曲线上的 A 点，而是 A 点以下的某一点。这一点，就是围岩位移曲线与支架特性曲线的交点 C。其结果是，支架担负 C 点以下的压力 p_i，围岩则担负 C 点以上的压力 $(p - p_i)$。因此，广义地压是由围岩和支架共同承担的。

由此可知，支架最理想的工作点是 B 点，即，让围岩作为天然的承载体，去承担全部地压，并听任巷道周边的位移发展到极限值 u_{max}。岩石工程中，特别是在矿山工程中，确实有大量不需要支护而可保持稳定的巷道。这些巷道能保持稳定，正是充分发挥了围岩自身的支承作用。

另一方面，很多巷道的围岩也常常不能承受住周边的最大位移量，而在周边位移量达到某一数值 u_d 时，就发生围岩松脱、冒落。这时，围岩压力-位移曲线中的 DB 段就失去了意义。因为松脱发生后，支架上的压力，就取决于从围岩中脱落下来的岩石的重量，其数值大小由 DEF 线来决定。D 点称为松脱点。

由此可知，支架的的最佳工作点，应该是 D 点以上，且距 D 点不远的小范围内。这样，就可以让围岩最大限度地承担地压，使支架所担负的压力为最小；同时，又可保证围岩不产生岩石的局部松脱现象。

对应于 D 点的支架支护抗力，就是最小支护抗力 p_{imin}。

因此，在支架设计中，支架所承担的支护抗力，应该满足：

$$p_{imax} > p_i > p_{imin} \qquad (5-24)$$

围岩位移也应满足：

$$u_e < u_a < u_d \qquad (5-25)$$

5.3.3 圆形巷道支架的压力-位移曲线

设在一圆形巷道内假设了圆形支架，于是该圆形支架的特性曲线(压力-位移曲线)，可以用弹性力学厚壁圆筒的公式来求出。

对于一个内半径为 a_0、外半径为 b、外半径处受均布外压力 p_a 的厚壁筒，根据弹性力学，圆筒内应力的通解为

$$\sigma_r = \frac{b^2 p_a}{b^2 - a_0^2}(1 - \frac{a_0^2}{r^2}), \ \sigma_\theta = \frac{b^2 p_a}{b^2 - a_0^2}(1 + \frac{a_0^2}{r^2}) \qquad (5-26)$$

将式(5-26)中的应力分量表达式带入物理方程：

$$\varepsilon_r = \frac{1 - \mu_c^2}{E_c}\Big[\sigma_r - \frac{\mu_c}{1 - \mu_c}\sigma_\theta\Big] \qquad (5-27)$$

168 ◄ 可得

$$\varepsilon_r = \frac{1-\mu_c^2}{E_c} \frac{b^2 p_a}{b^2 - a_0^2}\left[\left(1 - \frac{a_0^2}{r^2}\right) - \frac{\mu_c}{1-\mu_c}\left(1 + \frac{a_0^2}{r^2}\right)\right] \qquad (5-28)$$

式中，E_c、μ_c为支架材料的弹性模量和泊松比。根据弹性力学几何方程，$\varepsilon_r = \frac{\partial u}{\partial r}$。对变量 r 积分，可得支架位移 u_b 的表达式为

$$u_b = \int_0^b \varepsilon_r \mathrm{d}r = \frac{(1-\mu_c^2)b}{E_c}\left[\frac{b^2 + a_0^2}{b^2 - a_0^2} - \frac{\mu_c}{1-\mu_c}\right]p_a \qquad (5-29)$$

引入系数 K_c，称为支架的刚度系数：

$$K_c = \frac{E_c}{(1-\mu_c^2)b\left[\dfrac{b^2 + a_0^2}{b^2 - a_0^2} - \dfrac{\mu_c}{1-\mu_c}\right]}$$

则(5-29)式成为

$$p_a = K_c u_b \qquad (5-30)$$

这就是圆形支架的压力-位移特性曲线。

在本章塑性区半径公式(5-21)中，令 $R_p = a$，所对应的 p_i 就是 $p_{i\max}$：

$$p_{i\max} = p(1 - \sin\varphi) - C\cos\varphi \qquad (5-31)$$

5.4 变形地压计算

5.4.1 计算前提

变形地压计算的前提条件是，根据围岩与支架的共同作用原理，把巷道围岩与支架视为无限大弹性体或弹塑性体与支架间的接触问题。围岩与支架紧密接触，在围岩与支架的接触带上，径向位移相同，径向应力也相等。求解时需要以下条件和方程：

围岩压力 p_i 与支护抗力 p_a 大小相等，方向相反，即

$$p_a = p_i \qquad (5-32)$$

围岩与支架的变形协调。支架位移量等于开挖后巷道周边的位移减去支护前巷道围岩的位移，即

$$u_b = u_a - \Delta u_0 \qquad (5-33)$$

式中：u_b 为支架的位移；u_a 为围岩的位移；Δu_0 为支架假设前围岩已发生的位移。

围岩压力-位移方程

$$u_a + u_0 = f_1(p_i) \qquad (5-34)$$

式中：u_0 为巷道开挖前，围岩在原岩应力的作用下产生的位移。

支架特性曲线

$$u_b = f_2(p_a) \qquad (5-35)$$

此公式的意义是，支架的变形量 u_b 与围岩作用在支架上的压力 p_a 成正比关系。

归纳以上 4 个方程，可得

$$\left.\begin{array}{l} u_b = u_a - \Delta u_0 = f_2(p_a) \\ u_a + u_0 = f_1(p_i) \end{array}\right\} \qquad (5-36)$$

求解方程式(5-36)，可以获得围岩与支架共同作用条件下，支架的支护抗力 p_i 以及巷道周边的径向位移 u_a。

5.4.2 巷道围岩的位移

1. 弹性区的位移

对于开凿有圆形巷道的岩体，可以采用内半径为 a、外半径为 b 的弹性力学厚壁圆筒公式来计算其应力和位移。令 $b = \infty$，可得厚壁圆筒的应力公式为

$$\left.\begin{array}{l} \sigma_r = p\left(1 - \dfrac{a^2}{r^2}\right) + p_i\dfrac{a^2}{r^2} \\[3mm] \sigma_\theta = p\left(1 + \dfrac{a^2}{r^2}\right) - p_i\dfrac{a^2}{r^2} \end{array}\right\} \tag{5-37}$$

式中 a 为巷道半径，p 为原岩应力，p_i 为支架的支护抗力。

将弹性力学平面应变问题的物理方程和几何方程代入式(5-37)，可以求得

$$u = \frac{(1+\mu)r}{E}\left[p\left(1 + \frac{a^2}{r^2}\right) - p_i\frac{a^2}{r^2} - 2\mu p\right] \tag{5-38}$$

令 $r = a$，即可得出巷道周边的径向弹性位移 u_{as}

$$u_{as} = \frac{(1+\mu)r}{E}\left[2(1-\mu)p - p_i\right] \tag{5-39}$$

应该说明的是，式(5-38)和式(5-39)的位移中，包含了巷道开挖前岩体在原岩应力作用下的位移 u_0。对作用于支架上的变形和载荷有影响的，则仅包含开挖后围岩的位移。要求出开挖前的位移，在式(5-39)中令 $p_i = p$，所得的 u_{as} 就是开挖前的位移 u_0。因为，如果支架所提供的支护抗力 p_i 等于原岩应力 p，围岩将如巷道未开挖一样，不会有任何位移产生。由此可求得

$$u_0 = \frac{(1+\mu)(1-2\mu)}{E}p_a \tag{5-40}$$

因此，将开挖前的位移 u_0 扣除，可得支架的位移为

$$u_b = u_a - u_0 = \frac{(1+\mu)a}{E}(p - p_i) = \frac{(p - p_i)}{2G}a \tag{5-41}$$

式中 G 为岩石的剪切弹模，$G = \dfrac{2(1+\mu)}{E}$。

2. 塑性区的位移

巷道开挖后，如果出现塑性区，弹性区的边界将向围岩深处后退。此时塑性区的外半径 R_p 就是弹性区的内半径。

弹性区的内半径处的位移，可以采用式(5-41)来计算。但需要用弹塑性区交界处的径向应力 σ_R 代替支护反力 p_i，用弹塑性区交界处的半径 R_p 代替 a，即

$$u_R = \frac{p - \sigma_R}{2G}R_p \tag{5-42}$$

在式(5-42)中，弹塑性区交界处的径向应力 σ_R 还是未知数，因此，还不能直接计算弹塑性区交界处的位移 u_R。

为计算 σ_R，先将式(5-37)用于出现塑性区后弹性区的应力计算。在弹、塑性区的交界

处，令 $a = R_p$，$p_i = \sigma_R$，式(5-37)变为

$$\sigma_r = \sigma_R，\sigma_\theta = 2p - \sigma_R \tag{5-43}$$

塑性区的应力，可使用本章式(5-15)来计算。在弹塑性区交界处，$\sigma_r = \sigma_R$。于是式(5-15)变为

$$\sigma_\theta - \sigma_R = 2(C\cot\varphi + \sigma_R)\frac{\sin\varphi}{1 - \sin\varphi} \tag{5-44}$$

将式(5-43)带入式(5-44)，可解得

$$\sigma_R = p(1 - \sin\varphi) - C\cos\varphi$$

带入式(5-42)，可得

$$u_R = \frac{p\sin\varphi + C\cos\varphi}{2G}R_p \tag{5-45}$$

式(5-45)是弹塑性区交界处，即塑性区外边界的位移。变形地压计算中需要的，是巷道周边，即塑性区内边界的位移。目前，对塑性区的位移计算，弹塑性力学中尚无解析解的公式，只能在"塑性区体积不变"这一假设的基础上，推导出现塑性区后巷道周边的位移值。

设 u_R 为弹塑性区交界处的位移，u_a 为巷道周边的位移，实线为变形前的边界，虚线为变形后的边界，如图5-27。变形前塑性区的截面积等于 $\pi(R_p^2 - a^2)$，变形后塑性区的截面积则等于 $\pi[(R_p - u_R)^2 - (a - u_a)^2]$。假设发生塑性变形后塑性区体积不变，则有

$$\pi(R_p^2 - a^2) = \pi[(R_p - u_R)^2 - (a - u_a)^2]$$

此式中 u_a 和 u_R 均很小。略去高阶微量，化简，得

$$u_a = \frac{R_p}{a}u_R \tag{5-46}$$

将式(5-45)代入，得

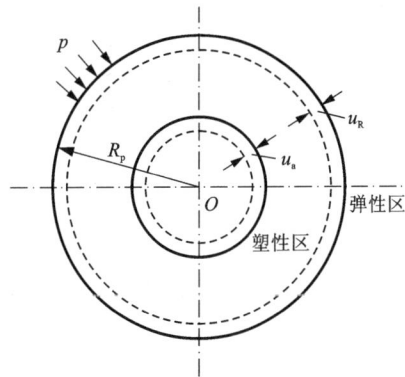

图5-27 塑性区的位移计算

$$u_a = \frac{R_p^2(p\sin\varphi + C\cos\varphi)}{2Ga} \tag{5-47}$$

式(5-47)就是在轴对称条件下，巷道周边的塑性位移。它仅适用于轴对称的条件。应该注意的是，"塑性区体积不变"这一假设对金属材料成立，对岩体则可能带来误差。

5.4.3 弹性变形地压的计算

在一般情况下，巷道掘进后，弹性变形在瞬间内就完成，因此，支架上不会承受到因弹性变形而释放的压力。但在紧跟掘进工作面支护的条件下，由于工作面的空间效应，工作面附近的弹性变形尚未完全释放。此时假设的支架，随着工作面的向前推进，就会承受弹性变形地压。根据式(5-41)，无支护巷道周边的弹性位移，可用下式计算：

$$u_{0a} = \frac{pa}{2G} \tag{5-48}$$

对于紧跟掘进工作面支护的情况，设支护前巷道周边已经发生的位移为 Δu_{0e}。令

$$A = \frac{\Delta u_{0e}}{u_{0a}} = \frac{2\Delta u_{0e}G}{pa} \tag{5-49}$$

A 称为围岩暴露系数，或载荷释放系数。它表征支护前围岩已发生的位移与不支护巷道全部位移量之比。在采用喷射混凝土支护时，支护断面离开挖面越近，A 值越小；离开挖面越远，A 值越大。

Daemen 采用轴对称有限单元法对工作面位移约束影响的分析结果表明：在弹性岩体中掘进巷道时，在开挖面处，$A = 1/4$；距开挖面 $0.25d$（d 为巷道直径）处，$A = 1/2$；距开挖面 d 处，$A = 9/10$；与开挖面的距离大于 $1.5d$ 时，由开挖面所产生的约束影响消失。

本书编著者也采用轴对称有限单元法对圆形巷道进行了计算分析。结果表明：在开挖面处，载荷释放系数 $A = 0.28$；距开挖面 $0.25d$（d 为巷道直径）处，$A = 0.78$；距开挖面 d 处，$A = 0.96$；距开挖面 $1.5d$ 处，$A = 0.98$。这就是说距开挖面 d 处，开挖的影响已小于 5%，由开挖面所产生的约束影响可视为已消失，见图 5 – 28。

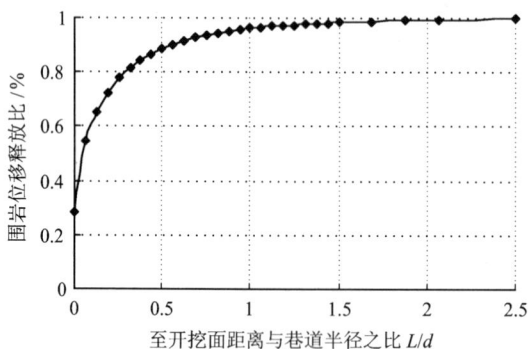

图 5 – 28　围岩位移释放比 – 轴对称有限元计算结果

于是，弹性岩体巷道周边所产生的位移，与释放的应力成正比，由式（5 – 41）计算：

$$u_{0e} = \frac{(p - p_i)}{2G} a \tag{5 – 50}$$

由于支护前围岩位移释放的比率为 A，因此支护前释放的应力为 Ap，支护后需要释放的应力则为 $(1 - A)p - p_i$

于是，支护后需要释放的弹性位移可用下式表示：

$$u_k = \frac{\left[(1 - A)p - p_i \right]}{2G} \tag{5 – 51}$$

考虑支架的压力 – 位移曲线，令式（5 – 51）与式（5 – 30）相等，并令 $p_a = p_i$，可得

$$\frac{\left[(1 - A)p - p_i \right] a}{2G} = \frac{p_i}{K_c} \tag{5 – 52}$$

$$p_i = \frac{(1 - A)p K_c u_{0e}}{p + K_c a} \tag{5 – 53}$$

若用不支护条件下巷道周边的总弹性位移 u_{0a} 表示弹性变形地压，则由 $u_{0a} = pa/2G$，可得 $a = 2G u_{0a}/p$。将 a 的数值代入式（5 – 53），最后得

$$p_i = \frac{(1 - A)p K_c u_{0a}}{p + K_c u_{0a}} \tag{5 – 54}$$

5.4.4 塑性变形地压的计算

巷道围岩出现塑性区时，支架的作用在于把塑性变形控制在一定范围内。在这样的情况下，支架与围岩共同作用，变形协调，最后稳定在工作点 C(图 5-25)。此时，巷道周边的径向位移 u_a 等于支护前围岩已经产生的径向位移 Δu_0 与支护后周边的径向位移 u_b(支架的位移)之和。即：$u_a = \Delta u_0 + u_b$。同时，围岩压力应等于支架的支护抗力：$p_a = p_i$。

1. 塑性变形压力的计算

仍然考虑 $\lambda = 1$ 的条件下圆形巷道的地压。开挖后巷道周边的塑性变形，可由式(5-47)计算。由 $G = \dfrac{2(1+\mu)}{E}$，式(5-47)化为

$$u_a = \frac{R_p^2(p\sin\varphi + C\cos\varphi)}{2Ga} = \frac{a(p\sin\varphi + C\cos\varphi)(1+\mu)}{E}\left(\frac{R_p}{a}\right)^2 \qquad (5-55)$$

式中，E 和 μ 分别为塑性区平均变形模量和平均泊松比。对金属材料，在塑性区内 μ 可视为等于 0.5。岩石在塑性条件下的泊松比较复杂，扩容发生时 $\mu > 0.5$。塑性变形条件下可取 0.40 ~ 0.45。

令 $I = \dfrac{(p\sin\varphi + C\cos\varphi)(1+\mu)}{E}$，并称之为位移系数，则式(5-55)化为

$$\frac{u_a}{a} = I\left(\frac{R_p}{a}\right)^2$$

或

$$\frac{a}{R_p} = \sqrt{\frac{Ia}{u_a}} \qquad (5-56)$$

根据弹性区与塑性区交界处应力分量相等的条件，式(5-19)与式(5-20)应相等。于是有

$$p = \frac{p_i + C\cot\varphi}{1 - \sin\varphi}\left(\frac{R_p}{a}\right)^{\frac{2\sin\varphi}{1-\sin\varphi}} - C\cot\varphi$$

由此可得

$$p_i = (p + C\cot\varphi)(1 - \sin\varphi)\left(\frac{a}{R_p}\right)^{\frac{2\sin\varphi}{1-\sin\varphi}} - C\cot\varphi \qquad (5-57)$$

将式(5-56)带入式(5-57)，可得

$$p_i = (p + C\cot\varphi)(1 - \sin\varphi)\left(\frac{Ia}{u_a}\right)^{\frac{\sin\varphi}{1-\sin\varphi}} - C\cot\varphi \qquad (5-58)$$

这就是围岩塑性区内支护抗力与位移关系的函数式，也是另外一种形式修正的芬涅尔公式。式(5-58)加上支架特性曲线式(5-31)联合求解，即可计算塑性变形地压：

$$\left.\begin{aligned} p_i &= (p + C\cot\varphi)(1 - \sin\varphi)\left(\frac{Ia}{u_a}\right)^{\frac{\sin\varphi}{1-\sin\varphi}} - C\cot\varphi \\ p_i &= K_c(u_a - \Delta u_0) \end{aligned}\right\} \qquad (5-59)$$

应该说明的是，式(5-59)中，p_i，u_a 和 Δu_0 都是需要求解的未知数。计算中，需要先知道支架假设前的位移 Δu_0，才能获得解答。在实际工程中，Δu_0 需要通过现场量测来获得。

在支架设计中，p_i应该满足以下条件：

$$p_{i\max} > p_i > p_{i\min}$$

2. 最大围岩压力 $p_{i\max}$ 的计算

最大围岩压力 $p_{i\max}$ 的计算条件很简单，即，围岩中只有弹性变形，不出现塑性变形，所对应的 p_i 就是最大围岩压力。换言之，塑性变形即将发生之时，塑性变形区的半径就等于巷道半径 a。

因此，在本章塑性区半径公式（5-21）中，令 $R_p = a$，所对应的 p_i 就是 $p_{i\max}$：

$$p_{i\max} = p(1 - \sin\varphi) - C\cos\varphi \qquad (5-60)$$

3. 最小围岩压力 $p_{i\min}$ 的计算

最小围岩压力与围岩松脱点的最大容许位移值 u_d 对应（图5-29）。合理的支护抗力 p_i，应该接近并略高于松脱点的围岩压力 $p_{i\min}$。因此，确定 $p_{i\min}$ 是很重要的。然而，到目前为止，无论是计算 $p_{i\min}$ 还是 u_d，都尚无完善的计算方法。以下介绍一种估算 $p_{i\min}$ 的方法：

围岩出现塑性区后，塑性区又可以分为应力升高区（塑性强化区）和应力降低区（松动区）。有松动区出现，就应该及时假设支架，给围岩提供支护抗力，防止围岩松动脱落。合理的支护抗力，应该能够维持松动区岩体的重力平衡。这样，松动区岩体就不会松动滑落，不会发展成散体地压。因此，可以把松动区内的岩体看作滑移体，把维持松动区内岩体平衡所需的抗力，作为围岩出现松动滑落和确定最小支护压力 $p_{i\min}$ 的条件。

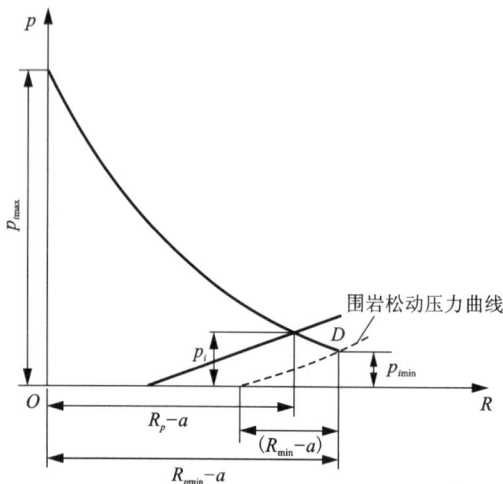

图5-29 最小围岩压力

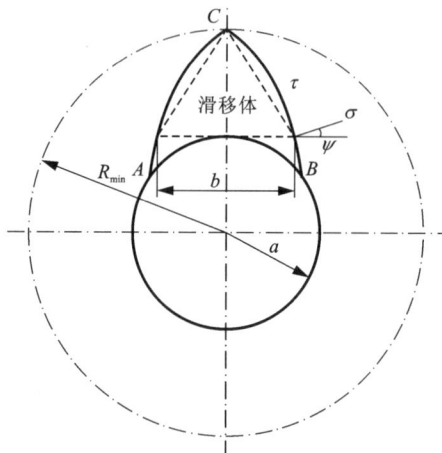

图5-30 围岩松动区滑移体

在 $\lambda = 1$ 的条件下，圆形巷道围岩中的松动滑移体，由两组相互交错的对数螺线组成，如图5-30。滑移体截面可近似看作底宽为 b，高为 $(R_{\min} - a)$ 的三角形，其重量可按下式近似计算：

$$T = \frac{b(R_{\min} - a)\gamma}{2} \qquad (5-61)$$

式中：T——沿巷道轴向滑移体单位长度的重量；

b——滑移体底部宽度；

$R_{\min}$——承受最小支护抗力时对应的松动圈半径;

γ——岩体容重。

假设松动区内岩体的强度已经大大降低,几乎尚失承载能力,于是滑移体重量完全以重力形式作用在支架上,因此,维持滑移体重力平衡所需的支护抗力应该满足下式:

$$p_{i\min} b = T$$

或

$$p_{i\min} = \frac{T}{b} \tag{5-62}$$

将式(5-62)代入式(5-61),可得

$$p_{i\min} = \frac{\gamma(R_{\min} - a)}{2} \tag{5-63}$$

于是,将 $R_{\min}$ 代入式(5-63),即可计算出最小支护抗力。

为了确定 $R_{\min}$ 的值,需要使用塑性区应力公式。由于塑性区内应力升高区与应力降低区划分的条件是应力的数值等于原岩应力 p,因此,在公式(5-17)中,令 $\sigma_\theta = p$,所对应的半径 r 就是松动区半径 $R_{\min}$。由此可以得到:

$$R_{\min} = a\left[\left(\frac{p + C\cot\varphi}{p_{i\min} + C\cot\varphi}\right)\left(\frac{1 - \sin\varphi}{1 + \sin\varphi}\right)\right]^{\frac{1-\sin\varphi}{2\sin\varphi}} \tag{5-64}$$

式(5-63)和式(5-64)联解,即可获得最小支护抗力 $p_{i\min}$ 和松动区半径 $R_{\min}$。

巷道周边容许的最大位移 u_d,可由塑性区周边位移公式(5-47)式计算。在式(5-47)中,令 $R_p = R_{p\min}$,即可得到:

$$u_d = \frac{R_{p\min}^2(p\sin\varphi + C\cos\varphi)}{2Ga} \tag{5-65}$$

式中 $R_{p\min}$ 是对应于最小围岩压力 $p_{i\min}$ 的塑性区半径。因此,在塑性区半径公式(5-21)式中,用 $p_{i\min}$ 代替 p_i,用 $R_{p\min}$ 代替 R_p,即可得到计算 $R_{p\min}$ 的数学表达式:

$$R_{p\min} = a\left[\frac{p + C\cot\varphi}{p_{i\min} + C\cot\varphi}(1 - \sin\varphi)\right]^{\frac{1-\sin\varphi}{2\sin\varphi}} \tag{5-66}$$

在分析巷道周边的径向位移与对应的围岩应力状态时,u_d 可看作围岩处于不同状态的临界值。当 $u_a < u_d$ 时,说明周边岩体的位移值小于最大容许位移,周边岩体尚未破坏,此时产生的地压为变形地压;$u_a > u_d$,表明岩体已经发生破坏和松脱,产生了散体地压。$u_a > u_d$ 则表明岩体处于两类地压之间的临界状态。

【例题5-2】 拟在侧压力系数 $\lambda = 1$ 的煤系地层中掘一圆形巷道。原岩应力 $p = 12.2$ MPa,岩体凝聚力 $C = 1.2$ MPa,内摩擦角 $\varphi = 30°$,平均变形模量 $E = 12$ GPa,泊松比 $\mu = 0.4$,容重 $\gamma = 22$ kN/m^3。巷道断面:掘进半径 = 1.5 m。采用喷射混凝土支护,厚度15 cm,混凝土弹性模量20 GPa,泊松比0.25,抗压强度20 MPa。计算:

①最大支护抗力,即,不允许出现塑性区的条件下,所需的支护抗力;

②最小支护抗力;

③无支护条件下围岩的塑性区厚度和巷道周边位移;

④支护前围岩的位移分别为0、1 mm、2 mm 和4 mm 的条件下支架内的应力。

[解]

①计算最大支护抗力的公式为(5-60):

$$p_{imax} = p(1 - \sin\varphi) - C\cos\varphi = 7.54 \text{ MPa}$$

②最小支护抗力计算:

由公式(5-63)和(5-64)联解,解超越方程:

$$p_{imin} = \frac{\gamma(R_{min} - a)}{2}, \quad R_{min} = a\left[\left(\frac{p + C\cot\varphi}{p_{imin} + C\cot\varphi}\right)\left(\frac{1 - \sin\varphi}{1 + \sin\varphi}\right)\right]^{\frac{1-\sin\varphi}{2\sin\varphi}}$$

可得:$R_{min} = 2.78$ m,$p_{imin} = 0.014$ MPa。由此可看出最大支护抗力与最小支护抗力的巨大差别。

③无支护条件下围岩的塑性区厚度,可由公式(5-21)计算。令支护抗力 $p_i = 0$,可得:

$$R_p = a\left[\left(\frac{p + C\cot\varphi}{p_i + C\cot\varphi}\right)(1 - \sin\varphi)\right]^{\frac{1-\sin\varphi}{2\sin\varphi}} = 2.78 \text{ m}$$

因此,塑性区厚度 = 2.78 - 1.5 = 1.28 m。

无支护条件下巷道周边的位移,可由(5-47)式计算:

$$u_a = \frac{R_p^2(p\sin\varphi + C\cos\varphi)}{2Ga} = \frac{R_p^2(p\sin\varphi + C\cos\varphi)(1 + \mu)}{Ea} = 4.3 \text{ mm}$$

④支架内的应力由公式(5-67)来计算:

$$\left.\begin{array}{l} p_i = (p + C\cot\varphi)(1 - \sin\varphi)\left(\frac{Ia}{u_a}\right)^{\frac{\sin\varphi}{1-\sin\varphi}} - C\cot\varphi \\ p_i = K_c(u_a - \Delta u_0) \end{array}\right\} \qquad (5-67)$$

而要使用公式(5-67),需要先使用公式(5-30)计算支架的刚度 K_c:

$$K_c = \frac{E_c}{(1 - \mu_c^2)b\left[\frac{b^2 + a_0^2}{b^2 - a_0^2} - \frac{\mu_c}{1 - \mu_c}\right]} = 45878 \text{ MPa/m}$$

支护抗力求出后,支架内的切向应力 σ_θ,由公式(5-26)计算($p_i = p_b$;$r = b$):

$$\sigma_\theta = \frac{b^2 p_b}{b^2 - a_0^2}\left(1 + \frac{a_0^2}{r^2}\right)$$

表5-5是根据本例题计算结果给出的对应于支护前不同位移的条件下,支架支护反力、巷道周边位移以及支架内的最大应力。由此可见,支架假设前围岩的位移量(实际上也就是支架假设时间),对支护反力和支架内的应力,有重大影响。因此,正确掌握支架假设时间,让围岩自身发挥最大的承载能力,在支架设计中十分重要。

表5-5　例题5-2计算结果:支架假设前围岩的位移与支护抗力、支架内应力的关系

Δu_0(m)	0	0.001	0.002	0.003	0.004
p_i(MPa)	19.217	5.835	2.294	0.8776	0.150
u_a(mm)	0.41886	1.1272	2.0496	3.0191	4.00326
σ_θ(MPa)	183.067	55.58	21.85	8.35	1.43

5.5　平巷散体地压计算

5.5.1　普氏理论与散体地压计算

1. 普氏理论

采矿工程中，在稳定性较差的岩体中开挖巷道时，常常可以看到，巷道开挖以后，经过一定时间，巷道顶板岩石在一定范围内出现垮塌，最后形成某种形式的拱形而稳定下来。由于这一现象的普遍性，人们早就有了自然平衡拱的概念。自然平衡拱对支架受力大小有密切的关系，因此，对自然平衡拱形成的原因、形状和大小的探讨，早就受到关注，并提出了多种学说。在这些学说中，普氏理论经过了工程和时间的考验，对某些类型的岩体，至今仍有学术意义和使用价值。

普氏理论是俄国学者普罗托吉雅可诺夫于 1907 年提出的。普氏认为，由于受弱面切割的影响，岩体既不是连续介质，也与完全松散的介质有区别，而是具有一定粘结力的松散介质。巷道开挖后，由于应力的重新分布，部分围岩发生破坏，巷道顶部岩体冒落。现场观察和模型试验的结果都表明，顶板岩体的冒落是有限的；冒落到一定程度后，顶板形成拱形而稳定下来，这就是自然平衡拱，也称压力拱。由于自然平衡拱以上未冒落岩体的重量都通过拱传递到巷道两帮，因此，作用在支架上的顶压，仅仅是自然平衡拱与支架间冒落岩石的重量。因此，为了设计和校核支架的强度和稳定性，就需要正确计算自然平衡拱的形状。

由于自然平衡拱内岩石已经破碎，其强度曲线 $\tau = \sigma \tan\varphi + C$ 中的参数 C、φ 都已经降低为 C' 和 φ'，且很难测定。为此，近似地取破碎岩石的强度条件为（图 5-31）：

$$\tau = \sigma \cdot \tan\beta \qquad (5-68)$$

式中 β 称似内摩擦角；$\tan\beta = f$，f 称普氏坚固性系数，且可由下式计算：

$$f = \frac{S_C}{10} \qquad (5-69)$$

式中 S_C 为岩石试块的单向抗压强度（MPa）。

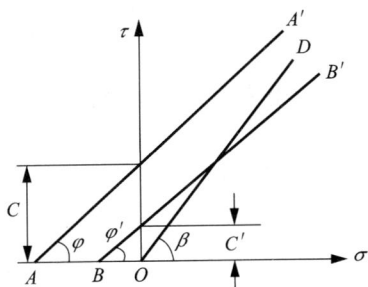

图 5-31　松散岩体的强度曲线

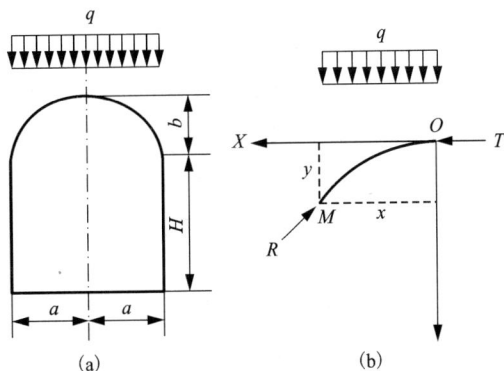

图 5-32　自然平衡拱及其受力简图

设有宽度为 $2a$，高为 H，上部受均匀压应力 q 的矩形巷道，顶板已经垮落成自然平衡拱，如图 5-32(a)。拱的受力简图见图 5-32(b)。现从拱上取脱离体 MO 来研究拱在外力作用下的平衡条件。设 M 点的坐标是 x，y。作用在 MO 上的外力有右半拱的水平推力 T，岩体垂直方向的均布载荷 q，和左半拱被截去部分的反力 R。根据拱的力矩平衡条件，取 M 点以上外力对 M 点的力矩，则有

$$Ty - qx \times x/2 = 0$$

于是可得

$$y = \frac{q}{2T}x^2 \qquad (5-70)$$

由此可见，自然平衡拱的轮廓线是一条抛物线。

拱高 b 的计算：将拱脚的坐标 $x = a$，$y = b$ 代入式 $(5-70)$，有

$$T = \frac{q}{2b}a^2 \qquad (5-71)$$

为了保证拱在水平方向具有足够的稳定性，必须满足 $T \leqslant qaf$。如果取安全系数等于 2，则有

$$2T = qaf \qquad (5-72)$$

将式 $(5-72)$ 代入式 $(5-71)$，可得

$$b = \frac{a}{f} \qquad (5-73)$$

这就是自然平衡拱拱高的计算公式。

根据以上推导可知，自然平衡拱冒落岩体的体积，就是拱的面积。很容易计算出，抛物线拱的面积为：$A = \dfrac{4a^2}{3f}$。于是，每米巷道冒落拱内顶板岩石作用在支架上的压力等于

$$p\frac{4a^2}{3f}\gamma \qquad (5-74)$$

2. 挡土墙主动土压公式

挡土墙常用于抵抗土壤边坡坍塌，防止土体沿边坡下滑。因此，墙受到土的压力。在存在挡土墙的情况下，土体欲向下滑动而施加在墙上的最大可能压力，称为土的主动土压。

在矿山开采中，挡土墙理论常用于地下巷道侧帮、竖井地压等问题。

在计算主动土压时，有如下近似的假设：

①墙的表面光滑，土与墙之间没有摩擦力；

②墙体为无限长的直墙，沿轴线方向墙的各断面的尺寸和所受载荷都相同；

③土体的滑动面为平面，与水平面间的夹角为 θ。

于是由图 $5-33$，σ_1 为上覆土体的重量，即，$\sigma_1 = \gamma h$；最小主应力 σ_3 就是土与墙之间的应力，即土的主动土压 $\sigma_3 = \sigma_\pm$。

主动土压既然是土体即将滑动时施加给挡土墙的压力，可知此时土体处于极限平衡状态，其应力状态的摩尔圆与强度曲线相切，如图 $5-33(b)$。

由图 $5-33(b)$ 可得

$$\sin\beta = \frac{AC}{OC} = \frac{\dfrac{\sigma_1 - \sigma_3}{2}}{\dfrac{\sigma_1 + \sigma_3}{2}} = \frac{\sigma_1 - \sigma_3}{\sigma_1 + \sigma_3}$$

即

$$\sigma_1 - \sigma_3 = (\sigma_1 + \sigma_3)\sin\beta$$

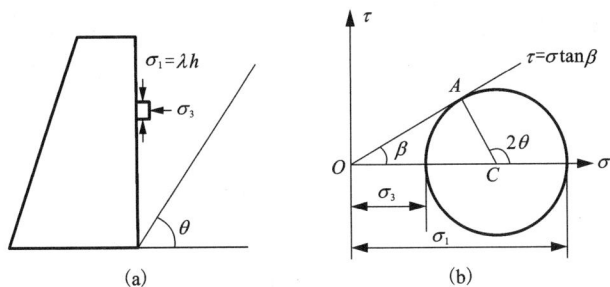

图 5 - 33

或

$$\sigma_3(1 + \sin\beta) = \sigma_1(1 - \sin\beta)$$

于是可得

$$\sigma_3 = \sigma_1\frac{1 - \sin\beta}{1 + \sin\beta} = \sigma_1\frac{\sin90° - \sin\beta}{\sin90° + \sin\beta} = \sigma_1\tan^2\left(\frac{90° - \beta}{2}\right) = \gamma h\tan^2\left(\frac{90° - \beta}{2}\right) \qquad (5 - 75)$$

式(5 - 75)就是主动土压 $\sigma_3 = \sigma_主$ 的计算公式。由此可知,主动土压与深度成正比,呈三角形分布。因此,对于高度为 H、土体与墙高度相等的挡土墙,土体对挡土墙的合力等于

$$P_主 = \frac{1}{2}H\sigma_主 = \frac{1}{2}\gamma H^2\tan^2\left(\frac{90° - \beta}{2}\right) \qquad (5 - 76)$$

3. 秦氏地压公式

普氏理论适用于顶板岩石稳定性较差,但侧帮稳定性较好,侧帮不发生破坏的情况。当侧帮岩体的稳定性也较差时,普氏公式就不适合,需要加以修正。在这种情况下,破碎的岩体对侧帮支架也形成压力,顶部的自然平衡拱也具有更高的高度,如图 5 - 34 所示。设侧帮岩体的滑落角为 θ(图 5 - 33),则根据摩尔强度理论,可得

$$\theta = \frac{90° + \beta}{2} \qquad (5 - 77)$$

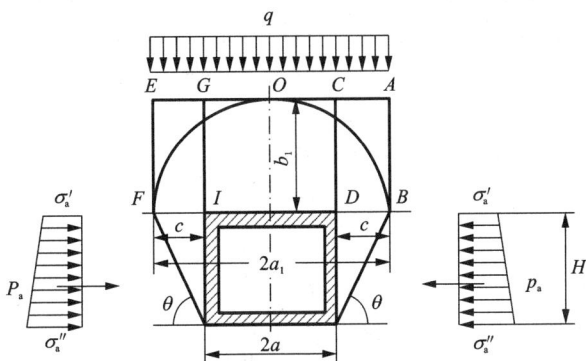

图 5 - 34 两帮不稳定条件下巷道地压计算简图

由图 5 - 34 可以得出:两帮滑动岩体的上宽 c 为

$$c = H\cot\frac{90° + \beta}{2} \qquad (5 - 78)$$

顶板岩石自然平衡拱的宽度等于巷道宽度加上两帮滑动岩体的上宽：$2a_1 = 2a + 2c$，即

$$a_1 = a + H\cot\frac{90° + \beta}{2} \tag{5-79}$$

自然平衡拱的高度为 b_1 为

$$b_1 = \frac{a_1}{c_1} = \frac{a + H\cot\dfrac{90° + \beta}{2}}{f_1} \tag{5-80}$$

式中 H 为巷道高度，f_1 为顶板岩石的普氏坚固性系数，可由式 (5-69) 计算。

当巷道顶板与侧帮岩石种类、容重不同时，巷道侧帮岩石垂直方向的土压力 σ_1 需要分别使用顶板和侧帮岩石的容重和高度来计算。在巷道顶部，有

$$\sigma_1 = \gamma_1 b_1$$

在巷道底部侧帮，则有

$$\sigma_1 = \gamma_1 b_1 + \gamma_2 H$$

土体作用于侧帮的压力，可采用挡土墙主动土压公式来计算。用 σ_a' 和 σ_a'' 来表示土体即将要发生滑动的瞬间，土体作用于巷道侧帮顶部和底部的主动土压，则有

$$\sigma_a' = \gamma_1 b_1 \tan^2\left(\frac{90° - \beta}{2}\right) \tag{5-81}$$

$$\sigma_a'' = (\gamma_1 b_1 + \gamma_2 H)\tan^2\left(\frac{90° - \beta}{2}\right) \tag{5-82}$$

侧压力的合力则为

$$p_a = \frac{1}{2}H(2\gamma_1 b_1 + \gamma_2 H)\tan\left(\frac{90° - \beta}{2}\right) \tag{5-83}$$

作用于支架上的顶压则近似地等于矩形岩柱 $CDIG$ 的重力

$$p = 2ab_1\gamma_1 \tag{5-84}$$

4. 平巷地压的太沙基计算法

太沙基 (K. Terzaghi) 理论也将岩体视为具有一定内聚力的松散体。但对支架上受力的原因，则认为是上覆岩层重量向下传递引起的。普氏理论则认为支架的压力是自然平衡拱内冒落岩体重力形成的。显然，两种理论的基本观点有很大差别，因此，地压计算公式也有很大不同。

太沙基理论认为，在重力作用下，巷道跨度范围内的上覆岩体在重力作用下下沉，其两侧岩体的摩擦力则阻止其下沉，如图 5-35。因此，作用在支架上的压力，等于下沉力减去摩擦力。

下沉力与摩擦力都是随深度而变化的，不是常量。为此，在巷道顶板上方岩体中取一宽度等于巷道宽度、高度等于 $\mathrm{d}z$，沿巷道轴向为单位长度的微元体来分析其受力状况。此微元体上方受力为铅垂应力 σ_z，下方受力为 $\sigma_z + \mathrm{d}\sigma_z$；侧面受力为 $\sigma_h = \lambda\sigma_z$（$\lambda$ 为原岩应力侧压力系数），岩体之间的摩擦系数为 $\tan\beta$，因此，左右两面上水平应力产生的摩擦力均分别为 $\lambda\sigma_z\tan\beta$。微元体的自重为 $\gamma 2a\mathrm{d}z$。于是，

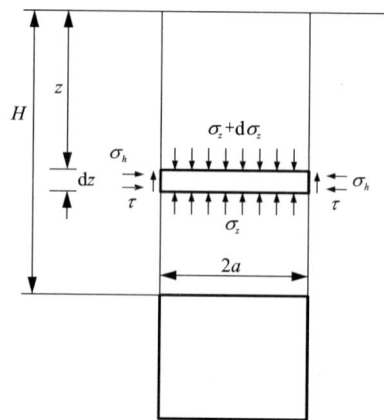

图 5-35 太沙基公式垂直应力计算图

根据微元体在铅垂方向的平衡条件,可以列出平衡方程:

$$2a\sigma_z + 2a\gamma dz = 2a(\sigma_z + d\sigma_z) - 2\lambda\sigma_z\tan\varphi dz = 0$$

整理,可得

$$d\sigma_z = \left(\gamma - \frac{\lambda\tan\varphi}{a}\sigma_z\right)dz$$

解此方程,可得

$$z = -\frac{a}{\lambda\tan\varphi}\ln\left(\gamma - \frac{\lambda\tan\varphi}{a}\sigma_z\right) + C$$

将边界条件 $z = 0$ 时 $\sigma_z = 0$ 代入,可解得

$$\sigma_z = \frac{a\gamma}{\lambda\tan\varphi}[1 - e^{-(\frac{\lambda\tan\varphi}{a}z)}] \tag{5-85}$$

式(5-85)就是由太沙基理论获得的作用于支架上压力的公式。由式可见,当 $z = 0$ 时,$\sigma_z = 0$;随着 z 的增加,σ_z 增大。当 $z = \infty$ 时 $\sigma_z = \frac{\gamma a}{\lambda\tan\varphi}$,这就是支架压力的极大值。如果岩体的内摩擦角 $\varphi = 30°$,侧压力系数 $\lambda = 0.5$,则巷道距地表深度为4倍巷道宽时,应力 σ_z 为极限值的0.9倍;深度为6倍巷道宽时,σ_z 为极限值的0.97倍。此后,随着深度的增加,σ_z 几乎保持不变。这说明,根据太沙基理论,当深度较大时,由于摩擦力所产生的压力传递作用,上覆岩柱的重量被传至两侧,导致垂直应力基本保持不变。

太沙基理论在欧美国家有较大影响,但主要适用于浅埋巷道的情形。

5.6 竖井地压

竖井地压可分为基岩地压和表土地压。当竖井开凿于基岩中时,会因应力重分布而产生变形地压,在围岩破坏松脱时产生散体地压。因此,本章前述变形地压的有关理论和公式,都可以适用。本节则主要考虑竖井开凿于表土层内时产生的散体地压。竖井表土地压设计计算中主要使用的有平面挡土墙公式和圆柱形挡土墙公式。

5.6.1 平面挡土墙地压公式

平面挡土墙地压公式中,把竖井穿过的表土视为凝聚力为零的松散体,将井筒衬砌看作平面挡土墙,作用在井筒衬砌上的地压为主动土压。根据挡土墙主动土压公式,当井壁周围岩(土)体处于即将要发生滑移破坏的瞬间,土体对井壁的压力可用以下公式计算:

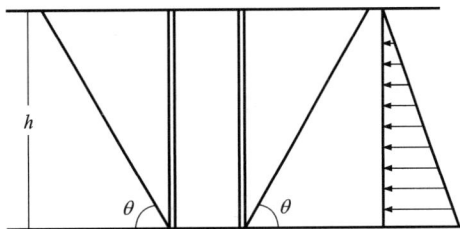

图5-36 竖井围岩滑移体对井壁的压力

$$p = \gamma h\tan^2\frac{90° - \varphi}{2} \tag{5-86}$$

式中:γ 和 φ 分别为松散岩(土)体的容重和内摩擦角,h 为地表至计算点的深度。

由(5-86)式可知,井壁所受压力与深度 h 成正比,沿深度呈线性分布,如图5-36。当竖井表土层由多层不同类型的土体组成,各层的厚度 h_i、容重 γ_i 以及内摩擦角 φ_i 各不

相同, 如图 5-37 时, 井壁所受地压就需要分层计算。

对于第 n 层土, 顶面上的上覆岩(土)层重量为

$$\sum_{i=1}^{n-1} \gamma_i h_i = \gamma_1 h_1 + \gamma_2 h_2 + \cdots + \gamma_{n-1} h_{n-1}$$

底面上的上覆岩(土)层重量则为

$$\sum_{i=1}^{n} \gamma_i h_i = \gamma_1 h_1 + \gamma_2 h_2 + \cdots + \gamma_n h_n$$

因此, 在第 n 层顶面和底面上井壁所受压力分别为

$$p_n' = \left(\sum_{i=1}^{n-1} \gamma_i h_i \right) \tan^2 \frac{90° - \varphi_n}{2} \tag{5-87}$$

$$p_n'' = \left(\sum_{i=1}^{n} \gamma_i h_i \right) \tan^2 \frac{90° - \varphi_n}{2} \tag{5-88}$$

式中: $\gamma_1, \gamma_2, \gamma_3, \cdots, \gamma_n$ ——各岩(土)层的容重;

$h_1, h_2, h_3, \cdots, h_n$ ——各岩(土)层的厚度;

$\varphi_1, \varphi_2, \varphi_3, \cdots, \varphi_n$ ——各岩(土)层的内摩擦角。

应该注意的是, 在计算第 n 层井壁压力时, 无论是计算顶面还是底面的压力, 需要使用的都是第 n 层的内摩擦角。因此, 当某层岩体内摩擦角的数值较大时, 井壁所受压力可能低于其上层井壁的压力, 如图 5-37 所示。

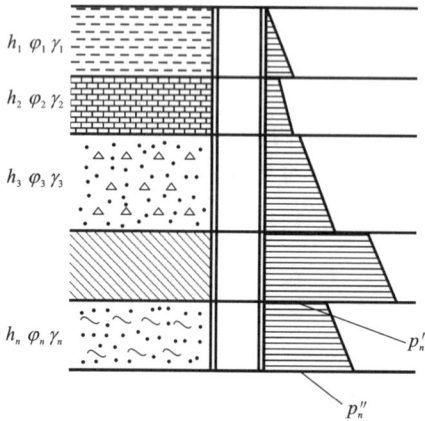

图 5-37 竖井地压分层计算图

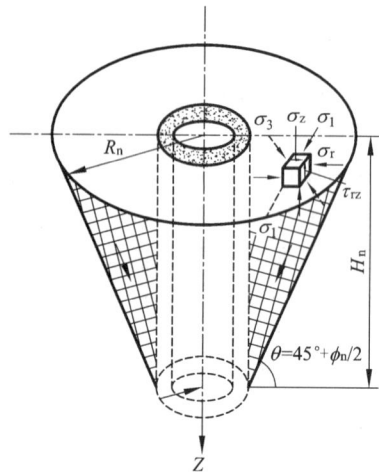

图 5-38 圆柱形挡土墙地压计算

5.6.2 圆柱形挡土墙地压公式

用平面挡土墙公式来计算竖井地压, 把竖井简化为平面问题, 显然与实际情况不符。竖井井壁实际上是圆柱面, 当土体(或破碎岩体)在上覆岩层重量作用下向竖井井壁内移动时, 由于土体向内滑移时相互间有挤紧作用, 可以增加其自身的稳定作用。这样, 所得结果与平面挡土墙公式的结果就会有所不同。

将竖井围岩的滑移体视为一个上半径为 R_n, 下半径为 a(竖井半径)的中空截圆锥, 则这时一个空间轴对称问题, 如图 5-38。略去数学推导, 可以得到在岩土体即将发生滑移时的

极限平衡状态下，作用在井壁上压力的计算公式为：

$$p_n = \frac{\gamma_n a}{\lambda - 1} \tan\left(\frac{90° - \varphi_n}{2}\right)\left[1 - \left(\frac{a}{R_n}\right)^{\lambda - 1}\right] + Q\left(\frac{a}{R_n}\right)^{\lambda}\tan^2\left(\frac{90° - \varphi_n}{2}\right) + C_n\cot\varphi_n\left[\left(\frac{a}{R_n}\right)^{\lambda}\tan^2\left(\frac{90° - \varphi_n}{2}\right) - 1\right]$$

$$(5-89)$$

式中：λ——侧压力系数，$\lambda = 2\tan\varphi_n\tan\frac{90° - \varphi_n}{2}$；

$\quad\quad$ φ_n，C_n——第 n 层岩层的内摩擦角和内聚力；

$\quad\quad$ Q——上覆岩层作用于第 n 层岩层顶面处的载荷；

$\quad\quad$ R_n——岩层滑移面与第 n 层岩层上表面相交圆的半径，$R_n = a + H_n\tan\left(\frac{90° - \varphi_n}{2}\right)$；

$\quad\quad$ H_n——第 n 层岩层的厚度。

计算结果表明，由于土体向内相互挤紧的作用，采用圆柱形挡土墙公式的计算出的土体对井壁的压力，较平面挡土墙公式的计算结果要小得多。

【例题 5-3】 某竖井掘进半径 a 为 2.5 m，穿过厚度为 80 m 的黄土层，其容重 $\gamma = 20$ kN/m³、内摩擦角 $\varphi = 20°$。不计内聚力 C 的影响，求井壁压力。

[解] （1）先按平面挡土墙公式计算

$$p' = 0$$

$$p'' = \gamma h\tan^2\left(\frac{90° - \varphi}{2}\right) = 0.78 \text{ MPa}$$

（2）按圆柱形挡土墙公式计算

$$p' = 0$$

$$R = a + H\tan\left(\frac{90° - \varphi}{2}\right) = 58.52 \text{ m}, \quad \lambda = 2\tan\varphi\tan\frac{90° + \varphi}{2} = 1.040$$

$$p'' = \frac{\gamma a}{\lambda - 1}\tan\left(\frac{90° - \varphi}{2}\right)\left[1 - \left(\frac{a}{R_n}\right)^{\lambda - 1}\right] = 0.104 \text{ MPa}$$

由此可见，由圆形挡土墙公式计算出的地压值，较平面挡土墙公式的结果要小得多。

思考题

1. 什么是地压？什么是地压现象？广义地压与狭义地压的区别何在？研究地压对矿山工程有什么意义？

2. 什么是原岩？什么是围岩？采矿工程中根据什么来定义原岩和围岩？

3. 说明围岩与支架的共同作用原理，围岩位移与支架刚度间的关系，以及支架设计的原则。

4. 圆形巷道围岩中的次生应力分布有哪些特点？侧压力系数对围岩应力分布以及应力集中系数有什么样的影响？椭圆形、矩形、直墙拱顶形以及马蹄形巷道围岩中应力分布有哪些特点？

5. 出现塑性区后，巷道围岩应力分布发生了什么变化？塑性区应力分布的主要特点是什么？塑性区范围（半径）由哪些因素决定？

6. 什么是普氏坚固性系数？普氏地压公式、秦氏公式和太沙基公式的出发点和适用条件各是什么？

第6章 采场地压及其控制

6.1 概述

采场(stope)是在矿体内开采矿石的场所，是一个立体的采动空间，采场地压(rock pressure)是指采掘形成的空间破坏了原岩的自然平衡状态，岩体应力重新分布，从而引起采场围岩变形、移动和破环的一系列地压现象。这些地压现象的发展过程和岩体或支架破坏称为采地压显现。

地压呈现有不同的形式，主要形式有冒顶、片帮、顶板下沉、围岩变形，还可能出现采场矿柱压裂、围岩移动等。

金属矿山采场的规模较大，形状也较复杂，采场内有巷道、硐室、各种采场，空间分布形式复杂，随回采工作的进行，采场规模和形状又不断变化。因此，和井巷工程相比，采场地压显现剧烈，波及范围大，造成的破坏也严重得多。

6.1.1 采场地压的形式

根据采矿方法的不同，采场地压有不同的显现方式。有的体现在采准巷道中，有的体现在采场的顶板的稳定中，如采场垮塌，几个采场同时冒落，巷道错动，地震及地表开裂等，从而形成大的灾害。

由于采动的影响，采区中巷道的应力集中现象也比较普遍，如空场采矿法中出矿巷道的地压比较大。采区巷道破坏形式和主要原因见表6-1。

表6-1 采区巷道破坏形式及其主要原因

巷道破坏地点及破坏形式		示意图	形成原因	发生条件
顶板	顶板规则冒落		在岩石自重条件下顶板中岩石单元体互相挤压出现极限平衡的楔紧拱，拱内岩石松脱形成抛物形冒落拱	多发生在属于散体结构的松软岩石中
		2α $\alpha=45°+\varphi/2$	顶板中岩石受剪切破坏，岩石一般沿交错的成对螺旋形滑移线滑落，形成尖桃形冒落拱。冒落拱顶是破裂面的交角，其值为 $2\alpha=90°+\varphi$	多发生在整体结构的岩石中。顶板岩石越软，形成的拱顶越尖

续表 6 – 1

巷道破坏地点及破坏形式		示意图	形成原因	发生条件
顶板	顶板不规则冒落	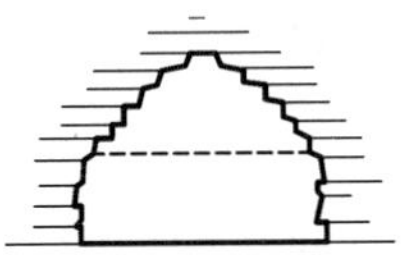	顶板中有明显的层理弱面，且主要压力方向来自顶板。故岩石破坏时基本上沿层理弱面离层、弯曲下沉而逐层折断。由于岩层靠两侧折断处留有残根，使每层的冒落跨度顺次向上递减，形成阶梯形冒落空洞	多发生在水平或缓斜埋藏的层状结构岩体中及巷道跨度较大的情况下
		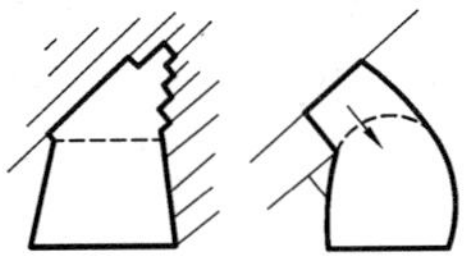	顶板中有明显的层理和弱面，由于破裂带范围发展不均匀，沿层理和弱面冒落时形成非对称的不规则的冒落空洞	多发生在倾斜埋藏的层状结构或块状结构的岩体中
		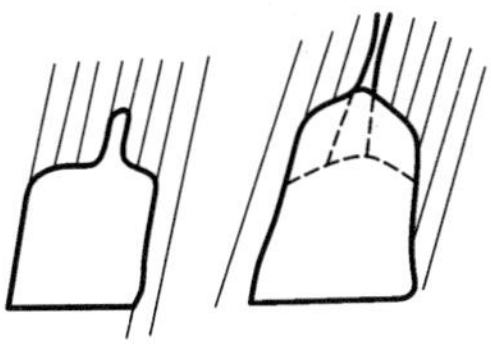	顶板中有明显滑面或层面间有泥质或云母等矿物质薄夹层，常出现沟状的抽条式冒落（左图），或顶板中有断层带，掘巷后断层带岩块和碎屑首先出现沟状抽条式冒顶，最后引起顶板中两侧岩层沿层理面冒落	多发生在急倾斜层状坚硬岩体中，存在水的作用时更易出现抽条式冒顶
	顶板危岩局部冒落	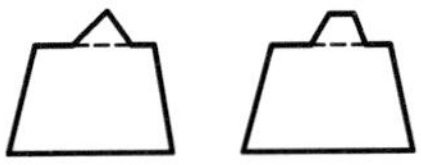	顶板被斜交的节理弱面切成形状和大小不同的岩块，当岩块自重在弱面上引起的下滑力超过侧向挤压所形成的摩擦力时，岩块就发生冒落。根据节理弱面分布和彼此的组合关系不同，可能出现三角形岩块冒落或梯形岩块冒落	多发生在块状结构的岩体中
	顶板弯曲下沉	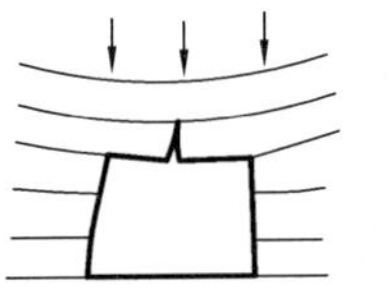	在上覆岩层重量作用下，顶板岩层弯曲下沉，岩梁下部受拉而出现裂缝或断裂	多发生在水平或缓斜层状结构岩体中，以及巷道跨度较小的情况下
底板	底板塑性膨胀	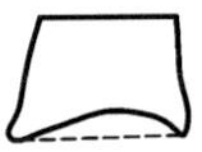	底板为强度较低的粘土质岩石，在底压作用下产生的塑性变形	多发生在整体结构的软岩中，在水的作用下更为严重
	底板鼓裂	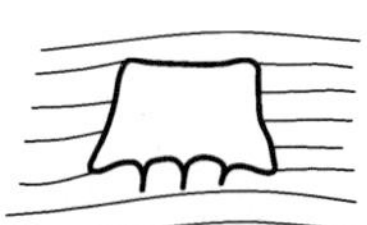	底板为中等强度的砂质粘土页岩或砂质页岩，由于塑性变形导致岩层破裂	多发生在层状结构的中硬粘土质岩石中

续表 6-1

巷道破坏地点及破坏形式		示意图	形成原因	发生条件
两帮	巷道鼓帮		巷道两侧受压而形成双侧鼓帮,随来压条件及岩层组成情况不同,鼓帮可能出现在两帮中部或靠近底部	整体结构或层状结构的岩层或煤层中都可能发生
			巷道一侧受压而形成单侧鼓帮,随来压条件及岩层组成情况不同,鼓帮可能出现在巷道一侧上部或下部	同上
	巷帮开裂或破坏		由于巷道顶角处剪应力超过岩石强度而造成巷帮出现剪切劈裂。裂缝面有磨碎的岩粉,说明巷帮受力很大	多发生在整体结构的厚岩层中
			巷道底角在大压力下剪坏,引起巷帮下沉,结果在巷帮靠顶角附近引起水平裂缝,可能深入岩体几十厘米	多发生在块状的、厚层状的或整体性岩石中
			巷帮岩石在顶压、侧压联合作用下向巷道空间鼓出,并逐渐失稳而破坏,形成巷帮鼓帮折断	多发生在急斜埋藏和薄层状结构的岩体中,如板岩、片岩、砂质页岩等,岩层愈薄,折断深度愈大
			巷道之间的矿柱受压后出现 X 型剪切破坏	多发生在整体结构的煤柱或岩柱中
	巷帮开裂或破坏		巷帮存在被斜交节理切割而形成的散离岩块,当岩块自重在弱面上引起的下滑力大于摩擦阻力时,岩块将发生滑落	多发生在断层带,构造破碎带,岩层中夹有软弱夹层的地段或块状结构的岩体中
			巷道周围为抗压、抗剪能力差的较软弱岩层或煤体,层面光滑、平直,造成巷道一侧沿层理面片帮	多发生在倾斜或急斜埋藏的层状结构岩体中
顶板及两帮	巷道大型冒顶及片帮		顶板冒落以后,由于两帮不坚固又出现片帮时,支座转移至深部,使冒落拱扩大,最后形成又高又宽的冒落空洞	多发生在散体结构的较软弱岩体中
底板及两帮	巷道鼓帮和鼓底		底板和两帮的松软泥质岩石产生强塑性变形,在水的作用下尤为严重	多发生在塑性软岩中

续表6-1

巷道破坏地点及破坏形式	示意图	形成原因	发生条件
顶底板及两帮　巷道断面全面收缩和闭合		巷道围岩为松软的粘土质岩层,掘巷后粘土岩可能遇水膨胀,造成围岩塑性变形发展很快	多发生在各种类型的松软粘土质岩层中,如粘板岩,泥质页岩,铝土页岩、泥岩、断层夹泥带等

6.1.2　影响采场地压的主要因素

影响采场地压的主要因素有：矿石和围岩的物理力学性质、地质构造、开采深度、采矿方法、回采顺序、开采规模、开采强度、地下水及时间因素等。

中国自1956年以来,在辽宁、江西、湖南等省,先后多次发生大规模地压活动,威胁矿山的安全生产,造成资源的大量损失。研究采场地压活动规律和地压控制方法,具有十分重要的意义。

采矿方法从大的方向分为支撑法和崩落法。这两种方法是完全不同的,是两种极端的情况。支撑法依赖于近场岩体(如矿柱)能否承受大的压缩应力,而崩落法迫使矿岩能量耗散,使矿岩自动崩落从而保护采场的安全。

6.1.3　采场应力分布特征

根据采场在地下埋深不同,如果埋深不是很大,根据损坏变形破坏程度,岩体变形破坏可分为几个带：

1. 冒落带

如果顶板由层状岩层构成时,由于各岩层岩性不同,于是在自重作用下顶板岩层发生弯曲变形。在顶板岩层发生弯曲变形过程中,各层的挠度不同,顶板岩层出现离层现象。因出现离层使作用在离层部分荷载减小,进而使作用在两侧部分荷载增加。顶板表面拉应力作用区加大到采场跨度的2/3左右。顶板岩层拉应力区扩大及离层,导致在采场顶板中发生一断面形状略呈拱形的冒落区或称冒落带(如图6-1)。冒落带出

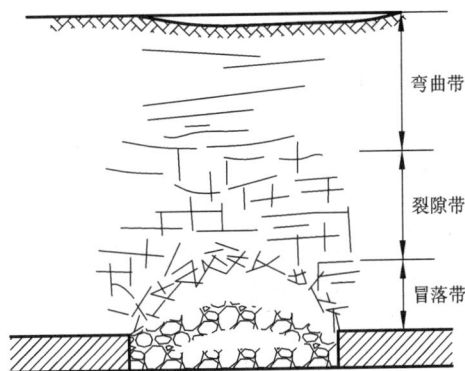

图6-1　采场顶板岩层变形分带示意图

现与否取决于顶板岩层岩性及采场跨度。当其出现时,该区高度一般不超过开采层厚度的4~6倍。根据前苏联哲兹卡兹干矿区多年研究及现场观测得出,冒落拱高度可用下式表示：

$$h = \frac{25\alpha}{f} \tag{6-1}$$

式中：α——采场跨度,m;

f——岩石坚固性系数，$f = \dfrac{S_c}{10}$；

S_c——岩石单轴抗压强度，MPa。

湖南锡矿山采矿经验认为，顶板出现脱层后，破坏深度达 3.5~5 m 时，顶板下沉值大于 150 mm，顶板下沉速度大于每天 1 mm，顶板发生冒落，冒落带高度随采场几何形状、岩性而异，一般为采高 2~3 倍。

2. 裂隙带

在冒落区上部岩层由初始弯曲变形，进而发生裂隙，裂隙一般与弯曲层面成垂直或沿层面发展。这些裂隙组成一系列沿层面或垂直方向的透水通道。裂隙带的高度为采高 20~30 倍。

3. 弯曲带

弯曲带位于裂隙带之上，在此带范围内岩层呈现弯曲变形。但在这一带中产生的裂隙互不贯通，因此不会发生并向下透水的危险。

除前述由应力造成顶板破坏外，顶板中存在地质构造时，也会改变应力分布，在断层附近会发生应力集中，使支撑压力增大。一般来讲，在采场与断层面间，在采场形成后，仅有部分应力经断层传递给另一盘岩体，应力值可增加到危险值。

6.2 空场法地压

6.2.1 空场法地压概述

空场法的最大特点是划分矿房和矿柱，回采矿房内的矿石，而矿柱保留（或临时保留）来承压。

空场法地压活动大致分为：

（1）预兆阶段

现象：岩层发出响声，声音由小到大，由里及表，频度由低到高；顶板岩层松动掉块；矿柱和采准巷道破坏。

（2）大冒落阶段

现象：采场压力剧增，出现岩石破裂并发生大面积岩层急剧冒落，有可能发生冲击汽浪，对人员和设备造成威胁。

（3）稳定阶段

当冒落岩石堆积充满采空区时，岩石冒落趋于稳定。如果采空区比较浅，冒落可触到达地表。如果空区离地表比较深，则地表会出现变形下沉甚至塌陷。

6.2.2 采场极限跨度

在保持顶板稳定的前提下，开采空间所允许的最大暴露面积称为极限暴露面积，开采空间所允许的最大宽度称为极限跨度。影响极限跨度的主要因素有：岩体力学性质、开采深度、暴露面的倾角及暴露时间，以及开采空间的几何尺寸等。

实践表明，当开采空间长度较大时（长度大于跨度 3 倍以上，此数值与岩体力学性质有关),顶板暴露面的稳定性取决于它的跨度。对于开采空间长度不大,即长宽比小于3,开采空间视暴露面积的大小而定。

由于岩体中含有节理、断层等各种不连续面,再加上采场的不规则性和动态采动的过程,从理论上确定回采空间的极限暴露面积是相当困难的,设计和施工部门通常根据经验类比或数值模拟的方法推断极限尺寸(或跨度)。

确定采场跨度可利用梁理论,以顶板岩石拉应力达到极限值为判断标准。

$$L_{max} = 1.29H\left(\frac{[\sigma_t]}{\gamma H} + \lambda\right)^{0.5} \tag{6-2}$$

式中:H——开采深度,m;

　　　γ——上覆岩层容重,t/m^3;

　　　λ——原岩应力场侧压系数,$\lambda = \dfrac{q}{p}$;

　　　$[\sigma_t]$——顶板岩层中许用抗拉强度,MPa。

如果考虑多裂隙岩体,其极限跨度约为无裂隙岩体极限跨度0.6~0.7倍。对于矿房和矿柱,还应考虑安全系数。

6.2.3　矿柱的稳定性

两个或两个以上的地下坑峒之间的岩体(包括矿体)称为矿柱。矿柱是采场中留下支撑顶柱或两则矿层的岩石实体。矿柱分为竖向垂直矿柱和横向的水平矿柱,又可分为盘区矿柱和支撑矿柱。

矿柱对限定采场顶部暴露面积,维护采场稳定性是很重要的。需要在安全的条件下,确定矿柱的合理尺寸,从而既能维护采场的稳定性,又能保持较高的矿石回采率。

作用在矿柱上的荷载并不能简单用每个矿柱所担负面积上部的覆岩柱的重量来计算,而是与L/H值有关(L——采场跨度;H——开采深度)。

矿柱的强度(strength of a pillar)、矿柱的宽度与高变比$\left(\dfrac{\omega_p}{h}\right)$对矿柱强度影响较大,金属矿山常用的关系式为

$$S_p = S_c\left(\frac{\omega_p}{h}\right)^{\frac{1}{2}} \tag{6-3}$$

式中:S_p——矿柱强度,MPa;

　　　S_c——构成矿柱岩石的单向抗压强度,MPa;

　　　ω_p——矿柱宽度,m;

　　　h——矿柱高度,m。

矿柱的设计与验算:

Hardy 和 Agapito(1977)所指出,矿柱大小和几何形状对其强度S_p的影响通常由一个经验指数关系表达,即

$$S_p = S_c V^a\left(\frac{\omega_p}{h}\right)^b \tag{6-4}$$

式中:S_c——矿柱岩石的单轴抗压强度,MPa;

V，ω_p，h——矿柱的体积，m^3，宽度和高度，m；

a，b——反映矿体的地质构造和岩石力学条件的参数。

Salamon 和 Munro(1967)得到了方形截面矿柱强度指数的一些估计值，列于表 6-2 中。

表 6-2 从矿柱的大小和形状确定矿柱强度的各指标

（据 Salamon 和 Munro，1967）

来源	a	b	主要介质
Salamon 和 Munro(1967)	-0.067 ± 0.048	0.59 ± 0.14	南非煤层，现场破坏
Greenwald 等(1930)	-0.111	0.72	匹兹堡煤层，模型试验
Steart (1954); Holland 和 Gaddy(1957)	-0.0167	0.83	西弗吉尼亚煤实验室试验
Skinner(1959)	-0.079	—	硬石膏实验室试验

矿柱的安全系数(F)：

Salamon 在对南非矿柱进行分析后，得到图 6-2 所示的数据，分析认为 F 的合理值为1.6。

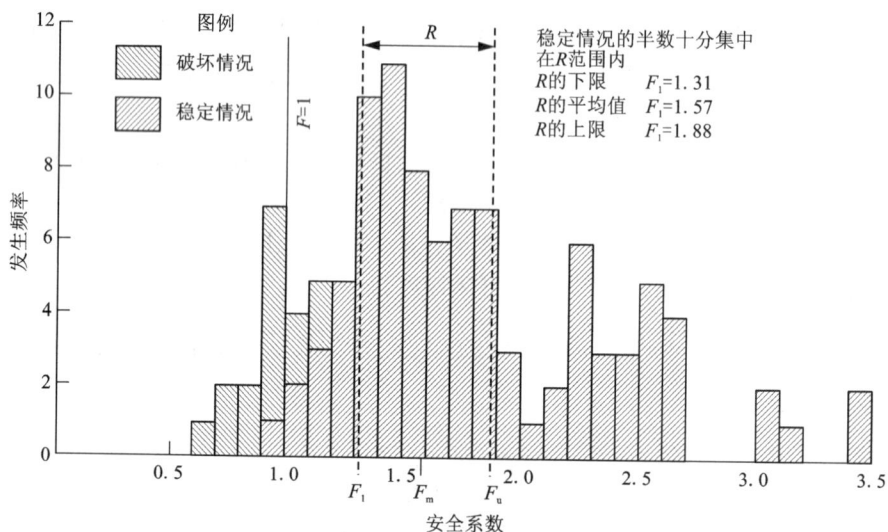

图 6-2 南非煤矿矿柱完整和破坏发生频率直方图(据 Salamon 和 Munro，1967)

实际工作中，顶柱厚度一般按经验确定，对于厚度大于 15～20 m 的厚矿体，顶柱厚度一般选用 8～10 m，对于厚度小于 5 m 的矿体，顶柱厚度为 4～6 m。

关于房柱系统的稳定性：

矿柱支撑存在不安全因素，矿柱尺寸必须满足一定的要求，否则，一旦某个矿柱被压坏，上覆岩层的压力就转移到其他相邻的矿柱上，导致这些矿柱载荷过大而发生破坏，从而引起连锁反应，最后导致井下矿柱系统失去支撑能力。要防止这个问题的出现，要合理选取矿柱的安全系数，另外适当加大盘区矿柱的尺寸，以防矿区大面积的冒落。

6.3 崩落法地压

6.3.1 崩落法的地压特点

崩落法(caving)不划分矿房和矿柱,覆盖岩层将随着矿块回采而自然崩落或强制崩落,矿块回采是在已崩落覆盖岩石下进行的,随着矿石的放出,上覆岩层崩落填充原矿石所占据的位置,形成覆岩层。常用的崩落采矿方法是有底柱崩落法和无底柱崩落法。

6.3.2 有底柱崩落法的地压

底柱是设在矿块的底部,出矿口通过底柱连通采场。底柱内部布置漏斗或壁沟、电耙道、溜井等出矿巷道。底柱除在内部布设有各种井巷,同时还承受上部覆岩的压力和采出矿石后转移来的压力,若底部结构发生破坏,则矿石无法放出,直接影响矿石的回采。所以底柱结构的稳定性是这类采矿方法成败的关键。

松散矿岩作用在底部结构上压力的大小取决于矿岩的物理力学性质、崩落层的高度和水平面积、阶段或分段内采场回采顺序和放矿顺序。

底部结构地压显现规律:

松散矿岩对底部结构的压力(静荷载)不是平均分布的,采场周围的压力较小,而中心部分最大,这是由于松散矿岩的成拱作用及矿壁摩擦阻力影响所致。

矿房内松散矿岩对底部结构的平均压力 p 可参照太沙基公式:

$$p = \frac{\gamma R}{\gamma \tan\theta}(1 - e^{\frac{H}{R}\lambda\tan\theta}) \qquad (6-5)$$

式中:γ——松散崩落矿岩的容重,t/m^3;

H——崩落矿岩的高度,m;

R——$R = A/L$,其中 A 为采场面积,m^2;L 为采场周长,m;

$\tan\theta$——松散矿岩与采场岩壁间的摩擦系数;

λ——侧压力系数。

若松散矿岩处于静态平衡,自重应力为最大主应力,可得:

$$\lambda = \frac{1 - \sin\varphi}{1 + \sin\varphi} = \tan^2\left(45° - \frac{\varphi}{2}\right) \qquad (6-6)$$

式中:φ——松散崩落矿岩的内摩擦角。

在放矿过程中,底部结构上的压力处于动态变化的过程。由于放矿形成的松散椭球体范围内矿石发生二次松散,因而在其顶部形成卸压拱,而拱上部的压力向两侧传递,这样就形成了以放矿漏斗为中心的降压带。加大放矿强度可以降底放矿期间底柱承受的荷载。

6.3.3 无底柱崩落法的地压

无底柱崩落法不设底柱,出矿是在进路(出矿巷道)中进行,所以地压主要体现在进路和联巷中。无底柱分段崩落法典型方案见图6-3。

回采顺序对无底柱崩落法的地压影响较大,实践表明,台阶式的推进方法对控制地压有

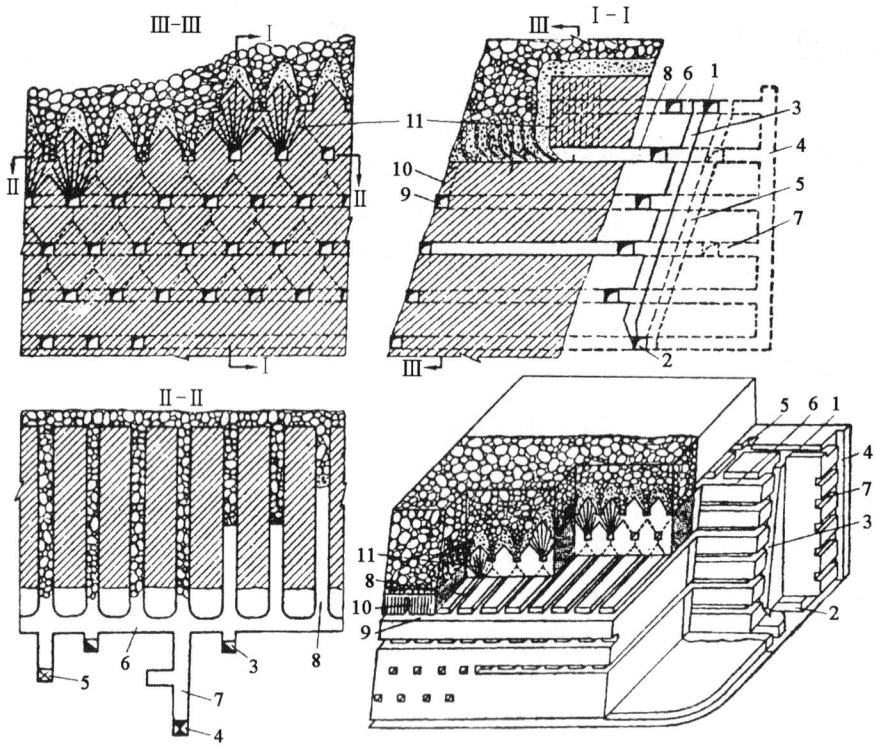

图 6 – 3　无底柱分段崩落法典型方案

1、2—上、下阶段沿脉运输巷道；3—矿石溜井；4—设备井；5—通风行人天井；6—分段运输平巷；
7—设备井联络道；8—回采巷道；9—分段切割平巷；10—切割天井；11—上向扇形炮孔

利，特别是通过联巷的时候。

矿体回采时，不宜在已采完的区域中存在有残留的未采矿段，如孤立未采矿段存在，势必因承受大的地压而难于回采，尤其是附近的矿体，孤立矿段受压更大。另外，本段残留矿段会使下水平受力增大，从而影响下水平的矿石回采。回采应先采应力较高的区域，再采其他区域。

6.4　充填法地压

地下矿石被采出以后形成采空区，用某种材料把采空区充填，就形成了充填采矿法。

常用的充填材料可分为砂、干式和低标号混凝土。一般充填体的压缩变形量比较大，即使是胶结充填，其弹模为 100～1000 MPa，是岩石弹模的十分之一至数百分之一。因而充填体对阻止围岩变形方面的作用有限，据测定，水砂充填的顶板沉缩率（顶板下沉量与开采高度之比）为 13%～28%，矸石充填约为 25%。

充填体一般都有一段固结或压密的过程，与覆盖岩层或岩石之间会有一定的间隙 – 空顶距，所以只有上部岩石破坏或冒落以后对充填体产生压力，充填体才能真正起到支撑顶板的作用。

通常充填体在地压控制方面的作用有：

(1)改善围岩或矿柱的应力状态。空区被充填体填满以后，岩石受力由二维变成三维。

(2)限制围岩大范围崩落及岩石移动。

尽管充填体的弹模比较低，压缩变形比较大，但其处于一个封闭的空间内，当变形达到一定的程度，充填体即会对岩石有一个支撑力，特别是对岩石移动方面有较好的限制作用。

6.5 采场地压控制方法

6.5.1 地表沉陷及崩落

地下矿石的回采打破了岩石的平衡，常会发生采场冒落及岩石移动，如果达到地表就表现为地表下沉、塌陷甚至崩落。

地表表现形式可分为连续下沉和不连续下沉。连续下沉将形成一个没有阶梯状变化的光滑的地面下沉剖面。不连续下沉是在下沉剖面上产生阶梯状变化或不连续间断面，其中可能形成塌陷坑或大的裂缝，可能造成人员大量伤亡及地表建(构)筑物的损坏。这往往会导致灾难性后果。

崩落区和岩移区范围通常用崩落角和移动角来确定。

崩落角是指地表裂缝区的最边缘至井下采空区下部边界线的连线与水平面所成的夹角，通常用 β_0 来表示，由崩落角圈定的范围为崩落区，该区内不允许有永久性建(构)筑物。

移动角是指地表位移边界线至采空区下部边界线的连线与水平面所成的夹角。由移动角圈定的范围称为变形区，处于该区内的建(构)筑物可能因变形而破坏。

岩体崩落角的大小受各种因素制约，其中包括岩体力学性质、结构面分布、采空区的大小形状、开采深度等，用理论精确计算比较困难。

一般情况下，崩落角：稳定岩体 65°~80°；中等稳定性岩体 55°~65°，表土约为 45°。

各矿山的岩石崩落角一般按类比法选取，表 6-3 为前苏联若干矿山崩落角与移动角观测资料。

表 6-3 前苏联若干矿山的崩落角与移动角观测资料

上、下盘围岩名称及其普氏坚固系数(f)	开采深度(m)	矿体厚度(m)	矿体倾角(°)	采矿方法及空区处理	崩落角(°)			移动角(°)		
					β_0	γ_0	δ_0	β_i	γ_i	δ_i
闪长岩 15~20	210~300	15~40	35~60	空场法，空区不处理	-	-	-	75	85	75
钠长斑岩 6~15	50	1.6	60	上部露采，下部充填法	-	-	-	60	60	60
辉绿岩 10~15	225	30~32	80~85	留矿法，矿柱用崩落法	85	70	85	-	-	-
绿泥片岩 8~15	210	2~8	45~80	90m 以上支柱法，下部用留矿法	65	60	75	-	-	-
绿泥片岩(上盘)8~10 纳长斑岩(下盘)8~15	105	2~20	80	上部露天开采，下部崩落法	65	65	85	50	55	75

续表 6 – 3

上、下盘围岩名称及其普氏坚固系数(f)	开采深度（m）	矿体厚度（m）	矿体倾角（°）	采矿方法及空区处理	崩落角(°)			移动角(°)		
					β_0	γ_0	δ_0	β_i	γ_i	δ_i
钠长斑岩(上盘)8~10 片岩(下盘)6~8	120	10~30	55~70	崩落法	75	70	80	60	55	75
同上	75	3~10	80~90	充填法	90	75	85	80	70	80
同上	205	2~20	80~90	85m 以上用支柱法,下部用充填法	85	75	90	80	70	85
石英绢云母片岩(上盘)6~8(下盘)8~10	120	10~12	75~85	崩落法	70	60	85	50	55	85
同上	150	12~15	85	矿房用充填法,矿柱用崩落法	80	80	85	75	60	80
绢云母片岩(上盘)3~8 (下盘)6~10	240	15~40	75~80	30m 以上露采,下部用崩落法	40	70	70	35	60	70
不稳定绢云母片岩(上盘)3~6 钠长斑岩,裂隙发育(下盘)6~10	90	2~8	60~65	支柱法,部分用充填法	无陷落	30	50	75		

6.5.2 岩体的冒落拱计算

岩体是一种抗压强度高,抗拉强度很低的材料,岩体的抗拉强度是其抗压强度 $\frac{1}{10} \sim \frac{1}{20}$。当采场拉开以后,顶板的岩石往往受拉应力的作用破坏后冒落,从而形成自然冒落拱。

免压拱的计算方法与围岩岩体结构有关,下面按结构类别介绍。

1. 整体结构

在整体结构岩体中的掘进巷道,其周边破坏的现象与试验机下均质岩石试件受单轴压缩实验时的状态相似,主要的破坏形式有两种:①X 型剪切裂缝;②张开裂缝。

在这两种破坏形式中对巷道稳定有影响的主要是剪切破裂。从莫尔强度理论中已知,围岩任一点上剪切破裂面与最大主应力方向的夹角 $\alpha = 45° - \dfrac{\phi}{2}$(图 6 – 4)。

如果我们作一条光滑曲线,使这条曲线切于各极限应力点的剪切方向,则该曲线必代表围岩中剪切破裂的轨迹线。在力学中将这种轨迹线称为塑性滑移线。

设 A 点为塑性滑移线上的一点,同时又是最大主应力迹线上的一点(图 6 – 5)。滑移线方程用函数 $r = f(\theta)$ 表示。根据滑移线的定义:"塑性滑移线与最大主应力迹线的夹角 $\alpha = 45° - \dfrac{\phi}{2}$",可建立滑移线的微分方程为:

$$dr = rd\theta \cdot \tan\alpha = rd\theta\tan\left(45° - \frac{\phi}{2}\right)$$

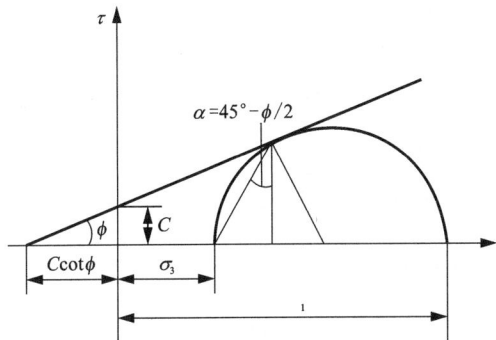

图6-4 剪切面与最大主应力方向的夹角

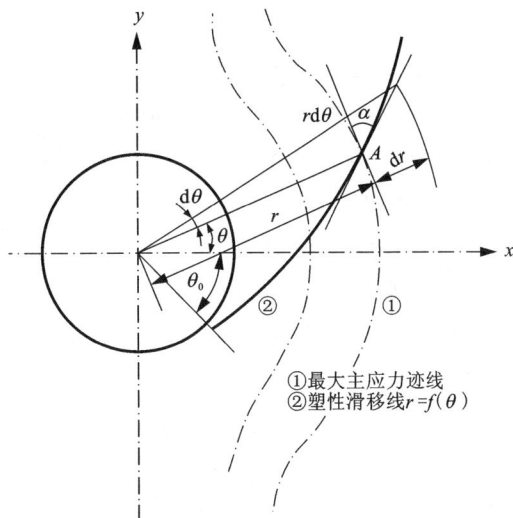

①最大主应力迹线
②塑性滑移线 $r=f(\theta)$

图6-5 塑性滑移线的建立

$$\int \mathrm{d}\theta = \int \frac{\mathrm{d}r}{r}\cot\alpha$$

积分后得

$$r = Ke^{\theta\tan(45°-\frac{\phi}{2})}$$

当

$$\theta = \pm\theta_0 \ \text{时}, \ r = r_0$$

∴

$$K = r_0 e^{\mp\theta_0\tan(45°-\frac{\phi}{2})}$$

于是得塑性滑移线的方程为

$$r = r_0 e^{(\theta\mp\theta_0)\tan(45°-\frac{\phi}{2})} \tag{6-7}$$

式中：θ_0——滑移线始点与水平轴线的夹角。

　　属于成对交错的螺旋型曲线。由于巷道四角应力高度集中，这种滑移线往往优先发育于四角或其他围岩的薄弱环节处。非弹性变形区内的岩石容易沿着滑移线脱落，使顶板出现尖桃型的冒落拱，侧帮亦如此(图6-6)。

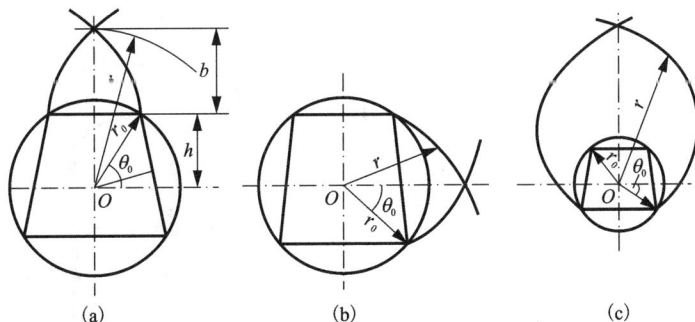

图6-6 各种类型的剪切破坏

　　如图6-6所示，在整体结构岩体中出现冒落拱时，其高度可按下式决定：

$$b = r - h = r_0 e^{(\theta - \theta_0)\tan(45° - \frac{\phi}{2})} - h \qquad (6-8)$$

式中：r_0——巷道外接圆的半径，m；

　　　　h——外接圆中心到顶的距离，m。

巷道顶部单位长度的压力 $p(\text{t/m})$ 可近似地取为

$$p = \gamma(r - h)$$

式中：γ——岩石的容重（t/m^3）。

【例题 6-1】 已知：$\phi = 50°$，$\gamma = 2 \text{ t/m}^3$，巷道跨度与高度各为 4 m，$r_0 = 2\sqrt{2}$ m，$\theta = 90°$，$\theta_0 = 45°$，$h = 2$ m，求冒落拱高度 b 和地压值 p。

[解] $r = r_0 \cdot e^{(\theta - \theta_0)\tan(45° - \frac{\phi}{2})} = 2\sqrt{2} \times e^{\frac{\pi}{4}\tan 20°} = 2\sqrt{2} \times e^{0.286} = 3.76$ m

$b = r - h = 3.76 - 2 = 1.76$ m

$p = \gamma b = 2 \times 1.76 = 3.52$ t/m

2. 散体结构

在这类岩体结构中最常见的是规则拱形冒落。

规则拱形冒落的计算方法很多，这里仅作简要说明：

（1）普氏法

普氏通过对冒落拱的分析，提出：

①巷道顶板的自然平衡拱形为抛物线形；

②冒落拱高 b 可按下式计算：

$$b = \frac{a}{f} \qquad (6-9)$$

式中：a——巷道跨度的一半，m；

　　　　f——岩石的坚固性系数，$f = \dfrac{R_c}{10}$；

　　　　R_c——岩石单轴抗压强度，MPa。

③作用在支架上的压力等于冒落拱内岩石的重量。

设抛物线的面积近似地为

$$A = \frac{4}{3}ab$$

则顶压为

$$p = \gamma A = \frac{4}{3}\gamma ab = \frac{4}{3}\frac{\gamma a^2}{f}, \text{ t/m}$$

普氏法可用于巷道跨度小于 5 m 的散体岩石中，对大跨度巷道与其他岩体结构，普氏法不适用。

（2）太沙基法（图 6-7）

太沙基认为支架上的荷载等于顶板岩柱中一部分高度所相应的重量。此岩体的高度 H_p 为

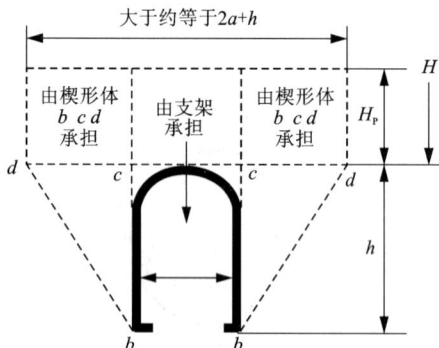

图 6-7　太沙基法图解

$$H_p = \alpha(2a + h) \qquad (6-10)$$

式中：2a——巷道跨度；

    h——巷道高度；

    a——荷载系数，其值根据表6-4选取。

表6-4 α值范围表

岩石条件	在地下水位以上	在地下水位以下
坚实砂	0.31 ~ 0.69	0.62 ~ 1.38
松 砂	0.54 ~ 0.69	1.08 ~ 1.38
完成压碎但未起化学变化	0.55	1.10
块状及裂缝状（似松散体）	0.18 ~ 0.55	0.35 ~ 1.10

（3）水电部法

$$P = 2a\gamma K_p \qquad t/m^2 \qquad (6-11)$$

$$Q = K_q\gamma h \qquad t/m^2 \qquad (6-12)$$

式中：K_p——顶压系数，$K_p = 0.3 \sim 0.5$；

    K_q——侧压系数，$K_q = 0.05 \sim 0.5$；

    Q——侧压。

3. 层状结构

地压显现特征主要取决于层面与巷道轴线的空间关系，大致可分为3种情况：

①层理水平或近水平赋存时顶板容易下沉折断［图6-8(a)］，因此顶板是主要来压方向。此时，可将顶板视为两端固定的板系，在顶压作用下，板系出现弯曲与离层。如及时支撑，岩层本身的变形以及因离层在围岩周边造成的假塑性变形都要对支架施加压力，这种压力属于变形地压。如任其自由挠曲，顶板围岩将逐层折断并冒落下来。由于板系在靠近两端 x_0 距离内的岩根部分几乎没有下沉［图6-8(b)］，所以每一层的冒落跨度顺次递减 $2x_0$，最后形成阶梯形冒落空间。x_0 的大小虽然与各单层的厚度、层间组合关系等多种因素有关，很难通过计算求得。为简化起见，可在现场直接测量折断线与层面的交角 α，β，并按下式推出最大可能的冒落高度

$$h = \frac{2a}{\cot\alpha + \cot\beta}$$

求出 h 后，可近似地将阶梯形空间视为三角形，按块体平衡方法，即危岩地压的方法计算。

在坚固厚层岩体中，最邻近巷道的厚层顶板产生桥跨作用，顶板岩石自身起了人工结构物作用，这种情况下一般不需计算地压。

②岩层直立或急倾斜赋存时，两侧容易产生凸帮折断，为主要来压方向。凸帮属于变形地压，折断后的片落阶段属于松脱地压。

③巷道轴向与层理近似正交时（石门或穿脉巷道），巷道一般较稳定，仅在软夹层中易出现规则拱形冒落，计算方法与散体结构中采用的方法一致。

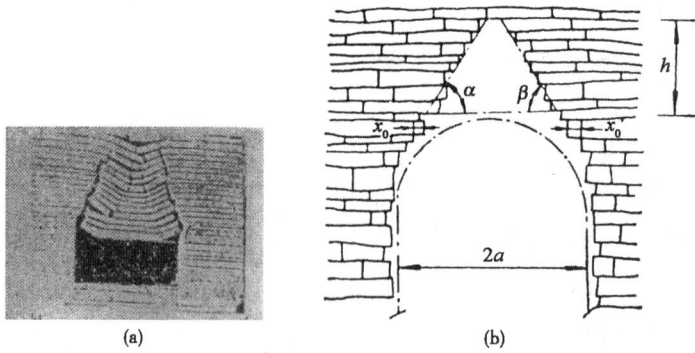

图 6-8　水平层状岩体的顶板冒落

各类岩体结构中容易产生的典型地压现象，其相应的力学结构和建议采用的地压计算方法归纳在表 6-5 中。

表 6-5　各类岩体结构中的地压显现

编号	岩体结构		典型地压现象	力学结构	力学简图	建议采用的地压计算方法
1	整体结构		剪切裂缝	岩柱受压剪切破坏		塑性滑移线方法
			张开裂缝（剥皮）	岩柱受压拉伸破坏		不必计算
2	块状结构	滑移式块状结构	危岩冒落	岩块滑动问题		块体平衡力学
		砌块式结构	阶梯形冒落	砌块成组滑移问题		同上
			追迹式拱形冒落	砌块极限平衡问题		砌块体力学
3	散体结构		规则拱形冒落	岩石与土的自然平衡问题		土力学方法
4	碎裂结构		各种不规则冒落	—		块体平衡力学

续表6-5

编号	岩体结构		典型地压现象	力学结构	力学简图	建议采用的地压计算方法
5	层状结构	水平层理	下沉折断	板梁弯曲破坏问题		变形阶段——弹塑性力学方法；折断后松脱阶段——块体平衡力学
		垂直层理	凸带折断	纵向板系压弯失稳问题		
		巷道轴线与层理正交	规则拱形冒落	岩石与土的自然平衡问题		土力学方法
6	各类岩体结构		围岩膨胀	岩体塑性流动问题		弹塑性力学方法

6.5.3 利用免压拱控制采场地压

对于传统的观念来说，安全开采就是要使顶板稳定，减小暴露面积，多留矿柱以支撑顶板，以后在合适的时间再回收矿柱。但是在回收矿柱的时候，往往矿柱受力比较大，回收比较困难。另外，如果矿柱尺寸留得过小，由于岩石中含有缺陷（如结构面、断层等），会导致某一个矿柱发生破坏，从而该矿柱所承担上部岩石的重量转移到相邻矿柱上，这样容易导致矿柱系统的失稳，引起矿柱的多米诺骨牌效应，从而发生大规模的地压活动。

岩体开挖区域若顶板出现拉应力，则会形成冒落拱，矿石采出以后，如果形成冒落拱，特别是对于崩落采矿法，会形成跨度达几百米的冒落拱，由于拱内的岩石已经冒落，不能再承担上部的荷载，所以上部岩石的重量全部转移到四周的拱脚处，形象地说，冒落拱就像一个反扣着的大锅，锅顶部传来的重量全部由四周的锅沿来承担。在实际采矿中，上部几百米甚至上千米岩体的重量传至了冒落拱上下盘和左右两侧的采场，从而导致在回采上下盘处的矿石时，往往地应力很大，容易引起冒落。同理，采到左右两侧的采场时，也有同样的现象。这样就需要合理的安排开采顺序，设法先采高应力地区的矿块，再采低应力地区的矿块。也可以利用冒落拱压力理论转移采矿压力，即使来自原岩体的荷载转移到所采区域之外，形成免压拱开采环境，从而减小开采时的围岩压力。

卸压开采与免压拱开采原理上相似，卸压开采是运用应力转移原理，将回采区的高应力通过一定的措施转移到四周，使采区内应力降低，改善矿岩的应力分布状态，控制由于多次采动影响而造成的应力增高带相互重叠的程度，以实现顺利开采。卸压开采技术主要分垂直卸压和水平卸压工艺。垂直卸压是将回采区上部覆岩压力部分或全部转移到四周，压力拱下的开采工程只承受矿岩重量，应力值显著降低而变得易于开采。水平卸压是将作用于开采矿体上的水平应力隔绝，形成水平应力降低区，以减小水平应力对采矿工程和人员的危害。

前国内外常用的卸压方法主要有：①在巷道围岩中开槽、切缝、钻孔或松动爆破；②在受保护巷道附近开掘专用的卸压巷道；③从开采中进行卸压或将巷道布置在应力降低区内。

6.5.4　采场地压控制方法

采场的面积比较大，采场地压影响的范围广。研究采场地压必须弄清采场压力的主要来源、分布、显现和转移规律，从而寻找经济有效的控制方法。

采场地压的控制方法主要从以下几个方面着手：
①选择合理的采矿方法；
②确定合理的采矿参数，包括采场的面积，矿柱参数等；
③选择合理的回采顺序；
④采取经济有效的支护手段。

选择合理的回采顺序对控制采场地压有重大作用。矿块的回采顺序有如下原则：
①先回采高应力区矿块，再采低应力区矿块；
②回采的长轴方向尽量与矿区最大主应力方向平行；
③按上下分层和左右矿块的开采情况优化回采顺序。

6.6　采空区处理

6.6.1　概述

矿体中因开采而形成采空区，为了防止地表陷落，消除生产隐患，确保坑内作业人员安全，需及时和有计划地处理采空区的各种措施(如充填或放顶封闭等)，这些处理工作谓之采空区处理。

随着采矿的进行，采空区体积不断增加，如果应力集中超过矿石或围岩的极限强度时，空区周围的岩体将会出现裂缝，临近的巷道会发生片帮、冒顶和支护变形；严重时将使矿柱压垮，巷道破坏，矿房倒塌，岩层整体移动，顶板大面积冒落，即出现大规模地压活动。在顶板大面积冒落时，会产生强烈的、破坏性的机械冲击和气浪冲击，对人员和设备有很大的威胁。

6.6.2　采空区处理

采空区的处理(Goaf treatment)方法，分为崩落和充填两大类，进一步细分为：崩落法、充填法、支撑法、用封闭和隔离法和前述某几种方法的"联合法"。

1. 充填法

这种方法是用充填料对采空区进行采后充填。如采用废石充填、水砂充填和胶结充填等。

2. 崩落法

崩落法又可分为自然冒落围岩和强制崩落围岩两种。前者适用于围岩强度低、较松软、易崩落的岩体。后者适用于坚硬、难冒顶板。其又细分为全面放顶、切顶和削壁充填。

3. 支撑法

该方法一般适用于缓倾斜薄至中厚以下矿体，用空场类方法回采且地表允许冒落，顶板又相当稳定的矿体或非贵重矿石。

4. 隔离法

根据采空区情况的不同,隔离法有两种:

①隔绝孤立分散的小采空区与生产作业区段之间可能传递危害的一切通路;

②在连续和基本连续的大矿体中设置隔离带,隔离两侧采空区次生应力场的相互影响并消除它们相叠加的条件。

5. 联合法

联合法指在一个空场内同时采用几种基本方法处理采空区。由于各矿矿体赋存条件各异,生产状况不一,各单一空区处理方法均有局限性,某些采空区采用单一方法很难做到经济合理、简便适用,因而就产生了联合法。目前联合法有:支撑充填、崩落隔离、矿房崩落充填和支撑、控制爆破局部切槽放顶等方法。

6.7 岩爆及其控制

6.7.1 概述

岩爆(rockbursts)是在高地应力岩体中开挖地下巷道或洞室时常发生的复杂的动力失稳现象,它是由于岩石中蓄积的弹性应变能突然释放而发生的、以急剧猛烈地抛射矿岩为特征的动力现象,是岩体的一种脆性破碎过程,有时还伴有产生空气浪及出现矿尘。岩爆是一种工程地质灾害,它会破坏支护,并直接威胁施工人员和设备的安全。岩爆也称作冲击地压。世界上最早的一次岩爆于1738年发生在英国的锡矿山,至今已有两个多世纪的历史。现有南非、加拿大、德国、美国、印度、瑞典、英国、俄罗斯、中国等20多个国家和地区都发生过岩爆。

表 6-6 岩爆实例列表

序号	时间	矿山	岩 爆 特 征 描 述
1	1960	印度卡拉尔金矿	石英岩厚度 0.9~1.7 m,倾角40°~50°,岩爆由爆破引起,在21 d发生了200多次岩爆,涉及范围水平近700 m,垂直580 m
2	1962	俄罗斯顿巴斯煤矿	煤层急倾斜,围岩为砂岩,在半个月之内发生两次煤和瓦斯突出,突出体的形状呈梨状
3	1967	中国江西盘古山钨矿	1922年开采,长400~500 m,宽200~250 m,高400~500 m的岩体在短短几个小时内发生移动,地表下沉1.8 m
4	1970	加拿大	岩爆发生时,900 km以外地震监测站测到了震动
5	2001	中国辽宁红透山铜矿	瞬间岩脉部位两侧岩体喷出1 m多远,伴有尘雾、巨响,影响范围为二至四平巷下盘岩脉部位,岩爆部位顶板下沉约14 mm

岩爆一般具有以下特点:

①岩爆发生的地点多在新开挖的工作面附近,个别的也有距新开挖工作面较远,常见的

岩爆部位以拱部或拱腰部位为多；岩爆在开挖后陆续出现，多在爆破后的 2~3 h, 24 h 内最为明显，延续时间一般 1~2 个月，有的延长 1 年以上，事前预兆不明显。

②岩爆时围岩破坏的规模，小者几厘米厚，大者可多达几十吨重。石块由母岩弹出，小者形状常呈中间厚、周边薄、不规则的片状脱落，脱落面多与岩壁平行。

③岩爆围岩的破坏过程，一般新鲜坚硬岩体均先产生声响，伴随片状剥落的裂隙出现，裂隙一旦贯通就产生剥落或弹出，属于表部岩爆；在强度较低的岩体，则在离掌子面一定距离产生，造成向洞内临空面冲击力量最大，这种岩爆属于深部冲击型。

岩爆的等级划分见表 6-7。

表 6-7　岩爆的能量分级

岩爆分级	地震能（J）	震中的地震烈度（级）
微冲击（岩块弹出、微震）	< 10	< 1
弱冲击	$10 \sim 10^2$	1~2
中等冲击	$10^2 \sim 10^4$	2~3.5
强烈冲击	$10^4 \sim 10^7$	3.5~5
灾害性冲击	$> 10^7$	>5

各种级别岩爆的表现如下：

微冲击：仅有岩体或矿体表面的局部破坏和岩块弹出，岩体深部有微震动。

弱冲击：巷道围岩有局部破坏和少量岩块抛出，伴有明显的声响和地震震动，但对支架、设备无严重损害。

中等冲击：巷道围岩出现迅速的脆性破坏，并有大量岩石碎块、粉尘抛出，形成气浪冲击，可使几米长的一段巷道塌落，支架及设备损坏。

强烈冲击：使长达几十米的地段上支架破坏和巷道塌落，机器及设备受到损坏。发生强烈冲击地压后，并下需要大量的修复工作。

灾难性冲击：在整个开采区域或中段内有许多矿柱发生连锁反应式破坏，矿区或中段内巷道坍塌，甚至可使全矿报废。

发生冲击地压时，矿岩脆性破坏过程的延续时间约为百分之几秒至 2~3 s。冲击地压越强烈，这一时间过程越长。地震频谱与冲击地压强度等级的关系是：微冲击时为 500~800 Hz，中等冲击时为 10 Hz 左右，强烈冲击时为 1~3 Hz。

6.7.2　岩爆发生机制

岩爆产生的原因很多，地下开挖岩体改变了岩体的初始应力场，引起开挖区周围岩体的应力重新分布和应力集中，岩体中也开始了能量的聚集，当脆性岩体内的能量积聚到一定得程度，并有适合的释放空间时，就容易发生岩爆。

岩爆产生条件：

①地应力较高，岩体内储存着很大的应变能；

②围岩新鲜完整，裂隙极少或仅有隐裂隙，属坚硬脆性介质，能够储存能量，而其变形

特性属于脆性破坏类型,应力解除后,回弹变形很小;

③具有足够的上覆岩体厚度,一般均远离沟谷切割的卸荷裂隙带,埋藏深度多大于 200 m。

陶振宇教授提出的岩爆判别准则如表 6-8 所示。

表 6-8 岩爆判别准则

岩爆分级	R_c/σ_1	岩爆特性
Ⅰ	>14.5	无岩爆发生
Ⅱ	14.5 ~ 5.5	低岩爆活动,有轻微声发射现象
Ⅲ	5.5 ~ 2.5	中等岩爆活动,有较强的爆裂声
Ⅳ	<2.5	高岩爆活动,有很强的爆裂声

R_c 为岩石单轴抗压强度;σ_1 为地应力。

由于岩爆非常复杂,目前对岩爆产生的机制尚未完全清楚。

6.7.3 岩爆的预测和预防

1. 岩爆的预测

(1)地形地貌分析法及地质分析法

依据地质理论,在地壳运动的活动区有较高的地应力,在地区上升剧烈,河谷深切,剥蚀作用很强的地区,自重应力较大的地区易发生岩爆。

(2)钻屑法(岩芯饼化法)

这种方法是通过对岩石钻孔进行,可在进行超前预报钻孔的同时,对钻出的岩屑和取出的岩芯进行分析;对强度较低的岩石,根据钻出岩屑体积大小与理论钻孔体积大小的比值来判断岩爆趋势。在钻孔过程中有时还可以获得如爆裂声、磨擦声和卡钻现象等辅助信息来判断岩爆发生的可能性。

(3)微震监测方法

在围岩中埋没声波探头,根据岩石中声发射的频度和幅度来预测岩爆。

2. 岩爆防治措施

(1)改善围岩应力

这种方法主要是降低围岩应力使围岩应力小于围岩强度,避免岩爆的发生。在工程中主要采取如下措施:

在开挖爆破时,采用"短进尺、多循环",采用光面爆破技术,尽量减少对围岩的扰动,改善围岩应力状态。选择合适的开挖断面形式,也可改善围岩应力状态。

应力解除法:通过打设超前钻孔或在超前钻孔中进行松动爆破,在围岩内部造成一个破坏带,即形成一个低弹区,从而使硐壁和掌子面应力降低,使高应力转移至围岩深部,开挖时可在掌子面上打设 5~6 个超前钻孔,深 15~20 m 左右,既可以起到超前钻探地质的作用,又可以起到释放掌子面应力的作用。超前钻孔的布置形式及参数与地质预测预报孔相同。

(2)改善围岩性质

在开挖过程中,可采取对工作面钻孔注水来促进围岩软化,从而消除或减缓岩爆程度。

(3)对围岩进行加强支护和超前支护加固

(4)改善掌子面及 1～2 倍洞径洞段内围岩的应力状态

由于支护的作用,不但改变了应力大小的分布,而且还使硐壁从单维应力状态变为三维应力状态。

在更高的应力水平下,岩爆危害将更加显著,因此在进行深部矿体采矿方法设计时,应充分考虑所采用的采矿方法和回采顺序,尽量避免产生过高的应力集中,以防止大规模岩爆的发生。同时加强施工支护工作,对发生岩爆的地段,可采取在岩壁切槽的方法来释放应力,以降低岩爆的强度。

思考题

1. 采场地压和井巷地压有何不同?

2. 试述采场地压的特点。

3. 采场地压的控制方法有哪些?

4. 试述采空区的处理方法。

5. 试述岩爆发生的机制和如何控制岩爆。

第7章 岩石工程支护及治理

7.1 支护概述

21世纪人类的活动范围越来越广，所从事的地下工程规模也在随之增加，这些工程包括铁路隧道、公路隧道、矿山运输巷道和硐室、水工引水涵洞、人防地下通道、地铁车站、地下商场、地下储气库、地下核废料储藏库、地下影剧院、地下展览馆等。这些地下工程的空间尺寸越来越大，长度和深度也逐渐增加。例如，世界上比较著名的地下隧道工程有英吉利海峡隧道(50.5 km)，日本青函(青森—函馆)隧道(53.85 km)，丹麦大海峡隧道(8.0 km)，我国较大型的隧道工程有秦岭终南山公路隧道(18.41 km)，厦门翔安海底隧道(长6.05 km，宽17 m，高12 m)。地下工程所处深度方面，南非的矿山运输巷道处于地面以下3700多m，在未来几年可达到5000 m，其地应力可达到95~145 MPa，我国的红透山矿的开采深度也达到1300多m，地应力也高达50 MPa。这些地下工程大部分要在岩石中进行开挖，因此，对不稳固的岩石工程进行支护及治理是必不可少的重要一环。

在地下工程岩体内开挖井巷后，岩体内原有的应力平衡被打破，井巷周围岩体内的应力就会重新分布，以达到新的平衡状态。岩体内应力重新分布(stress redistribution)导致某些部位的应力升高，有时甚至出现拉应力(tensile stress)，当应力升高到岩体的极限抗压或抗拉强度后，最终导致井巷的变形破坏。地下水的活动也会引起岩体自身强度降低，爆破振动增加了岩体应力集中，也可导致岩体变形破坏，此外，岩体在一定应力条件下随时间的延长也可能发生蠕变破坏。

因此，岩石工程稳定的条件包括岩石的应力与位移均要保持在其允许的范围之内。

$$\sigma_{max} < S \tag{7-1}$$

$$u_{max} < U \tag{7-2}$$

式中 σ_{max} 和 u_{max} 为岩石工程围岩或支护的最大或最危险应力和位移；S 和 U 为围岩或支护所允许的最大应力(包括压应力、剪应力和拉应力)和最大位移。地下岩石工程支护就是要保证工程的围岩或支护体本身的最大应力或位移在其允许的最大值之内，并留有一定的安全系数。要精确设计岩石工程支护，就必须了解地下岩石工程自身的特点。

与地面工程不同，地下工程有其自己的特点，主要体现在以下几个方面：

1. 岩石工程受力特点不同

地面工程结构是经过工程施工，形成结构后，承受自重、风、雪以及其他静力或动力荷载。这类工程先有结构，后承担荷载。而地下岩石工程是处于自然状态下的岩石地质体内开挖，因此，在岩石工程开挖之前，岩体内就存在着天然的地应力。因此，地下岩石工程是先有荷载，后形成结构。

2. 岩石工程特性的不确定性

地面工程材料多为人工材料，如钢筋混凝土、钢材、粘土砖等，这些材料在力学性质方面基本可视为均质体，而地下岩石工程的围岩的力学性质就不能简单认为是均质体了，多数情况下，地下岩石工程的力学性质变化较大，处于各向异性。

由于地质体是经过漫长的地质构造运动的产物，因此，地质体内不仅包含大量的断层、节理、夹层等不连续介质，而且还存在着较大程度的不确定性，其不确定性主要体现在空间分布的不确定性，并随时间而变化。

3. 岩石工程荷载的不确定性

地面结构所受到的荷载比较明显。尽管某些荷载也存在随机性（如风载、雪载、地震载荷等），但是，其荷载值和变异性与地下工程比相对较小。地下岩石工程的地质体不仅对支护结构产生荷载，同时它又是一种承载体。因此，作用在支护结构上的荷载难以估计，而且，此荷载又是随着支护类型、支架安装时间和施工工艺的变化而变化。所以，地下岩石工程的计算与设计，一般难以准确确定作用在岩石工程上的荷载类型和量值。

4. 岩石工程破坏模式的不确定性

地面工程的破坏模式一般较容易确定，一般根据结构力学和土力学的基本知识可以知道，地面工程的破坏模式为强度破坏、变形破坏、旋转失稳破坏等破坏模式。对于地下岩石工程，其破坏模式一般难以确定，它不仅取决于岩土体结构、地应力环境、地下水条件，而且还与支护结构类型、支护时间与施工工艺密切相关。

5. 岩石工程信息不完整性

地下岩石工程只能获得局部的有限工作面信息，对整个岩石的性质的具体信息了解不充分，而且，可能存在错误信息，因此，地下岩石工程信息的不完整性对工程支护设计存在较大的影响。

6. 岩石工程信息模糊性

地下岩石工程的力学性质与变形特征的描述对地下岩石工程设计与分析至关重要。影响岩体工程特性的材料与参数多数是定性的，但节理特征、充填物性质以及岩性的描述等，又都具有模糊性。

随着对地下岩石工程的特殊性的认识，不同种类的支护形式应运而生。作为传统支护手段的木支护，在实际生产中日趋减少，而金属支架与混凝土支架，在井巷支护中已得到了较多的应用，特别是井巷的喷浆支护、锚杆支护和喷锚网联合支护作为新的支护方法，已经在我国井巷支护中得到了迅速发展和广泛的应用。

7.2 井巷维护原则

7.2.1 井巷维护原则

井巷的尺寸和形状是根据工程需要、地压大小和方向来确定的。一般井巷工程的尺寸主要是根据设备的尺寸及相应的安全间隙确定的，而井巷的形状选取则往往根据地压的方向和工程需求而定。一般而言，井巷的长轴方向应与最大主应力方向平行，这样有利于井巷的稳定。井巷工程的位置应该尽量选择在水文地质条件好，岩体完整性好，不易风化和水解的岩层中。为了维护井巷工程的稳定性，通常要遵循以下原则：

1. 根据用途和服务年限，确定设计标准，进行维护设计

不同的井巷工程，其用途也不相同。有些井巷工程需要长期保持稳定，以满足工程需要，而有些井巷工程则只需要在相对长的一段时间内保持稳定就可以满足工程需求，因此，首先要根据井巷工程的用途和相应的服务年限，确定相应的设计标准。一般而言，在相同岩体条件下，服务年限长或永久工程的支护强度相对较高，而服务年限短的工程的支护强度相对较低。

2. 提高井巷围岩自身强度

井巷工程都是在一定的岩体中施工，在施工过程中产生的爆破和震动使井巷围岩产生大量裂隙，从而降低了岩体原有的强度，此外，有些岩体在空气中暴露后容易风化，遇水软化，这些不利因素也会降低岩体强度。因此，在掘进井巷时，可采用如下方法提高井巷围岩强度。

①快速掘进井巷，减小围岩暴露时间；

②及时喷浆封闭井巷暴露面；

③采用光面爆破、微差爆破或采用机械钻进的方法，减小对井巷围岩强度的削弱。

3. 选择合理的井巷断面形状和尺寸

井巷断面的形状主要有梯形、直墙拱形、圆形、椭圆形、马蹄形等。直墙拱形断面能承受较大的顶压，且断面利用率也相对较高，因此，大多数平巷、斜井都采用直墙拱形断面。竖井则多为圆形。在地压较大、围岩不稳的条件下可采用椭圆形和马蹄形的井巷断面。在设计井巷断面形状和尺寸时，为了减小井巷围岩的应力集中现象，可遵循以下原则：

①巷断面的最大尺寸方向与最大主应力方向一致；

②最大主应力方向的井巷断面选用曲线形状；

③在满足工程需要的前提下，尽量缩小井巷断面尺寸。

4. 选择合适的支护类型和支护时间

由于井巷种类繁多，各种井巷的技术经济条件不同，支护类型也多种多样。主要的支护种类可分为：锚杆支护、喷浆支护、喷锚网联合支护、金属支架支护、钢筋混凝土支护、石材支护和木材支护等。按使用比例和发展方向来看，锚杆或喷锚支护应用最广，应用比例逐步扩大，而石材和木材支护应用比例逐渐减小。在选择支护类型时，要充分发挥各种支护类型的特点。

锚杆或喷锚支护具有技术先进、支护成本低、质量可靠、应用范围广等特点，在世界各国矿山、铁路、地下建筑以及水利工程等方面有广泛使用。

金属支架具有架设方便，承载能力大，在地压不太大的情况下还可以回收利用，经整形后可以循环使用。因而可以降低支护成本。这种支架可以根据巷道断面形状及大小分为几段，加工成装配式的可缩性支架，以利于架设及承受较大的地压。这种支架消耗钢材较多，因此还不宜过多使用。

钢筋混凝土支护具有整体性好，承压能力大，材料来源广的特点，但是这种支护方式的材料消耗大，施工复杂，工序多，因此，主要用于大跨度的重要井巷和硐室的支护。

木材支架加工方便，架设容易，但木材消耗量大，服务年限短，难以支撑较大的地压，在环保优先的形势下，应尽量少用木材支护。

支护时间根据围岩的力学特性，在充分保证巷道围岩稳固的前提下，让围岩的有一定的变形，释放围岩自身的变形能，从而可以降低支护强度。

7.2.2 支护基本原理

合理的井巷支护是在保持围岩稳定的情况下，充分发挥围岩的自承能力，使支架的强度达到最小。根据围岩与支架共同作用原理可知，变形地压的大小与支护方法和支架特性密切相关。在支架与围岩密贴的条件下，围岩与支架构成共同承载体，共同变形，共同承担全部地压。在围岩稳定条件下，若原岩应力为 p_0，支护抗力为 p_i，则围岩的自承能力为 $p_0 - p_i$。轴对称园巷周边的弹塑性位移 u_0 与围岩自身的力学性质、原岩应力及支护抗力有关。

$$u_0 = \frac{\sin\phi}{2G} R_0 (p_0 + c \cdot \cot\phi) \left[\frac{(p_0 + c \cdot \cos\phi)(1 - \sin\phi)}{p_i + c \cdot \cos\phi} \right]^{\frac{1 - \sin\phi}{\sin\phi}} \tag{7-3}$$

式中：u_0——圆形巷道周边位移，m；

c, ϕ——围岩的内聚力和内摩擦角；

p_0——原岩应力，MPa；

R_0——圆形巷道半径，m；

G——围岩巷道的剪切模量，MPa；

p_i——支架支护抗力，MPa。

由公式(7-3)可得到井巷周边围岩的位移 u_0 和支护抗力 p_i 的关系曲线，如图7-1所示。

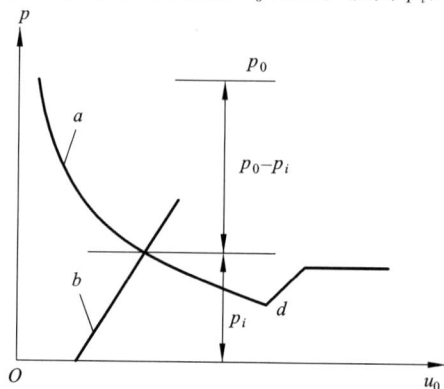

图7-1 轴对称圆巷围岩与支架共同作用曲线

a—围岩特征曲线；b—支护工作曲线；d—围岩脱落点

图7-1中的支护工作曲线的刚度与支架本身材料的性质和尺寸有关，一般支架的厚度越大，则支架的工作曲线越陡。

由于围岩的特性曲线是一定的，而支护工作曲线则是人为可以控制的，因此，在选择合适的支护时间和支架刚度就是井巷支护的重点。

1. 合适的支护时间

从图7-1中可以看出，支护刚度越大，时间越早，则支架所承受的地压也就越大，其相应消耗的支护材料也越多，增加支护成本。支护时间推迟，支护刚度降低，则支架所承受的地压就越小，其消耗的支护材料就越小，从而降低支护成本。

在井巷支护中的"让压"支护就是允许井巷在一定范围内变形，使围岩内部储存的弹性能释放，从而减少支架的支护抗力。要允许井巷有一定的变形，就需要在一定的时间范围内不支护，或进行柔性支护，保证围岩能充分变形。

2. 支护刚度

支架的支护刚度与支架的半径、支护材料性质及支架厚度有关。支架的厚度越大，则支护刚度越大，消耗的材料越多，支护成本增加。支架刚度不能无限减小，支护刚度必须确保支护工作曲线与围岩特征曲线的交点在围岩脱落点 d 之前，已保证围岩的稳定。

目前喷锚支护在国内外得到广泛的应用。喷射混凝土支护的喷层厚度较小，属于柔性支护，它与井巷围岩密贴，因此，喷层与井巷围岩形成共同承载体，它们共同变形，共同承受全部地压。

7.3 支架和锚索支护

7.3.1 支架支护

井巷支护所用的支架包括金属支架、木材支架、石材支架、混凝土支架和钢筋混凝土支架。

1. 金属支架

井巷所使用的金属支架可分为矿用工字钢支架和 U 型钢支架。金属支架能承受较大的地压。

（1）矿用工字钢支架

矿用工字钢是井巷支架的专用材料，主要用于制造刚性支架，但也可以用于可缩性支架。我国矿用工字钢支架已有标准化产品，有 9 号、11 号和 12 号 3 种规格，其主要技术参数如表 7 – 1。

表 7 – 1   中国矿用工字钢主要参数

型号	重量 $G(\mathrm{kg \cdot m^{-1}})$	横向抗弯截面模量 $W_x(\mathrm{cm^3})$	纵向抗弯截面模量 $W_y(\mathrm{cm^3})$	W_x/W_y	重量利用系数	
					W_x/G	W_y/G
9	17.7	62.5	16.5	3.79	3.53	0.93
11	26.1	113.4	18.4	3.99	4.35	1.09
12	31.2	144.5	37.5	3.85	4.63	1.20

表中 W_x、W_y 是工字钢的横向和纵向抗弯截面模量。井巷围岩应力分布不均匀，既有横向载荷，也有纵向推力，所以，W_x/W_y 接近 1，可使型钢承受 x，y 方向的载荷能力相等，增加型钢稳定性，充分发挥材料性能，使型钢断面比较经济，国产矿用工字钢的 $W_x/W_y \approx 3.79 \sim 3.99$，在受到不均匀载荷及冲击载荷时较为有利。相同截面的普通工字钢的 $W_x/W_y \approx 6.34 \sim 7.55$，适用于承受静压和垂直方向来压。

工字钢的重量利用系数 W_x/G 和 W_y/G 是指单位重量的抗弯截面模量，该值越大，则工字钢单位重量的性能越好。

工字钢支架主要用于梯形巷道，因而其支架结构一般为梯形搭接的结构，如图 7 - 2(a)、(c)所示。少数情况下，也可做成拱形支架，各梁间搭接成可缩结构，或用螺栓固定成刚性结构，如图 7 - 2(b)。

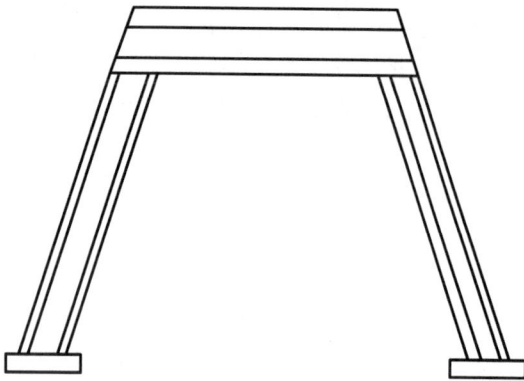

图 7 - 2　(a)梯形刚性支架

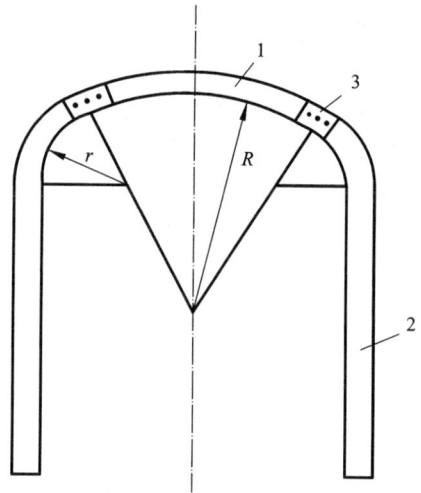

图 7 - 2　(b)拱形刚性支架

1—拱梁；2—拱腿；3—扁钢夹板连接件

（2）U 型钢支架

U 型钢具有良好的断面形状和几何参数，搭接后易于收缩，因此，适于制作可缩性支架。

目前国产的 U 型钢可缩性支架所用的 U 型钢有 U_{18}，U_{25}，U_{29} 和 U_{36}。U_{18}，U_{25} 号 U 型钢属腰定位。腰定位采用曲线、折线相结合的形式，使型钢接触较好。U_{29}，U_{36} 号 U 型钢属耳定位，腰部采用曲线形式，上紧连接后，型钢腰、耳接触无间隙，其断面形式及参数更为合理。U 型钢主要断面参数如表 7 - 2。

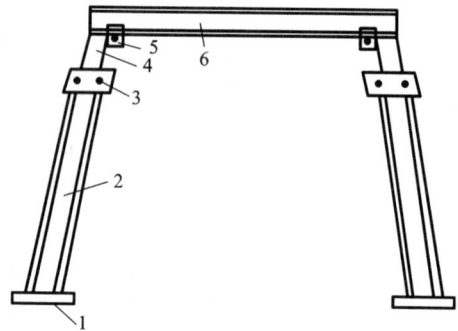

图 7 - 2　(c)梯形可缩性支架

1—柱腿垫板；2—柱腿；3—螺栓；

4—纵向滑移构件；5—横向夹板摩擦块；6—顶梁

表 7 - 2　U 型钢主要断面参数表

型号	截面面积 $F(cm^2)$	重量 $G(kg \cdot m^{-1})$	断面主要参数				主要对比参数		
			$J_x(cm^4)$	$W_x(cm^3)$	$J_y(cm^4)$	$W_y(cm^3)$	W_x/G	W_y/G	W_x/W_y
U_{18}	24.10	18.90	284.2	57.40	331.3	54.30	3.0	2.9	1.06
U_{25}	31.54	24.76	451.7	81.68	508.7	79.92	3.3	3.1	1.08
U_{29}	37	29	616	94	775	103	3.2	3.6	0.91
U_{36}	45.7	35.87	927	137	1264	148	3.8	4.1	0.93

高强度 U_{25} 型钢是通过加微量元素的途径制成，高强 U_{25} 型钢的强度比普通 U_{25} 型钢的强

度提高了56%，比普通的 U_{29} 型钢的强度提高了23%，同时对 U 型钢进行调质处理，可进一步改善了 U 型钢的力学性能。

U 型钢可缩性支架用于静动压巷道支护具有其他支架所无法比拟的优点，在遇到应力高峰时，支架可收缩，以释放围岩压力，自动参与围岩应力调整，在经过大变形后仍能保持足够的承载能力。因而支架结构可很好适应围岩大变形、高地压的特点。由于 U 型钢支架加工容易，故所支护的井巷断面形状也较多，可用于直墙拱形、马蹄形、圆形、梯形，如图7-3所示为圆形可缩性支架。

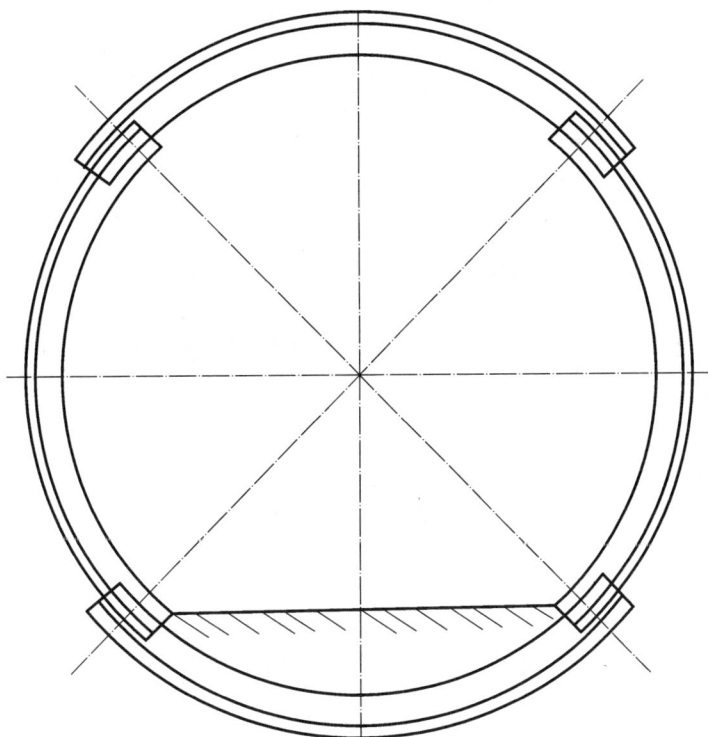

图7-3 圆形可缩性支架

（3）金属支架承载能力的影响因素

①井巷断面形状的影响。同一种材质的金属支架在不同井巷断面形状的承载能力明显不同，以 U_{29} 型钢为例，其承载能力如表7-3所示。

表7-3 不同井巷断面条件下 U_{29} 型钢可缩性支架承载能力

井巷断面形状	梯形	五边形	拱形	圆型
承载能力($kN \cdot m^{-1}$)	30.9	47.4	93.5	460.9

当载荷均匀分布时，整个支架承载能力以圆形支架最高。当载荷形式是肩压大（即四个角的压力大）时，整个支架的承载能力以方环形支架为最高。当载荷为侧压或顶压大时，两

者的承压能力差不多。因方环形支架加工、运输和架设困难等缺点，一般仅在围岩压力较大、其他支架失效时采用。3 种拱形支架的整架承载能力和支撑效益如表 7-4 所示。

表 7-4 3 种拱形支架的整架承载能力和支撑效益表

项目		直腿式	外曲腿式	内曲腿式
整架承载能力(kN)	均布载荷	692	522	2893
	顶压大	322	381	256
	侧压大	252	211	323
	一侧压力大	110	96	107
	一侧肩压大	44	45	54
支撑效益(kN·kg^{-1})	均布载荷	2.7	2.1	13.0
	顶压大	3.0	5.0	1.1
	侧压大	1.0	0.8	1.5
	一侧压力大	0.4	0.4	0.5
	一侧肩压大	0.2	0.2	0.2

直腿式拱形支架的承载能力居中，因为直腿式支架对不同载荷的适应性较强，更适用于未受采动影响、载荷分布均匀、压力大小不断变化的巷道。此外，直腿式支架制造、安装简单，便于巷道掘进和布置设备，因此，一般情况下均使用直腿式支架，只有侧压大、用直腿式支架的支架柱腿容易弯曲、难以控制围岩变形时才使用曲腿式支架。

②井巷面积的影响。在型钢和断面形状相同的条件下，支架承载能力随断面增加而降低，如表 7-5 所示。

表 7-5 支架承载能力与井巷面积的关系

井巷面积(m^2)	7.0	9.0	10.5	12.0	14.4
额定承载能力(kN·架$^{-1}$)	304	263	186	170	147
破坏承载能力(kN·架$^{-1}$)	436	380	269	246	217

③型钢型号的影响。支架承载能力随型钢重量增加而增加，U 型钢拱形支架承载能力试验值如表 7-6 所示。

表 7-6 U 型钢拱形支架承载能力

支架净断面(m^2)	型钢号	承载能力(kN·架$^{-1}$)	
		可缩状态	刚性状态
4.7	U18	150~200	210~250
10.5	U25	330~380	360~400
12.0	U36	250~490	600~700

④外载荷作用形式的影响。支架在外载荷作用下的受力状态分四种类型，如表7-7所示。圆周上均布载荷越多，其承载能力越大。

表7-7 外载荷作用下支架受力状态

外载荷受力状态	承载能力(kN)
1/2圆周上均布载荷	6100
1/4圆周上均布载荷	1800
1/8圆周上均布载荷	1090
1/10圆周上均布载荷	490

⑤壁后充填填实情况的影响。U型钢壁后充填填实情况对支架承载能力影响很大。如果壁后填实不好，则大大影响支架承载能力的发挥，有的甚至造成支架失效。U型钢支架承载能力与壁后填实的相关性如表7-8所示。

表7-8 外载荷作用下支架受力状态

壁后充填状态	承载能力(kN)
壁后不充填	275
壁后充填高度为柱腿高度的1/2	320
壁后充填高度为柱腿高度	495

⑥支架架设质量的影响。支架架设质量，如卡缆螺母是否有足够的扭矩，支架架设是否平正，能否形成支架、拉杆、背板和壁后充填的有机统一。有些井巷由于支架不配套，达不到支护的预期效果。

2.混凝土支架

混凝土支架曾经是井巷工程中竖井、井底车场、各种硐室等的传统支护方法。混凝土在未凝固前具有良好的塑性，可以在现场直接浇灌成拱形、圆形的整体支架，也可以浇灌成各种混凝土预制块，再砌筑成巷道支架。现场浇筑的混凝土支架和混凝土砌筑支架都是整体性支架，对围岩能起到封闭和防止风化的作用。这种支架的优点是坚固、耐用、防火、服务期长，缺点是施工速度慢、断面利用率低、刚性过大、可缩性太小，不能承受剧烈动压。

混凝土是胶结材料、水、细骨料和粗骨料按适当比例配合的混合物，经过硬化后形成的一种人工石材。井巷支护广泛采用水泥作为其胶结材料。

（1）水泥

水泥是混凝土中的胶结材料，矿山常用的水泥为普通硅酸盐水泥、矿渣硅酸盐水泥、火山灰质硅酸盐水泥、粉煤灰质硅酸盐水泥。

（2）细骨料

细骨料是指颗粒粒径在0.15~5.0 mm的天然砂石，如河砂、海砂以及山砂，其中以河砂应用较多。为了确保混凝土支架的质量，必须保证混凝土中的骨料的质量，不含或少含有害杂质。根据国家建筑工程总局标准《普通混凝土用砂质量标准及检验方法》(JGJ52－79)检测细骨料的质量。

（3）粗骨料

粗骨料是指颗粒粒径大于 5 mm 的石子。粗骨料有卵石和碎石两种。卵石表面光滑，少棱角，空隙率和表面积小，与水泥浆的粘结力较差，故用以配制的混凝土强度低。碎石表面粗糙，多棱角，与水泥的粘结力强，配制的混凝土强度高，但碎石需要破碎，其成本比卵石高。

（4）水

在拌制和养护混凝土用的水中，不得含有影响水泥正常凝结硬化的有害杂质或油脂糖类等物质，通常能饮用的自来水和洁净的天然水均可使用。

一般工业废水、污水、沼泽水、酸性水(pH 小于 4)和含硫酸盐类教多(按 SO_3 计超过水重 1%)的水均不允许使用。

在钢筋混凝土及预应力钢筋混凝土中，不得用海水伴制混凝土。天然矿物水需要经试验符合要求才能使用。

3. 注浆加固

（1）注浆加固作用机理

有时其他支护方法难以解决松软破碎岩体中的井巷工程稳定问题，可以采用注浆加固的办法，即在围岩内钻凿炮孔，对炮孔进行压力注浆，浆液沿着裂隙进入围岩体内，从而将破碎岩体胶结成整体，大大提高了岩体的强度。

我国自 20 世纪 50 年代起开始应用水泥注浆，现已发展到采用水泥浆，化学浆等多种材料进行围岩注浆。

围岩注浆的主要作用机理有：

①加大弱面上的摩擦力，提高围岩的内聚力和内摩擦角，从而提高围岩的整体稳定性。

②浆液在裂隙中充填、加固后封闭裂隙，阻止水浸入岩体对岩体产生弱化作用，也阻止了围岩的进一步风化。

③对破碎松散岩体，由于浆液在裂隙中的胶结作用，使破碎岩块重新胶结成整块，形成一个可以承受外载荷的注浆壳，使之于巷道支架共同承载，充分发挥围岩的自稳能力。

（2）注浆材料

围岩注浆加固所使用的材料主要由水泥浆液和化学浆液。化学浆液汁主要有水玻璃、脲醛树脂类、铬木素类、氧化镁烯酰胺类、聚氨酯类、环氧树脂类等。浆液在松散介质中的渗透的难易程度，一方面取决于浆液本身的粘度，另一方面取决于松散介质的渗透系数(与裂隙发育程度有关)的大小。实践中要根据以上两个因素及成本因素来选取所使用的材料。

实验表明，水泥浆能注入到比它本身粒度大 3 倍的孔隙中去，目前国内常用的水泥最大粒度为 0.085 mm，在一般的压力下只能注入最小宽度为 0.255 mm 的孔隙中去。单纯的水泥浆固化后，粘结强度较高，但凝结时间较长。注浆时，浆液先沿围岩中的大裂隙向远处扩散，甚至扩散很远也不会凝固，而小裂隙中浆液则难于进入，所以，这种情况下注浆达到的范围较大，浆液消耗量多，但小裂隙并未注入。若采用水泥－水玻璃混合浆液，其胶凝时间短而且可以控制，注浆时浆液首先进入大裂隙，但扩散不太远就会凝固封闭，堵塞大裂隙通道，而后浆液被压入小裂隙，注浆材料的消耗量少而注浆效果更好。

实际注浆时，单纯水泥浆的浓度一般根据围岩松散情况在 (0.6～2.0):1 的范围内选取水灰比。选用水玻璃－水泥混合浆时，水泥与水玻璃的体积比一般选为 $1:(0.3 \sim 1.0)$。当围岩含水量较多时，选水玻璃含量较大的配比。根据实验资料，采用 600 号水泥以及水泥与水玻璃体积比为 $1:1$ 时，凝胶时间为 3 min，1 小时的抗压强度为 0.35 MPa 以上，1 天的抗压强度可达 6 MPa 以上。

粘土浆具有较好的可注性、触变性及稳定性，特别是有较好的阻水性能。水泥与粘土类混合浆液胶凝速度较慢，固化后强度较低，但由于其成本低，粘土来源广泛，因此常用于一些要求不高，以防堵水为主要目的的围岩注浆工程中。

化学浆液都是溶液，本身没有颗粒，具有较强的渗透能力，可注性较好，一般均用于微裂隙较发育的围岩加固和防堵水注浆。各种化学浆液的稠度不同，渗透能力也各异。目前实际工程中多采用水玻璃、脲醛树脂类、氧化镁烯酰胺类、聚氨酯类。

聚氨酯是一种高分子化合物，对岩石具有较好的粘结性，硬化时间短，而且可以调节。硬化时没有水和溶剂析出。硬化后的聚氨酯具有一定的弹性、塑性和很高的抗弯强度与抗压强度。受载后仅被压缩而不出现脆裂，在岩层运动时，也不丧失其粘聚力。聚氨酯中加入一定量的水后会产生发泡反应，使体积膨胀约 3 倍左右，在注浆时可在钻孔中形成膨胀压力，迫使树脂被压入裂隙。

氧化镁胶结料的主要优点是没有任何毒性，成本比聚氨酯低约 90%，比脲醛树脂低约 75%。注进岩石裂隙中的氧化镁胶结料，在裂隙两边界面上产生粘附力，使胶结料保留在裂隙中，并将岩块胶结成整体。氧化镁胶结料属杂链聚合物，向其中掺入 10% ～ 20% 的聚合物添加剂后可大幅度提高胶结剂的粘附强度，固结后具有很好的强度和稳定性。

脲醛树脂类胶结材料在我国应用较多的是木铵注浆材料。这种材料是由脲醛树脂与亚硫酸盐纸浆废液、硝酸铵按一定比例混合而成。例如，当木铵浆中的脲醛树脂含量为 61%、纸浆废液为 32%、硝酸铵含量为 7% 时，混合浆液的胶结凝固时间约为 4 ～ 25 min，固结强度约为 9 ～ 13 MPa。

（3）注浆工艺

①注浆孔布置

注浆孔布置参数包括孔径、孔深、孔间距和孔的排列方式。注浆孔多为小孔，孔径通常为 42 ～ 60 mm，可采用普通风钻或小型钻机钻孔。

孔深主要根据被加固岩层的松动圈深度而定，一般选取加固深度与松动圈深度大体相当。松动圈深度可以采用声波测试仪在现场测定。如果松动圈较深，而围岩较破碎，打深孔较困难，则可采取由浅入深分段打眼、分段注浆固结的方法，每段注浆深度不超过 2 m。

注浆孔的布置应使相邻两孔固结浆液的径向分布在一定程度上互相贯透，且浆液的多余部分能充填固结体之间的孔隙。孔的排列方式一般有按行排列及三角形排列两种。孔间距则要根据每个注浆孔的扩散半径及孔的排列方式而定。

②注浆管安装与钻孔

孔内的注浆管多采用普通钢管。管的外径比孔径小 10 mm 左右，以利于插管。管的孔底端应呈圆锥形，四壁应钻有放射状径向小孔，孔径为 3 ～ 8 mm，以便使浆液经小孔进入围岩。注浆管的孔口端至少应留有 500 mm 以上长度的无孔段，管口加工有丝扣，便于安设螺母及阀门。注浆管的固定工作质量好坏是注浆的关键。应先在管口装上阀门，并使管口丝扣连接严密。再将注浆管打入孔内，孔口四周用 600 号硅酸盐水泥和 51Be 的水玻璃进行封堵，封孔时必须压紧压实。封孔约 1 h 后即可注入清水，关闭阀门，安装压力表试压，以检查封孔质量，发现漏水应及时处理。

③浆液配制与注浆

注水泥浆液时，一般采用单液泵。注水泥水玻璃和化学浆液时，需要采用双液泵系统，在注浆泵出口管以外，应设一组混合器以保证浆液混合均匀。起始注浆压力一般为 0.8～1 MPa，终止注浆的压力为 1.5～2 MPa。

④清洗设备与管路

在注浆结束后关闭注浆钢管上的阀门，然后拆卸及清洗设备和管路，或进行其他孔的注浆工作。注浆效果可采取打检查孔钻取岩芯或切槽开挖的方法进行检查。

4. 钢筋混凝土支架

由混凝土与钢筋结合在一起制作的支架称为钢筋混凝土支架。包括现场浇筑的整体支架、装配式弧板支架和装配式普通支架。预应力钢筋混凝土支架与混凝土支架相比，具有较高的抗拉强度，但是仍具有刚性及脆性大、可缩性差、施工速度慢等缺点。

5. 石材支架

砖石砌体支架属于连续整体支架，对围岩能起到封闭、防止围岩风化的作用。石材砌筑巷道的壁后空间，应选用较坚硬、遇水不变质、不风化的碎石充填密实。在地质变化大或有淋水的地段可采用低标号混凝土或片石砂浆充填。这种支架坚固、耐久、通风阻力小、材料来源广，多数可就地取材，其缺点是施工速度慢、工效低、劳动强度大，支架承受动压作用的能力差。

6. 木支架

木材支架的优点是重量轻、有一定的强度、加工容易、架设方便，适用于多变的地下作业条件，缺点是承载能力低，不能防火、易腐烂、服务年限短。

7.3.2 锚索支护

锚索是抑制开挖后岩体变形和对失稳岩体进行加固的有效措施。随着深孔凿岩和注浆技术的发展，锚索支护在国内外得到了广泛的应用。

1. 锚索结构

锚索支护构件是在被加固的岩体中钻凿一个具有一定直径的深孔，然后将带有锚头的钢绳或钢绞线一并放入孔中经张拉锁定，达到加固岩体的目的，或用水泥砂浆注满全孔，将钢绳或钢绞线固结在其中，待其固结后即可对失稳岩体起到加固作用。锚索的典型结构如图 7-4 所示。锚索支护结构主要包括锚头、杆体、架线环、止浆阀、孔口承压扳、锚固块与锚塞。

（1）锚头

锚索的锚头有机械式锚头、粘结式锚头和二者混合的复合式锚头。机械式锚头是通过预先加工好的锚头将锚索固定在锚索孔的孔底。粘结式锚头是在钢丝绳或钢绞线送入孔以后，在孔底一段长度内注满水泥砂浆，待其固结后而形成的。

（2）杆体

杆体部分通常采用钢绳或钢绞线，由于钢绞线的每股钢丝直径较大，因此由其组合捻成的绞线刚度较大，易于向孔中安放，又由于其表面不涂油，所以省去了清洗工艺，并保证了与水泥砂浆之间的握裹强度，应用较广。

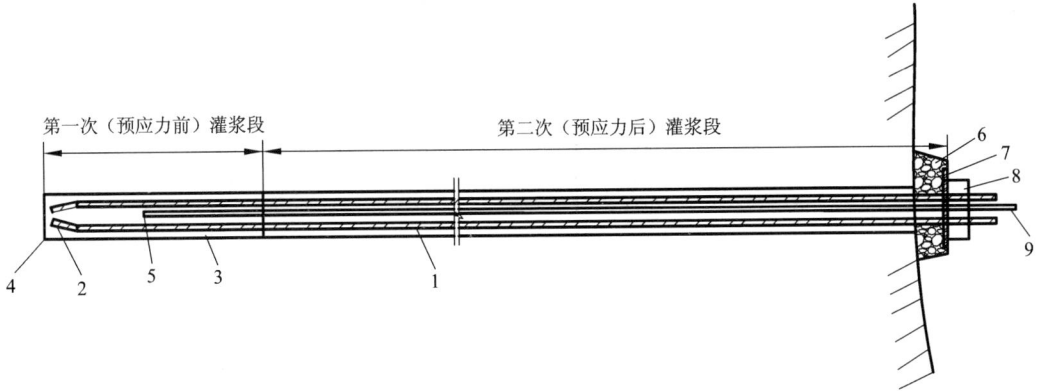

图 7-4 典型的岩石锚索装置

1—高抗拉强度钢丝绳；2—钢丝绳集束在一起，便于锚索放入；3—锚固段（第一次灌浆段）；4—钻孔；
5—灌浆管端头；6—钢筋混凝土承载墩座；7—带有导向板的承载板；8—锚固块；9—灌浆管

在生产实践中也有应用高强度圆钢制作的杆体，当孔深较大时，杆体可由若干根一定长度的杆件通过螺纹（或其他方式）连接而成。

（3）架线环

锚索是在被加固的岩体较厚的情况下采用的措施，锚索较长，而且张拉力很大（几百千牛到几千千牛或更大），故一般在孔中均匀放入数根柔性钢绞线，共同承担巨大的张拉力。为了使这些钢绞线在孔中不相互缠绕，所以在沿锚索孔的全长每隔一定距离用架线环将钢绞线架起，以达到这一目的。如图 7-5 所示。

（4）止浆阀

止浆阀一般安放在第一次灌浆段的上部，用以保证第一次灌浆段的设计长度，其上有灌浆孔可使灌浆管通过并向孔底灌注砂浆，当砂浆注满设计所要求的长度时，止浆阀上的单向逆止阀关闭以避免砂浆外流，至此形成第一段灌浆段，也即形成粘结式锚头。第一次灌浆段的灌注长度取决于张拉力的大小、水泥砂浆标号、砂浆与孔壁的粘结强度以及水泥砂浆与杆体的握裹力。

（5）孔口承压扳

承压扳与导向管联结成一个整体，导向管部分插入锚孔，承压扳覆于孔口以承担在张拉杆体时来自张拉千斤顶的压力，以保证孔口部分的岩体不发生崩塌破坏。承压平面应与锚孔轴线向垂直，以确保张拉质量。

（6）锚固块与锚塞

采用预应力锚索加固岩体，对锚索施加预应力时，在孔口外用锚固块与锚塞对所施加预应力进行锁定，锚固块与锚塞的结构如图 7-6 所示。

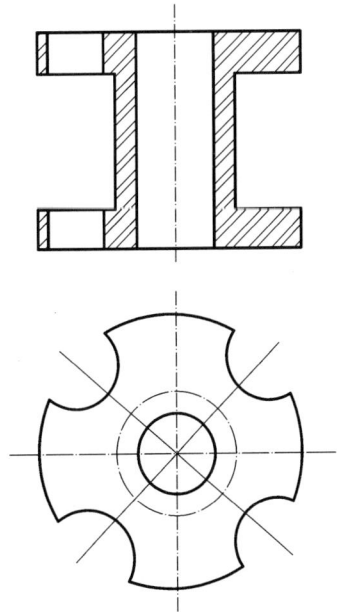

图 7-5 架线环

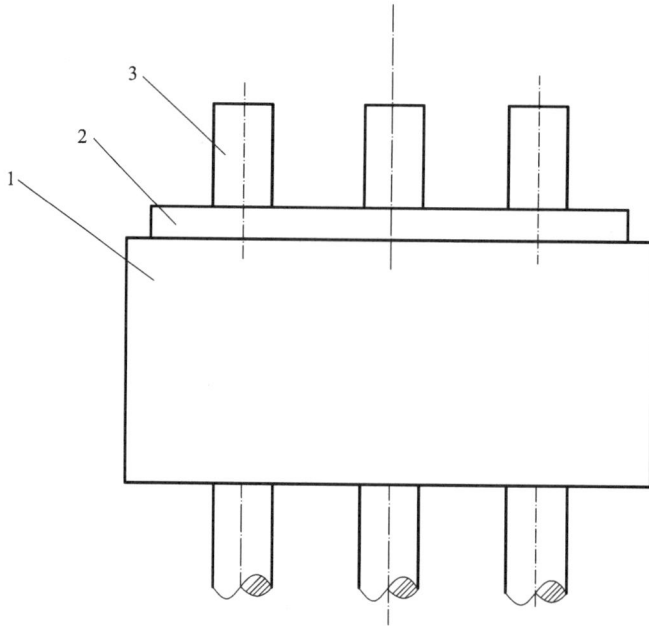

图 7 - 6 锚具

1—锚固块；2—锚塞；3—钢绞线

2. 锚索的锚固力

锚固力的大小与锚孔直径，水泥砂浆的配比以及钢丝绳或钢绞线的粗细有关。

（1）粘结强度

固结后的水泥砂浆柱与锚孔壁之间粘结力的大小与锚孔直径和锚孔中水泥砂浆的灌注长度有关，锚孔直径越大，灌注长度越长，则粘结力就越大。

粘结强度是指单位粘结面积上的粘结力。它与水泥砂浆的标号，被粘结的岩石表面粗糙度有关。

（2）握裹力

握裹力是指水泥砂浆固结后，水泥砂浆对其所包裹的钢丝绳或钢绞线等芯材的一种约束力。握裹力的大小与钢丝绳或钢绞线的表面状态，表面积大小以及水泥标号和水泥砂浆的配比有关。握裹力是锚固力的组成部分，是设计锚索的重要参数。通常由室内模拟试验测定。

3. 锚索施工

锚索施工主要包括锚孔钻凿、锚索张拉和砂浆灌注等工艺。

（1）锚孔钻凿

根据设计所确定的锚孔直径，孔深及孔的倾角和岩层性质以及施工场地大小选择钻孔设备。铁路隧道、输水涵洞、大断面地下硐室，水工大坝以及露天边坡等场所的岩体锚固时大都采用大直径深孔，其孔径多为 100 ~ 130 mm，孔深多为 15 ~ 60 m 或更深。

对于作为临时支护的锚索孔，如采场支护的锚索孔，其钻孔质量要求不高，但对于作为永久支护的锚索孔，则钻孔质量要求严格。锚索孔的质量问题主要表现为孔偏离设计轴线和孔弯曲。一般采用潜孔钻机，可以取得良好的钻孔质量。

对于锚固永久性工程的钻孔，在打好钻孔后，往往还要进行渗透试验，如果水的损失量很大，应首先用稠的灰浆来封堵渗透的岩层，过 24 小时后重新钻孔，再进行渗透试验直至合格为止。但应注意，渗透试验所用的压力以不破坏孔壁为原则。

在确定钻孔质量合格后，即可向钻孔安置钢索。如果钻孔不太深，可人工安置钢索，当钻孔较深，则可采用专门的送绳设备向锚索孔内安置钢索。

（2）砂浆灌注

①水泥砂浆的成分及配比。

水泥砂浆有水、水泥和黄砂组成。水的质量要符合要求，硫酸盐含量不得超过 0.1% ，氯盐含量不超过 0.5% ，水中不含糖分或悬浮有机物。

水泥应当使用新鲜的未经长期贮存的高标号硅酸盐水泥。若施工对水泥类别有特殊要求时，如耐酸碱和抗低温等，则应使用相应的特种水泥。

水泥砂浆中使用的砂，要求质地坚硬、洁净，一般均采用河砂，其细度模数为 2.5 ~ 3.2 的中砂为宜。

水泥砂浆的配比变化不大。水泥砂浆采用的水灰比为 0.4 ~ 0.45，灰砂比为 1 ~ 1.5。

②水泥砂浆的配制。

在配制水泥砂浆时对水泥和砂子应严格过筛，根据泵送设备和输送管道的要求筛除不合格的颗粒，避免用人工搅拌水泥砂浆。将最佳用水量先行倒入搅拌机，再将称重后的水泥和砂子倒入搅拌机，搅拌时间依搅拌机型号而异，但不得少于 2 min，确保水与水泥完全混合，并生产稠度均匀的水泥砂浆。搅拌后的水泥砂浆应立即使用，或置于专门的容器内，并保持缓慢的搅拌状态，否则将发生离析沉淀现象。

③注浆。

注浆有两种形式，即后退式注浆和前进式注浆。

后退式注浆工艺是在锚索孔钻成后，将钢绳或钢绞线送至孔底，如为上向深孔，则应将钢丝绳或钢绞线中的数支钢丝弯成倒钩形状，送至孔底，借助倒钩使钢丝绳或钢绞线悬挂于孔中，然后将聚氯乙烯高压注浆管插至孔底，开启气阀，将一定数量的水泥砂浆自注浆罐压入锚索孔。此后将注浆管撤一段距离，并重新向注浆罐倒入一定水泥砂浆，再一次将浆压入锚索孔，如此间断地自孔底向孔口后退，并将整个锚索孔注满。一般后退式注浆采用注浆罐注浆，其设备和工艺简单，但劳动强度大，锚孔注满系数低。

前进式注浆工艺采用注浆泵注浆。当锚索孔钻成后，将钢丝绳或钢绞线连同排气塑料管一并送至孔底，用专门的，木质封孔塞封堵锚索孔，注浆管通过封孔塞上的注浆孔插入至孔口，而排气管通过封孔塞上的排气孔通至孔外。水泥砂浆搅拌后均匀倒入专门的受浆容器，注浆泵自该容器吸入砂浆，经泵体、注浆管送至孔口位置，水泥砂浆在注浆泵压力的作用下逐渐向孔底移动，此时，孔内的空气则通过排气管排至孔外。在孔外端的排气管通入一盛有水的透明容器，自该容器中有气泡逸出即证明气体自封堵的锚索孔中排出，当发现自排气管有水泥砂浆排出或排气终止，即说明该孔已被砂浆注满。前进式注浆工艺的注浆质量好，注浆密实度高，其输送距离可达 200 多 m，垂直输送高度超过 40 m。

预应力锚索的预应力松弛和锚索本身的防锈是有待进一步解决的问题。

近年来，长度 5 ~ 10 m、直径 10 ~ 20 mm 的锚索在巷道支护中被广泛应用。锚索的胶结材料也可选用树脂药卷。

7.4 喷锚支护

7.4.1 概述

喷锚支护即指在井巷表面喷射混凝土或在井巷围岩中安装锚杆来支护巷道，也可以采用喷射混凝土和安装锚杆的联合支护，喷锚支护还可以与其他支护手段联合应用。喷锚支护是目前先进的支护手段。

喷射混凝土是借助喷射机，利用压缩空气作动力，将一定配合比的拌合料，通过管道输送，并以高速(30～120 m/s)喷射到岩石表面或其他受喷面上，经过凝结硬化而成的一种混凝土。这种混凝土实际上是一层紧密贴在岩面上的高强度薄层混凝土。

与整体浇筑混凝土支护相比，喷射混凝土支护具有工序简单、机动灵活、施工方便、减少混凝土用量30%～40%，还可以减少掘进工程量10%～20%，工效提高3～4倍，与锚杆等其他支护方式配合使用，效果更佳等优点。

锚杆是一种锚固在岩体内部的杆状支架。锚杆支护是通过锚入岩体内部的锚杆，达到改善围岩受力状态，实现加固围岩，维护巷道的目的。

1. 喷射混凝土的适用条件及其工艺

喷射混凝土或喷锚支护可用于不同类别的围岩、不同工作条件和不同工程跨度的井巷工程、硐室。但是在下列地质条件下不宜采用喷射混凝土作为永久支护，即在膨胀性岩体、未胶结的松散状岩体、有严重湿陷性的黄土层、有大面积淋水地段、能引起严重的腐蚀地段以及严寒地区的冻胀岩体中不宜采用喷射混凝土作永久支护。

在稳定性较差的岩体中使用喷射混凝土支护时，常在喷射混凝土中加配钢筋，或采用喷锚支护或喷锚网联合支护。在喷层中使用钢筋的作用是提高喷射混凝土的整体性能，增加喷层的抗弯强度。钢筋的网度为150～300 mm。

当井巷围岩为塑性流变岩体，或受开挖扰动影响，或有高速水流冲刷的地段，宜采用钢纤维喷射混凝土支护。

喷射混凝土施工工艺有三种方案，即干式喷射、半湿式喷射和湿式喷射。

干式喷射工艺指水泥、砂、石的干混合料经过搅拌，借助风压和管道输送至喷头，在喷头处与水混合后喷射到岩石表面。这种工艺的回弹率高，工作面粉尘浓度大，使用量逐渐减少。

半湿式喷射工艺是在上述干混合料中加入一定量的水(水量为0.15～0.25倍的水泥重量)，经过喷射机，输送管道至喷头，在喷头处再次加入一定量的水，然后喷射到岩壁上，此工艺的回弹率大为减少，粉尘浓度也明显降低。

湿式喷射工艺就是在搅拌时，一次将水加到应加的水量，然后经充分搅拌，再输送、喷射到岩壁。这种喷射工艺的回弹率小，工作面上的粉尘也不会因喷射混凝土而增加，但是有时输送管道堵塞，影响正常作业。

2. 喷射混凝土的原材料及配比

喷射混凝土的原材料由水泥、砂子、石子、水和速凝剂等材料组成。

(1)水泥

喷射混凝土选用的水泥品种和标号应根据工程的要求而定。喷射混凝土所用水泥一般要求有良好的粘结性、早期强度高、凝结硬化快、收缩变形小，对速凝剂的适应性能好。因此，一般选用标号不低于42.5号的新鲜的普通硅酸盐水泥作为喷射水泥原材料。

（2）砂子

喷射混凝土所用的砂子通常为0.35~0.5 mm的中砂。不宜选用细砂，因为细砂的比表面积大，同体积的细砂比中砂所需要的水泥量大，而且容易使混凝土内出现收缩变形甚至开裂，严重影响喷射混凝土的强度，此外，细砂中含有的粒径小于5μm的二氧化硅粉尘更多，容易浮于空气中，被人吸入后影响健康。

（3）石子

石子一般选用坚硬的卵石或碎石。碎石表面粗糙，容易与混凝土中的水泥砂浆凝结，因此，喷射的混凝土的回弹率较小，强度较大，但这种材料在管道内输送过程中容易堵管，也增加了管道的磨损。卵石则相反，喷射混凝土的回弹率较大，强度低，但不易堵管。石子的直径通常要求不超过20 mm，针片状结构的石子的量应不超过石子总量的15%，石子内的粘土及有害杂质应小于2%。

（4）水

喷射混凝土的用水质量与普通混凝土的要求相同，通常能饮用的自来水和洁净的天然水均可使用。

（5）速凝剂

喷射混凝土中的速凝剂的主要作用是使喷射的混凝土凝结硬化更快，防止或减少喷到岩壁上的混凝土因自重而产生脱落，减少回弹率。它可以提高混凝土的早期强度，使其对围岩提供及时的支护抗力。由于速凝剂能使喷层早凝，强度增长快，因此，能加大一次喷层厚度，缩短两次喷射的时间间隔，有利于加快施工进度。因此，对速凝剂的要求是能使喷层凝结速度快，早期强度高，后期强度不减或少减，对金属腐蚀性小，在5℃低温情况下不失效。速凝剂一般能使混凝土在3 min中内初凝，在10 min中内终凝。速凝剂的最佳掺量为2.5%~4%。速凝剂不宜过大，否则起不到速凝的效果，甚至还影响凝结性能。速凝剂要随加随喷。

（6）减水剂

减水剂是一种表面活性剂，其作用是使混凝土的和易性得到改善，提高混凝土的早期强度，改进混凝土的不透水性和抗冻性，并能降低回弹率。

（7）配比

在选择混凝土配比时，要以提高其强度和粘结力、减少回弹率、降低粉尘浓度，并降低成本为目标。可根据喷射部位的不同采用不同的配比。当喷射拱时，喷射混凝土的水∶砂子∶石子配比为1∶2∶(1.5~2)；当喷射墙时，喷射混凝土的水∶砂子∶石子配比为1∶2∶(2~2.5)。过多的水泥用量可能使喷层出现收缩变形，增加成本。一般以每400 kg/m³为宜。

水灰比以0.4~0.45为宜，水的用量主要靠操作员的经验掌握。水量恰当时，可以提高喷层厚度，减少回弹；过大，则出现混凝土流淌、滑移；过小，混凝土表面将出现松散、回弹率大，粉尘大。

3.喷射混凝土施工

（1）喷射风压

喷射混凝土时，有一部分砂石水泥会脱离岩面，即产生回弹，影响混凝土的强度。混凝土喷射时的风压与混凝土的回弹率和混凝土的抗压强度有关。正确控制风压，可以减少混凝土的回弹和粉尘，保证混凝土质量。一般而言，在混凝土配合比为水泥∶砂∶石 =1∶2∶(2～2.5)，输送管长度为 20 m 时，风压为 0.11～0.13 MPa 为宜，此时的回弹率小，喷层的强度高。考虑到喷射混凝土的强度要求高，同时减少回弹，水泥的用量可多一些，但是水泥泥用量过大将会增加成本，还可能在其内部出现收缩变形，一般以每 400 kg/m³ 为宜。

喷射混凝土的砂率以 0.4～0.45 为宜，砂率过低，容易堵管，回弹率也高；砂率过高会降低混凝土强度，增大收缩变形。

（2）水压

一般水压比风压高 0.1 MPa 左右，以保证干混合料在喷射出的瞬间得到充分湿润。通常喷头供水压力为 0.25 MPa。

（3）喷头与受喷面的距离

当输料管道长为 20 m，风压为 0.1～0.13 MPa 时，其距离为 1 m 左右为宜。

（4）喷头与受喷面的夹角

喷头垂直受喷面为最好，否则回弹率高。

（5）一次喷射厚度

一次喷射的厚度与喷射方向有关，水平方向的喷层厚度大，垂直方向的喷层厚度小，如图 7-7 所示。

（6）两次喷射的时间间隔

喷射混凝土壁厚不是一次喷成的，相邻两次喷射的时间根据速凝剂而定，以稍大于混凝土终凝时间为好。

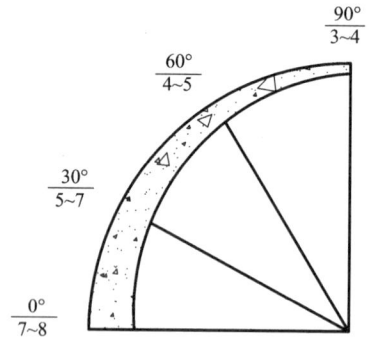

图 7-7　一次喷射厚度与喷射方向的关系

4. 喷射混凝土的施工组织与管理

（1）喷射混凝土的准备工作

首先用压力水清洗岩壁，埋设检查喷层厚度的指针。清除两帮壁下的矸石或回弹物，检查风水管路与照明、防尘措施及操作人员的防护用具等。

（2）喷射作业

操作喷头是要掌握好喷射角，距离和喷射顺序；先开水阀，后开压气阀，调整好水灰比；喷射的顺序是先墙后拱，由下而上呈螺旋状轨迹移动。喷射施工时，应合理划分区段，一般 6 m 为一段。

（3）喷射混凝土的养护

一般在混凝土终凝后开始洒水养护，养护期间应经常保持混凝土表面湿润。当采用普通硅酸盐水泥，且空气湿度大于 95% 时，养护时间不少于 10 昼夜，在干燥地段的养护时间要大于 10 昼夜。

5. 锚杆支护

根据锚杆的使用特征，可将锚杆分为四大类，即点锚式锚杆、全长粘结式锚杆、摩擦式全长锚固锚杆和综合式锚杆。锚杆杆体常用圆钢、螺纹钢和钢管制成。锚杆多为 φ16～30 mm。锚杆的另一个组件是托板。托板的长 × 宽 × 厚为 (150～200)×(150～200)×(6～8) mm，托板中心为锚杆孔，孔径稍大于锚杆体直径，以便锚杆能穿过锚孔。

在岩石条件差的地段，有时还使用托梁，双钢筋条，金属网与锚杆联合支护。托梁可以采用槽钢、U 型钢或带钢（宽为 100 mm 左右）制成，也可加工成拱形，以适应拱形断面，在长轴方向每隔一定距离钻锚杆孔。双钢筋条可用两根 $\phi 10$ mm 的圆盘钢筋相距 100 mm 平行排放，两钢筋之间用卡子或短钢筋焊接成整体。带托板的锚杆穿过钢筋条，插入锚孔对围岩进行加固。金属网常用 $\phi 4 \sim 10$ mm 钢丝编成，网格尺寸为 $150 \times 150 \sim 250 \times 250 (mm^2)$。

在有些极破碎岩石钻孔时，钻杆也经常被卡在岩石内，对于这种极破碎的岩石工程可以采用注浆钻杆，即钻杆为中空管，钻完孔后，向中空管内注浆，钻杆就作为了锚杆。这种钻杆可以完成钻进、注浆、锚固的作用。

锚杆安装可采用手工安装和锚杆台车安装。锚杆台车为钻孔、锚杆安装为一体的台车。锚杆台车行走速度可达 10 km/h。

6. 软岩支护

软岩是指强度低的岩体，是松散、破碎、膨胀、流变、强风化蚀变以及高地应力岩体的总称。处在软岩中的井巷工程支护难度大。一般需要进行喷锚网联合支护或多次支护，才能保证井巷工程的稳定。

软岩的基本特性包括重塑性、崩解性、胀缩性、流变性。在实际工程中，软岩往往具有各种特性的综合效应，但有主次之分。

软岩支护的基本方法主要包括选择合理的井巷断面、加强地下水管理、选择能主动加固围岩的高阻可缩支架支护、采用二次支护方法、加强监控量测指导施工、锚注、喷锚网联合支护。

（1）选择合理的井巷断面

井巷断面的大小在满足设备运行的条件下，要尽量缩小尺寸，以减小井巷围岩的应力。此外，还要根据地应力的大小和方向采用不同的断面。一般直墙拱形断面适用于顶压大、侧压小、无底膨胀的岩石工程内。马蹄形巷道适用于围岩松软、有膨胀性、顶压侧压较大，并具有一定底压的岩体工程。圆形巷道适用于膨胀性软岩，四周压力较大的岩石工程。当四周压力很大，且分布不均时，采用椭圆形井巷断面，并根据顶压和侧压的大小，采用竖直或水平布置。

（2）加强地下水管理

地下水对软岩工程内的井巷影响很大，地下水直接导致围岩的松散、破碎、膨胀、流变等的发生。现场总结出的经验是："治帮先治底，治底先治水"。在地下水管理方面要采取疏、导、排、截、堵等措施，做到有水比治、用水必管、积水必排。在软岩中的水沟应尽量远离巷道帮壁，在双轨巷道中应放在巷道中部为宜。

（3）选择能主动加固围岩的高阻可缩支架支护

软岩巷道支护体结构及强度设计时，应考虑围岩变形及支架强度。一般采用卸压、让压与加固和支护相结合的方法，对于高地应力，要卸得充分；对于大变形，要让的适度；对软弱部分，要进行围岩加固；对于围岩整体，要有足够刚度支护。

U 型钢可缩性支架，可以使围岩有一定的变形，同时又对围岩施加较大的支护抗力。如果围岩所受到的外载荷不变，而支护强度又足够，通过采用 U 型钢可缩性支架支护，可以保证巷道的稳定性。

（4）采用二次支护方法

为了适应软岩变形特征，支护设计可采用以喷锚网为主的二次支护、多次支护及联合支护方法。同时必须采取底板加固措施，以防止支护体失效。二次支护时间在围岩变形出现第一个拐点后进行。

（5）加强监控量测指导施工

监控的量测结果可以指导软岩巷道支护。当前国内外施工均以允许收敛变形量和收敛变形速度来监控地下工程的稳定性。我国《锚杆喷射混凝土支护技术规范》(BGJ86-85)中规定，地下工程的后期支护施工前，实测收敛速度与收敛值必须同时满足以下条件：①巷道周边收敛速度明显下降；②收敛值以达到总收敛值的 80%~90%；③收敛速度 <0.15 mm/d 或拱顶位移 <0.1 mm/d。

（6）锚注支护

锚杆杆支护是目前巷道支护中最先进有效的支护形式之一，但锚杆的实际锚固力和锚固效果与围岩结构和强度有很大关系，岩体完整、强度高的围岩，其锚固力高、锚固效果好，反之，锚固效果差，而软弱巷道的围岩往往岩体破碎，强度低，因此，采用锚杆支护的效果不理想。而采用锚注支护，则可以克服这种缺陷。锚注支护就是将锚杆支护与注浆加固相结合，通过注浆加固围岩提高其完整性和强度，从而既提高了围岩自身的承载能力，又提高了锚杆的锚固力和锚固效果，因而能显著提高软弱破碎围岩的稳定性和巷道维护效果。锚注支护是控制软岩巷道破坏的一项先进技术，为扩大锚杆支护和注浆加固技术的应用开辟了一条新的途径。

（7）喷锚网联合支护

喷锚网联合支护是指喷浆支护、锚杆支护和挂金属网联合应用对巷道进行支护。喷锚网支护兼有喷浆支护和锚杆支护的优点，挂金属网可以提高整个喷层的抗拉强度，同时提高了支架的整体性。喷锚网支护是软岩支护的有效措施之一。

（8）化学浆液喷涂

用于软岩支护的化学材料正在逐步发展，目前开发出的新型化学材料可用于巷道围岩表面喷涂。它特别适用于：①膨胀性软岩巷道掘出后的表面喷涂，它的主要作用是隔离潮气对软岩的侵蚀；②节理性围岩暴露后的表面喷涂，它能防止碎石冒落；③在大巷和硐室的表面喷涂，它能防止岩体渗漏水；④在有瓦斯和有害气体渗漏的地点喷涂，它可以防止气体渗漏，这种化学浆液的喷涂需要专用泵施工。

7.4.2 喷层和锚杆的力学作用

喷锚支护是近代井巷工程支护的主要手段，喷浆和锚杆支护的力学作用各不相同，两者相互配合，能支护地压更大的井巷工程。

1. 喷浆支护的力学作用

作为井巷支护的喷射混凝土，其主要作用是保护与加固围岩，改善围岩的应力状态，充分发挥围岩的自承能力，从而达到维护井巷稳定的目的。

（1）保护和加固围岩

井巷掘进后立即喷射一层混凝土，可以及时封闭井巷围岩的暴露面。喷层与岩壁密贴，有效隔绝了水和空气对围岩的影响，防止围岩的潮解风化产生的膨胀和剥落，部分混凝土砂浆渗入围岩中裂隙，胶结加固裂隙，从而起到加固围岩的作用。

（2）改善围岩应力状态

喷射的混凝土砂浆能及时凝固，给围岩提供了支护抗力，使围岩由二向受力状态转变为三向受力状态，提高了围岩的承载能力，

（3）提高围岩的自承能力

首次喷射的砂浆厚度多为 5~20 cm，属于柔性支护，它不仅可以与围岩协调变形，还可以使围岩由弹性变形进入到一定的塑性变形，但不出现破坏。由于喷浆支护可使围岩在未破坏前的变形较大，从而提高了围岩的自承能力，降低了支架的支护强度。

2. 锚杆支护的力学作用

锚杆支护井巷的力学作用主要包括锚杆的悬吊作用、组合作用和挤压加固作用。

（1）悬吊作用

在块状结构或裂隙岩体中，锚杆将松动岩块悬吊在较稳固的深部岩体里，如图 7-8 所示，从而实现对松动岩块的加固。

（2）组合作用

在层状岩层中安装锚杆，把数层岩石锚固在一起，形成组合梁，使其层间的摩擦力增大，提高了组合岩层的抗弯能力。

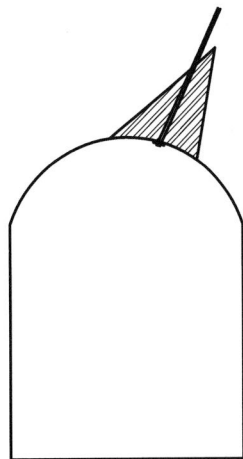

图 7-8　锚杆悬吊松动岩块

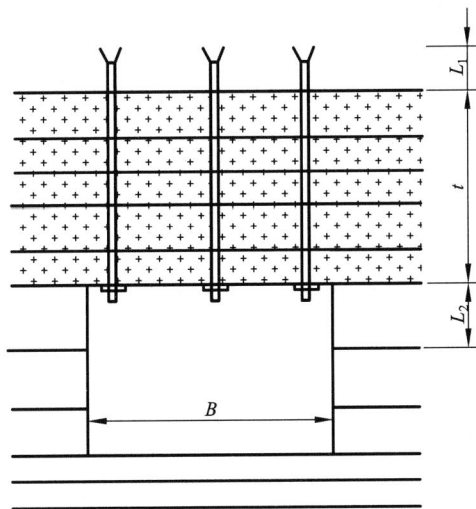

图 7-9　锚杆的组合作用

B—井巷宽度；t—组合层厚度；L_1—锚固段长度；L_2—锚杆外露长度

假设有 n 层等厚度板，则组合前 n 层板的总抗弯断面模量为 W_1。

$$W_1 = \frac{n \cdot b \cdot h^2}{6} \tag{7-4}$$

式中：W_1——组合前 n 层板的总抗弯断面模量；

n——组合板层数；

b——板的宽度；

h——板的高度。

组合梁的抗弯断面模量为 W_2。

$$W_2 = \frac{b \cdot (n \cdot h)^2}{6} \tag{7-5}$$

由式(7-4)和式(7-5)可得

$$W_2 = n \cdot W_1 \tag{7-6}$$

由式(7-6)可见,组合后的岩层的抗弯能力增加。这种组合梁内的最大弯曲应变和应力大大降低。

(3)挤压加固作用

预应力锚杆以一定的布置方式安装在松软岩层中,对围岩产生挤压,形成一个承载拱,起到拱形支架的作用,如图7-10所示。

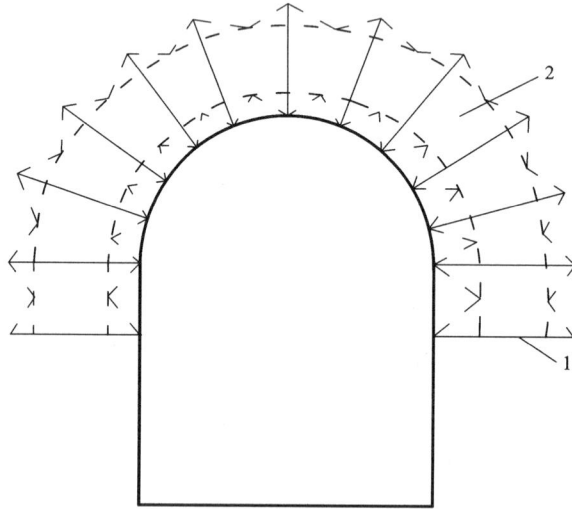

图7-10 锚杆承载组合拱原理

1—锚杆;2—承载组合拱

在该承载拱中的岩石在锚杆的预应力作用下处于三向应力状态,因而提高了围岩的强度。锚杆的有效作用范围是与锚杆成45°角的锥体部分。

非预应力的粘结式锚杆(如砂浆锚杆),由于其前后两端围岩的位移量不同,而使锚杆受拉,与此同时,锚杆向围岩提供一个相应的支护抗力,使锚固区围岩处于径向受压,从而提高了围岩强度。

7.4.3 喷锚设计计算

喷锚设计计算可分为锚杆支护设计计算,喷射混凝土支护设计计算和喷锚联合支护计算。

1. 锚杆支护设计计算

锚杆支护设计参数的确定,主要根据所需要的锚固力大小来确定锚杆的直径、长度、间距和锚杆安装时间以及布置方式。

锚杆支护设计主要借助于经验公式来确定锚杆的直径、长度、间距。在条件适合的情况下,也可按理论公式进行计算。

（1）锚杆参数的经验公式

根据国内外锚杆支护的经验和实例，对跨度小于 10 m 的井巷工程，可按下述经验公式计算锚杆参数。

①锚杆长度 L

$$L = n \cdot \left(1.1 + \frac{B}{10}\right) \qquad (7-7)$$

$$L > 2 \cdot s \qquad (7-8)$$

式中：B——井巷跨度，m；

n——围岩稳定性参数，对于稳定性较好的围岩，$n=1$，对于稳定性较差的围岩，$n=1.1$，对于不稳定围岩，$n=1.2$；

s——围岩岩体的节理间距，m；

L——锚杆长度，m。

锚杆设计长度取上两经验公式计算值较大的一个。在国内的井巷工程中，$L=1.5\sim2.0$ m；在采场中，$L=2.0\sim3.0$ m；在大硐室中，$L=2\sim5$ m。

②锚杆间距 D

$$D \leqslant 0.5L \qquad (7-9)$$

$$D < 3s' \qquad (7-10)$$

式中：D——锚杆间距，m；

s'——围岩岩体的裂隙间距，m；

L——锚杆长度，m。

锚杆设计间距取上两经验公式计算值较小的一个。在国内的井巷工程中，$D=0.8\sim1.0$ m；最大不超过 1.5 m。

③锚杆直径 d

$$d = \frac{L}{110} \qquad (7-11)$$

以上经验公式计算出的锚杆的参数没有考虑锚固力，因此，所选用的锚杆参数，还必须经过理论计算检验。

（2）锚杆参数的理论计算

①悬吊加固计算。

根据锚杆的悬吊作用原理，锚杆将不稳固的松动岩块悬吊在深部稳定岩层中。悬吊计算的基本原理是锚杆所能提供的悬吊力应大于松动岩块重量，且安全系数取 $1.5\sim2$（粘结式锚杆取 1.5，非粘结式锚杆取 2）。

②侧锚加固计算。

侧锚加固松动岩块的计算如图 7－11 所示。主要根据滑块滑移面上的总摩擦力大于滑块的下滑力，则滑块处于稳定状态。总摩擦力为滑面本身具有的抗剪强度与锚杆提供的摩擦力和上拉力之和。

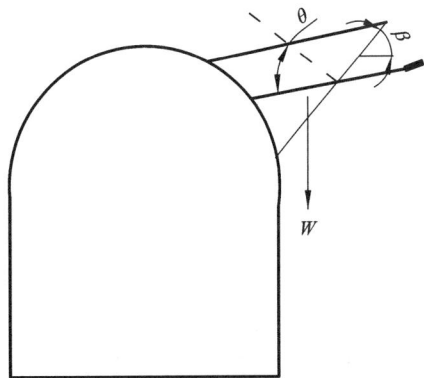

图 7－11 侧锚加固松动岩块

滑块需要的锚杆的总载荷为 T。

$$T = \frac{W(n \cdot \sin\beta - \cos\beta \cdot \tan\Phi) - C \cdot A}{\cos\theta \cdot \tan\Phi + \sin\theta} \qquad (7-12)$$

式中：W——滑块岩块的重力，N；

   n——安全系数，取 1.5~2；

   β——滑移面倾角，(°)；

   Φ——滑移面内摩擦角，(°)；

   θ——滑移面法线与锚杆方向夹角，(°)；

   A——滑动岩块的滑动面积，m^2；

   C——滑移面的内聚力，Pa；

   T——滑块需要的锚杆总载荷，N。

③组合梁加固计算。

对于层状岩体，锚杆的组合梁作用明显。因此，在层状岩体中采用锚杆支护，以降低顶板岩层的拉应力。组合梁的有效厚度 t（见图 7-9），可按式(7-13)计算。

$$t = 0.612B \sqrt{\frac{n_1 \cdot p}{\delta \cdot \eta \cdot \sigma_t}} \qquad (7-13)$$

式中：B——井巷跨度，m；

   n_1——安全系数，掘进机掘进时取 2~3，爆破法掘进时取 3~5，受采动影响的井巷取 5~6；

   p——组合梁所受垂直载荷(忽略侧压)，MPa；

   η——抗拉强度折减系数，取 0.6~0.8；

   σ_t——顶板岩层的抗拉强度，MPa；

   t——组合梁的有效组合厚度，m；

   δ——与组合岩层层数有关的系数，其值由表 7-9 确定。

表 7-9 δ 值选取

组合岩层数	1	2	3	4 或 4 层以上
δ 值	1	0.75	0.7	0.65

则锚杆长度 L 应满足式(7-14)。

$$L \geqslant L_1 + t + L_2 \qquad (7-14)$$

式中：L_1——锚杆外露长度，m；

   L_2——顶锚端长度，一般取 0.3~0.4 m；

   t——组合梁的有效组合厚度，m。

锚杆间距 D 应满足式(7-15)。

$$D \leqslant 1.63m_1 \sqrt{\frac{\eta_1 \sigma_t}{n_2 r_1 m_1}} \qquad (7-15)$$

式中：σ_t——顶板表层岩体的抗拉强度，Pa；

n_2——安全系数，取 8 ~ 10；

η_1——表层岩体抗拉强度折减系数，取 0.3 ~ 0.4；

m_1——顶板表层岩体厚度，m；

r_1——表层岩体单位体积的重力，$N \cdot m^{-3}$；

D——锚杆间距，m。

锚杆锚固力 Q 应满足

$$Q \geqslant p \cdot L \cdot D^2 \tag{7-16}$$

式中的符号意义同上。

组合梁锚杆应尽量选用对表层有较强加固作用、有预拉应力、有坚固顶锚力（如管楔式锚杆、预拉应力灌浆锚杆），以提高表层的强度系数和承载能力。组合梁锚杆施工中，应使帮壁附近的锚杆稍带倾角地插向帮壁，尽量"生根"于帮壁深处。

2. 单一喷射混凝土支护设计计算

喷射混凝土支护设计有 3 种方法，即以围岩分类为基础的工程类比法；以计算为基础的理论分析法和以测量为基础的现场监控法。为了做出经济有效并符合实际的设计，往往需要两种甚至三种设计方法结合使用。

1）工程类比法

工程类比法是目前应用最广的设计方法，它是根据已经建成的类似工程经验直接提出支护设计参数。工程经验主要涉及围岩分类和工程跨度。根据我国《锚杆喷射混凝土支护技术规范》的规定，围岩分类及锚杆喷射混凝土支护的工程类比法设计可按表 7-10，表 7-11，表 7-12 使用。

2）理论分析法

喷射混凝土支护坚硬裂隙岩体主要是防止局部松动岩块滑移坠落，喷射混凝土支护软弱破碎岩体则主要是防止围岩整体失稳。因此，理论分析计算包括两部分：

（1）坚硬裂隙岩体中喷射混凝土支护设计

在坚硬裂隙岩体中，围岩的坠落常常从某一局部不稳定危岩的坠落开始，因此，一旦能阻止不稳定岩块的滑移和坠落，就可以维持围岩的稳定。这就要求喷层抗剪强度大于由岩块引起的剪切破坏，因此，喷层厚度除按工程类比法确定外，还应按下式进行验算。

按冲切破坏计算喷层厚度：

$$h \geqslant \frac{K \cdot W}{0.75 \cdot u \cdot \sigma_L} \tag{7-17}$$

式中：h——喷射混凝土厚度，m；

K——安全系数，可取 $K = 2$；

W——可能坠落岩块的重力，N；

u——可能坠落岩块与喷射混凝土的接触周长，m；

σ_L——喷射混凝土设计抗拉强度，Pa。

（2）软弱破碎岩体中喷射混凝土支护设计

软弱破碎井巷中喷射混凝土支护设计主要考虑两种不同的情况，即侧压系数 $\lambda \approx 1$ 和 $\lambda < 0.8$ 的两种情况。当侧压系数 $\lambda \approx 1$ 时，按喷层内壁的切向应力应小于喷层的单轴抗压强度计算喷层厚度。当侧压系数 $\lambda < 0.8$ 时，按拉布希维次的剪切破坏理论计算喷层厚度。

①侧压系数 $\lambda \approx 1$ 的圆形巷道的喷层计算。

当巷道围岩塑性区刚刚出现，即塑性区半径 R_0 等于巷道半径 a，此时的支护抗力最大，即支护抗力为 $p_{i\max}$。

$$p_{i\max} = p(1 - \sin\phi) - C \cdot \cos\phi \qquad (7-18)$$

式中：$p_{i\max}$——支护巷道所需的最大支护抗力，MPa；

p——原岩应力，MPa；

C——松动区围岩的内聚力，MPa；

ϕ——松动区围岩的内摩擦角，(°)。

当巷道围岩产生塑性区，继而产生松动区，若维持松动区内的岩体不致脱落，此时所需要的支护抗力最小，即 $p_{i\min}$，对应的松动区半径为 $R_{\min}$。因此，计算喷层厚度时，只需要计算支护抗力最小时的支护厚度即可。

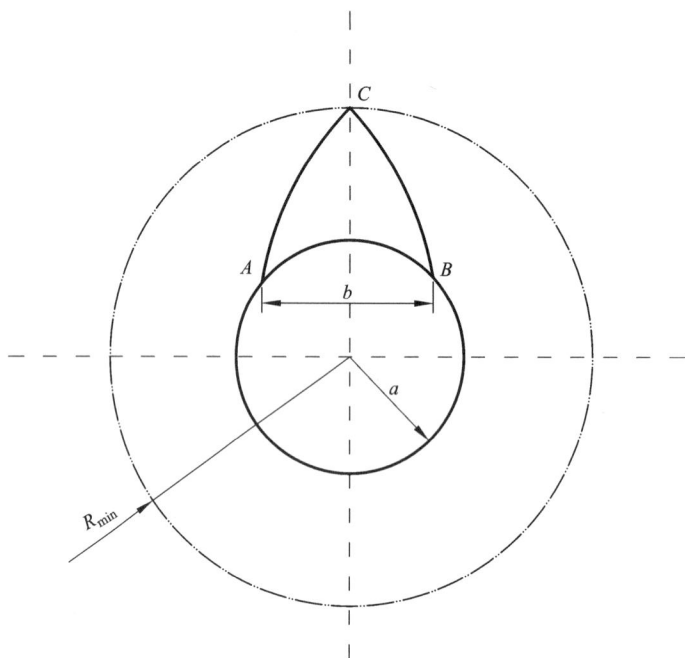

图 7-12 锥形滑体的支护抗力

设圆形巷道松动区滑移体为一锥形体，如图 7-12 所示，滑体截面近似于底宽为 b，高为 $R_{\min} - a$ 的三角形，其重力 G 可按下式近似计算：

$$G = \frac{r \cdot b \cdot (R_{\min} - a)}{2} \qquad (7-19)$$

式中：G——单位长度滑体重力，N；

r——岩体容重，$N \cdot m^{-3}$；

b——滑体底部宽度，m；

a——巷道半径，m；

$R_{\min}$——对应于 $p_{i\min}$ 时的松动区半径，m。

当滑移体完全以重力形式作用在支架上，维持滑体重力平衡所需要的支护抗力应满足下式：

$$p_{imin} \cdot b = G \tag{7-20}$$

式中：p_{imin}——支护巷道所需的最小支护抗力，MPa。

由(7-19)和(7-20)，可求出最小支护抗力：

$$p_{imin} = \frac{r \cdot (R_{min} - a)}{2} \tag{7-21}$$

其中 R_{min} 为支护抗力为 p_{imin} 时的松动区半径，可由下式求得：

$$R_{min} = a \left[\left(\frac{p + C \cdot \cot\phi}{p_{imin} + C \cdot \cot\phi} \right) \left(\frac{1 - \sin\phi}{1 + \sin\phi} \right) \right]^{\frac{1 - \sin\phi}{2\sin\phi}} \tag{7-22}$$

式中：p——原岩应力。

由式(7-20)、式(7-21)和式(7-22)可求得最小支护抗力 p_{imin}。再根据最小支护抗力 p_{imin}，求最小支护厚度。喷层内壁所受到的切向应力 σ_θ 应小于喷层材料的单轴抗压强度 σ_c。

由轴对称厚壁筒计算公式可得：

$$\sigma_\theta = \frac{b_1^2 \cdot p_i}{b_1^2 - a^2} \left(1 + \frac{a^2}{r^2} \right) \tag{7-23}$$

式中：σ_θ——切向应力，MPa；

　　　b_1——喷射混凝土支护层的外半径，m；

　　　a——喷射混凝土支护层的内半径，m；

　　　r——喷层内任意一点的半径，m；

　　　p_i——喷层受到围岩的压力，MPa；

当 $r = a$，$p_i = p_{imin}$ 时，由式(7-23)可得：

$$\sigma_\theta = \frac{2p_{imin} b_1^2}{b_1^2 - a^2} \tag{7-24}$$

$\sigma_\theta = \sigma_c$ 时，则

$$\frac{2p_{imin} b_1^2}{b_1^2 - a^2} = \sigma_c \tag{7-25}$$

可得到

$$b_1 = a \cdot \sqrt{\frac{\sigma_c}{\sigma_c - 2p_{imin}}} \tag{7-26}$$

由于喷层厚度 $h = b_1 - a$，故喷层厚度为

$$h = a \cdot \left(\sqrt{\frac{\sigma_c}{\sigma_c - 2p_{imin}}} - 1 \right) \tag{7-27}$$

考虑到喷层的安全系数 K，则喷层厚度 h 可用下式表达。

$$h = K \cdot a \cdot \left(\sqrt{\frac{\sigma_c}{\sigma_c - 2p_{imin}}} - 1 \right) \tag{7-28}$$

式中：K——喷层安全系数，可取 $K = 1.2 \sim 1.5$。

②侧压系数 $\lambda < 0.8$ 的圆形巷道的喷层计算。

当侧压系数 $\lambda < 0.8$ 时，原岩应力以铅锤应力为主，此时，巷道两帮容易出现锥形剪切体。在地压作用下，剪切体向巷道空间滑移，喷层因抗力不足，沿滑移面呈剪切破坏，如图7

–13a 所示。这种喷层剪切破坏也叫拉布希维茨剪切破坏理论。

根据莫尔强度理论，破坏面与最大主应力 σ_θ 之间的夹角 $\alpha_1 = 45° - \dfrac{\phi_1}{2}$（$\phi_1$——喷层材料的内摩擦角），如图 7 – 13b 所示。试验表明，喷层表面破裂点至巷道中心的连线与巷道截面纵坐标之间的夹角也为 α_1。

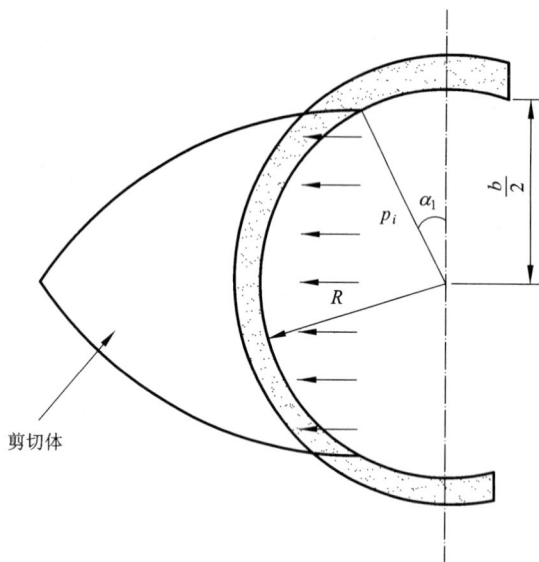
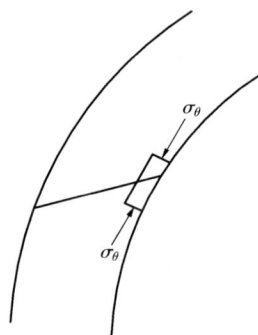

图 7 – 13a　侧压系数 $\boldsymbol{\lambda} < 0.8$ 的圆形巷道的喷层计算　　　　图 7 – 13b　侧压系数 $\boldsymbol{\lambda} < 0.8$ 的
圆形巷道的喷层破坏

由图 7 – 13b 可见，喷层剪切面长度 L 可用下式近似计算：

$$L = \frac{h}{\sin\alpha_1} \tag{7 – 29}$$

则喷层的抗剪切力为 S_b：

$$S_b = \frac{h}{\sin\alpha_1} \cdot \tau_b \tag{7 – 30}$$

式中：τ_b——喷层的抗剪强度，可取抗压强度的 20%；

$\quad\quad\alpha_1$——喷层表面破裂点至巷道中心的连线与巷道截面纵坐标之间的夹角，$\alpha_1 = 45° - \dfrac{\phi_1}{2}$（$\phi_1$——喷层材料的内摩擦角）；

$\quad\quad h$——喷层厚度。

喷层受到的变形地压值小于或等于喷层提供的抗剪力时，则喷层处于稳定状态，考虑到喷层的安全系数 K。则

$$K \cdot p_i \cdot \frac{b}{2} = \frac{h}{\sin\alpha_1}\tau_b \tag{7 – 31}$$

式中：b——锥形剪切体的高度，圆形巷道 $b = 2a\cos\alpha_1$（a 为巷道半径）；

$\quad\quad p_i$——作用于喷层上的变形地压，可由芬涅公式求得；

K——安全系数，$K = 1.5 \sim 2$。

由式(7-31)可得可喷层厚度 h：

$$h = \frac{K \cdot p_i \cdot b \cdot \sin(45° - \frac{\phi_1}{2})}{2\tau_b} \qquad (7-32)$$

式中符号同上。

3)现场监控法

现场监控法是指把喷锚支护的设计同现场测量紧密结合起来，通过现场量测，及时掌握围岩变形规律及支护受力情况，为修改支护设计和指导施工提供信息。这种设计方法特别适用于软弱围岩(塑性流变围岩)中的巷道喷锚支护设计。

支护设计包括预先设计与最终设计，预先设计是施工前根据经验或辅以理论计算，对初期支护的类型、参数、施工程序、工程量测方法进行设计，对后期支护类型进行预估计。最终设计是根据监测得到的信息，调整初期支护，设计后期支护(包括确定后期支护的类型、参数、施工时间及仰拱闭合时间)。因此，现场监控设计，实际就是最终设计，也称为信息化设计。

监测的主要内容包括巷道收敛测量、巷道围岩位移测量、喷层应力测量和测量数据的反馈与应用。

(1)巷道收敛测量

巷道收敛测量是测量巷道周边相对应的两点之间的距离变化，此项工作必须紧跟工作面迅速安装收敛计测点。收敛测量可采用机械式收敛计、伸缩测量杆和带钢尺进行测量。

(2)巷道围岩位移测量

主要测量围岩表面及其内部发生的位移，一般用机械式、电阻式或电感式钻孔位移计进行测量。

(3)喷层应力测量

主要测量喷层间的切向应力、围岩与喷层间的径向应力。切向应力可采用小应变计测量，径向压力可采用压力枕测量。

(4)测量数据的反馈与应用

测量数据反馈到设计和施工，完成最终支护设计并指导施工。测量数据可以用来评价围岩的稳定性、确定二次支护时间、调整施工方法和支护时机，调整喷层厚度等。

3. 喷锚支护设计

井巷支护设计包括锚杆支护设计、喷浆支护设计、喷锚支护设计和喷锚网支护设计。

7.4.4 喷锚支护类型选择

喷射混凝土或喷射混凝土与锚杆联合支护可用于不同围岩类别，不同工作条件和不同工程跨度的井巷、硐室、采场工程。首先确定所要支护围岩的稳定程度，然后根据围岩的稳定性和井巷跨度，选择喷锚支护类型。围岩的稳定程度可根据围岩的岩体结构、结构面发育情况、岩石强度指标、岩体声波指标、岩体强度应力比等分为五级，如表7-10所示。然后结合井巷跨度情况最终选择喷锚支护的类型。一般喷锚支护可根据表7-11、表7-12选择不同类型的喷锚支护形式。

表 7-10 喷锚支护围岩分类表

围岩类别	主要工程地质特征		岩石强度指标		岩体声波指标		岩体强度应力比	毛洞稳定情况
	岩体结构	构造影响程度，结构面发育情况及组合状态	单轴抗压强度(MPa)	点荷载强度(MPa)	岩体纵波速度(km·s⁻¹)	岩体完整性指标		
I	整体状及层间结合良好的厚层状结构	构造影响较轻微，偶有小断层，结构面发育，仅有一至三组，平均间距大于0.8m，以原生和构造节理为主，多数闭合，无泥质充填，不贯通，层间结合良好，一般不出现不稳定块体	>60	>2.5	>5	>0.75		毛洞跨度5~10m时，长期稳定，一般无碎块掉落
	同I类围岩结构	同I类围岩特征	30~60	1.25~2.5	3.7~5.2	>0.75		
II	块状结构和层间结合较好的中厚或厚层状结构	构造影响较重，有少量断层，一般为三组，平均间距为0.4~0.8m，以原生和构造节理为主，多数闭合，偶有泥质充填，有少量软弱结构面。层间结合较好，偶有层面错动和层面张开现象	>60	>2.5	3.7~5.2	>0.5		毛洞跨度5~10m时，围岩能较长时间（数月至数年）维持稳定，仅出现局部小块掉落
	同I类围岩结构	同II类围岩特征	20~30	0.85~1.25	3.0~4.5	>0.75	>2	
III	同II类围岩块状结构和层间结合较好的中厚或厚层状结构	同II类围岩结构和层间结合较好的中厚或厚层状结构	30~60	1.25~2.5	3.0~4.5	0.5~0.75	>2	
	层间结合良好的薄层和软硬岩互层结构	构造影响较重，结构面发育，一般为三组，平均间距为0.2~0.4m，以构造节理为主，节理面多数闭合，少有泥质充填，岩层为薄层或含有泥质的软硬岩互层，层间结合良好，少见软弱夹层。层间错动和层面张开现象	>60(软岩>20)	>2.5	3.0~4.5	0.3~0.5	>2	

续表 7-10

围岩类别	岩体结构	主要工程地质特征 构造影响程度,结构面发育情况及组合状态	岩石强度指标 单轴抗压强度(MPa)	岩石强度指标 点荷载强度(MPa)	岩体声波指标 岩体纵波速度(km·s⁻¹)	岩体声波指标 岩体完整性指标	岩体强度应力比	毛硐稳定情况
Ⅲ	碎裂镶嵌结构	构造影响较重,结构面发育,一般为三组,平均间距为 0.2~0.4 m,以构造节理为主,节理面多数闭合,少数有泥质充填。块体间单牢固咬合	>60	>2.5	3.0~4.5	0.3~0.5	>2	毛硐跨度 5~10 m 时,围岩能维持数日到一个月的稳定,主要失稳形式为落石或片帮
	同Ⅱ类围岩块状结构和层间结合较好的中厚或厚层层状结构	同Ⅱ类围岩块状结构和层间结合较好的中厚或厚层层状结构特征	10~30	0.42~1.25	2.0~3.5	0.5~0.75	>1	
Ⅳ	散块状结构	构造影响严重,一般为三组,结构面较发育,平均间距为 0.4~0.8 m,多以构造节理,风化裂隙为主,贯通性较差,多数张开,夹泥,夹泥厚度一般大于结构面的起伏高度,咬合力弱,构成较多的不稳定块体	>30	>1.25	>2.0	>0.15	>1	
	层间结合不良的薄层、中厚和软硬岩互层层状结构	构造影响严重,一般为风化卸荷带。结构面发育,一般为三组,平均间距大于 0.2~0.4 m,以构造节理、风化裂隙为主,大部分微张(0.5~1 mm),部分张开(>1.0 mm),有泥质充填,层间结合不良,多数夹泥,层间错动明显体	>30 (软岩 >10)	>1.25	2.0~3.5	0.2~0.4	>1	

续表 7 - 10

围岩类别	岩体结构	主要工程地质特征 构造影响程度、结构面发育情况及组合状态	岩石强度指标		岩体声波指标		岩体强度应力比	毛硐稳定情况
			单轴抗压强度（MPa）	点荷载强度（MPa）	岩体纵波速度（km·s⁻¹）	岩体完整性指标		
IV	碎裂状结构	构造影响严重，多数为断层影响带或强风化带。结构面发育，一般为三组以上，平均间距大于0.2~0.4 m，大部分微张（0.5~1 mm），部分张开（>1.0 mm），有泥质充填，形成许多碎块体	>30	>1.25	2.0~3.5	0.2~0.4	>1	毛硐跨度 5 m 时，围岩稳定时间很短，约数小时至数天
V	散体状结构	构造影响严重，多数为破碎带、全强风、破碎带交汇部位。构造及节理面密集，节理面及其组合杂乱，形成大量碎块体，块体间多数为泥质充填，甚至呈土夹石状或石夹土状			<2.0			

表7-11 巷道(隧道)、硐室和斜井的锚喷支护类型和设计参数

围岩类别	毛硐跨度 B(m)				
	B≤5	5<B≤10	10<B≤15	15<B≤20	20<B≤25
I	不支护	50 mm 厚的喷射混凝土	①80~100 mm 厚的喷射混凝土 ②50 mm 厚的喷射混凝土，设置2~3 m 长的锚杆	100~150 mm 厚的喷射混凝土，设置2.5~3 m 的锚杆	120~150 mm 厚钢筋网喷射混凝土，设置3~4 m 长的锚杆
II	50 mm 厚的喷射混凝土	①80~100 mm 厚的喷射混凝土 ②50 mm 厚的喷射混凝土，设置1.5~2 m 长的锚杆	①120~150 mm 厚的喷射混凝土，必要时配置钢筋网 ②80~120 mm 厚的喷射混凝土，设置2~3 m 长的锚杆，必要时配置钢筋网	120~150 mm 厚钢筋网喷射混凝土，设置2.5~3.5 m 长的锚杆	
III	①80~100 mm 厚的喷射混凝土 ②50 mm 厚的喷射混凝土，设置1.5~2 m 长的锚杆	①120~150 mm 厚的喷射混凝土，必要时配置钢筋网 ②80~120 mm 厚的喷射混凝土，设置2~3m 长的锚杆，必要时配置钢筋网	100~150 mm 厚钢筋网喷射混凝土，设置2.0~3.0 m 长的锚杆	150~200 mm 厚钢筋网喷射混凝土，设置3.0~4.0 m 长的锚杆	
IV	80~100 mm 厚的喷射混凝土，设置1.5~2.0 m 长的锚杆	100~150 mm 厚钢筋网喷射混凝土，设置2.0~2.5 m 长的锚杆，必要时采用仰拱	150~200 mm 厚钢筋网喷射混凝土，设置2.5~3.0m 长的锚杆，必要时采用仰拱		
V	120~150 mm 厚钢筋网喷射混凝土，设置1.5~2.0 m 长的锚杆，必要时采用仰拱	150~200 mm 厚钢筋网喷射混凝土，设置2.0~3.0 m 长的锚杆，必要时采用仰拱			

表 7 – 12　竖井锚喷支护类型和设计参数

围岩类别	竖井毛径 D(m)	
	$D < 5$	$D > 5$
Ⅰ	100 mm 厚喷射混凝土,必要时,设置 1.5 ~ 2.0 m 长的锚杆	100 mm 厚喷射混凝土,设置 2.0 ~ 2.5 m 长的锚杆,或 150 mm 厚喷射混凝土
Ⅱ	100 ~ 150 mm 厚喷射混凝土,设置 1.5 ~ 2.0 m 长的锚杆	100 ~ 150 mm 厚的喷射混凝土,设置 2.0 ~ 2.5 m 长的锚杆,必要时加设混凝土圈梁
Ⅲ	150 ~ 200 mm 厚钢筋网喷射混凝土,设置 1.5 ~ 2.0 m 长的锚杆,必要时加设混凝土圈梁	150 ~ 200 mm 厚钢筋网喷射混凝土,设置 2.0 ~ 3.0 m 长的锚杆,必要时加设混凝土圈梁

7.5　监测与治理

井巷压力监测就是利用仪表实测巷道的围岩应力分布特征、围岩变形、支架受载及压缩等一系列压力显现。采用合理的数学方法对各种井巷压力显现信息进行分析,总结井巷压力显现规律,预报井巷压力显现的发展趋势,用以解决具体的生产实际问题。监测的主要内容包括岩体位移测量和应力测量。

7.5.1　位移监测

井巷围岩变形是应力状态变化的最直观的反映,也是分析井巷稳定性的可靠信息。因此,井巷围岩变形是监测的主要内容之一。位移监测的仪器有测量井巷表面两点之间相对位移的收敛计、顶板沉降仪,以及测量围岩内部位移的多点位移计。

1. 井巷表面位移测量

井巷表面位移测量可采用收敛计和顶板岩层沉降仪进行测量,所测的数据反映井巷围岩表面的相对移动情况。

(1)收敛计

收敛计主要用于测量井巷壁面上两点之间的距离的变化。收敛计主要由四部分组成,即壁面测点和球铰连接部分、张紧弹簧(包括指示百分表)、螺旋调距部分和钢带尺架(包括带孔钢尺和钢尺限位装置等)。

测量时,首先用收敛计球铰连接井巷壁面两测点,通过百分表测量该两点之间的长度变化,并用另一块百分表测量张紧力。每次测量时,在张紧力相等的条件下读取百分比表上的读数,从而测出井巷壁面两点之间的相对位移随时间的变化情况。

例如,测得舒兰矿 +93 水平某一井巷壁面位移时间关系曲线如图 7 – 14 所示。

该曲线显示,在井巷开挖后围岩变形速度快,变形量大,经过一段时间后才趋于稳定。在开挖第一天的垂直变形速度 62 mm/d,前十天垂直变形平均速度为 43.7 mm/d,平均水平速度 12 mm/d,26 天后垂直变形速度 1.71 mm/d,水平变形速度为 1.14 mm/d。

通过该井巷壁面位移时间关系曲线,可以指导喷射混凝土的时间,以充分发挥围岩的自承能力。如果在井巷开挖后的前几天,立即作永久支架支护不利于发挥围岩的自承能力,同

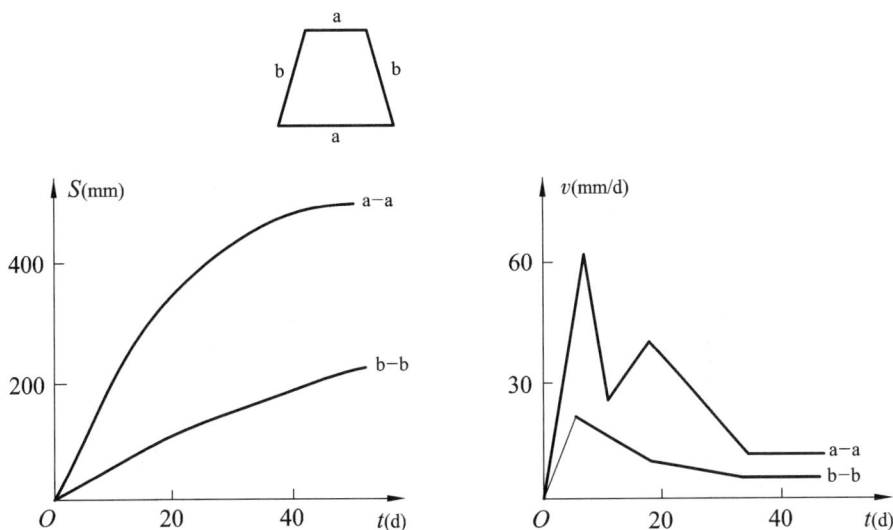

图 7 – 14 舒兰矿 +93 水平某一井巷壁面位移时间关系曲线

时增加了支架的支护强度和支护成本。

（2）顶板沉降仪

顶板沉降仪是一种普及型机械式高灵敏度、大量程位移计，主要用来监测井巷顶底板相对位移量、位移速度，其测量数据可以研究顶板活动规律。

例如 KY – 82 型顶板沉降仪的结构如图 7 – 15 所示。它主要部件包括齿条 7、指针 9、微读数刻线盘 8、粗读数刻度套管 10。使用时，顶板沉降仪安装在顶底板之间，依靠压力弹簧 5 固定。粗读数或大数从刻度套管 10 上读出，每小格 2 mm，微读数由指针 9 指示读出，刻度盘上每小格为 0.01 mm，共计 200 小格，对应 2 mm。由于顶底板相对移近，作用力通过压杆 3，压缩弹簧 5，推动齿条 7，齿条再推动齿轮带动指针 9 顺时针方向转动，于是读数增大，前后两次读数差就是在该段时间内的顶底板相对位移量，于是，得出此段时间的平均位移速度。

由于 KY – 82 型顶板沉降仪需要观测人员在现场测读数据，工作量较大，研究单位相继开发出了 RD1501 数字式动态仪等顶板位移动态遥测仪。这些仪器读数误差可得到有效清除，并可自动储存和分析测读数据。

2. 围岩内部位移测量

为了深入研究支架与围岩的相互作用，正确评价围岩和支架的稳定或局部破坏情况，合理选择维护措施，不仅要了解井巷表面位移和变形规律，而且还必须在较大范围内了解围岩内部的活动情况，测定围岩深部各点位置上的径向位移和应变及随时间的变化过程，因此，需要进行围岩内部位移测量。为此，必须在围岩内打观测钻孔，在孔内不同深度布置若干测点，利用测试仪器和机具在孔外测定各测点的位移情况。围岩内部位移测量的主要仪器为多点位移计，该仪器可以测量围岩表面和围岩内部不同深度的位移量、位移速度。它可以确定围岩的位移随深度变化的关系，从而确定移动范围。

（1）多点位移计结构

多点位移计结构如图 7 – 16 所示。它由连接件、测点锚固器和测量头组成。

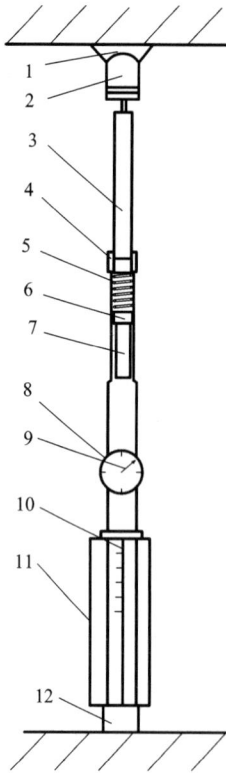

图 7 – 15 KY – 82 动态仪结构示意图

1—顶盖；2—万向接头；3—压杆；4—密封盖；5—压力弹簧；
6—万向接头；7—齿条；8—微读数刻线盘；9—指针；
10—刻度套管；11—有机玻璃罩管；12—底链

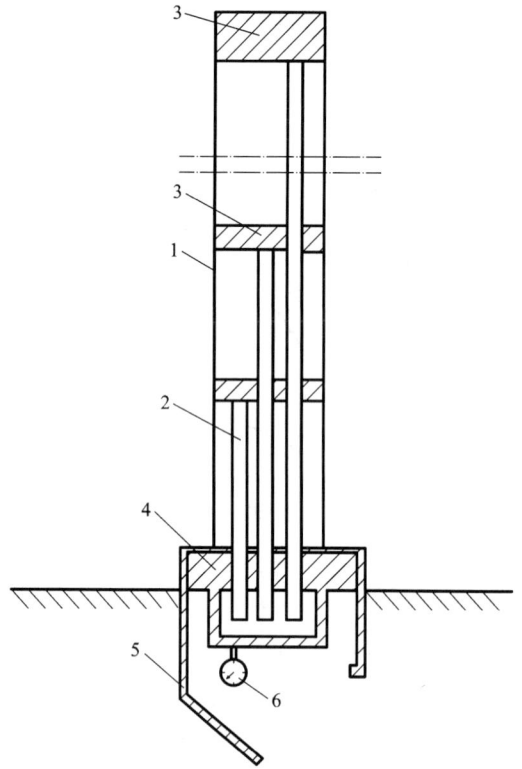

图 7 – 16 钻孔位移计结构

1—钻孔；2—连接件；3—测点锚固器；
4—测量头；5—保护盖；6—测量计

测点锚固器的作用是将测点固定在钻孔的预测深度上，锚固器有木锚固器、注浆式锚固器、机械式锚固器和混合式锚固器。

连接件将测点锚固器与测量头连接起来，连接件有钢丝连接件（丝径 0.5 ~ 1 mm）和杆式连接件（8 ~ 12 mm 的圆钢）。

测量头是在孔口监测钻孔内各个测点位移的装置。测得各点的位移量是钻孔口至各测点的相对位移量，是以孔口固定板为基准的，所以测量头必须牢固可靠地固定在孔口处。测量各测点对孔口的相对位移后，可换算出各点对于孔底固定点的相对位移或绝对位移量。

多点位移计可分为机械式位移计和机电测试位移计。

（2）测量原理

多点位移计的测量原理如图 7 – 17 所示。

多点位移计安装完毕后，各测点距孔口的初始读数为 S_{i0}（i 代表测点编号，0 代表初始读数），在一定时间后，各测点发生位移，此时第一次测得各点到孔口的距离为 S_{i1}，则各点相对于孔口的位移为 $S_{i1} - S_{i0}$，以后每隔一定时间测量各点相对于孔口的距离，则第 n 次测量后，各测点相对于孔口的位移量为 $S_{in} - S_{i0}$。

经过 n 次测量后，孔口与测点 1 之间的总位移量为 $D_1 = S_{1n} - S_{10}$，孔口与测点 2 之间的总

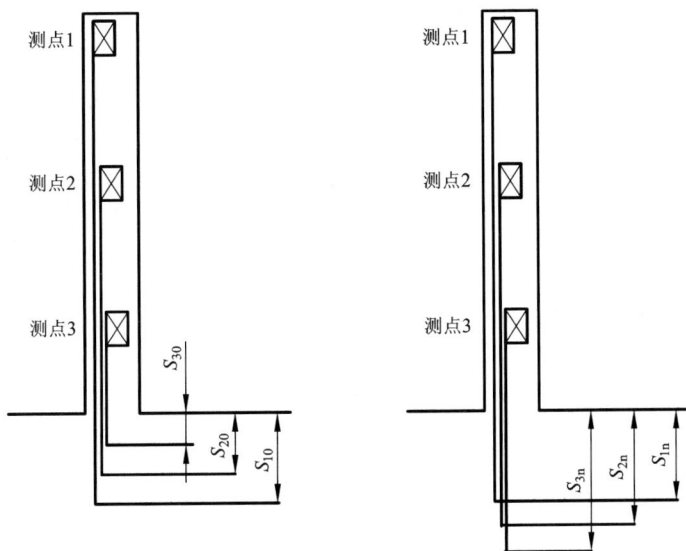

图 7 – 17 多点位移计的测量原理

位移量为 $D_2 = S_{2n} - S_{20}$，孔口与测点 i 之间的总位移量为 $D_i = S_{in} - S_{i0}$。

当测点 1 深度足够大时，其本身的位移量近似为 0，因此，其他测点与测点 1 之间的相对位移量可近似为该点的绝对位移量。

经过 n 次测量后，各测点的位移量可近似用下式表示。

$$\Delta S_i = D_i - D_1 = (S_{in} - S_{i0}) - (S_{1n} - S_{10}) \tag{7 – 33}$$

式中：ΔS_i——测点 i 的位移总量；

　　　D_i——孔口与测点 i 之间的总位移量；

　　　D_1——孔口与测点 1 之间的总位移量；

　　　S_{in}——n 次测量时测点 i 的读数；

　　　S_{i0}——测点 i 的初始读数；

　　　S_{1n}——n 次测量时测点 1 的读数；

　　　S_{10}——测点 1 的初始读数。

7.5.2　应力监测

应力监测主要包括围岩应力变化的光弹监测、支架压力监测、锚杆应力监测。

1. 光弹监测岩体应力变化

岩体绝对应力是通过解除岩体应力测得。岩体应力解除比较复杂，成本高，而且需要较长时间才能得到测量结果。但是，有时井巷工程应力监测工作只需要测定岩体应力变化情况，从而了解岩体的稳定状态。这时可采取一些简单的方法，如光弹应力计或光应变计测量岩体应力变化情况。

（1）光弹性应力计测量岩体应力变化

光弹应力计是一个具有反射层的玻璃中空扁圆柱体（光弹片），使用时将其粘结在孔底部的岩壁上，当岩体应力发生变化时光弹片处于受力状态，用反射式光弹仪可以观测到光弹片上的等差条纹,把它与经过实验室标定的标准条纹进行比较,可以方便地确定应力变化的比值与方向。在经过有关测定和计算,即可求出岩体的应力值。

(2)光弹性应力计

光弹性应力计由普通玻璃作成测片,其尺寸如图7-18所示。它由玻璃测片、反射镀层、防潮密封层和木质锥陀组成。玻璃测片和反射镀层用于观测条纹图,木质锥陀用于安装。光弹性应力计的测片外径为5 cm,内径为1 cm,厚度为2 cm。

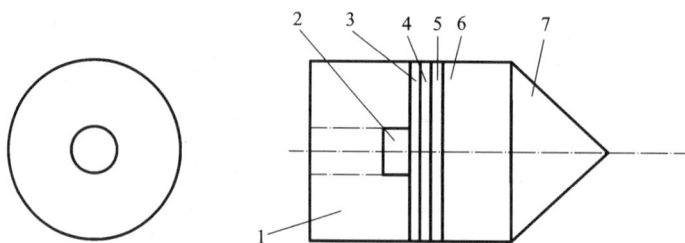

图7-18 光弹应力计组装示图

1—测片;2—石蜡;3—镀层;4—冷凝剂;5—红丹漆;6—玻璃片;7—木锥陀

(3)光弹性应力计的安装

光弹性应力计安装在平直圆孔内,孔深1 m左右为宜,最终孔径不应大于6 cm。孔口直径可适当增加,以便于安装。

埋设时,在孔底填塞约10 cm的水泥砂浆,然后借助于专用工具将应力计徐徐送入孔内,使木锥陀部分插入水泥砂浆。应力计正确定位后,取出送入的工具,代以前端垫上数层草纸,小锤缓慢敲击该木棒,随着木锥陀的不断插入,被挤压的水泥砂浆填满应力计与孔壁间的空隙,从而将应力计与孔壁粘结成整体。

(4)反射式光弹仪

反射式光弹仪用于观测应力计的条纹图。当光弹性应力计安装在钻孔后,若钻孔周围应力发生改变,那么,应用反射式光弹仪便可以观测到应力计中心孔周围会出现一系列条纹,即等差线图。观测人员记录下这些条纹图,与实验室的标准条纹图进行比较,从而得出岩体的主应力方向和变化值。

2.支架压力监测

目前井巷支架上的压力广泛采用钢弦压力盒来测定。钢弦压力盒的主要组成部分为金属工作薄膜1、钢弦柱2、钢弦3、激发磁头4、感应磁头5等组成,如图7-19所示。

当压力作用在压力盒底部工作薄膜上

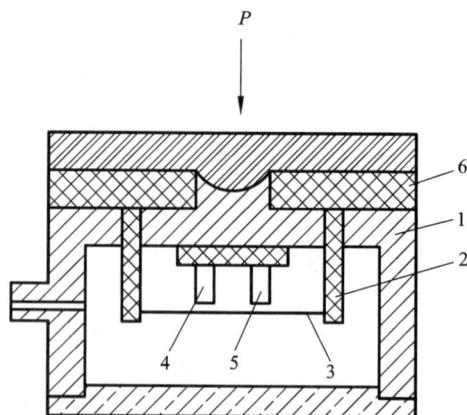

图7-19 钢弦压力计图

1—工作薄膜;2—钢弦柱;3—钢弦;
4—激发磁头;5—感应磁头;6—橡胶垫

时,工作膜受力向外绕曲,使钢弦拉紧,钢弦内应力和自振频率相应发生变化。根据弹性理论,钢弦受拉作用的自振频率f可表示为压力盒工作膜所受到的压力p的函数。

$$f = \sqrt{f_0^2 + R \cdot p} \qquad\qquad (7-34)$$

式中：f_0，f——压力盒受压前后钢弦的振动频率，Hz；

R——压力盒的系数，实验室标定；

p——压力盒所受到的压力，kN。

通过公式(7-34)就可以得出钢弦压力盒的 $p-f$ 曲线。压力盒中的钢弦自振频率是用频率仪测定，由频率仪显示的钢弦振动频率 f，就可由式(7-34)所标定的 $p-f$ 曲线中查得 p 值。

3. 锚杆应力监测

锚杆应力测量主要测量锚杆应力和锚固力。锚杆的应力一般采用电阻应变仪测量。

首先，在锚杆表面贴上电阻应变片，做好防潮和绝缘处理，安装后，即可测量锚杆在应力作用下产生的应变，从而计算出锚杆受到的应力。

锚杆的锚固力一般采用锚杆拉拔器测定。将锚杆尾部与拉拔器连接，然后用油压千斤顶加载，直至锚杆失去承载能力，此时所得到的最大载荷即为锚杆的锚固力。

4. 自动监测系统

井下应力监测发展到使用计算机进行在线检测的自动监测系统，其监测系统组成结构如图7-20所示。井下部分包括工作面压力传感器、通讯分机、电源、通讯电缆等。工作面内可以连接多个压力传感器，通讯分机的输出数据信号通过电话通讯线路发送至井上。井上部分包括接收机、计算机、打印机等。

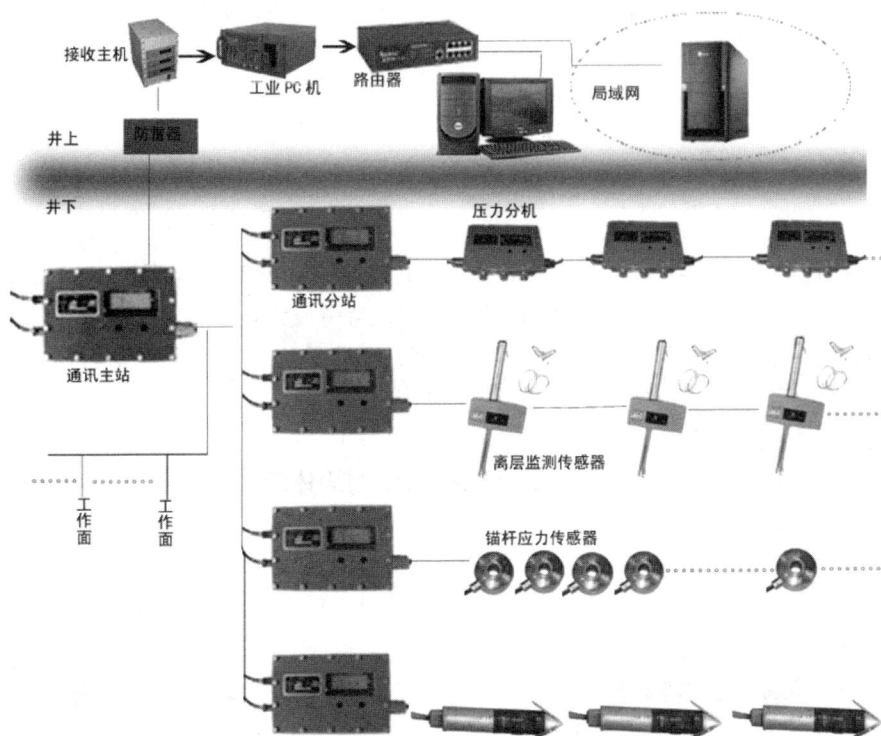

图7-20　井下应力自动监测系统

7.5.3 其他监测手段

其他的监测手段包括声波监测、雷达监测、光纤传感监测、激光测距等。

1. 声波监测

声波监测可以用来测定井巷围岩破坏圈的大小及破坏圈内围岩变形特征，对研究围岩稳定及支护措施具有实际意义。声波监测的实质是在钻孔孔口位置发射声波，监测在钻孔中不同深度的声波振幅及声波速度，从而判断岩体内部的破坏状况。

（1）声波速度测定

测定声波在岩体内部的传播速度的系统如图 7-21 所示。

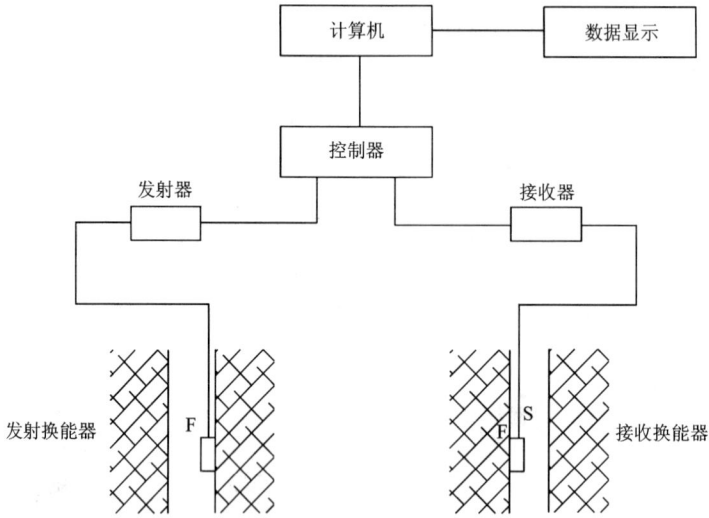

图 7-21 声波速度探测原理图

在钻孔孔口设置发射换能器 F，同时在相距 L 的钻孔内或岩体表面设置接收换能器 S。发射换能器 F 向岩体内发射声波，同时开始计时，当声波到达接收换能器 S 时，记录所需要的时间 t，则声波传播速度 $v_p = L/t$。一般而言，声波传递速度越低，则岩体的节理裂隙越发育。

（2）声波幅度衰减测定

声波在岩体内传播过程的振幅与频谱的改变，与岩体的结构特征及力学性态的改变密切相关。声波衰减系数 a 为：

$$a = -\frac{1}{L}\ln\frac{A_L}{A_0} \tag{7-35}$$

式中：a——声波衰减系数；

　　A_0——初始发射波振幅；

　　A_L——声波通过距离 L 后的振幅。

同样，声波衰减系数也表明了岩体的节理裂隙的发育程度。

2. 雷达监测

雷达监测采用探地雷达探测井巷围岩松动圈。探地雷达又称地质雷达,是当前国际上先进的地球物理勘探手段之一,它由控制面板、发射机、发射天线、接受机、光缆及笔记本电脑等组成。地质雷达的工作原理是发射高频、宽频带电磁波,接受介质界面的反射回波信号,界面两侧介质的物理性质差异越大,越利于地质雷达分辨。

井巷开挖后,围岩松动、破碎,电磁波遇到破碎的围岩会产生相对杂乱的反射信号。围岩破碎区同相对完整的弹塑性区交界面将造成雷达波的强反射,电磁波的能量会有很大的消耗,即透过强反射界面的电磁波将很快消失殆尽,因此可将地质雷达用于确定井巷围岩松动圈范围。

思考题

1. 井巷维护原则有哪些?
2. 井巷支护的支架包括哪些?
3. 注浆加固作用机理是什么?
4. 注浆包括哪些工艺?
5. 锚索支护结构主要包括哪些?
6. 锚索施工的主要工艺包括哪些?
7. 喷射混凝土的适用条件及施工工艺是什么?
8. 喷层和锚杆的力学作用什么?

附录 A　岩石室内力学实验

岩石的强度和变形特性是岩石的重要力学特性，其表征指标一般通过室内岩石力学实验测定。

所谓强度，是指材料受力时抵抗破坏的能力，由材料的强度指标表征。根据所受荷载的不同，材料强度可分为单轴抗压强度、单轴抗拉强度、抗剪强度、三轴抗压强度等。

所谓变形特性，是指材料在各种物理因素作用下形状和大小的变化，由材料的变形指标来度量，如弹性模量（或变形模量）及泊松比等。

本章主要介绍测定上述岩石强度指标的实验，包括试样制备、实验原理和方法及实验成果整理等内容。

1　单轴抗压强度实验

1.1　概述

岩石试样在单轴压缩荷载作用下所能承受的最大压应力称为单轴抗压强度，即岩石试样在轴向压力作用下出现压缩破坏时单位面积上所承受的荷载，也就是试样破坏时的最大荷载与垂直于加荷方向试样面积之比。

根据岩石试样含水状态的不同，岩石单轴抗压强度分为天然状态下单轴抗压强度 R、干燥状态下单轴抗压强度 R_d 以及饱和状态下单轴抗压强度 R_s。通常所述岩石单轴抗压强度是指其天然状态下单轴抗压强度。岩石饱和状态下的单轴抗压强度与干燥状态下的单轴抗压强度之比称为岩石软化系数 η，用以表示岩石的软化性，即岩石与水相互作用时强度降低的性能。

1.2　试样制备

（1）试样可用钻孔岩芯或岩块，在取样和试样制备过程中，不允许出现人为裂隙。

（2）采用圆柱体作为标准试样，直径 50 mm，高径比 2~2.5，试样尺寸的允许变化范围不宜超过 5%。

（3）对于非均质的粗粒结构岩石，或取样尺寸小于标准尺寸者，允许使用非标准试样，但高径比必须保持在 2~2.5。

（4）对于层（片）状岩石，一般按垂直于和平行于层（片）两个方向制样。

（5）试样个数视所要求的受力方向或含水状态而定，同一含水状态下每组试样数量不少于 3 个。

（6）试样制备精度。沿试样高度，直径最大误差不应超过 0.3 mm。两端不平行度不宜超过 0.05 mm。端面应垂直于试样轴线，最大偏差不应超过 0.25°。

1.3 主要仪器设备

实验所用主要仪器设备包括：

(1)钻石机、锯石机、磨石机和车床；

(2)测量平台、角尺、千分卡尺、放大镜；

(3)烘箱、干燥器和饱和设备；

(4)材料实验机。

材料实验机系定型产品，但应满足下列要求：

(1)实验机应能连续加载且没有冲击，具有足够的加载能力；

(2)实验机的承压板必须具有足够的刚度，其中之一具有球形座，板面须平整光滑；

(3)承压板直径应大于试样直径；

(4)实验机的校正与检验，应符合国家相关计量标准的规定。

1.4 实验方法

(1)将试样置于实验机承压板中心。为了消除试样受载时的端部效应，试样两端与实验机承压板之间安放刚性垫块，垫块直径等于或略大于试样直径，其高度与试样直径之比不小于0.5；

(2)调整球形座，使刚性垫块与实验机上、下承压板均匀接触，使试样均匀受力；

(3)以每秒0.5~1.0 MPa的速率加载直至试样破坏；

(4)实验结束后，描述试样的破坏形态。

1.5 实验成果整理

1.试样描述

(1)岩石名称、颜色、矿物成分、风化程度；

(2)试样层理、裂隙及其与加载方向的关系；

(3)试样在制备过程中出现的问题；

(4)试样尺寸和加工精度；

(5)含水状态；

(6)破坏形态。

2.岩石单轴抗压强度计算公式

$$\sigma_c = \frac{p}{A} \tag{1-1}$$

式中：σ_c——岩石单轴抗压强度，MPa，计算取三位有效值；

p——试样破坏时最大荷载，N；

A——垂直于加荷方向的试样面积，mm^2。

对于非标准尺寸的岩石试样，应将强度值换算成高径比为2的标准抗压强度值σ_e，其计算公式为

$$\sigma_e = \frac{8R}{7 + 2D/H} \tag{1-2}$$

式中：σ_e——高径比为 2 的标准抗压强度值，MPa；

      D——试样直径或截面边长，mm；

      H——试样高度，mm。

  3. 岩石软化系数 η 的计算公式

$$\eta = \frac{\sigma_s}{\sigma_d} \tag{1-3}$$

式中：η——岩石软化系数，计算精确到 0.01；

      σ_s——饱和状态下岩石单轴抗压强度（取每组试样的平均值）；

      σ_d——干燥状态下岩石单轴抗压强度（取每组试样的平均值）。

1.6 实验记录

    岩石单轴抗压强度实验记录包括工程名称、岩石名称、取样位置、试样编号、试样描述、试样尺寸、实验方法、破坏荷载、破坏形态、实验人员、实验日期等。如表 1-1 所示。

表 1-1 单轴抗压强度试验记录表样

工程名称：＿＿＿＿＿＿＿＿＿　　　　　　　　　　实验者：＿＿＿＿＿＿＿＿＿

岩石名称：＿＿＿＿＿＿＿＿＿　　　　　　　　　　计算者：＿＿＿＿＿＿＿＿＿

实验日期：＿＿＿＿＿＿＿＿＿　　　　　　　　　　校核者：＿＿＿＿＿＿＿＿＿

试样描述：＿＿＿＿＿＿＿＿＿

试样编号	含水状态	试样形状	试样直径或边长（mm）	试样高度（mm）	高径比	试样截面面积（mm²）	加荷速度（MPa）	破坏荷载（N）	单轴抗压强度（MPa）	标准抗压强度值（MPa）	平均值（MPa）	备注
			(1)	(2)	(3)	(4)	(5)	(6)	(7)	(8)	(9)	

软化系数 η 计算

饱和状态单轴抗压强度 R_s 平均值	干燥状态单轴抗压强度 R_d 平均值	软化系数 η

2 抗拉强度实验

2.1 概　述

岩石的抗拉强度就是岩石试样在单向拉力作用下抵抗破坏的极限能力,或称极限强度。极限能力正数值上等于破坏时的最大拉应力。

由于岩石是一种具有许多微裂隙和微孔隙的脆性介质,在进行抗拉强度测定时,其试样的加工及对实验条件的要求十分严格,因此岩石力学工作者对其实验方法进行了大量的研究,提出了许多实验方法。这些方法大体上可以分为直接法和间接法,一般来说对岩石直接进行抗拉强度的实验比较困难,目前大多进行各种各样的间接实验,采用理论公式计算出抗拉强度。岩石抗拉强度间接实验较常用的是劈裂法和弯曲梁法,我国国家标准《工程岩体试验方法标准》(GBT50266—99)以及行业标准《水利水电工程岩石试验规程》(SL264—2001)等均采用劈裂法作为岩石抗拉强度实验方法,本节重点介绍岩石抗拉强度实验的劈裂法。

劈裂法也称做径向压裂法,是由巴西学者 Hondros 提出的实验方法,因此习惯上也称做巴西法。该实验方法是用一个实心圆柱试样,使其承受径向压缩线荷载直至破坏,如图2-1所示,然后根据 Boursinesq 半无限体上作用集中力的解析解,求得试样破坏时作用在试样中心的最大拉应力,即为岩石的抗拉强度。

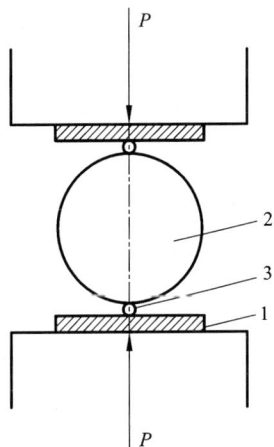

图2-1 劈裂法实验示意图

2.2 试样制备

(1)试样可用钻孔岩芯或岩块,在取样和试样制备过程中,不允许出现人为裂隙。

(2)采用圆柱体作为标准试样,直径48~54 mm,高径比0.5~1.0,且试样高度应大于岩石最大颗粒粒径的10倍。

(3)对于非均质的粗粒结构岩石,或取样尺寸小于标准尺寸者,允许使用非标准试样,但高径比必须保持在0.5~1.0,且试样高度应大于岩石最大颗粒粒径的10倍。

(4)试样个数视所要求的受力方向或含水状态而定,同一含水状态下每组试样数为6个。

(5)试样制备精度要求与岩石单轴抗压试验相同。

2.3 主要仪器设备

(1)钻石机、锯石机、磨石机和车床。

(2)测量平台、角尺、千分卡尺、放大镜。

(3)材料试验机:因岩石的抗拉强度远低于抗压强度,为了提高试验精度,所以选择材料试验机的吨位不宜过大。

(4)垫条:在岩石劈裂试验中,目前国内外规程中,有加垫条、劈裂压模、不加垫条三种。《水利电力规程》建议采用电工用的胶木板或硬纸板,其宽度与试样直径之比为0.08~

0.1;《国际岩石力学学会》建议采用压模，压模圆弧直径为试样直径的 1.5 倍(如图 2 -2)；日本、美国等矿业规程建议采用不加垫条，使试样与承压板直接接触。三种方法相比，最后一种比较简单所以用的较广泛。

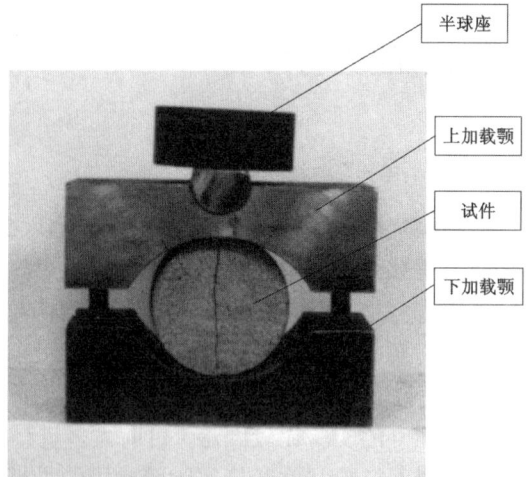

图 2 - 2　劈裂法实验实物图

2.4　实验方法

(1)根据所要求的试样状态准备试样。

(2)实验前，通过试样直径的两端，在试样的侧面沿轴线方向画两条加载基线，将两根垫条沿加载基线固定。对于坚硬和较坚硬的岩石，垫条一般采用直径 1 mm 钢丝；对于软弱和较软弱的岩石，垫条一般采用硬纸板或胶木条，其宽度与试样直径之比为 0.08 ~ 0.1。

(3)将试样置于实验机承压板的中心，调整球形座，使试样均匀受力，作用力通过两垫条确定的平面。

(4)以每秒 0.1 ~ 0.5 MPa 的速率加载直至试样破坏，其中软岩试样取较低的加载速率。

(5)试样最终破坏应通过两垫条决定的平面，否则应视为无效的实验。

(6)记录实验破坏荷载和实验过程中出现的现象，并对破坏后的试样进行描述。

2.5　实验成果整理

1. 试样描述

(1)岩石名称、颜色、矿物成分、风化程度；

(2)试样层理、裂隙及其与加载方向的关系；

(3)试样在制备过程中出现的问题；

(4)试样尺寸和加工精度；

(5)含水状态；

(6)破坏形态。

2. 岩石抗拉强度计算公式

$$\sigma_t = \frac{2p}{\pi DH} \qquad (2-1)$$

式中：σ_t——岩石抗拉强度，MPa，计算值取三位有效数字；

　　　p——破坏荷载，N；

　　　D——试样直径，mm；

　　　H——试样高度，mm。

2.6　实验记录

岩石单轴抗拉强度实验记录包括工程名称、岩石名称、取样地点、试样编号、试样描述、试样尺寸、破坏荷载、实验人员、实验日期等，记录表样如表 2 - 1 所示。

表2－1 单轴抗拉强度实验记录表样

工程名称：_____ 　　　　　　　　　　　　实验者：_____

岩石名称：_____ 　　　　　　　　　　　　计算者：_____

实验日期：_____ 　　　　　　　　　　　　校核者：_____

试样描述：_____

试样编号	含水状态	试样形状	试样直径（mm）	试样高度（mm）	加荷速度（MPa/s）	破坏荷载（N）	单轴抗拉强度（MPa）	平均抗拉强度（MPa）	备注
			（1）	（2）	（3）	（4）	（5）	（6）	

3 剪切强度实验

3.1 概　述

　　岩石的抗剪强度就是岩石抵抗剪切破坏（滑动）的能力。岩石抗剪强度是岩石力学中需要研究的最重要的特性之一，往往比抗压和抗拉强度更有意义。岩石的抗剪强度指标可以用凝聚力 c 和内摩擦角 φ 来表示。

　　岩石的抗剪强度通常有三种：抗剪断强度、抗切强度和弱面抗剪强度（包括摩擦实验）。这三种强度实验的受力条件如图3－1所示，通常所述的岩石抗剪强度，是指其抗剪断强度。

　　室内岩石剪切强度实验常采用直接剪切实验，楔形剪切实验和三轴压缩实验等，各种实验方法各有其优缺点，但以直接剪切实验最具普遍性。因其适用于各种剪切强度实验，可以用于测试岩石、结构面和混凝土与岩石接触面的抗剪强度。因此，我国国家标准《工程岩体试验方法标准》（GB/T50266—99）及行业标准《水利水电工程岩石试验规程》（SL264—2001）等均采用直接剪切实验作为岩石抗剪强度的实验方法。

　　直接剪切实验采用直剪实验仪进行，其构造与土的直剪实验仪相类似，但其刚度以及施

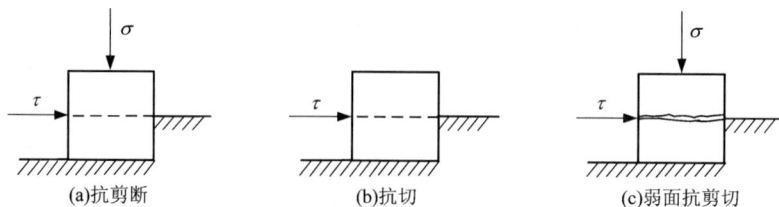

(a)抗剪断   (b)抗切   (c)弱面抗剪切

图 3-1　岩石的三种抗剪方式示意图

加荷载要大得多。

　　楔形剪切实验则是利用几个不同角度的抗剪夹具在材料试验机上做试验，得出试样沿剪断面破坏的正应力和剪应力之间的关系，以确定岩石抗剪强度曲线的一部分。

　　本章分别介绍直接剪切实验和楔形剪切实验。

3.2　直接剪切实验

3.2.1　试样制备与要求

　　(1)试样在采取、运输和制备过程中应防止扰动和失水。

　　(2)试样采用边长不小于 150 mm 的立方体或直径不小于 150 mm 的圆柱体。

　　(3)结构面试样的结构面应位于试样中部。

　　(4)混凝土与岩石接触面试样应采用钢模具或直接剪切盒制备，接触面应位于试样中部，起伏差为边长的1%~2%；混凝土原材料相配合比应根据设计要求确定，骨料最大粒径不得大于试样边长的1/6。

　　(5)根据实验需要，实验可采用天然含水状态或饱和状态。

　　(6)每组试样不少于 5 个。

3.2.2　主要仪器设备

　　(1)锯石机、钢模具及试样养护设备；

　　(2)直剪实验仪；

　　(3)位移测表(百分表或千分表)及其他辅助设备。

3.2.3　实验方法

1.试样安装

　　(1)试样受剪切方向应与工程岩体受力方向一致。

　　(2)法向载荷和剪切载荷的作用方向应通过预定剪切面的几何中心。法向和切向位移测表均不少于两只，对称布置。

2.法向荷载施加要求

　　(1)法向荷载最大值为上程压力的1.2倍。对于结构面中含有软弱充填物的试样，最大法向荷载以不挤出充填物为限。

　　(2)法向载荷按等差级数分级，分级数不少于5级。

　　(3)对于不需要固结的试样，法向载荷可以一次施加完毕，立即测读法向位移，5 min 再测读一次，即可以施加剪切载荷。

　　(4)对于需要固结的试样，在法向载荷施加完毕后的第一个小时内，每15 min 读数一次，然后每半小时读数一次。当每小时法向位移不超过 0.05 mm 时，可以施加剪切载荷。

（5）实验过程中法向载荷应始终保持常数。

3. 剪切载荷施加要求

（1）按预估最大剪切载荷分 10～12 级。每级载荷施加后，立即测读剪切位移和法向位移，5 min 后再测读一次，即可以施加下一级剪切载荷。当位移明显增大时，可以适当减小级差。峰值前施加的剪切载荷不应少于 10 级。

（2）剪切破坏后，分别将剪切载荷和法向载荷退至零。试样复位后，调整测表，进行同一法向载荷下的摩擦实验。

4. 剪切破坏标准

（1）剪切载荷加不上或无法稳定。

（2）剪切位移明显变大，在剪应力 τ 与剪切位移关系 u_s 曲线上出现明显突变段。

（3）剪切位移增大，在剪应力 τ 与剪切位移 u_s 曲线上未出现明显突变段，但总剪切位移已达到试样边长的 10%。

3.2.4　实验成果整理

1. 试样描述

（1）岩石名称、颜色、矿物成分、风化程度；

（2）层理、片理、裂隙以及与剪切方向的关系；

（3）结构面的充填物性质、充填厚度以及试样在采取和制备过程中受扰动的情况；

（4）混凝土与岩石接触面的起伏差、混凝土配合比和混凝土强度等级。

2. 剪切破坏后破坏面描述

（1）有效剪切面积；

（2）剪切面破坏情况、擦痕分布、方向和长度；

（3）剪切面起伏差及沿剪切方向变化曲线；

（4）当结构面内有充填物时，应描述剪切面的准确位置、充填物的组成成分、性质、厚度和含水状态。根据需要可以取代表性样品作矿物鉴定。

3. 法向应力和剪应力计算公式

$$\sigma = p/A \qquad \tau = Q/A \qquad\qquad (3-1)$$

式中：σ，τ——法向应力和剪应力，MPa（计算值取三位有效数）；

　　　p，Q——法向荷载和剪切荷载，N；

　　　A——有效剪切面积，mm^2。

4. 确定抗剪强度参数

（1）绘制剪应力 τ 与剪切位移 u_s 及剪应力 τ 与法向位移 u_n 的关系曲线，确定各剪切阶段特征点的剪切应力值。

（2）根据各剪切阶段特征点的剪应力值，采用图解法或最小二乘法绘制剪应力 τ 与法向应力 σ 关系曲线，并确定相应的抗剪强度参数。

3.2.5　实验记录

岩石剪切强度实验记录包括工程名称、岩石名称、取样位置、试样编号、试样描述、剪切面积、法向位移、剪切位移、实验人员、实验日期等。岩石剪切实验记录、抗剪强度参数计算如表 3-1 和表 3-2 所示。

表 3 – 1 直接剪切强度实验记录表样

工程名称：_____ 岩石名称：_____

试样编号：_____ 含水状态：_____

试样尺寸：$D(a) =$ _____ mm；$L =$ _____ mm；$A =$ _____ mm²

法向应力：_____

实验者：_____ 计 算 者：_____

校 核 者：_____ 实验日期：_____

试样描述：_____

加载步骤	切向荷载值（N）	切向应力值（MPa）	切向位移（mm）			法向位移（mm）			备注
			u_{s1}	u_{s2}	平均	u_{s1}	u_{s2}	平均	
1									
2									计算公式：
3									法向应力：
4									$\sigma = \dfrac{P}{A}$
5									
6									剪应力：
7									$\tau = \dfrac{Q}{A}$
8									$\tau - u_s$ 及 $\tau - u_o$
9									关系曲线
10									

表 3 – 2 直接剪切强度实验岩石抗剪强度参数计算表样

工程名称：_____ 实验者：_____

岩石名称：_____ 计算者：_____

实验日期：_____ 校核者：_____

试样描述：_____

试样编号	法向应力 σ(MPa)	剪切破坏应力 τ(MPa)	内摩擦角 φ(°)	粘聚力 c(MPa)	备注

续表 3 – 2

$\tau \sim \sigma$ 曲线

3.3 楔形剪切实验

3.3.1 试样制备与要求

（1）试样在采取、运输和制备过程中应防止扰动和失水。

（2）试样为 $50 \times 50 \times 50$ mm^3 或 $70 \times 70 \times 70$ mm^3 的立方体，误差小于 $0.2 \sim 0.3$ mm，试样各端面严格平行，不平行度小于 0.07 mm，四面凸起小于 0.03 mm。

（3）每组试验至少 3 个角度，每个剪切角度的试样数目应不少于 $2 \sim 3$ 个，所以一组试验的试样数目至少应有 $6 \sim 9$ 个以上。

（4）根据实验需要，实验可采用天然含水状态或饱和状态。

3.3.2 主要仪器设备

（1）锯石机及试样制备设备；

（2）压力试验机；

（3）抗剪夹具（$20°$，$30°$，$40°$夹具 3 个）；

（4）卡尺及其他辅助设备。

3.3.3 实验方法

（1）描述试样的颜色、颗粒、层理方向、加工精度等情况，在试样上划出剪切线。

（2）用游标卡尺量测试样的高、宽、长的尺寸，精确到 0.05 mm，并计算剪切面的面积。

（3）把试样和抗剪夹具一起放在压力试验机的承压板上，夹具与垫板之间放滚轴以消除摩擦力，试样和抗剪夹具周围放防护罩。

（4）以每秒 $0.5 \sim 1.0$ MPa 的速度加载，直到试样剪断为止，记录下破坏时的载荷，格式见表 3 – 3。

（5）按 $20°$，$30°$，$45°$不同夹具，分别逐个进行试验，每个角度做 3 件。

3.3.4 实验成果整理

（1）计算正应力和剪应力。

试样受力状态如图 3 – 2，图 3 – 3 所示，根据下式计算试样所受的正应力和剪应力：

$$\sigma = \frac{p}{A}\sin\alpha \qquad \tau = \frac{p}{A}\cos\alpha \qquad\qquad (3-2)$$

式中：σ，τ——分别为抗剪断面上的平均正应力和平均剪应力，MPa（计算值取 3 位有效数）；

α——抗剪夹具的角度（剪力与竖直方向），（°）；

p——试样破坏时的载荷，N；

A——剪断面积，mm^2。

图 3 – 2　岩石变角剪示意图

图 3 – 3　岩石变角剪加载示意图

(2)绘制岩石抗剪强度曲线图。

通过改变夹具的剪切角剪切试样,对于每一个角度可以确定试样的一对剪应力 τ、正应力 σ 值,把这些值标在 $\tau - \sigma$ 坐标图中,连接求得的各点,即可得到如图 3 – 4 所示的岩石抗剪强度曲线。

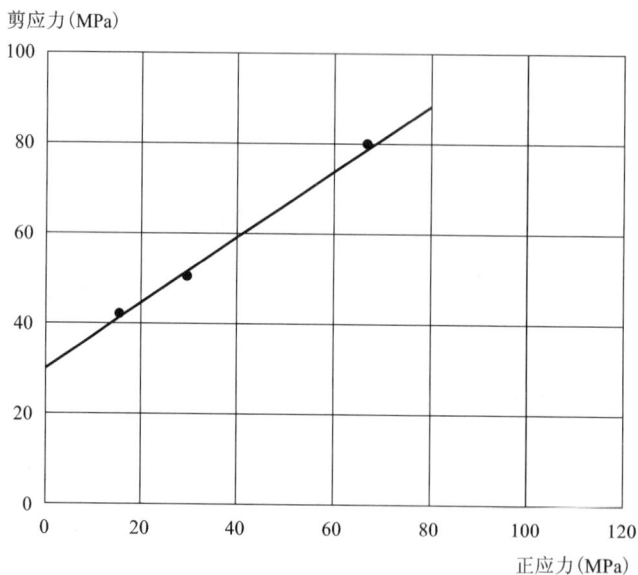

图 3 – 4　岩石抗剪强度部分曲线图

3.3.5　实验记录

岩石剪切强度实验记录包括工程名称、岩石名称、取样位置、试样编号、岩石特征、试样描述、试样尺寸、剪切面积、剪切角度、破坏载荷、正应力、剪应力、实验人员、实验日期等。岩石剪切实验记录如表 3 – 3 所示。

表 3 – 3 岩石抗剪强度试验记录表

岩石名称	试样编号	岩石特征	试 样 尺 寸				夹具角度	破坏载荷（N）	剪应力（MPa）	正应力（MPa）	备 注
			长（mm）	宽（mm）	高（mm）	面积（mm²）					

试 样 描 述

班　级　　　　　　　　　　　　　组　别　　　　　　　　　　　　　日　期

试验者　　　　　　　　　　　　　计算者

4　三向压缩实验

4.1　概　述

地层中的岩石绝大多数处在三向压缩应力的作用下，因此，从某种意义上来说，岩石在三向压缩应力作用下的强度和变形特性是岩石力学性质的真实反映，比岩石单轴压缩强度和变形特性更为重要。

岩石三向压缩强度是指在不同的三向压缩应力作用下岩石抵抗外荷载的极限能力。由于三向应力状态由许多不同的应力组合而成，因此，岩石的三向压缩强度并没有确定的值，通常用一个函数来表示，其通式为

$$\sigma_1 = f(\sigma_2, \sigma_3)$$

或

$$\tau = f(\sigma)$$

式中：σ_1——最大主应力；

σ_2, σ_3——中间主应力和最小主应力；

σ——正应力；

τ——剪应力。

由于岩石三向压缩强度函数关系是根据实验结果建立的，因此很难用一个显式的函数式给予精确的描述。但总的来说，该函数是一个单调函数，即随着中间主应力和最小主应力的增加，相应的极限最大主应力（三向压缩强度）也随之增加。

岩石在三向压缩应力作用下的变形特性与岩石的强度一样，也与单向压缩状态下的变形特性存在着比较大的差异。

岩石三向压缩强度和变形特性通常采用室内三轴实验进行研究。根据施加应力状态的不同，岩石三轴实验可以分成真三轴实验（$\sigma_1 > \sigma_2 > \sigma_3$）和常规三轴实验（$\sigma_1 > \sigma_2 = \sigma_3$）两种。二者的区别在于施加的中间主应力和最小主应力，真三轴实验中二者是不相同的，而常规三轴实验中二者是相同的。由于真三轴实验对实验机有特殊要求，使得实验需要花费大量的人力、物力和财力；而常规三轴实验比真三轴实验容易得多，可以采用圆柱体试样在等围压状态下进行实验，成为岩石力学中三轴实验的主要方法。

岩石常规三轴压缩强度实验一般用于测定完整岩石的抗剪强度参数。通常的方法是用若干个试样的破坏点强度绘制强度包络线，进而求出岩石的抗剪强度参数。岩石常规三轴压缩变形实验可以用于测定岩石在三向压缩状态下的弹性模量、泊松比等三轴压缩变形参数。

本章着重介绍岩石常规三轴压缩强度实验。

4.2　试样制备与要求

常规三轴压缩实验所用试样与单轴压缩实验所用试样及其尺寸、加工精度等完全相同，即：

（1）试样可用钻孔岩芯或岩块，在取样和试样制备过程中，不允许出现人为裂隙出现。

（2）采用圆柱体作为标准试样，直径 50 mm，高径比 2～2.5，试样尺寸的允许变化范围不宜超过 5%。

（3）对于非均质的粗粒结构岩石，或取样尺寸小于标准尺寸者，允许使用非标准试样，但高径比必须保持在 2～2.5。

（4）对于层（片）状岩石，一般按垂直于和平行于层（片）两个方向制样。

（5）一般同一含水状态下每组试样的数量不少于 5 个，分别施加不同的围压，在轴向连续加载下至试样破坏。

（6）试样制备精度。沿试样高度，直径最大误差不应超过 0.3 mm。两端不平行度不宜超过 0.05 mm。端面应垂直于试样轴线，最大偏差不应超过 0.25°。

4.3　主要仪器设备

实验所用主要仪器设备包括：
（1）钻石机、锯石机、磨石机和车床；
（2）测量平台、角尺、千分卡尺、放大镜；
（3）烘箱、干燥器和饱和设备；
（4）三轴实验机。

三轴实验机由材料实验机、三轴压力室、侧向压力加载装置以及变形量测和记录系统组成。其中材料实验机可采用应力控制式或应变控制式的实验机，其性能应满足对单轴压缩实验机的要求，且实验机承压板的面积必须等于或大于三轴压力室的底面积。

4.4　实验方法

（1）试样所施加的侧向压力应根据工程需要和岩石特性确定，一般按等差级数或等比级数分级,分级数不少于5级。

(2)试样应采取防油措施,先在试件表面涂抹薄层防油胶液,胶液凝固后套上耐油的薄橡胶皮套或塑料套。

(3)根据三轴实验要求安装试样,排除压力室内的空气。

(4)先以每秒0.05 MPa的加载速率同步施加侧向压力和轴向压力至预定的侧向压力值,并保持侧向压力在实验过程中始终不变。

(5)以每秒0.5~1.0 MPa的加载速率施加轴向载荷直至试样破坏。记录实验全过程的轴向载荷和变形值。

(6)对破坏后的试样进行描述。当有完整破裂面时,应测量破裂面与试样轴线之间的夹角。

4.5 实验成果整理

1. 试样描述
(1)岩石名称、颜色、矿物成分、风化程度;
(2)试样层理、裂隙及其与加载方向的关系;
(3)试样在制备过程中出现的问题;
(4)试样尺寸和加工精度;
(5)含水状态;
(6)破坏形态。

2. 计算三轴压缩强度
不同侧向压力条件下岩石三轴压缩强度:

$$\sigma_1 = \frac{p}{A} \qquad\qquad (4-1)$$

式中:σ_1——轴向应力,MPa;

p——轴向破坏荷载,N;

A——试样截面面积,mm^2。

3. 计算抗剪强度参数值
(1)根据轴向应力 σ_1 及相应的侧向应力 σ_3,在 $\sigma_1 - \sigma_3$ 坐标上用最小二乘法绘制最佳关系曲线。

(2)在最佳关系曲线上选定若干组对应值,在剪应力 τ 与正应力 σ 坐标图上以 $\frac{\sigma_1 + \sigma_3}{2}$ 为圆心,以 $\frac{\sigma_1 - \sigma_3}{2}$ 为半径绘制莫尔应力圆。

(3)根据莫尔-库仑强度理论确定三轴应力状态下岩石的抗剪强度参数值。

4.6 实验记录

岩石三轴压缩强度实验记录包括工程名称、岩石名称、取样位置、试样编号、试样描述、试样尺寸、侧向压力、轴向载荷、实验人员、实验日期等。三轴压缩强度实验记录和三轴应力状态下岩石的抗剪强度参数计算如表4-1和表4-2所示。

表 4 – 1　三轴压缩强度实验记录表样

工程名称：＿＿＿＿＿＿＿＿　　　　　　　　　　　　　　　　实验者：＿＿＿＿＿＿＿＿

岩石名称：＿＿＿＿＿＿＿＿　　　　　　　　　　　　　　　　计算者：＿＿＿＿＿＿＿＿

实验日期：＿＿＿＿＿＿＿＿　　　　　　　　　　　　　　　　校核者：＿＿＿＿＿＿＿＿

试样描述：＿＿＿＿＿＿＿＿

试样编号	试样直径或边长（mm）	试样高度（mm）	试样截面面积（mm²）	侧向应力（MPa）	轴向破坏应力（MPa）	破坏形态	破裂角（°）	备注	

表 4 – 2　三轴应力状态下岩石的抗剪强度参数计算表样

工程名称：＿＿＿＿＿＿＿＿　　　　　　　　　　　　　　　　实验者：＿＿＿＿＿＿＿＿

岩石名称：＿＿＿＿＿＿＿＿　　　　　　　　　　　　　　　　计算者：＿＿＿＿＿＿＿＿

实验日期：＿＿＿＿＿＿＿＿　　　　　　　　　　　　　　　　校核者：＿＿＿＿＿＿＿＿

试样描述：＿＿＿＿＿＿＿＿

试样编号	轴向应力 σ_1(MPa)	侧向应力 σ_2(MPa)	$(\sigma_1+\sigma_3)/2$（MPa）	$(\sigma_1-\sigma_3)/2$（MPa）	内摩擦角 φ(°)	粘聚力 c(MPa)	备注

极限莫尔应力圆及其包络线图

附录 B　岩体现场力学实验

　　岩体是由结构面与岩块构成的复合体，其力学特性与构成岩体的岩石相比并不完全相同，有时甚至差异很大。造成这种差异的主要原因是岩体中存在许多产状、规模和性状各不相同的结构面，造成岩体的不均匀性和不连续性，大大降低了岩体的力学性能。从已有的现场岩体试验结果与同样的岩石在实验室内试验结果的对比看到，室内试验总是得出偏高的强度，而偏高 5~15 倍是非常普遍的。因此，室内岩石力学试验并不能完全代表工程岩体的力学性能。

　　从另一方面来讲，岩体受所处的环境因素影响较大，如温度、应力、地下水等。岩石室内试验的岩块试件脱离工程岩体后，其环境发生较大的变化，也是造成室内岩块试验不能完全模拟现场岩体的重要因素。

　　鉴于工程岩体的复杂性，岩体现场试验成为岩石工程设计和施工中必不可少的试验手段。值得注意的是，岩体现场试验因仪器设备笨重、试验费用昂贵，不可能大面积地实施，只能选择具有代表性的试验点进行试验。要完全依靠现场试验来精确测定具有一定范围的工程岩体的力学性能，还是存在一定的困难，因此在实际岩石工程中，应综合室内岩块试验、现场岩体试验、数值模拟以及应用成熟的岩石力学理论进行设计和指导施工。

　　岩体现场试验可以分为静力试验和动力学试验两大类。静力试验包括现场岩体变形试验、现场岩体强度试验、岩体应力测试和岩体原位观测；动力学岩体现场试验主要是岩体波动测试。

　　本章主要介绍岩体现场变形试验和岩体现场强度试验中的常用方法。

1　岩体现场变形试验

　　岩体变形试验主要用来测定岩体的变形指标，如变形模量、泊松比等。主要方法有承压板法、钻孔变形测量法、狭缝法、隧洞压水变形、单轴压缩法和三轴压缩法等，其中以承压板法、钻孔变形测量法和三轴压缩法较好。但三轴试验必须配合地应力的测量，如果无地应力测量资料，围压条件不清楚，就无法进行三轴试验。

　　下面主要介绍承压板法和钻孔变形测量法。

1.1　承压板试验法

　　承压板法试验是在岩体的表面放置一块有足够刚度(一般要大于岩体刚度)的钢板，然后对钢板加压，测定岩体的变形，从而获得岩体的变形参数的方法。它可分为刚性承压板法和柔性承压板法，一般根据岩体的强度和设备情况而定，对坚硬完整岩体宜用柔性承压板，半坚硬和软岩宜用刚性承压板。岩体的变形测量既可在岩体的表面，也可在岩体的内部进行。该试验一般在平洞或井巷中进行，如在露天试验，须设置反力装置。

1. 试验点的选择

试验点的面积应大于承压板,加压面积应大于 2000 cm²。试点表面范围内受扰动的岩体,宜清除干净并修凿平整;岩面的起伏差不宜大于承压板直径的 1%。在承压板以外,试验影响范围以内的岩体表面,应平整、无松动岩块和石碴。试点表面应垂直预定受力方向。试点表面以下 3.0 倍承压板直径深度范围内岩体的岩性宜相同。

承压板的边缘至试验洞侧壁或底板的距离,一般大于承压板直径的 1.5 倍;承压板的边缘至洞口或掌子面的距离大于承压板直径的 2 倍;承压板的边缘至临空面的距离大于承压板直径的 6 倍。两试点承压板边缘之间的距离,应大于承压板直径的 3 倍。

如采用钻孔轴向位移计量测深部岩体变形,应在试点中心钻孔,钻孔应与试点岩面垂直。钻孔直径应与钻孔轴向位移计直径一致,孔深一般要大于承压板直径的 6 倍。

2. 主要仪器设备

主要仪器和设备有:液压千斤顶(刚性承压板法)、环形液压枕(柔性承压板法或中心孔法)、液压泵及高压管路、稳压装置、刚性承压板、环形钢板与环形传力、传力柱、垫板、楔形垫块、反力装置、测表支架和变形测表等。图 1-1 所示为刚性承压板试验装置。图 1-2 为柔性承压板中心孔法的装置图。

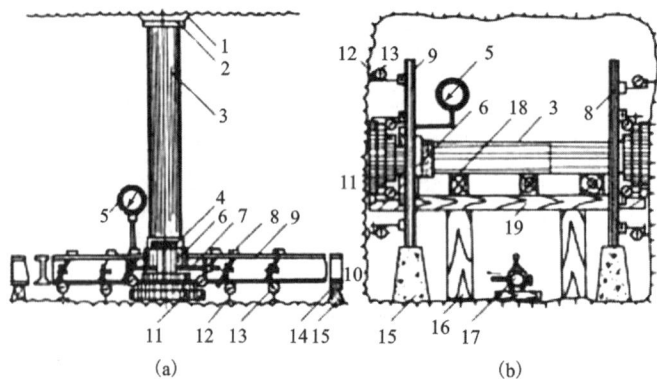

图 1-1 刚性承压板法的试验装置

(a)垂直方向加荷;(b)水平方向加荷

1—砂浆顶板;2—垫板;3—传力柱;4—圆垫板;5—标准压力表;6—液压千斤顶;
7—高压管(接油泵);8—架安;9—工字钢;10—钢板;11—刚性承压板;12—标点;
13—千分表;14—滚轴;15—混凝土支墩;16—木柱;17—油泵;18—木垫;19—木梁

在进行位移量测系统安装时,应在承压板两侧各安放测表支架 1 根。支架的支点必须设在试点的影响范围以内,可采用浇筑在岩上的混凝土墩作支点,防止支架在试验过程中产生沉陷。对于刚性承压板,应在承压板上对称布置 4 个测表;对于柔性承压板(包括中心孔法)应在柔性承压板中心岩面上布置 1 个测表。如果需要也可在承压板外的影响范围内且通过承压板中心相互垂直的二条轴线上布置测表。

3. 加荷与测量

系统安装完后,启动千斤顶稍微加压,使整个系统紧密结合。待水泥浆和混凝土达到龄期后便可开始试验。最大试验压力可取预定压力的 1.2 倍。最大压力一般按 5 等分分级施

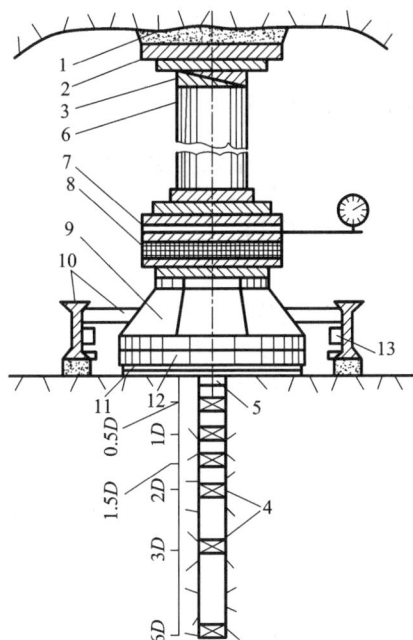

图1-2 柔性承压板中心孔法安装

1—混凝土顶板；2—钢板；3—斜垫板；4—多点位移计；5—锚头；6—传力柱；

7—测力枕；8—加压枕；9—环形传力箱；10—测架；11—环形传力枕；12—环形钢板；13—小螺旋顶

加。加压前应对测表进行初始稳定读数观测，每隔10 min同时测读各测表1次，连续3次读数不变，方可开始加压试验，并将此读数作为各测表的初始读数值。钻孔轴向位移计各测点观测，可在表面测表稳定不变后进行初始读数。加压方式一般采用逐级一次循环法或逐级多次循环法。当采用逐级一次循环法时，每次循环压力应退至零。

每级压力加压后应立即读数，以后每隔10 min读数1次，当刚性承压板上所有测表或柔性承压板中心岩面上的测表相邻两次读数差与同级压力下第一次变形读数和前一级压力下最后一次变形读数差之比小于5%时，可认为变形稳定，便进行退压(图1-3)。退压后的稳定标准，与加压时的稳定标准相同。在加压、退压过程中，均应测读相应过程压力下测表读数一次。

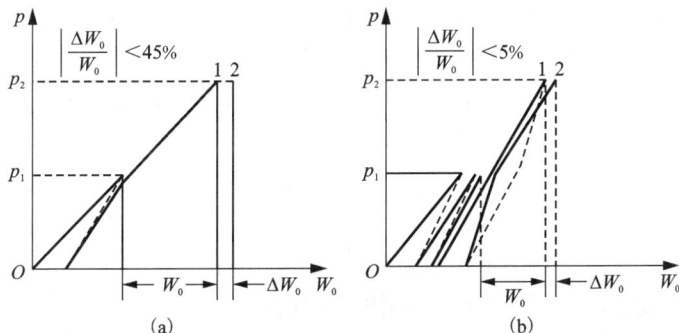

图1-3 相对变形变化的计算

(a)逐级一次循环法；(b)逐级多次循环法

中心孔中各测点及板外测表可在读取稳定读数后进行一次读数。

4. 试验数据分析

(1) 刚性承压板法(岩体表面变形量测)

$$E = \frac{\pi}{4}(1 - \mu^2)DI_c\frac{dp}{dw} \tag{1-1}$$

式中：E——岩体弹性(变形)模量，(MPa)；

W——岩体变形(cm)；

p——按承压板面积计算的压力(MPa)；

$\dfrac{dp}{dw}$——$p - W$ 图线的梯度；

D——承压板直径(cm)；

μ——泊松比；

I_c——深度修正系数，取 $0.5 \sim 1.0$ 之间，与测试点的深度与承压板宽度(直径)之比和泊松比有关。

当深度为 0 且岩体变形为线弹性时，式(1-1)即为第二章式(2-23)的微分表达式。

式(1-1)中，当以总变形 W_0 为 dW 时，计算所得的岩体模量为变形模量 E_0；当以弹性变形 W 为 dW 时，计算所得的岩体模量为弹性模量 E。

(2) 柔性承压板法(岩体表面变形量测)

$$E = \frac{(1 - \mu^2)p}{W} \cdot 2(r_1 - r_2) \tag{1-2}$$

式中：r_1，r_2——环形柔性承压板的外半径和内半径，cm；

W——板中心岩体表面的变形，cm。

(3) 柔性承压板法(中心孔深部变形量测)

$$E = \frac{R}{W_z}K_z \tag{1-3}$$

$$K_z = 2(1 - \mu^2)(\sqrt{r_1^2 + z^2} - \sqrt{r_2^2 + z^2}) - (1 + \mu)(\frac{z^2}{\sqrt{r_1^2 + z^2}} - \frac{z^2}{\sqrt{r_2^2 + z^2}})$$

式中：W_z——表示深度为 z 处的岩体变形，cm；

z——测点深度，cm；

K_z——与承压板尺寸、测点深度和泊松比有关的系数；

r_1，r_2——环形柔性承压板的外半径和内半径，cm。

当柔性承压板中心孔法量测到不同深度两点的岩体变形值时，两点之间岩体的变形模量可按下列公式计算：

$$E = p\frac{K_{z1} - K_{z2}}{W_{z1} - W_{z2}} \tag{1-4}$$

式中：W_{z1}，W_{z2}——深度分别为 z_1 和 z_2 处的岩体变形，cm；

K_{z1}，K_{z2}——深度分别为 z_1 和 z_2 处的相应系数。

1.2 钻孔变形试验法

岩体钻孔变形试验是通过放入岩体钻孔中的压力计或膨胀计，施加径向压力于钻孔孔壁,量测钻孔井巷岩体变形,按弹性理论公式计算岩体变形参数。它有两种力学模型:一种是全孔壁受压,另一种是半孔壁受压,如图1-4所示。目前一般都采用全孔壁受压。钻孔变形试验适用于软岩和中坚硬岩体。

1. 试验点与钻孔

由于钻孔变形法的探头依靠自重在钻孔中上下移动,因此它只适用于铅直钻孔,孔斜不能超过50°,试验孔应铅直,孔壁应平直光滑。钻孔的实际长度要大于加压段1/3。孔径根据仪器要求确定。

在受压范围内,岩性应均一、完整;钻孔直径4倍范围内的岩性应相同。两试点加压段边缘之间的距离和加压段边缘距孔口的距离均不应小于1倍加压段的长度。加压段边缘距孔底的距离不应小于0.5倍加压段的长度。

2. 主要仪器设备

钻孔变形法的主要仪器设备有钻孔压力计或钻孔膨胀计、起吊设备、扫孔器、模拟管以及校正仪等。试验前向钻孔内注水至孔口,将扫孔器放入孔内进行扫孔,直至上下连续3次收集不到岩块为止。将模拟管放入孔内直至孔底,如畅通无阻时才能进行试验。

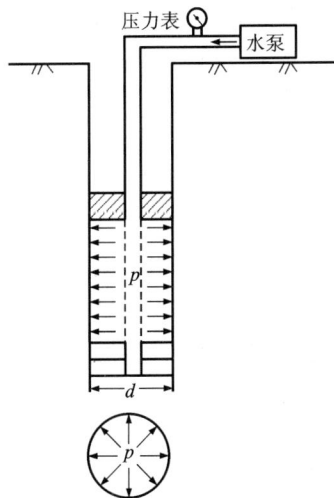

图1-5为钻孔变形法的试验装置示意图。

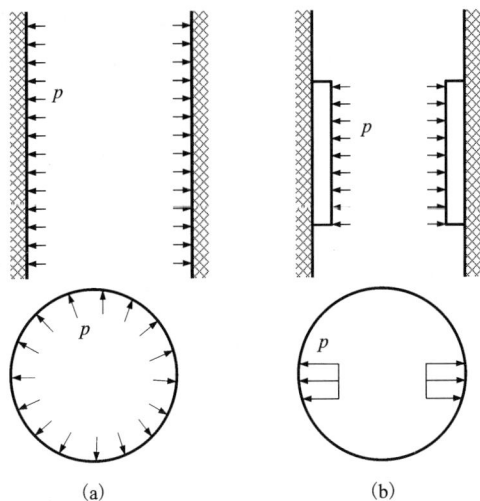

图1-4　钻孔变形法的两种力学模型　　　　图1-5　钻孔变形法试验装置示意图

3. 加荷与测量

将组装后的探头放入孔内预定深度,并经定向后立即施加0.5 MPa的初始压力,探头即自行固定,读取初始读数。试验的最大压力一般为预定压力的1.2~1.5倍。压力分7~10级,进行分级加荷。

当采用逐级一次循环法时,加压后应立即读数,以后每隔3~5 min读数1次,当相邻两次读数差与同级压力下第一次变形读数和前一级压力下最后一次变形读数差之比小于5%时,可认为变形稳定,便进行退压。

当采用大循环法时,相邻两循环的读数差与第一次循环的变形读数之比小于5%时,可认为变形稳定,便进行退压。但大循环次数不应小于3次。

退压后的稳定标准,与加压时的稳定标准相同。在每一个循环过程中退压时,压力应退至初始压力。最后一次循环在退至初始压力后,应进行稳定值读数,然后将全部压力退至零。

试验结束后,取出探头,并及时对橡皮囊上的压痕进行描述,以确定孔壁岩体掉块和开裂的位置和方向。

4.试验数据分析

试验完成后,计算变形参数并绘制相关曲线。岩体的变形参数按弹性理论计算:

$$E = \frac{(1+\mu)pd}{\delta} \tag{1-5}$$

式中:E——岩体弹性(变形)模量,MPa;

p——计算压力,是试验压力与初始压力之差,MPa;

d——实测点钻孔直径,cm;

δ——岩体的径向变形,cm;

μ——泊松比。

当以总变形 δ 代入上式中计算所得的岩体模量为变形模量 E_0,当以弹性变形 δ_e 代入上式中计算所得的岩体模量为弹性模量 E。

数据处理完成后可以绘制各测点压力与变形关系曲线、各测点压力与变形模量关系曲线、各测点压力与弹性模量等关系曲线,以及与钻孔岩心柱状图相对应的沿孔深的弹性模量、变形模量分布图。

2 岩体现场强度试验

岩体现场强度试验是在现场直接测试岩体或结构面的抗压强度和抗剪强度。目前主要有结构面剪切试验、岩体直剪试验、单轴压力试验和三轴压力试验等方法。其中,单轴压力试验主要测定岩体的单轴抗压强度;三轴压力试验可以测定岩体的三轴抗压强度和抗剪强度,如图 2-1 所示。

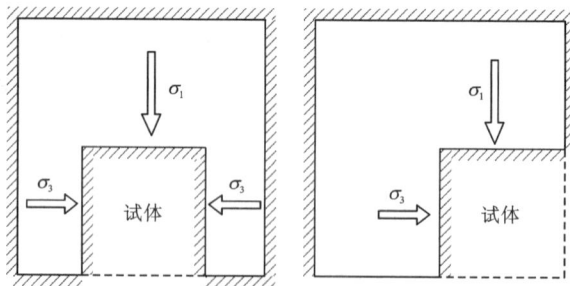

图 2-1　野外原位三轴试验方案

结构面剪切试验和岩体直剪试验是测定结构面和岩体在剪断时的力学指标。利用现场剪切试验可以研究结构面的力学性质、混凝土与岩石浇注面的力学性质以及岩体本身的抗剪力学特性,试验结果可提供设计时的剪切变形参数和抗剪强度参数,同时也可提供在法向应力作用下的变形参数。

下面主要介绍结构面剪切试验和岩体直剪试验。

2.1 岩体结构面剪切试验

结构面剪切试验是将同一类型岩体结构面的一组试体，在不同法向压力下进行剪切，根据库仑定律确定岩体结构面的抗剪强度参数。

岩体结构面直剪试验可分为：在结构面未扰动情况下进行的第一次剪断，通常称为抗剪断试验；剪断后，沿剪断面进行的剪切试验，称为抗剪试验。

结构面剪切试验适用于岩体中的各类结构面。

1. 试体的制作

在试验地段的开挖时，在岩体的预定部位加工与原岩相联的试体，试体一般为立方体，最小边长大于 50 cm，高度一般取最小边长的 1/2 以上，结构面剪切面积大于 2500 cm^2，试体间距大于最小边长。

试体的推力方向应与预定剪切方向一致。在试体的推力部位，留有安装千斤顶的足够空间，平推法应开挖千斤顶槽。试体周围结构面的充填物及浮渣应清除干净。对结构面上部不需要浇筑保护套的完整岩石试体，各个面应大致修凿平整，顶面平行预定剪切面；对加压过程中可能出现破裂或松动的试体，应浇筑钢筋混凝土保护套或采取其他保护措施。保护套应具有足够的强度和刚度，顶面应平行预定剪切面，底面在预定剪切面的上部边缘。

对剪切面倾斜的试体或有夹泥层的试体，在加工前，应采取保护措施。试体可在天然含水状态下剪切，也可在人工浸水条件下剪切。

2. 主要仪器设备

岩体结构面剪切试验的主要仪器和设备包括有液压千斤顶或液压枕、液压泵及管路、稳压装置、压力表、垫板、滚轴排、传力柱、传力块、斜垫板、反力装置、测表支架、磁性表座、位移测表等。

试验的装置图如图 2 - 2 所示，不过，试体的底部应为岩体结构面。

3. 加荷与测量

由于一组节理上至少应有 5 个试验点，因此在每个试点上应施加不同的法向荷载。由估计的最大法向应力按试样点数量等分得各点的法向荷载，每个试点的法向荷载一般分 4 ~ 5 级施加，每隔 5 min，施加一级，并测出每级荷载下的法向位移。在最后一级荷载，要求法向位移值相对稳定。对于无充填结构面，稳定标准为每隔 5 min 读数 1 次，连续两次读数之差不超过 0.01 mm；对有充填物结构面可根据结构面的厚度和性质，按每隔 10 min 或 15 min 读数 1 次，连续两次读数之差不超过 0.05 mm。在法向位移稳定后，便可开始施加剪切荷载。在剪切过程中，应使试件的法向荷载始终保持为常数。

每个试体的剪切荷载施加也应分级进行，一般根据其法向应力的大小预估该试体的最大剪切荷载，将其分 8 ~ 12 级施加，当剪切位移明显增大时，可适当增加剪切荷载分级。剪切荷载的施加以时间控制，对于无充填结构面每隔 5 min 加荷 1 次；对有充填物结构面可根据剪切位移的大小，按每隔 10 min 或 15 min 加荷 1 次。加荷前后均需测读各测表读数。

试体剪断后，应继续施加剪切荷载，直到测出大致相等的剪切荷载值为止。然后将剪切荷载缓慢退荷至零，观测试体回弹情况。根据需要，调整设备和测表，按上述同样方法进行摩擦试验。

当采用斜推法分级施加斜向荷载时，应同步降低由于施加斜向荷载而产生的法向分荷载增量，以保持法向荷载始终为一常数。

4.试验数据分析

（1）平推法。

对于平推法可按下式计算各法向荷载下的法向应力和剪应力：

$$\sigma = p/A \qquad \tau = Q/A \qquad\qquad (2-1)$$

式中：Q, p——分别为作用于剪切面上的水平向荷载和垂直向荷载，N。

（2）斜推法。

对于斜推法按下式计算各法向荷载下的法向应力和剪应力：

$$\sigma = \frac{p}{A} + \frac{Q}{A}\sin\alpha \qquad\qquad (2-2)$$

$$\tau = \frac{Q}{A}\cos\alpha \qquad\qquad (2-3)$$

式中：Q, p——作用于剪切面上的总斜向荷载和总法向荷载，N；

α——斜向荷载施力方向与剪切面的夹角，（°）。

根据测试结果绘制各法向应力下的剪应力与剪切位移及法向位移关系曲线，根据这些曲线确定各法向应力下岩体结构面剪切破坏的特征剪应力。然后绘制特征剪应力和法向应力的关系曲线，并确定相应的抗剪强度参数。

2.2　岩体直剪试验

岩体直剪试验是对同一类型岩体的一组试体，在不同法向荷载下进行剪切，根据库仑强度条件确定岩体本身的抗剪强度参数。

它适用于各类岩体，但对于完整坚硬的岩体可以采用室内岩块三轴试验。在现场试验时，为了保持试验装置稳定，剪切荷载的方向常常不是平行于预定剪切面，而是与其成一定角度，亦即不是平推，而是斜推。图 2-2 为岩体直剪试验装置图。

岩体直剪试验的试体制作、仪器设备、测试程序和数据处理等，除以下几点外，其余均与上节介绍的结构面直剪试验完全相同。

①岩体直剪试验试体一般加工成方形，同时在浇筑保护套时，保护套底部应空出预定剪切缝的位置。剪切缝的宽度一般为推力方向试体长度的 5%。

②剪切荷载的方向与预定剪切面成一定夹角，其与法向荷载的合力作用点应通过预定剪切面的中心，并通过顶留剪切缝宽的 1/2 处。

③岩体直剪试验在施加荷载时，法向荷载是一次施加完毕的，加荷后立即读数，以后每隔 5 min 读数 1 次，当连续二次读数之差不超过 0.01 mm 时，即认为稳定，可施加剪切荷载。剪切荷载按顶估最大剪切荷载分 8~12 级施加，每隔 5 min 加荷 1 次，加荷前后均需测读各测表读数。

强度参数的确定可参照式（2-2）和（2-3）进行。图 2-3 为岩体强度参数确定示意图。

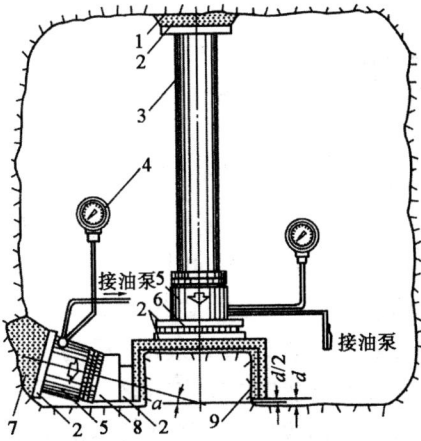

图 2-2 岩体直剪（斜推法）试验
1—砂浆顶板；2—钢板；3—传力柱；
4—压力表；5—液压千斤顶；6—滚轴排；
7—混凝土后座；8—斜垫板；9—钢筋混凝土保护罩

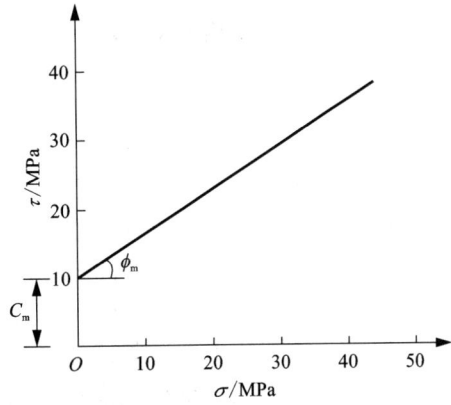

图 2-3 岩体强度参数确定示意图

附录 C　赤平地质投影方法

在边坡岩体稳定分析中，利用赤平极射投影来表示岩体中的结构面和临空面，可在投影图上简便地确定它们之间的夹角和组合关系，确定岩体的结构特征。同时，工程作用力、岩体阻抗力、岩体变形滑移方向等都是具有一定方向的向量或直线，也可以用赤平极射投影将它们表示在投影图上。因此，利用赤平极射投影可以把岩体变形的边界条件、受力条件、强度参数等一并纳入一个统一的投影体系中进行分析，以求解边坡岩体稳定问题。

赤平极射投影是表示物体上点、线、面的角距关系的平面投影，并不涉及面的大小、线的绝对长度或点间的绝对距离，下面对赤平极射投影作以简要介绍。

1　投影原理

赤平极射投影利用一个球体作为投影工具（图 1-1），通过球心作一平面 $NWSE$，此平面称为赤平面，极射就是从球体的一个端点 F 发出的射线，如 FS、FH、FN 等，F 为极点。H 是球体上的一个质点，由极点 F 向 H 发出的射线 FH 必然通过赤平面 $NWSE$，FH 射线与赤平面的交点 M，就叫做质点 H 在赤平面上的投影，或者说 M 是 H 的赤平极射投影。

概括地说，赤平极射投影是把点、线、面的位置投影于球面上，然后再把它们投影于赤道平面上，化立体为平面。

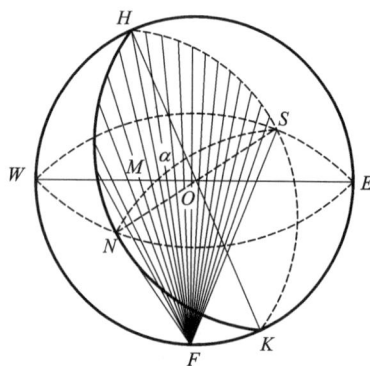

图 1-1　赤平投影

如图 1-1 所示，$HNKS$ 为已知结构面，它的产状为：走向南北，倾向东，倾角 α，求它的赤平极射投影，方法如下：

①赤平面上的 E，S，W，N 分别代表东、南、西、北的方位，作通过球心，且走向南北、倾向东的面，这个面在球面上的位置为 $HNKS$，即结构面与球面的交线。$HNKS$ 面在球体中与赤平面的夹角 α，就是它的倾角。

②结构面与上半球面的交线是 SHN，由极点 F 向 SHN 发出射线，与赤平面的交点可连结成 SMN，这个弧线就表示结构面在赤平面上的投影曲线，即求得的结构面的赤平极射投影。

③把赤平面从球体中拿出来，如图 1-2 所示，弧线 SMN 是结构面的投影线，SN 表示走向方位，弧凹所指的方位向东，为倾向，W 与 M 之间的距离表示倾角 α。当倾角等于 90°时，M 点落在球心上，则 W 与 M 的间距最大，等于圆的半径；当倾角等于零度时，M 点与 W 相重合，无间距。作图时利用投影网上的刻度，可以直接读数，如图 1-3 所示。

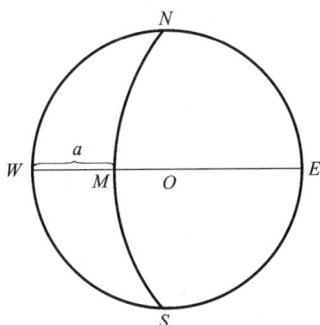

图1-2 赤平投影图

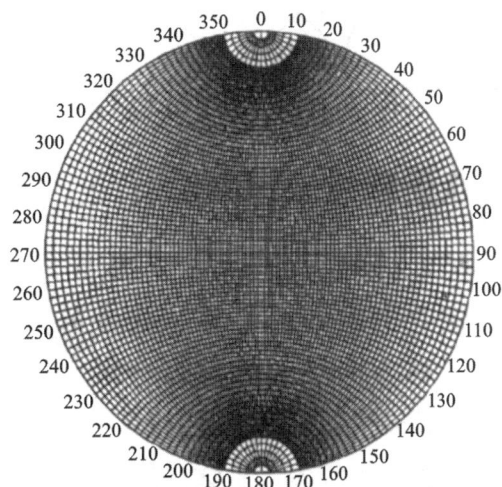

图1-3 吴氏投影图

上述投影原理,看起来比较复杂,但在实际应用时,用吴氏投影网(图1-3)作工具,求结构面的投影非常简单。作图时一般选用20 cm或10 cm直径的吴氏投影网,投影网上的上、下两极分别代表北和南,左右两侧代表西和东。作图时把绘图透明纸放在投影网上,用圆规按投影网相同的半径画圆,在圆周上标注东南西北的四个方位,然后根据结构面的产状,运用投影网就可以绘出投影图。

2 应用投影网读图

2.1 极点的测读

在结构面的统计分析中,极点常用来代表结构面的产状,每一个极点代表一个结构面,如图2-1(a)所示,在投影网A上已绘一极点m,求其所代表的结构面的产状。测读方法如下:将透明的投影图A放在吴氏投影网B上,使二者的圆心重合,转动吴氏投影网B,直至m点落在吴氏投影网B的E_1W_1线上,在投影图A上联Om,Om所指的方位(56°)为结构面的倾向方位。由m点向圆心方向按经线的分度数90°,得n点,n点所在的经线即为极点m所代表的结构面的投影大圆。该经线端点在投影图基圆上的方位为结构面的走向方位,它所代表的角度为结构面的倾角,如图2-1所示,极点m代表走向$N40W$,倾向NE,倾角为60°的结构面。

2.2 直线的产状

在投影图A上绘一直线mO,表示空间一直线的赤平极射投影,求其产状,见图2-1(b)

将透明的投影图A复于投影网B上,转动投影网B,使mO与投影图B的E_1W_1线重合,延长mO到基圆得n点,读nm线段所包括的经线分度值,或m点所在经线代表的线的角度,便是该直线的倾角(60°)。mO所指的方位,或延长mO至基圆得C点,C点的方位分度值,就是该直线的倾向方位(40°)。

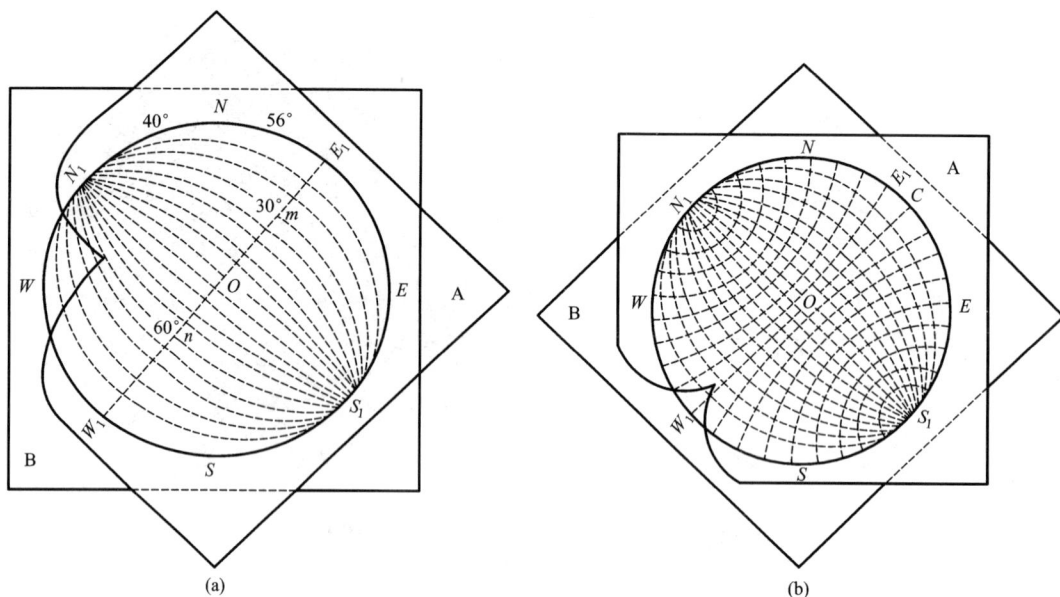

图 2 - 1　点线的赤平投影

(a)极点的测法；(b)直线产状的测读

2.3　平面的产状

如图 2 - 2(a)所示，大圆 ABC 为一平面的赤平极射投影，求出该平面的产状。

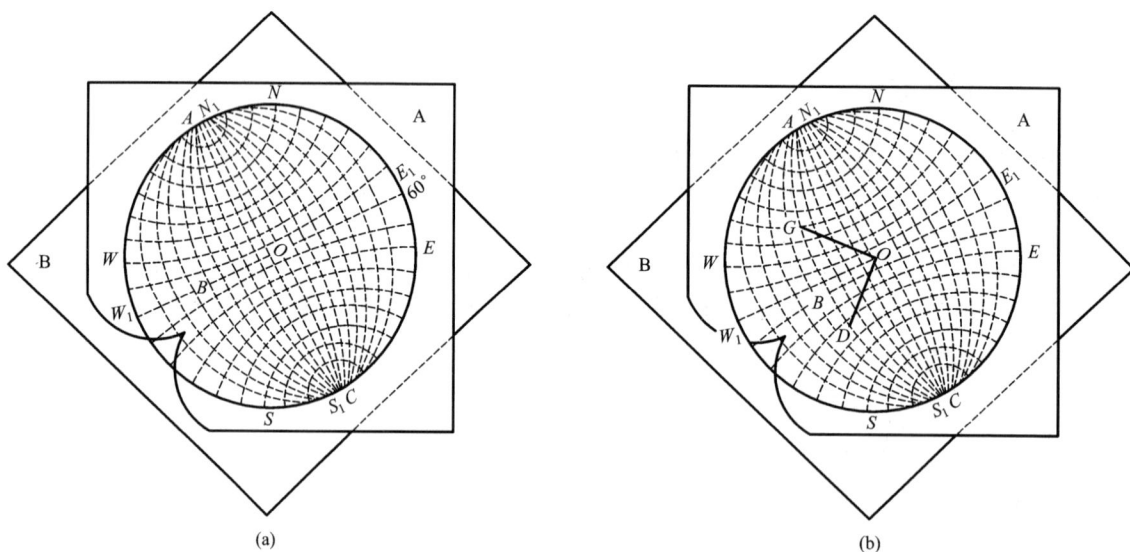

图 2 - 2　平面以及直线之间的夹角

(a)平面产状的测读；(b)平面上两直线夹角的测读

将透明的投影图 A 覆于投影网 B 上，转动投影网 B，使 A，C 两点与投影网 B 的 S_1、N_1

重合。亦即使平面的走向线 AC 与投影网的 S_1N_1 线重合，联 BO 为平面的倾向线，它所指方位为平面的倾向方位（60°）。A 点（或 C 点）所在的方位为平面的走向方位。与大圆 ABC 重合的经线所代表的角度，即为该平面的倾角。由图 2 - 2(a) 读得大圆 ABC 所代表的产状为走向 $N30°W$，倾向 NE，倾角30°。

2.4　平面上两直线的夹角

在投影图上已绘一平面的投影为大圆 ABC，DO 和 GO 为该平面上的两条直线，即 D 点和 G 点都在大圆 ABC 上，求出两直线的交角，如图 2 - 2(b) 所示。

将透明的投影图 A 覆于投影网 B 上，转动投影网 B，使 A、B 亮点与投影网的 S_1、N_1 重合，在大圆 ABC 上按投影网的网格读取 DC 弧段所包含的纬度线的纬度数，就是 DC 和 GO 两直线的夹角 2 - 2，DO 和 GO 两直线的夹角为70°。

赤平极射投影只表示平面、直线和点等几何要素间的空间方向和它们之间的角距关系，并不涉及它们的绝对规模，如平面的大小、直线的长短和点间的距离等。因此，在边坡岩体稳定分析中，赤平极射投影不能表示结构面在岩体中的具体位置、不稳定体的大小以及工程作用力、岩体强度参数和抗滑力的大小等，为此人们在赤平极射投影的基础上，又提出了实体比例投影法。

如果假定结构而上的粘聚力 $c = 0$，则控制块体稳定性的就是结构而之间摩擦力，对于单一滑面的情况，摩擦角 ϕ 大于结构面倾角，则块体稳定，否则将沿该结构面滑动失稳。如图 2 - 3所示为 3 种典型的情况：图(a)所示的块体，过顶点的铅垂线通过块体的底面，块体在重力作用下直接垮落；图(b)所示的块体，块体顶点的投影不落在底面上，图中的虚线为摩擦角 ϕ。如果滑动面或两个滑面的交线的倾角大于 ϕ，则块体会沿该结构面滑动，图中的情况正是如此，属于滑动型破坏；图(c)所示的块休则属于稳定的块体。可见，用赤平投影的方法进行岩体结构分析是很直观明了的。

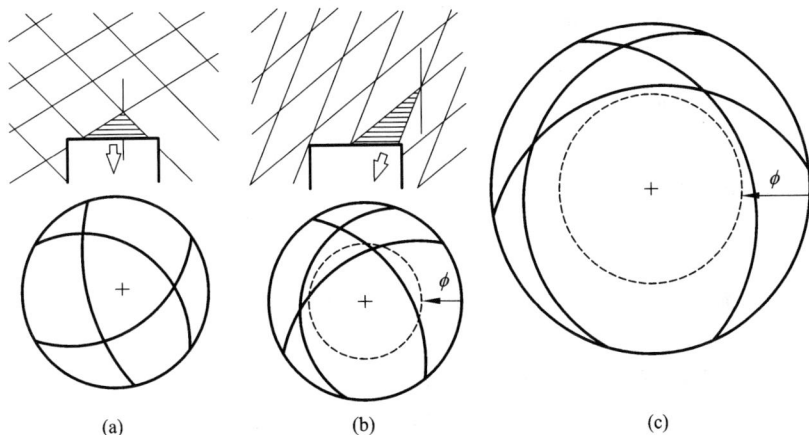

图 2 - 3　典型的块体

(a)直接垮落型；(b)滑动型；(c)稳定的块体

参考文献

[1] 北京矿业学院，东北工学院岩石力学教研室.岩石力学与井巷支护[M].北京：中国工业出版社，1961

[2] 蔡美峰主编.岩石力学与工程[M].北京：科学出版社，2002

[3] 程良奎主编.岩土锚固工程技术[M].北京：人民交通出版社，1996

[4] 重庆建筑工程学院，同济大学编.岩体力学.中国建筑工业出版社，1981年10月第一版

[5] 陈子光编.岩石力学性质与构造应力场[M].北京：地质出版社，1986

[6] 地质矿产部水文地质专业实验测试中心主编.地矿部岩石物理力学性质试验规程DY-94[M].北京：地质出版社，1995

[7] 古德曼，R.E.岩石力学原理及其应用[M].北京：水利电力出版社，1990

[8] 高磊主编.矿山岩石力学[M].北京：机械工业出版社，1987

[9] 高延法，张庆松编著.矿山岩体力学[M].徐州：中国矿业大学出版社，2000

[10] 华安增编.矿山岩石力学基础[M].北京：煤炭工业出版社，1980

[11] 姜福兴主编.矿山压力与岩层控制[M].北京：煤炭工业出版社，2004

[12] 贾喜荣编著.矿山岩层力学[M].北京：煤炭工业出版社，1997

[13] 刘北辰，陆鸿森编.弹性力学[M].北京：冶金工业出版社，1979

[14] 理查兹R，贝觉克门GS.无衬砌隧道和硐室最优洞形[J].隧道译丛，1978

[15] 李林峰，余贤斌，侯克鹏.地下非圆形巷道周边应力集中系数[J].金属矿山，2008(3)

[16] 李民庆.岩体力学的力学基础[M].长沙：湖南科学技术出版社，1979

[17] [日]铃木光.岩体力学与测定[M].北京：煤炭工业出版社，1980

[18] 李世平编.岩石力学简明教程[M].徐州：中国矿业学院出版社，1986

[19] 李铁汉，潘别桐编.岩石力学[M].北京：地质出版社，1980

[20] 李通林，谭学术，刘传伟编.矿山岩石力学[M].重庆：重庆大学出版社，1991

[21] 凌贤长，蔡德所编著.岩体力学[M].哈尔滨工业大学出版社，2002

[22] 李先炜编著.岩块力学性质[M].北京：煤炭工业出版社，1983

[23] 刘佑荣，唐辉明编著.岩体力学[M].北京：化学工业出版社，2009

[24] 林韵梅等编著.地压讲座[M].北京：煤炭工业出版社，1981

[25] 李智毅，杨裕云主编.工程地质学概论[M].武汉：中国地质大学出版社，1994。

[26] 米勒(L.Müller)(德).岩石力学[M].北京：煤炭工业出版社，1981

[27] M·S·佩特森[澳]编著.实验岩石形变·脆性域[M].北京：地质出版社，1982

[28] 钱鸣高，石平五主编.矿山压力与岩层控制[M].徐州：中国矿业大学出版社，2003

[29] 孙广忠，岩石力学基础[M].北京：科学出版社，1983

[30] 孙广忠.岩体结构力学[M].北京：科学出版社，1988

[31] [日]山口梅太郎，西松裕一著.岩石力学基础[M].北京：冶金工业出版社，1982

[32] 沈明荣，陈建峰编著.岩体力学[M].上海：同济大学出版社，2006

[33] 萨文.孔附近的应力集中[M].北京：科学出版社，1965

[34] 塔罗勃.岩石力学[M].林天健，葛修润，等译.北京：中国工业出版社，1965

[35] 铁摩辛柯，古地尔.弹性理论[M].徐芝纶，吴永祯，译.北京：高等教育出版社，1964

［36］谭学术，鲜学福，郑道访，赵永忠编著.复合岩体力学理论及其应用［M］.北京：煤炭工业出版社，1994

［37］陶振宇，潘别桐.岩石力学原理与方法［M］.武汉：中国地质大学出版社，1991

［38］王文星主编.岩体力学［M］长沙：中南大学出版社，2004

［39］王文杰. 中厚倾斜矿体卸压开采理论及其在 Chambishi 铜矿的应用［D］.东北大学博士论文，2006

［40］谢和平，陈忠辉.岩石力学［M］.北京：科学出版社，2004

［41］肖树芳，杨淑碧编.岩体力学［M］.北京：地质出版社，1987

［42］徐小荷主编.采矿手册.北京：冶金工业出版社，1990

［43］徐芝纶. 弹性力学（上册）［M］. 北京：人民教育出版社，1979

［44］徐志英. 岩石力学［M］. 北京：水利电力出版社，1986

［45］耶格（J. C. Jaeger），库克（N. G. W. Cook）.岩石力学基础［M］.北京：科学出版社，1981

［46］余贤斌. 地下巷道周边的应力集中系数［J］，有色金属，1997（2）

［47］于学馥，郑颖人，刘怀恒，方正昌，地下工程围岩稳定分析［M］. 北京：煤炭工业出版社，1983

［48］原中华人民共和国电力工业部主编.工程岩体实验方法标准 GB/T 50266 - 99［M］.北京，1999

［49］周昌达. 井巷工程［M］. 北京：冶金工业出版社，1994

［50］张汉兴，肖庆生编著.岩体力学题集及题解［M］.武汉：湖北人民出版社，1983

［51］张清.岩石力学基础［M］.北京：中国铁道出版社，1986

［52］周维垣主编.高等岩石力学［M］. 北京：水利电力出版社，1990

［53］郑颖人，等. 围岩压力理论讲义［M］. 空军工程学院，1981

［54］郑雨天编著.岩石力学的弹塑粘性理论基础［M］.北京：水利电力出版社，1993

［55］郑雨天等译.岩石力学试验建议方法（上集）［M］.北京：煤炭工业出版社，1982

［56］郑永学主编. 矿山岩体力学［M］. 北京：冶金工业出版社，1988

［57］张永兴主编.岩石力学（第二版）［M］.北京：中国建筑工业出版社，2008

［58］R. H. G，Brady，E. T. Brown. 地下采矿岩石力学［M］. 冯树仁译. 北京：煤炭工业出版社，1990

［59］Crouch S L，Starfleld A M. Boundary Element Methods in Solid Mechanics［M］. London：George Allen & Unwin. 1983

［60］Jaeger J C，Cook N G W. Fundamentals of Rock Mechanics［M］. Third edition. Chapman and Hall，London，1979

［61］John Bray. A study of jointed and fractured rock – part II［J］. Felsmechanic und Ingenieurgeologie. 1967 5 (4)

［62］Richard E. Goodman. Introduction to Rock Mechanics［M］. John Wiley & Sons，New York，1980

［63］R. E. Goodman. 不连续岩体中的地质工程方法［M］. 北方交通大学隧道与地质教研室译. 北京：中国铁道出版社，1980

［64］Vutukuri V S，Lama R D，Saluja S S. Handbook on Mechanical Properties of Rocks，Volume I［M］. Clausthal：Trans Tech Publications，1974

［65］Walter Wittke. Rock Mechanics – Theory and Applications with Case Histories［M］. Springer – Verlag，Berlin Heidelberg 1990

图书在版编目(CIP)数据

岩石力学／赵文主编. —长沙：中南大学出版社，
2010.6(2023.7 重印)

ISBN 978－7－5487－0044－9

Ⅰ. ①岩… Ⅱ. ①赵… Ⅲ. ①岩石力学－高等学校
－教材 Ⅳ. ①TU45

中国版本图书馆 CIP 数据核字(2010)第 123195 号

岩 石 力 学

主编　赵　文

□**责任编辑**	刘　辉	
□**责任印制**	李月腾	
□**出版发行**	中南大学出版社	
	社址：长沙市麓山南路	邮编：410083
	发行科电话：0731－88876770	传真：0731－88710482
□**印　　装**	长沙艺铖印刷包装有限公司	

□**开　　本**	787 mm×1092 mm　1/16	□**印张** 18	□**字数** 441 千字
□**版　　次**	2010 年 7 月第 1 版	□**印次** 2023 年 8 月第 3 次印刷	
□**书　　号**	ISBN 978－7－5487－0044－9		
□**定　　价**	45.00 元		